# 农林生物质综合利用产业化应用技术

主编　任秋鹤　肖进彬

河南科学技术出版社
· 郑州 ·

**图书在版编目（CIP）数据**

农林生物质综合利用产业化应用技术 / 任秋鹤，肖进彬主编. -- 郑州：河南科学技术出版社，2024. 8.

ISBN 978-7-5725-1629-0

Ⅰ. TK6

中国国家版本馆CIP数据核字第2024VZ6420号

---

出版发行：河南科学技术出版社

地址：郑州市郑东新区祥盛街27号　　邮编：450016

电话：（0371）65788613　　65788600

网址：www. hnstp. cn

策划编辑：陈淑芹

责任编辑：陈淑芹

责任校对：臧明慧　丁秀荣

封面设计：张　伟

责任印制：徐海东

印　　刷：河南文华印务有限公司

经　　销：全国新华书店

开　　本：787mm×1 092 mm　1/16　　印张：19　　字数：370千字

版　　次：2024年8月第1版　　2024年8月第1次印刷

定　　价：98.00元

---

# 《农林生物质综合利用产业化应用技术》

## 编写人员名单

**主　编**　任秋鹤　肖进彬

**副主编**　方玉美　聂　宁　张璐璐　刘晓杰

王鹏晓　赵绘婷　谢梅竹　程顺利

**编　委**　（按姓氏笔画排序）

马　磊　王文博　王晓雅　王鹏晓　方玉美

朱聪斌　任秋鹤　刘　振　刘　颖　刘晓杰

李　冲　李峰林　肖进彬　张国艳　张俊龙

张璐璐　赵绘婷　聂　宁　黄玉喜　彭子涵

董龙浩　程顺利　谢梅竹　赫玲玲

# 前 言

生物质能源是人类利用最早也是最重要的绿色可再生能源，在当前能源革命和科技革命方兴未艾之际，发展可再生能源符合我国当前的生态文明建设和可持续发展的客观要求。生物质能源是太阳能以化学能形式储存在生物质中的一种能量形式，它以生物质为载体，直接或间接地来源于绿色植物的光合作用，可以转换为常规的生物基材料、固体燃料、液体燃料、气体燃料及有机肥，替代煤炭、石油和天然气等化石能源，具有环境友好和可再生的双重属性，发展潜力巨大。

我国农林生物质资源十分丰富，2022 年我国秸秆理论资源量 9.77 亿 t，可收集资源量 7.37 亿 t，每年各种林业生物质资源量约为 248.9 亿 t，以农业生物质和林业生物质为原料发展生物质能源和材料具有十分广阔的前景。本书的编写依托河南省秸秆热解转化工程技术研究中心，该中心围绕农林生物质原料化、能源化、肥料化的综合利用技术，开展相关研发和产业化工作。本书共分为 8 章，从农林生物质资源入手，重点阐述了生物质组分分离及木质素高值化利用技术，生物质固体成型燃料技术，生物质炭化技术，生物质气化技术，生物质快速热解液化技术，生物质厌氧发酵技术，生物有机肥生产技术等生物质能利用的主流技术；系统地对农林生物质资源、主流的综合利用技术进行了介绍，并分别提供了应用案例分析，理论与应用分析相结合，有助于读者的理解；其中还穿插了写作团队近年来相应领域的最新研究成果。

本书的编写人员为一线的科研及科技服务人员，在编写过程中结合了最新的科研成果和应用经验。其中第 1 章由肖进彬、张璐璐、李冲编写，第 2 章由刘振、赵绘婷、谢梅竹编写，第 3 章由王鹏晓、李峰林、马磊编写，第 4 章由聂宁、王晓雅、朱聪斌编写，第 5 章由任秋鹤、王文博、张国艳编写，第 6 章由刘晓杰、董龙浩、刘颖编写，第 7 章由方玉美、张俊龙、赫玲玲编写，第 8 章由程顺利、黄玉喜、彭子涵编写。本书侧重介绍已有产业化实践的技术或正在转化的产业化技术，意在分享编者的技术成果，为从事相关领域的技术人员提供参考，以推动这些技术的产业化应用。

本书的编写在相关基础理论和技术资料等方面参考了大量相关领域的著作，对他们卓有成效的工作表示感谢。

目前农林生物质综合利用技术发展较快，技术本身所涉及的交叉学科也较多，鉴于编写时间及编者专业方面的局限，书稿必然存在不足和疏漏，衷心期望广大读者能对书中不足和疏漏之处给予指正，以利修订时更正。

编者

2023 年 9 月

# 目 录

# 第 1 章　农林生物质综合利用概述

“十四五”时期是我国全面建成小康社会、实现第一个百年奋斗目标之后，乘势而上开启全面建设社会主义现代化国家新征程、向第二个百年奋斗目标进军的第一个五年，也是推动能源绿色低碳转型、落实应对气候变化的国家自主贡献目标的攻坚期，我国可再生能源进入全新的发展阶段。《“十四五”可再生能源发展规划》中提出 2025 年非化石能源消费要占比 20% 左右。

生物质不仅是一种重要的可再生能源，也是一种碳中性的载体。生物质蕴含的碳能源是通过空气中的 $CO_2$ 和水进行光合作用形成的，直接利用生物质原料通过各种转化技术获得国民经济中所需的能源，可以达到碳平衡，生物质利用技术的发展有利于建立良好的可持续性能源利用碳循环圈。开发利用生物质资源，可使其成为继煤、石油、天然气之后人类社会的第四大能源宝库。我国农林生物质资源丰富，合理有序开发利用生物质能，对维护国家能源安全、降低化石能源依赖、优化能源结构、减少环境污染、促进农村和农业循环经济发展具有重要意义，同时可助力实现“碳达峰”和“碳中和”的“双碳”目标。

## 1.1　农林生物质概念及资源分布

### 1.1.1　农林生物质的概念

根据欧盟委员会对生物质的定义，生物质资源包括农、林及相关产业的产品、副产品和残渣，以及非化石、可生物降解的工业部分和城市固体废物。农林生物质资源是指农业生物质资源和林业生物质资源。农业生物质资源主要包括农作物秸秆和农产品加工废弃物。林业生物质资源是指可用于能源或薪材的森林及其他木质资源，主要来源于薪炭林、林业生产的“三剩物”、灌木林平茬复壮、经济林修剪和林业经营抚育间伐过程产生的枝条和小径木，还有造林苗木截干、城市绿化树和绿篱修剪等。

### 1.1.2　农林生物质资源量及分布

我国幅员辽阔，农林生物质来源广泛、数量巨大，为生物质的开发利用提供了丰富的原料。

#### 1.1.2.1 农作物秸秆

相关调研数据显示，对比2016年，2022年我国秸秆理论资源量由9.56亿t增长至9.77亿t，可收集资源量由7.22亿t增长至7.37亿t。2016年和2022年我国秸秆理论资源量和可收集资源量见图1.1。

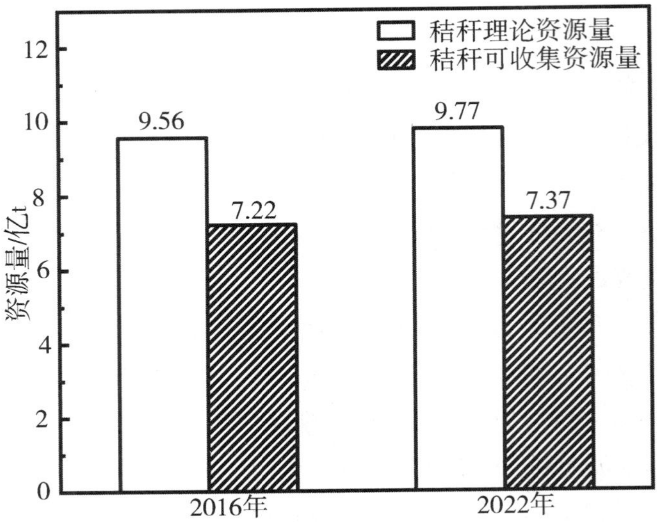


图1.1 2016年和2022年我国秸秆理论资源量和可收集资源量

我国是农业生产大国，农作物秸秆的分布、产量、种类与区域地形地貌、自然资源条件、农业活动、经济特点有着密切关系，具有广泛的区域差异性。全国主要农区秸秆资源台账统计结果显示，2021年我国秸秆产量由大到小依次为华北区、东北区、长江中下游区、西南区、西北区、华南区，分别占全国秸秆总量的27.18%、24.47%、24.34%、9.19%、8.87%、5.95%。2021年我国秸秆产量区域分布见图1.2。

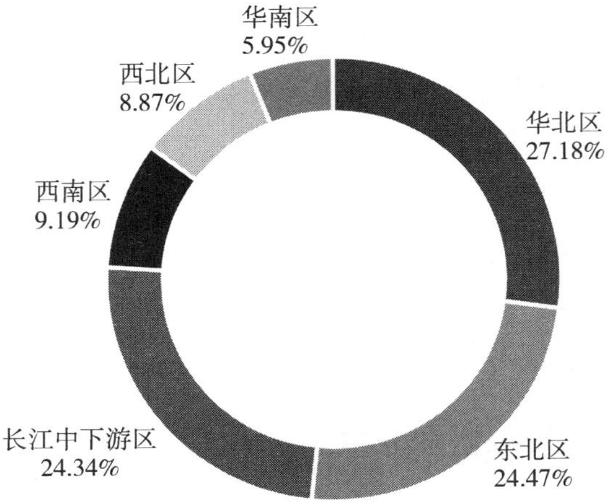


图1.2 2021年我国秸秆产量区域分布

我国农作物秸秆主要分布在东部、北部地区，华北平原、东北平原的省市是我国农作物秸秆的主要分布区，其中山东、河北、河南、黑龙江、江苏是我国农作物秸秆的集中分布区。

#### 1.1.2.2　林业生物质

我国林业生物质资源丰富、种类多、分布广泛、总量大，每年各种林业生物质资源量约为 248.9 亿 t，其各类型林业生物质资源量分布见图 1.3。从各类型林业生物质资源量分布来看，林木生物质总量为 192.58 亿 t，占林业生物质资源总量的 77.4%；草本类生物量（含农作物秸秆）为 27.5 亿 t，占 11.0%；林业采伐剩余物量为 16.2 亿 t，占 6.5%；林木抚育间伐量为 6.8 亿 t，占 2.7%；灌木林生物量为 3.5 亿 t，占 1.4%；竹林生物量为 1.0 亿 t，占 0.4%；薪炭林剩余量为 0.66 亿 t，占 0.27%；木材及木制品废弃物为 0.55 亿 t，占 0.22%。此外，木材加工剩余物、木本油料植物产量分别为 0.132 亿 t、0.02 亿 t。

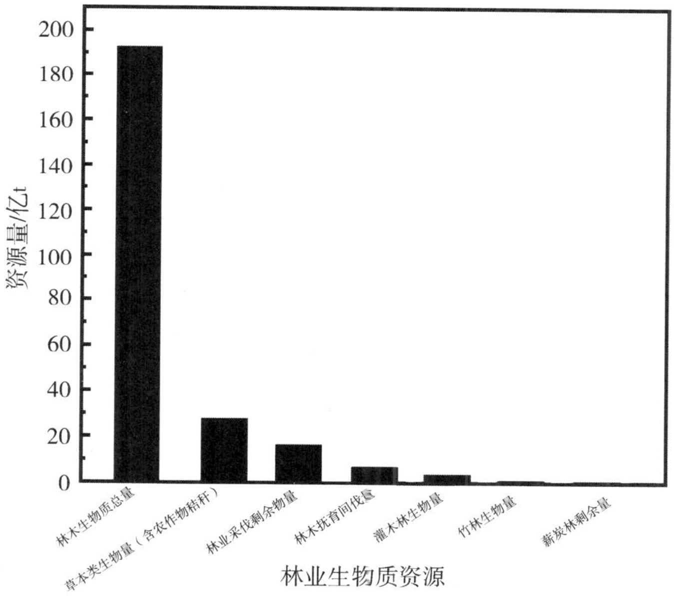


**图 1.3　各类型林业生物质资源量分布**

根据第六次全国森林资源清查结果，东北及内蒙古林区、华北和中原地区、南方林区和华南热带地区是林业生物质资源集中分布区。

## 1.2　农林生物质资源利用现状

农林生物质资源富含氮、磷、钾、钙、镁和有机质等，是一种具有多用途和可再生的生物资源。目前农林生物质综合利用包括肥料化、饲料化、能源化、基料化和原料化（简称“五料化”）5 个主要途径。

### 1.2.1 肥料化利用

肥料化利用是将生物质转化为肥料，以替代化学肥料，同时实现生物质的资源化利用。肥料化利用具有环保、经济、可持续等优点，被广泛应用于农业生产中。

农林生物质可以通过生物质还田、快速腐熟还田、生物有机肥料生产等技术，作为培肥地力的重要来源。生物质还田分为直接还田和间接还田。间接还田通常是指过腹还田，就是生物质经过饲喂变为厩肥后还田，间接还田的生物质统计通常计入饲料用途。

### 1.2.2 饲料化利用

农林生物质是草食性家畜重要的粗饲料来源。饲料化利用是指将生物质加工处理后，通过适当的方法和工艺转化为可供动物食用的饲料。饲料化利用可以充分利用生物质资源，减少废物产生和处理成本，同时提供高质量的动物饲料，还可以促进农业和畜牧业的可持续发展，减少对天然资源的依赖。

通过秸秆青贮、碱 / 氨化、微储或生产颗粒饲料等技术，为畜牧业持续发展提供饲料来源。1 t 普通秸秆的营养价值平均与 0.25 t 粮食的营养价值相当。未经处理的秸秆消化率低，牲畜采食量不高，而经过青贮、氨化等技术处理后，秸秆的营养价值可以大幅度提高。

### 1.2.3 能源化利用

能源化利用是将生物质转化为能源的过程，可以通过不同的技术将生物质转化为燃料、电力、热能等形式的能源。通过固体成型燃料技术、秸秆沼气技术、直燃发电技术、气化和液化等技术，将生物质转化为清洁能源。农林生物质能源化利用技术主要有固体成型燃料技术、生物质炭化技术、生物质气化技术、生物质发电技术、沼气技术及生物质快速热解液化技术等。

2022 年，全国沼气能源化利用的总量约为 160 亿 $m^3$，约占我国燃气能源利用总量的 7%；全国生物质发电 780 万 kW，占发电总装机容量 12.5 亿 kW 的 0.6%。特别是近些年来，大中型沼气工程、生物质发电项目加快建设，生物质能源化利用步伐加快。但从开发利用潜力看，我国每年生产的生物质能当中，可作为能源利用的总量约 4.6 亿 t 标准煤能量，2022 年利用约 2 200 万 t 标准煤能量，利用率仅为 4.8%，还有约 4.4 亿 t 标准煤能量未利用，发展潜力巨大。

### 1.2.4　基料化利用

基料化利用是指以生物质为主要原料，加工或制备主要为动物、植物及微生物生长提供良好条件和一定营养的有机固体物料。

由于农林生物质中含有丰富的纤维素和木质素等有机物，具有丰富的碳、氮、矿物质及激素等营养成分，且资源丰富，成本低廉，因此很适合做多种食用菌的培养基料。以生物质为原料栽培食用菌等产品，可实现农业生产内部的直接再循环。

### 1.2.5　原料化利用

原料化利用是指以生物质为原材料，采用一系列生产工艺制备各种工业原料的技术，包括秸秆造纸、板材加工（高品质秸秆纤维粉体、纤维塑性材料、树脂强化型复合型材、树脂轻质复合型材、包装制品、新型秸秆合成型材）、生活用品加工（生物质秸秆塑料）、净化功能材料（生物活性功能材料、改性碳基功能材料）、秸秆有机化工（淀粉、木糖醇、羧甲基纤维素、糖醛和木聚糖酶生产等）等。

生物质纤维是一种天然纤维素纤维，具有良好的生物降解性，因此以其开发的产品也具有良好的环保性能。我国生物质工业原料利用量约 1 600 万 t，约占 2.3%。现在有研究者利用生物质资源，研发生产节能、新型、环保建筑材料，使之成为高耗能建筑材料的有效替代。

基于良好的发展基础及政策利好，生物质综合利用正成为一个新兴的产业。以农作物秸秆为例，近年来国内秸秆综合利用量及综合利用率呈现增长趋势，2021 年我国秸秆综合利用量为 6.47 亿 t，综合利用率达 88.1%，较 2018 年增长 3.4%。据统计，2021 年全国秸秆利用市场主体为 3.4 万家，较 2018 年增加 7 747 家，其中年利用量万吨以上的有 1 718 家，较 2018 年增加 268 家。饲料化利用主体占比最高，可达 76.9%；肥料化、燃料化、基料化、原料化利用主体分别占比 7.8%、8.9%、3.8%、2.6%。2021 年我国秸秆综合利用方式分布见图 1.4。

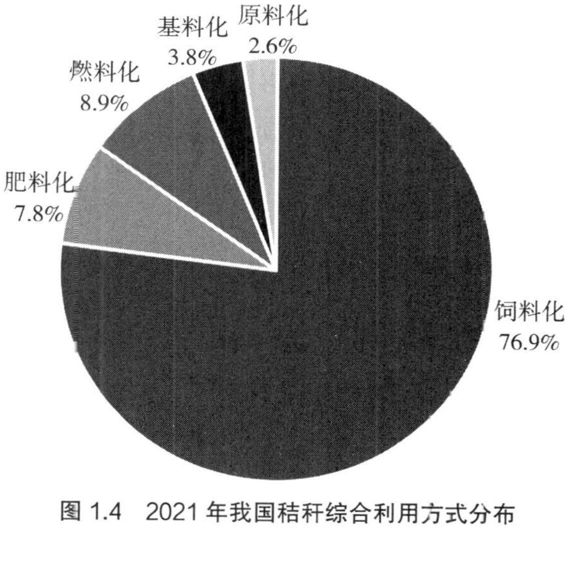


图 1.4　2021 年我国秸秆综合利用方式分布

## 1.3 农林生物质利用技术

“五料化”是处理农林生物质的有效途径，也是我国实现“双碳”目标的重要路径，多年来深受广大研究者的关注，并形成了各具特色的生物质综合利用研究和开发体系。我们团队根据市场需求和自身特点，在生物质原料化、能源化和肥料化方面进行了一些探索，为我国生物质综合利用技术的发展提供参考。

### 1.3.1 生物质组分分离及木质素高值化利用技术

农林生物质组分分离技术是利用物理、化学、生物方法，将生物质中的纤维素、半纤维素和木质素高效分离的过程。一般对原料进行物理预处理很难实现组分的彻底分离，在实际应用中，大多是采用两种或两种以上方法的组合，取长补短，发挥各自优势，改善分离提取的效果。

木质素是由甲氧基苯丙烷单元组成的三维非晶聚合物，占木质纤维素类生物质总重量的 15%~30%，总能量的 40%。木质素具有复杂的结构，难以被解聚为具有高选择性的单体。目前只有大约 2% 的工业木质素被用于商业用途，其余的用作固体燃料。单纯利用木质素燃烧产生热量，利用效率较低，并且排放大量温室气体。因此，利用木质素衍生酚类化合物及其他高值化学品一直是一项重要的工业和科学研究。

### 1.3.2 生物质固体成型燃料技术

生物质固体成型燃料技术是生物质固体形态的能源化利用方式，主要是为了提高生物质的能量密度，将松散的生物质挤压成高密度、高热效率、具有一定形状的固体燃料，制成可代替煤炭的压块燃料，主要有压块燃料和颗粒燃料两种类型。

另外，将生物质利用干馏炭化技术炭化后，再成型制备的碳基成型燃料能量密度更高，水分含量更少，应用领域更加广泛，可以提高能量的利用率。碳基成型燃料也是今后发展的重要方向。

生物质固体成型燃料技术具有生产工艺及设备简单、易于操作、易于实现产业化生产及大规模应用等特点。

### 1.3.3 生物质炭化技术

炭化技术是最为古老的生物质热解技术，是指将生物质在完全没有氧或缺氧条件下热分解，最终生成木炭、生物油和不可冷凝气体的过程。

为了提高热解系统的经济性，现有的生物质炭化技术一般以炭气联产或者炭液气联产为目标，在制备生物质炭的同时，联产的燃气用于合成高附加值的产品。

### 1.3.4　生物质气化技术

生物质气化技术是一种热化学处理技术，是生物质与气化剂（空气、氧气、空气/水蒸气、氧气/水蒸气）在高温下通过气化炉转化为气体燃料的热化学转化过程，也是生物质高效利用的主要方式。

生物质气化技术具有转化效率高、设备及操作简单的特点。产物可燃气体既可以直接作为锅炉燃料供热，又可以经净化处理后作为其他燃料使用，也可以经过调变氢碳比（$H_2$/CO）作为合成气原料合成高附加值的燃料或化学品。

### 1.3.5　生物质快速热解液化技术

生物质快速热解液化技术也是一种热化学处理技术，是生物质在一定温度、无氧或者缺氧条件下，通过快速热解反应器转化为液体燃料的热化学转化过程。

在生物质热解过程中，裂解产物可冷凝部分经快速冷凝可形成一种褐色黏性液体，通常称为热解油或生物油。由于生物质原料种类多样，其产物热解油（或生物油）组分十分复杂，几乎包括所有种类的含氧有机物，如酸类、醛类、酮类、醇类、酯类、醚类、酚类、糖类及低聚物，通常需要对热解油进行预处理或提取后才能实现其更高的利用价值。

### 1.3.6　生物质厌氧发酵技术

生物质厌氧发酵技术是指生物质在具有一定的水分、温度和厌氧条件下，通过各类微生物的分解代谢，最终形成甲烷和二氧化碳等可燃性混合气体的过程。

目前，集中厌氧消化系统（CAD）代表了欧洲沼气工程的发展趋势，即将一定范围内的有机废物（粪便、市政污泥、农林加工废物）集中处理，可以产生规模经济效应。集中厌氧消化系统在丹麦、德国、英国和瑞典推广应用较快。沼气通过水洗、碱液吸收、膜提纯等技术除去杂质后，使甲烷纯度达到97%~98%，可供甲烷汽车等交通工具使用。

### 1.3.7　生物有机肥生产技术

生物有机肥生产技术是一种使用生物有机物质制成有机肥料的技术，是将生物质通过发酵、堆肥等方式经过处理获得高品质有机肥料的过程。

生物质有机肥具有富含营养、改善土壤、环保安全等优点，在农业生产中广泛应用。

## 1.4　我国农林生物质利用技术发展现状与存在问题

我国政府及有关部门对农林生物质的利用极为重视，党和国家主要领导人曾多次批示和指示加强生物质的综合利用。多个生物质综合利用技术的研究与应用列为重点研究项目，涌现出一大批优秀的科研成果和成功的应用范例，如户用沼气池、禽畜粪便沼气技术、生物质气化发电和集中供气、生物质成型燃料等，取得了可观的社会效益和经济效益。同时，我国已形成一支高水平的科研队伍，拥有一批热心从事生物质综合利用技术研究与开发的著名专家学者。

### 1.4.1 生物质能源化利用技术

#### 1.4.1.1 发展现状

（1）沼气技术是我国发展最早、应用最为广泛的生物质能源化利用技术。国家一直将发展新的沼气技术列为重点科技攻关项目，计划实施了一大批沼气及其利用的研究项目和示范工程。截至 2021 年，我国已建设了大中型沼气池 3 万多个，总容积超过 137 万 $m^3$，年产沼气 5 500 万 $m^3$，仅 100 $m^3$ 以上规模的沼气工程就达 630 多处，其中集中供气站 583 处，用户 8.3 万户，年均用气量 431 $m^3$，主要用于处理禽畜粪便和有机废水。这些工程都取得了一定的环境效益和社会效益，对当地经济发展和厌氧技术推广起到了积极作用。

（2）我国的生物质气化技术近年有了长足的发展，气化炉的形式由传统的上吸式、下吸式发展到最先进的流化床、快速流化床和双床系统等，在应用上除了传统的供热之外，最主要的突破是农村家庭供气和气化发电。目前全国已建成农村气化站近 200 个，谷壳气化发电机组 100 多台（套），气化利用技术的影响正在逐渐扩大。

（3）生物质固体成型技术示范推广已初具规模。固体成型技术解决了生物质原料多样、理化特性差别大、不易大规模利用的缺点，通过引进国外先进机型，经消化、吸收，研制出各种类型的适合我国国情的生物质压缩成型机，用以生产棒状、块状或颗粒生物质成型燃料。生物质成型燃料经历了技术引进与吸收、设备研发与创新、产业推广与应用等阶段，在河南、山东、辽宁、河北、广东、黑龙江等地建成多条生产线。

（4）生物质液体燃料技术在“十三五”期间就被列入重点发展对象，近年来纤维素乙醇和合成油燃料技术发展较快，主要以生物发酵制乙醇和气化－费托合成油燃料技术为主。近年来，研究者针对木质纤维素生物质的结构组成特点和化学官能团特性，提出了生物质直接或间接（经平台分子）的方法来制备醇、烃燃料，开拓了生物质制备醇、烃液体燃料的新途径。

#### 1.4.1.2 存在的问题

我国在生物质能源化利用方面，主要是引进国外的秸秆发电技术，建设了河北国能成安、河北国能威县、山东国能高唐、山东国能垦利、江苏节能（宿迁）、江苏国能射阳一期、河南长葛秸秆直燃发电等几十座秸秆发电厂。由于秸秆直接燃烧能量利用率只有15%左右，造成能源的巨大浪费，秸秆发电经济效益不佳，在国家用电补贴的情况下仍然亏损，难以为继。

由于资源条件的限制，我国在生物质能源化利用方面面临的技术难度较大，技术水平与发达国家相比仍存在一定差距，主要表现在以下几个方面：

（1）新技术开发缓慢，关键技术仍需进一步突破。我国早期的生物质利用主要集中在沼气利用上，近年来在生物质固体成型技术、气化技术、液化技术等技术的开发应用方面也取得了一定突破，但开发进展相对缓慢，生物质综合利用技术产业链未完全打通。

（2）由于资源分散，收集手段落后，我国生物质能源化利用工程规模小。为降低投资，大多数工程采用简单工艺和简陋设备，设备利用率低，转换效率低下。所以，生物质能源化利用项目的投资回报率低，运行成本高，难以形成规模效益，不能发挥其应有的、重大的能源作用。

（3）投入过少，研究的技术含量低，多为低水平重复研究。除沼气工程外，新技术大规模工程实践较少，最终未能解决一些关键技术，如：厌氧消化产气率低，设备与管理自动化程度较差；气化利用中焦油问题没有彻底解决，给长期应用带来严重问题；沼气发电与气化发电效率较低，相应的二次污染问题未彻底解决。这些导致许多工程系统常处于维修或故障的状态，从而降低了系统运行强度和效率。

（4）下游产品的开发投入不够。由于我国生物质能源化、工业化利用规模不够，相关产品在市场上没有形成影响力。例如碳基材料产品的开发应用、焦油产品的开发、生物质甲醇及生物质制氢等领域的应用都不能形成规模，使我国在生物质能源化、工业化应用方面不能形成完整的产业和商业链条，限制了生物质的大规模开发应用。

### 1.4.2　生物有机肥技术

#### 1.4.2.1　发展现状

随着我国农业现代化和绿色发展的要求，生物有机肥产业得到了快速发展。据统计，截至2022年底，我国已建成各类规模化生物有机肥厂家约3 000家，年产能达到1.5亿t。同时，我国也加大了对生物有机肥在农业上应用的研究力度，形成了一批具有自主知识产权的生物有机肥技术和产品。生物有机肥在我国农业生产中的应用涉及粮食作物、经济作物、蔬菜水果、茶叶、中药材等多个领域，在改良土壤、防治土传病害、减少环境污染等方面取得了显著的效果。

#### 1.4.2.2　存在的问题

生物有机肥是一种具有多种优点的新型复合肥料，它在农业上的应用已经取得了显著的成果，但是也存在一些问题，主要表现在：①原材料复杂多变；②质量安全风险；

③功能微生物不稳定；④缺乏作物专用型产品。

总的来说，目前我国对于生物有机肥效应尚缺乏系统的评价体系。已经报道的研究结果证明，有机肥具有增加作物的产量、改善农产品品质、提供和活化养分、节省化学肥料、拮抗土传病害等多种功能；但是，没有从南方到北方、从东部到西部的全国性的肥料试验网，无法全面评价和认识不同生物有机肥在不同地区、土壤类型、作物种类的肥效，生物有机肥在不同状况下的应用效果和机制并不完全清楚。

另外，我国生物有机肥研发与生产存在亟待解决的问题较多，其中最为重要的是与有机肥的质量相关的保活材料。生物有机肥中菌落的数量保持、菌株存活时间的长短是生物有机肥重要的指标，保护剂、助剂是确保生物有机肥质量的关键，也是国外生物有机肥生产中保密性最强的核心技术；生物有机肥产品中菌株生存时间短、活性差，适应环境能力较低，产品效果不稳定及成本较高等问题，导致生物有机肥的大量生产和大范围的应用受到限制；我国生物有机肥中的菌株存活时间较短，远远低于国际现行技术能够达到的标准。我国保持生物有机肥的生理活性的核心技术比国外落后，亟待加强能保持生物有机肥旺盛活力的生物保活材料的研究与开发。

## 1.5　农林生物质利用政策

为了实现生物质利用技术的快速发展，我国颁布和实施了一系列的生物质利用政策。

2021 年 10 月，国务院印发《2030 年前碳达峰行动方案》，提出加快推进秸秆高值化利用，完善收储运体系，严格禁烧管控；到 2025 年大宗固废年利用量达到 40 亿 t 左右，到 2030 年达到 45 亿 t 左右；加强农作物秸秆综合利用。

2021 年 10 月 29 日，生态环境部等印发《2021—2022 年秋冬季大气污染综合治理攻坚方案》，鼓励各地积极采用生物质能等可再生能源供暖方式。

2022 年 5 月 7 日，农业农村部、国家发展改革委印发《农业农村减排固碳实施方案》，推广生物质成型燃料配套清洁炉具，助力农村地区清洁取暖。

2022 年 6 月 1 日，国家发展改革委、国家能源局等联合印发的《“十四五”可再生能源发展规划》中提出，大气污染防治非重点农村地区推广成型燃料炉具取暖，2025 年非化石能源消费要占比 20% 左右。

2022 年 9 月 20 日，国家能源局关于印发《能源碳达峰碳中和标准化提升行动计划》的通知指出，开展生物质能、清洁炉具标准研制。

2022 年 10 月 18 日，市场监管总局、国家发展改革委等九部门印发《建立健全碳达峰碳中和标准计量体系实施方案》，推进生物质成型燃料标准制定。

2023 年 3 月 15 日，国家能源局、生态环境部、农业农村部、国家乡村振兴局关于组织开展《农村能源革命试点县建设方案》的通知指出，依托生物质供暖服务站发展生物质锅炉供热。

我国在 2017 年组织建设生物质热电联产示范项目，建成后优先获得国家生物质能源发电补贴。2018 年要求地方针对燃煤与农林生物质、生活垃圾等混燃发电在内的其他生物质发电项目，解决资金补贴问题。现阶段，我国生物质利用相关政策没有形成体系。在生物质规划方面，没有强制实行的效果，也没有具体实施的细则。在生物质补贴方面，我国主要是对生物质原料及生物质发电进行补贴，而对生物质利用企业缺乏关注。

## 1.6　终端产品

农林生物质综合利用生产的产品见表 1.1。

表 1.1　农林生物质综合利用生产的产品

| 类别 | 产品 |
| --- | --- |
| 材料类 | 多层板、刨花板、酚醛泡沫 |
| 能源类 | 生物质炭、沼气、合成气、甲醇、二甲醚、木焦油、木醋液等 |
| 肥料类 | 秸秆生物有机肥料、秸秆有机复合肥料、秸秆 – 沼渣生物有机肥料 |

材料类产品主要以木质素酚醛树脂为胶黏剂制成，包括板材、酚醛泡沫等新型环保建筑材料。

能源类产品主要为通过固体成型燃料技术、生物质炭化技术、生物质气化技术、生物质液化技术及沼气技术等生物质利用技术生产的产品及高值下游产品，主要包括生物质炭、沼气、合成气、甲醇、二甲醚、木焦油、木醋液等。这些产品广泛应用于固体燃料、液体燃料及肥料等领域。

肥料类产品主要是以生物质为原料生产的生物有机肥，包括秸秆生物有机肥料、秸秆有机复合肥料、秸秆 – 沼渣生物有机肥料等。生物有机肥广泛应用于作物种植、土壤改良中。

总体来说，农林生物质的开发利用要遵循几个原则：农林生物质开发利用要与促进农村经济发展相结合；农林生物质开发利用要与改善农民生活条件相结合；农林生物质开发利用要与生态环境保护相结合；农林生物质开发利用要与粮食安全相协调；农林生物质开发利用要与市场和商业化应用相结合。最重要的是，我国农林生物质利用产业的发展应该注重综合技术的利用和经济效益。

# 第 2 章　生物质组分分离及木质素高值化利用技术

随着社会经济的快速发展及煤、石油和天然气等化石能源的日益消耗，全球将会迎来巨大的能源结构变革。其中，可再生生物质资源的转化和利用面临着前所未有的机遇与挑战。生物质资源高效转化为燃料和化学品是一种可持续发展路线，具有重要的科学意义和极大的应用潜力。

生物质是一种重要的可再生资源，充分利用其中的纤维素、半纤维素和木质素三大组分制备高附加值化学品，是实现自然界中可再生生物质资源高效转化的重要路径。然而，生物质中三大组成部分之间通过氢键和共价键等相互作用结合在一起，构成了植物细胞的韧性结构，阻碍其直接被利用。因此，生物质的刚性结构对其直接转化带来极大挑战。实现生物质三大组成部分的高效分离转化是许多科技工作者研究的目标。

生物质原料常用的分离方法包括物理处理法、生物处理法和化学处理法。一般对原料进行物理预处理很难实现组分的彻底分离，在实际应用中，大多是采用两种或两种以上方法的组合，取长补短，发挥各自优势，改善其分离提取的效果。本章总结了常用的以纤维素优先提取和木质素优先提取的方法，并重点介绍了编者采用有机溶剂法提取纤维素和木质素的相关研究工作。木质素是生物质中唯一存在的芳香聚合物，催化木质素转化制备高附加值芳香化学品，具有非常重要的研究意义和应用前景。因此，本章结合编者的研究工作，介绍了木质素解聚合成酚醛树脂及其在人造板、建筑保温材料酚醛泡沫等领域的应用。

## 2.1　木质纤维素类生物质组分分离技术

### 2.1.1　木质纤维素类生物质的结构组成

木质纤维素类生物质是地球上最丰富的生物质资源，包括木材（如杨木、松木等）和农林废弃物（如玉米秸秆、小麦秸秆等），具有来源广泛、普遍性和易取性等特点。

木质纤维素类生物质主要由纤维素、半纤维素和木质素三大组分组成，三者结构各不相同，其结构和组分如图 2.1、表 2.1 所示。纤维素和半纤维素是由糖单元通过糖苷键连接而成的高分子聚合物，而木质素则是由大量苯环结构构成的三维立体型结构的生物大分子。半纤维素和木质素通过共价键连接并形成一个网络结构，且纤维素也镶嵌在其中，使得木质纤维素具有很高的抗张强度和抗机械强度，并具有很强的抗生物降解能力。为能更有效地将生物质转化为可有效利用的能源和各类化工品，需要充分了解木质纤维素类生物质的结构组成。

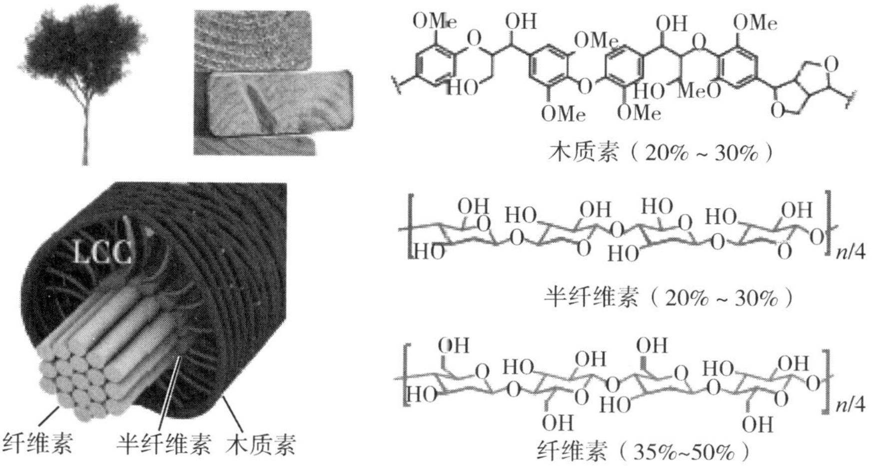


**图 2.1　生物质主要组分结构**

**表 2.1　生物质和木质素主要组分**

| | 生物质组分 /% | | | 木质素组分 /% | | | |
|---|---|---|---|---|---|---|---|
| | 木质素 | 纤维素 | 半纤维素 | S | G | H | *β*-O-4 |
| 阔叶木 | 16~24 | 43~47 | 25~35 | 46~75 | 25~50 | 0~8 | 50~70 |
| 针叶木 | 25~31 | 40 | 25~29 | 0 | ＞95 | ＜5 | 35~55 |
| 禾本植物 | 16~21 | 29~35 | 26~32 | 20~54 | 33~80 | 16~21 | |

纤维素是整个生物质的骨架部分，是由成千上万个 D- 吡喃式葡萄糖单元以 $\beta$-1，4 糖苷键连接而成的线性聚合物，是世界上含量最丰富的天然有机聚合物，占木质纤维素含量的 40%~50%。半纤维素是一种由多种单糖及糖醛酸单元（如 D- 木糖、L- 阿拉伯糖、D- 葡萄糖、D- 半乳糖、D- 甘露糖、D- 葡萄糖醛酸、4-O- 甲基 -D- 葡萄糖醛酸、D- 半乳糖醛酸等）通过糖苷键连接而成的多糖大分子。木质素是自然界唯一的天然芳环聚合物，由对羟苯基丙烷（H）、愈创木基丙烷（G）和紫丁香基丙烷（S）通过酶的脱氢聚合及自由基耦合而成，而不是由碳水化合物组成。木质素与半纤维素一起作为细胞间质填充在细胞壁的微细纤维之间，在细胞壁中起加固作用。

据估算，全球每年可产生约 10 000 亿 t 木质生物质资源，但其中 89% 尚未被充分利用，主要原因之一就是不能有效地将木质纤维素类生物质中的各组分分离出来，造成了资源的浪费。生物质组分分离已成为国内外生物质资源研究领域的重点。

## 2.1.2 基于纤维素优先的生物质组分分离技术

我国的生物质原料集中于利用其中的纤维素用于造纸制浆、纤维素的硝化及糖化转化，在食品化工、日用化工、油田化学、医药、建筑与生物化学等领域广泛应用。在这些应用中首先需要分离出其中的纤维素部分，常用的分离纤维素的方法包括物理处理法、生物处理法和化学处理法。通常采用化学处理法，包括亚硫酸盐法、硫酸盐法、烧碱法和有机酸溶剂法，来溶解生物质中的木质素，实现木质素组分的脱除，分离得到纯度较高的纤维素；而溶解的木质素发生严重的缩聚反应，且杂原子的引入和较低的纯度也进一步影响木质素的催化转化，使木质素部分未得到充分利用。

### 2.1.2.1 亚硫酸盐法

亚硫酸盐法是一种传统的造纸制浆技术，但这种制浆方法不适用于一些阔叶木材和草类原料。亚硫酸盐制浆工艺主要采用亚硫酸盐溶液（钙、钠、镁和铵的亚硫酸盐）作为试剂，在反应釜中 120~150 ℃蒸煮，亚硫酸盐种类的不同，得到的磺酸盐浆的 pH 值也不同，可以是酸性、中性或碱性。木质素在蒸煮中活性的 $\alpha$ 位发生磺化反应，生成木质素磺酸盐，且木质素磺酸盐进一步发生水解反应，使之与连接的半纤维素解聚分离，纤维素仍然以固体形式存在，因此，实现了木质纤维素中纤维素分离。得到的木质素分子中通常含有 4%~8%（质量分数，下同）的 S，且以磺酸盐基团的形式存在。如图 2.2 所示。因此，木质素磺酸盐具有较高的分子量（1 000~50 000 Da），溶解在水

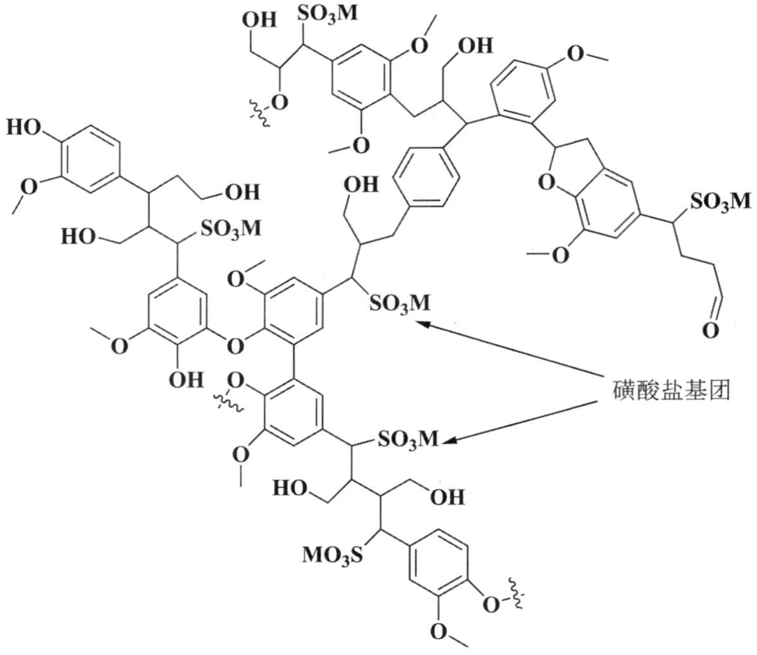


图 2.2 木质素磺酸盐的模型结构

中形成造纸黑液。目前回收的木质素磺酸盐大多用于燃烧供热。

#### 2.1.2.2　硫酸盐法

硫酸盐法制浆是利用 NaOH 和 $Na_2S$ 将碎木屑中木质素分离，从而获得由纤维素纤维组成的纸浆。因需添加 $Na_2SO_4$ 以补充 $Na_2S$ 在制浆过程中发生的损耗而得名，我国每年大约生产 1.3 亿 t 的硫酸盐纸浆。在硫酸盐制浆过程中，木材等原料在大量 NaOH 和 $Na_2S$ 存在下，在高 pH 值和高温（423~453 K）条件下，蒸煮 2~4 h 来逐步降解其中的木质素和半纤维素，同时溶液的高碱性避免了溶解的木质素在保留纤维素上沉积，分离出纤维素浆。从本质上说，制浆过程就是缺电子的共轭或羰基基团与亲核试剂（$OH^-$、$SH^-$ 和 $S^{2-}$）发生亲核反应。在蒸煮过程中，首先木质素酚型结构单元上 $\alpha$- 醚键断裂，如图 2.3 所示，进而引发 $\beta$-O-4（$\beta$- 芳基醚）的断裂。由于 $\beta$-O-4 连接方式在木质素结构中占有相当大比例，因此硫酸盐法蒸煮会不断地使木质素高分子降解而低分子化。分离得到硫酸盐木质素中 S 的含量为 1%~2%，与原生木质素相比，硫酸盐木质素的结构和化学性质发生很大改变，且得到的硫酸盐木质素与来自半纤维素的碳水化合物结合在一起，对其进一步的催化解聚反应带来很大困难。因此，包含硫酸盐木质素的制浆黑液通常用于制浆球磨过程中能量的供给。

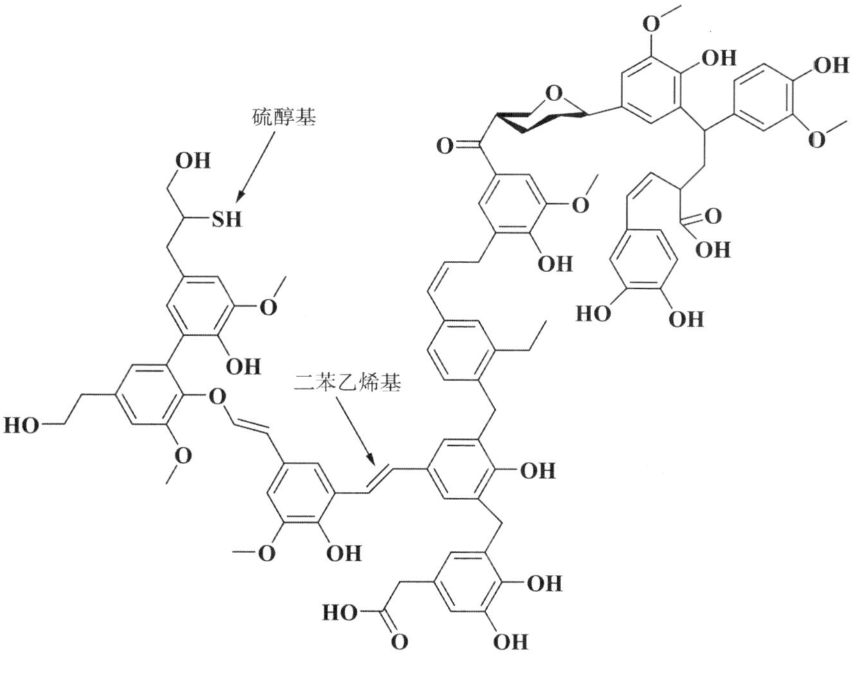


图 2.3　硫酸盐木质素的模型结构

### 2.1.2.3 烧碱法

烧碱法主要是对非木质生物质原料，如稻草、秸秆、芒草、亚麻和甘蔗渣等，进行处理制浆，由于原料中木质素的含量较低，通常只需要在浓度 13%~16% 的 NaOH 溶液，蒸煮温度为 140~170 ℃条件下对生物质原料进行蒸煮，同时添加催化计量的蒽醌可以稳定碳水化合物，且通过促进醚键的还原断裂而加快木质素的溶解。其中木质素的溶解机制类似于硫酸盐法制浆工艺，但是木质素的脱除速率低于硫酸盐法过程。分离的木质素通常称为碱木质素，碱木质素的结构如图 2.4 所示。相对于硫酸盐木质素和木质素磺酸盐，烧碱法中使用盐酸中和反应液沉淀并分离得到的碱木质素中不含硫，且其结构更接近于原生木质素。但是在制浆过程中，催化木质素中 C—O 连接方式断裂，而形成稳定的 C—C 连接方式不利于碱木质素的进一步催化解聚。

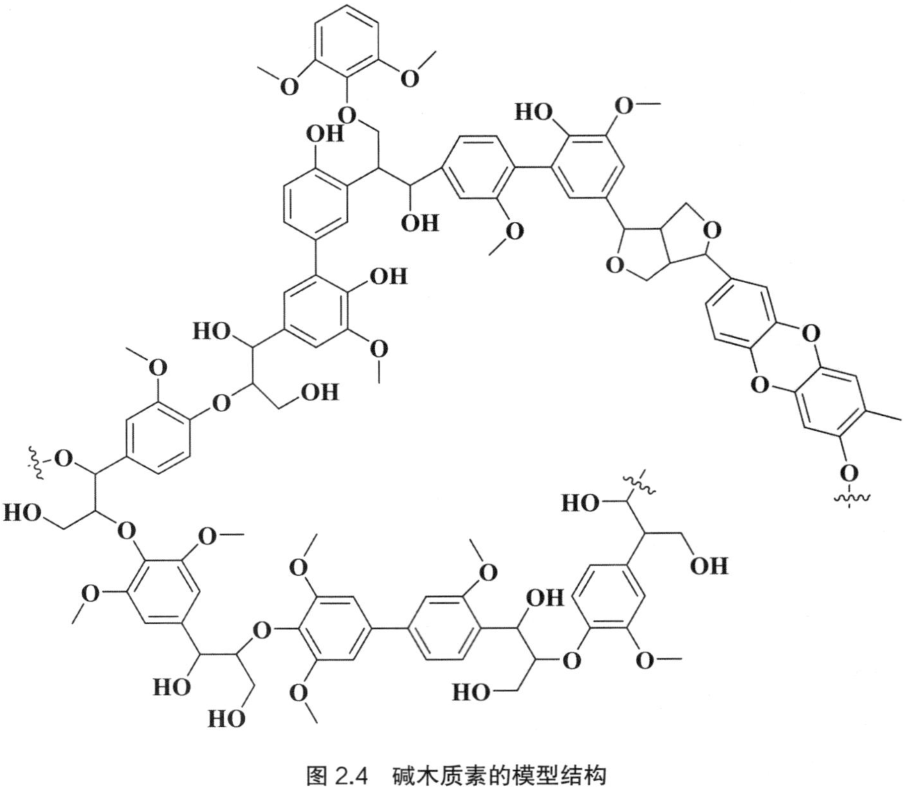


图 2.4 碱木质素的模型结构

### 2.1.2.4 有机酸溶剂法

20 世纪 80 年代起，研究人员对有机酸溶剂制浆开展了深入研究。有机酸溶剂法是利用有机酸溶剂或外加一些催化剂，在一定温度、压力条件下将原料中的木质素分离溶解或水解，从而使木质素纸浆分离的方法。有机酸溶剂法充分利用有机溶剂良好的溶解性和易挥发性，有机酸溶剂分离水解或溶解木质素，达到木质素与纤维素的高效分离。产生的制浆废液可以通过蒸馏来回收有机溶剂，反复循环利用，无废水或少量废水排放，形成一个封闭循环的系统，能够真正从源头防治制浆造纸对环境的污染，而且溶出的木质素在有机溶剂中不易降解，有效地保护了木质素的结构，对组分的充分回收利用具有重要的意义。

编者以玉米秸秆为原料，稀盐酸为催化剂，通过甲酸、乙酸和水混合体系处理玉米秸秆脱除半纤维素和木质素；处理后的固体残渣再用碱性过氧化氢处理，不仅对纤维素有漂白作用，还能进一步脱除残渣中未脱除干净的半纤维素和木质素，达到高效分离纤维素的目的。反应后的废液回收，通过酸沉－醇析的方法分离并提取木质素和半纤维素。玉米秸秆组分分离及回收工艺流程见图 2.5。该技术使 90% 以上的木质素和半纤维素与纤维素分开而不破坏纤维素结构，总碳回收率近 90% 或更高，从而实现秸秆的全组分综合利用，清洁、高效、经济地利用农业废弃物资源。

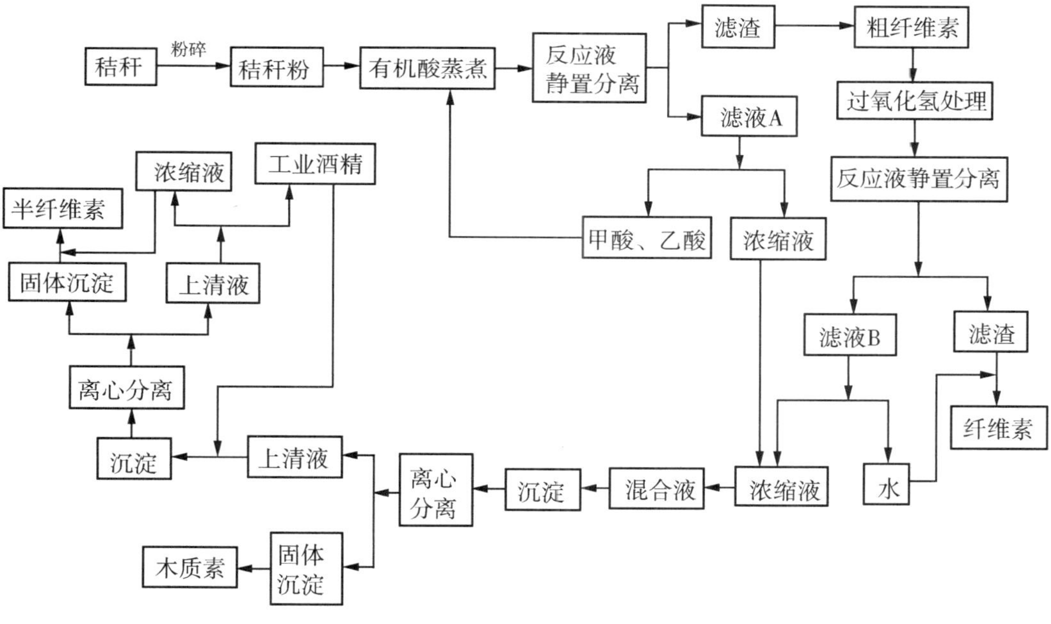


**图 2.5　玉米秸秆组分分离及回收工艺流程**

图 2.6 为反应前后样品的红外吸收光谱。1 715 $cm^{-1}$ 处为非共轭羰基 C＝O 和共轭羧基伸展振动，1 610 $cm^{-1}$ 和 1 510 $cm^{-1}$ 附近特征峰有强烈的苯环骨架振动带，是木质素结构中芳香环的特征振动，用来判断木质素的存在。曲线中 1 170 $cm^{-1}$ 处是纤维素结构特征谱带，1 158 $cm^{-1}$、1 109 $cm^{-1}$、1 025 $cm^{-1}$ 处是纤维素分子中醚键和羟基的吸收谱带；曲线中 1 049 $cm^{-1}$ 处是木聚糖的特征峰，而木聚糖是半纤维素的主要成分，且在峰的两

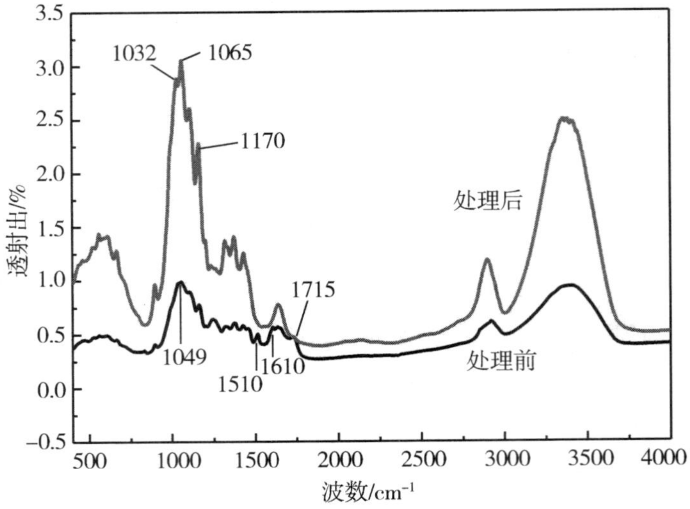


图 2.6　红外吸收光谱图

侧有一些弱的肩带。由图看出，反应后的样品的红外图谱中没有明显的木质素特征峰，但存在少量的半纤维素，说明了该方法处理玉米秸秆能高效脱除其木质素和半纤维素，实现了分离纤维素的目的。该分离纤维素的方法同样适用于其他木质原料，如小麦秸秆、稻秆、杨树枝及樟树枝等，结果如图 2.7。

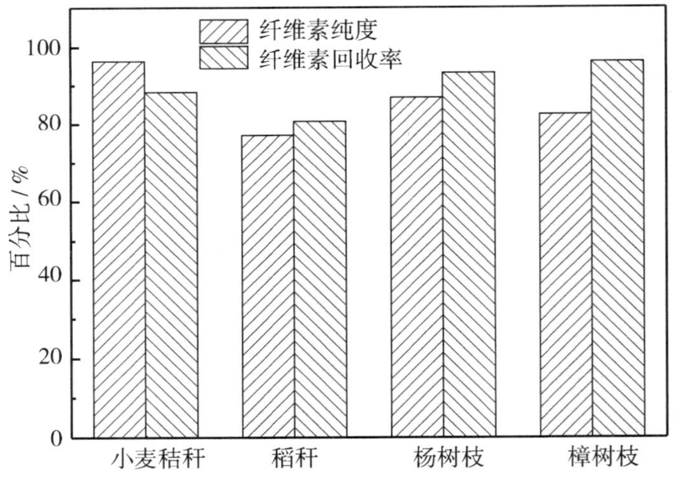


图 2.7　不同原料分离纤维素的纯度和回收率

图 2.8 为不同条件下的试验结果。通过对实验条件的优化得到纤维素组分分离实验的最佳工艺条件为：0.1 mol/L HCl 为催化剂，甲酸、乙酸和水的体积比为 30∶60∶10，反应温度为 90℃，过氧化氢浓度为 5%，得到的纤维素纯度为 94.2%，回收率为

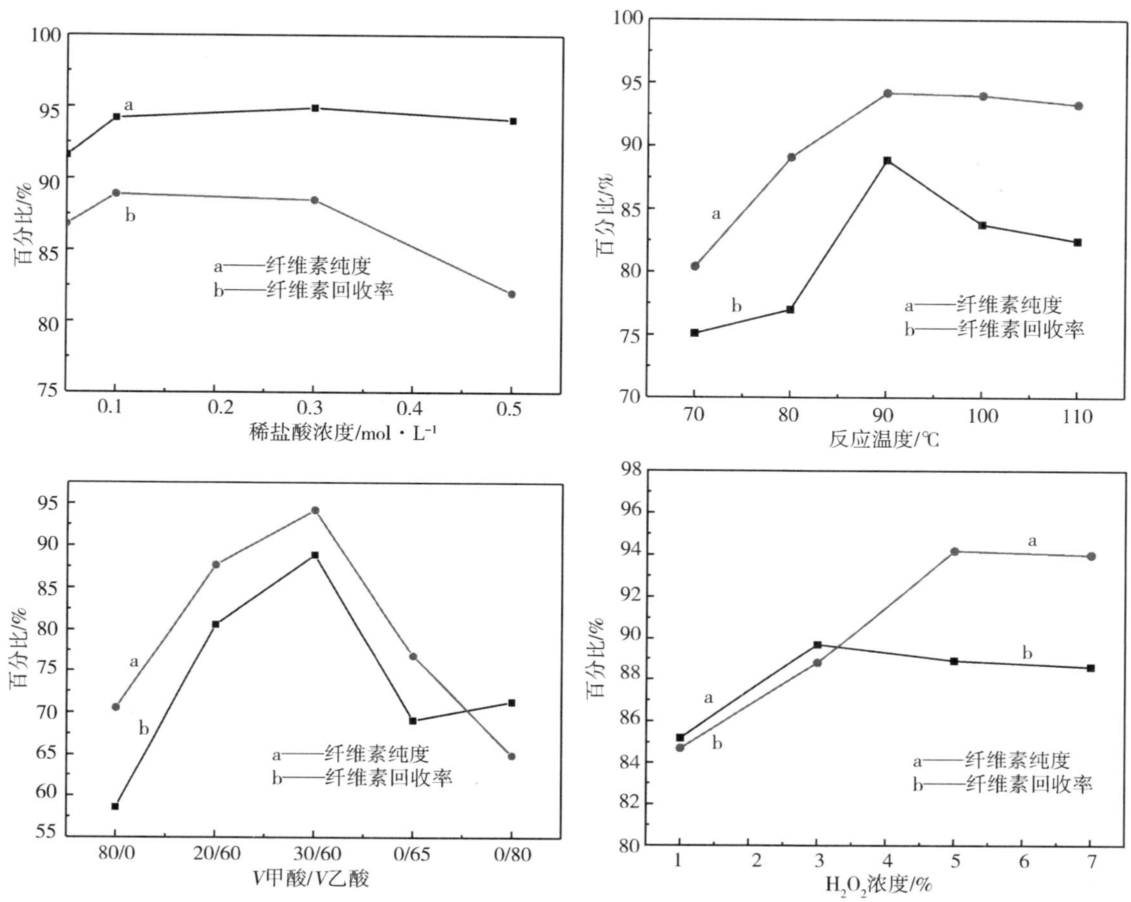


图 2.8　不同条件下的试验结果

88.9%。通过酸沉－醇析的方法分离回收半纤维素和木质素，木质素和半纤维素的回收率分别为 75.6% 和 28.5%。

### 2.1.3　基于木质素优先的生物质组分分离技术

为了实现生物质中木质素的高价值利用，研究者提出了木质素优先的策略，发展了球磨法、蒸汽爆破法、酶解法、离子液体法和有机溶剂法等，在温和条件下选择性溶解生物质中的木质素，分离得到结构改变较小且纯度较高的活性木质素，可用于进一步的催化转化制备高价值芳香化合物。而对于生物质中剩余的纤维素和半纤维素组分，未能得到有效利用。

#### 2.1.3.1　球磨法

球磨法是 Björkman 在 1954 年提出的一种分离木质素的方法。首先将脱脂的木粉在干燥或加入甲苯等非润胀性溶剂中进行球磨 48 h 或者更长时间，以破坏木质纤维的细胞结构，然后使用 1，4- 二氧六环和水（体积比为 9 ∶ 1）进行提取，分离得到粗的球磨木质素（milled-wood lignin，MWL），可使用有机溶剂对 MWL 进一步溶解分离纯化，得到黄褐色的粉末木质素样品。虽然球磨的过程会导致木质素中少量醚键断裂及缩合反应，但温和中性的处理条件下，得到 MWL 的结构接近于原生木屑中木质素的结构，木质素的分子量分布在 6 000~16 000 Da，因此，MWL 是代表原生木质素的较好模型。而通过球磨法分离得到的木质素产率较低，仅占生物质中木质素含量的 25%~50%，分离木质素后剩余的纤维素残渣中包含大量的半纤维素和木质素。

#### 2.1.3.2 蒸汽爆破法

蒸汽爆破法是在 1928 年由 W. H. Mason 发展的一种预处理技术。它是指生物质原料在 1.38~3.45 MPa 压力下用蒸汽加热至 180~230 ℃保持 1~20 min 后，快速释放压力的过程。主要可分为两个阶段：一是气相蒸煮阶段，高压蒸汽进入木质纤维的空隙，使生物质产生一些酸性物质，促进半纤维素的降解；二是爆破阶段，在高压蒸汽释放时，渗入木质纤维素结构中的蒸汽分子瞬间释放出来，会破坏生物质中的氢键和共价键，达到破坏生物质韧性结构的目的。蒸汽爆破的过程实现了类酸性水解、热降解、类机械断裂、氢键破坏和结构重排，使生物质的形态结构发生很大变化，并伴随着部分纤维素和半纤维素的降解。然后使用有机溶剂和水体系提取蒸汽爆破处理后原料中的木质素。在蒸汽爆破前，使用酸或 $SO_2$ 来处理生物质原料，会提取分离得到更多木质素，但是酸性处理条件下木质素中 C—O 连接方式断裂的同时伴随着木质素缩聚反应。

#### 2.1.3.3 酶解法

酶解法主要分为两种。一种是通过微生物产生的木质素降解酶直接分离降解生物质中的木质素。目前，研究发现的木质素降解酶主要有漆酶、过氧化物酶及锰过氧化物酶等，在上述一种或多种木质素降解酶的作用下，木质纤维素类生物质中的木质素可被分离降解成低分子量的木质素片段或小分子量的芳香族化合物。该法反应时间过长，木质素脱除率相对较低，且在木质素分离的过程中纤维素及半纤维素损失率较高，难以实现纤维素及半纤维素的有效利用。另一种是来源于纤维素乙醇的生物炼制工艺，通过纤维素酶水解纤维素，间接得到富含木质素的固体残渣，即酶解木质素（cellulolytic enzyme lignin，CEL）。由于酶解过程的反应条件温和，对木质素结构影响较小，其结构与木质纤维素中的原本木质素的结构较为相似，被认为是研究原本木质素结构和性质的重要模型物。但是，由于酶解过程条件温和、缓慢且效率较低，得到的 CEL 中会含有较多的纤维素、半纤维素及蛋白质等，导致 CEL 的成分较为复杂且纯度较低；另外，酶解过程的耗时过长也影响了其在木质素提取工艺中的进一步发展和应用。

#### 2.1.3.4　离子液体法

离子液体通常是由有机阳离子和有机 / 无机阴离子组成的熔点低于 100 ℃的熔盐，具有良好的热力学和化学稳定性，可以通过改变离子中烷基链的长度、支链或阴阳离子的结构和种类来控制离子液的物理化学性质，实现对离子液的设计。离子液体系对生物质中的纤维素、半纤维素、木质素甚至纤维原料均表现出良好的溶解能力，因而可以作为溶剂分离提取木质素。

采用离子液体提取木质素有两种策略：一种是利用离子液体溶解木质素而对碳水化合物不溶解，从而选择性地将木质素提取出来；另一种是先用离子液体将植物纤维原料全组分溶解，再利用组分在抗溶剂中的溶解性差异将它们各自分离开来。对于以优先提取木质素为目标的植物纤维原料分离技术，根据木质素的结构特点，选择对木质素有良好溶解性、对纤维素溶解性低的离子液体系，可以分离得到离子液木质素。Rogers 等提出了使用离子液溶解生物质中的所有组分，然后使用反溶剂逐步沉淀分离出多糖和木质素。为了进一步提高木质素的分离效率，根据木质素的结构特点，选择含有咪唑环芳香基团的离子液体系，可与木质素相互作用从而提高木质素的溶解度。其中，咪唑阳离子主要包括 1，3- 二甲基咪唑阳离子（[ Mmin ] $^+$）、1- 乙基 -3- 甲基咪唑阳离子（[ Emin ] $^+$）、1- 烯丙基 -3- 甲基咪唑阳离子（[ Amin ] $^+$）、1- 丁基 -3- 甲基咪唑阳离子（[ Bmin ] $^+$）、1- 丁基 -2，3- 甲基咪唑阳离子（[ $Bm_2in$ ] $^+$）和 1- 己基 -3- 甲基咪唑阳离子（[ Hmin ] $^+$）等，与之结合的阴离子主要包括氯离子（$Cl^-$）、溴离子（$Br^-$）、硫酸甲酯离子（$MeSO_4^-$）、醋酸根离子（$OAc^-$）和三氟甲烷磺酸离子（$CF_3SO_3^-$）等，结构如图 2.9 所示。此外，咪唑环侧链上的 $\pi$ 电子也可与木质素的芳环形成 $\pi$–$\pi$ 共轭体系而促进木质素的溶解。

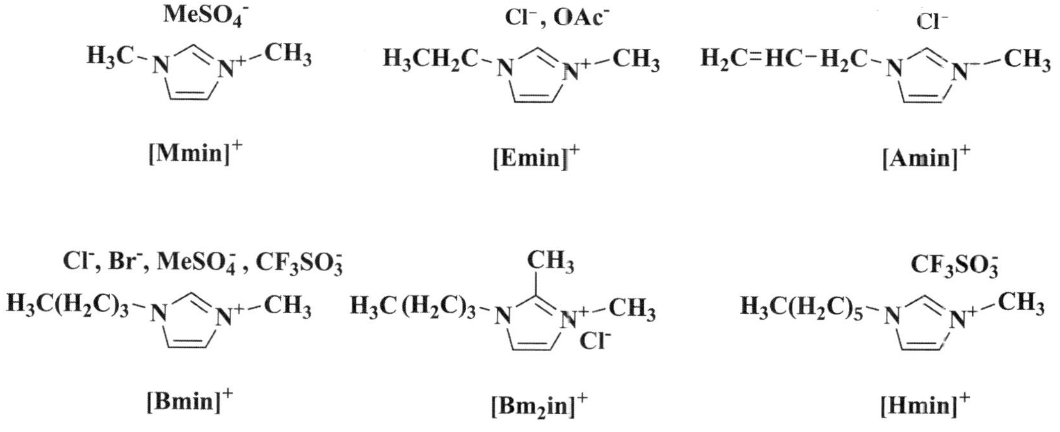


图 2.9　离子液体的结构

离子液体中的阴离子对木质素的溶解度也有一定的影响。Pu 等研究了［Bmin］$^+$ 为阳离子时，不同阴离子对木质素溶解性的影响，研究表明，离子液中阴离子对木质素溶解性的大小顺序为：$CF_3SO_3^- > Cl^- > Br^- > PF_6^-$，而阴离子改变对木质素溶解性的影响主要是来自不同的阴离子与木质素之间形成的氢键作用。利用离子液体提取木质素仍处在初级研究阶段，而且离子液体价格比较高，开发成本低且对木质纤维原料溶解能力强的离子液体是未来重要的研究方向。

#### 2.1.3.5 有机溶剂法

1931 年，Kleinert 和 Tayenthal 提出利用乙醇提取植物原料中的木质素的思路，但直到 20 世纪 80 年代,科研人员才对有机溶剂法提取木质素的方法进行深入全面的研究。有机溶剂法利用有机溶剂（或和少量催化剂共同作用）良好的溶解性和易挥发性,分离、水解或溶解生物质中的木质素，使得木质素与纤维素充分、高效分离，得到的有机木质素更接近天然木质素，保留更多活性基团，且有机溶剂通过蒸馏可回收再利用，减少了对环境的污染，是极具发展潜力的环境友好型木质素提取工艺。

用于木质纤维原料中木质素分离提取的有机溶剂主要有醇类（甲醇、乙醇、丙醇、乙二醇、丙三醇及正丁醇等）、有机酸类（甲酸、乙酸、丙酸和过氧乙酸等）、醚（四氢呋喃和 1，4– 二氧六环等）、酮（丙酮和甲基异丁基酮等）、酯（乙酸乙酯和 $\gamma$– 戊内酯等）及苯酚等。乙醇法是迄今为止研究较多的有机溶剂法。为了增加木质素的分离效率，通常会在有机溶剂处理的过程中加入一些酸性催化剂，如盐酸、硫酸、磷酸等。

编者以樟木等为木质原料，采用 NREL 法测定常见木质原料中纤维素、半纤维素和木质素的含量（表 2.2）。选择乙醇 – 水溶剂体系，反应釜中添加樟木粉 4.00 g；乙醇 – 水溶剂 48 mL（乙醇 43.2 mL、水 4.8 mL）；反应温度 160 ℃；反应时间 60 min；催化剂浓度均为 0.02 mol/L，分别选取 $MgCl_2 \cdot 6H_2O$、$Mg(NO_3)_2 \cdot 6H_2O$、$AlCl_3 \cdot 6H_2O$、$Al(NO_3)_3 \cdot 9H_2O$、甲酸、乙酸、浓 $H_2SO_4$、$NaHSO_3$ 等为催化剂，得到不同催化剂催化下樟木木质素的提取得率，结果见表 2.3。不同催化剂催化提取木质素的得率显著不

表 2.2　不同木质原料的组分分析

| 木质原料 | 纤维素 /% | 半纤维素 /% | 木质素 /% |
|---|---|---|---|
| 樟木 | 51.22 | 25.15 | 15.46 |
| 松木 | 40.32 | 26.73 | 29.85 |
| 桉木 | 39.10 | 12.11 | 26.24 |
| 小麦秸秆 | 39.75 | 31.49 | 14.85 |
| 杨木 | 45.77 | 31.34 | 17.58 |

同，采用浓 $H_2SO_4$ 和 $AlCl_3 \cdot 6H_2O$ 作为催化剂的木质素得率明显高于其他催化剂。浓 $H_2SO_4$ 具有强酸性及强氧化性，$AlCl_3 \cdot 6H_2O$ 属于温和型催化剂。

表 2.3　不同催化剂催化提取樟木木质素的得率

| 催化剂 | $m$（催化剂）/g | $m$（樟木）/g | $m_0$ /g | $m_1$ /g | $w$（木质素）/% |
|---|---|---|---|---|---|
| 空白实验 | 0 | 4.002 | 0.619 | 0.058 | 9.37 |
| $MgCl_2 \cdot 6H_2O$ | 0.195 | 4.000 | 0.618 | 0.102 | 16.49 |
| $Mg(NO_3)_2 \cdot 6H_2O$ | 0.246 | 4.000 | 0.618 | 0.106 | 17.14 |
| $AlCl_3 \cdot 6H_2O$ | 0.232 | 3.999 | 0.618 | 0.436 | 70.53 |
| $Al(NO_3)_3 \cdot 9H_2O$ | 0.516 | 4.003 | 0.619 | 0.077 | 12.44 |
| 甲酸 | 0.044 | 3.999 | 0.618 | 0.084 | 13.59 |
| 乙酸 | 0.058 | 4.001 | 0.619 | 0.070 | 11.32 |
| 浓 $H_2SO_4$ | 0.094 | 4.001 | 0.619 | 0.442 | 71.46 |
| $NaHSO_3$ | 0.099 | 4.000 | 0.618 | 0.060 | 9.70 |

注：$m$（催化剂）：加入催化剂的质量；$m$（樟木）：加入樟木粉的质量；$m_0$：根据 NREL 法测定的樟木粉中木质素的理论质量；$m_1$：实际提取的木质素质量；$w$（木质素）：木质素的得率。

反应条件：樟木粉 4.00 g，溶剂 48 mL（乙醇 43.2 mL、水 4.8 mL），反应体系中催化剂浓度均为 0.02 mol/L，反应温度 160 ℃，反应时间 60 min。

对木质素得率较高的两种催化剂浓 $H_2SO_4$ 和 $AlCl_3 \cdot 6H_2O$ 催化提取的木质素进行红外光谱分析（图 2.10）、紫外光谱分析（图 2.11）、SEM-EDS 分析（图 2.12）和热重分析（图 2.13）等表征，分析木质素的品质。结果表明，不同催化剂催化提取对木质素的结构、品质影响较小，樟木木质素主要由愈创木基和紫丁香基结构单元组成，且结构较完整，具有较高品质。

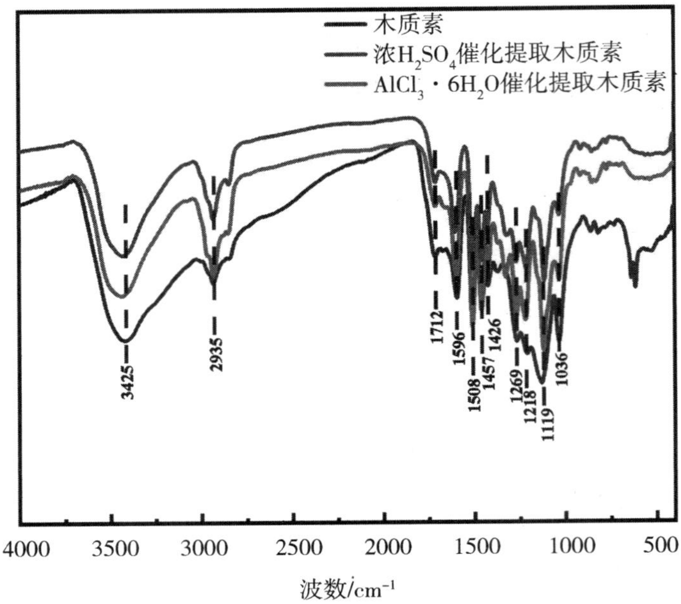


图 2.10　樟木木质素的红外光谱分析

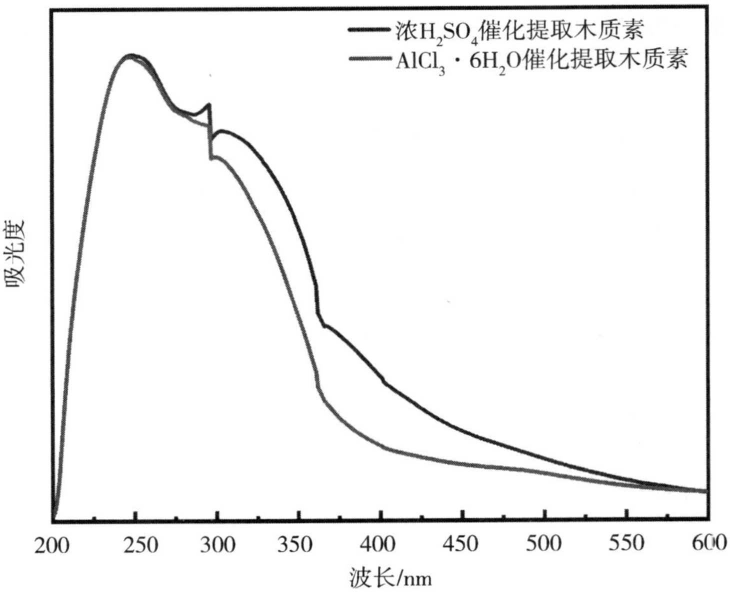


图 2.11　樟木木质素的紫外光谱分析

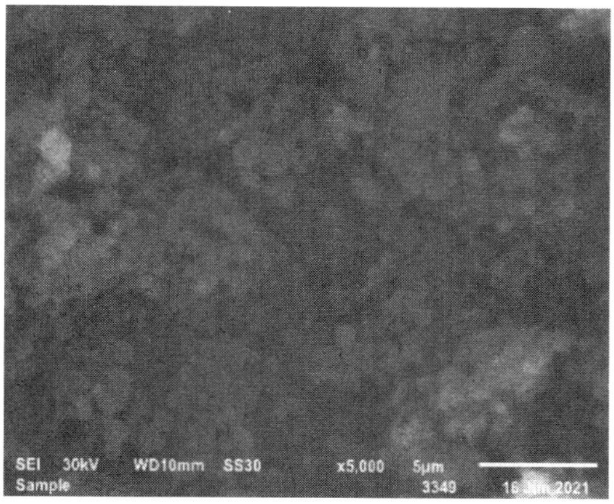


浓 $H_2SO_4$ 催化提取木质素

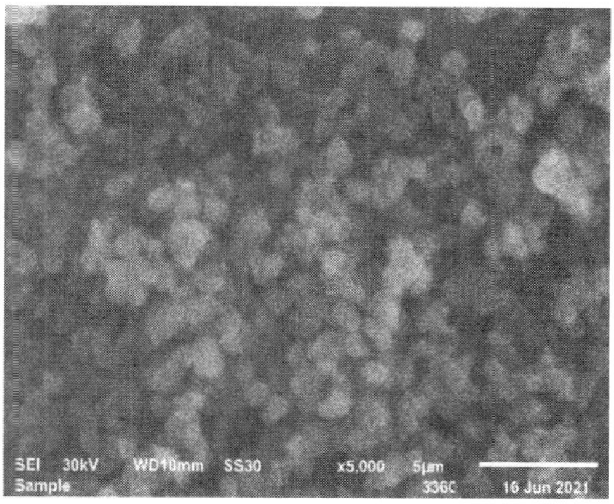


$AlCl_3 \cdot 6H_2O$ 催化提取木质素

图 2.12　不同催化剂催化提取木质素的 SEM-EDS 分析

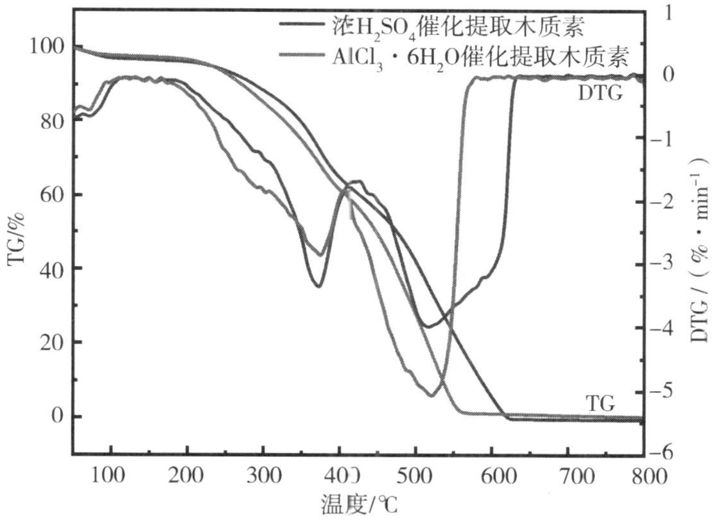


图 2.13　不同催化剂提取木质素的热重分析

由于浓 $H_2SO_4$ 具有强酸性及强氧化性，选择较温和的 $AlCl_3 \cdot 6H_2O$ 作为催化剂。在醇-水体系下，以 $AlCl_3 \cdot 6H_2O$ 作为催化剂催化提取多种木质原料中的木质素，木质素均有较高得率，结果见表 2.4。说明该催化提取体系可应用于不同木质原料中木质素的提取。

表 2.4　$AlCl_3 \cdot 6H_2O$ 催化提取不同原料中木质素的得率

| 原料 | 樟木 | 松木 | 桉木 | 小麦秸秆 | 杨木 |
|---|---|---|---|---|---|
| $w$（木质素）/% | 70.53 | 72.04 | 71.09 | 70.11 | 70.21 |

注：反应条件：原料 4.00 g，溶剂 48 mL（乙醇 43.2 mL、水 4.8 mL），反应体系中催化剂浓度 0.02 mol/L，反应温度 160 ℃，反应时间 60 min。

## 2.2 木质素高值化利用技术

### 2.2.1 木质素结构分析

木质素是由甲氧基苯丙烷单元组成的三维非晶聚合物，碳氧比超过 2 : 1，其结构如图 2.14 所示。

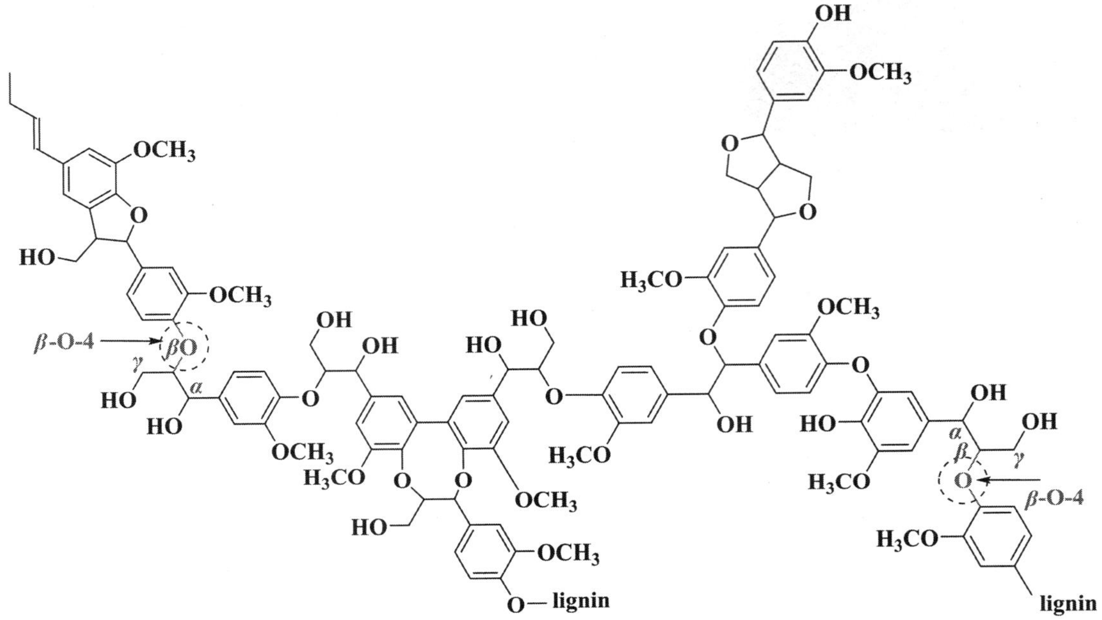


图 2.14 一种典型的木质素结构片段

木质素分子有 800~900 个碳原子，木质素结构中约 2/3 的连接键为醚键，包括 β-O-4、α-O-4、4-O-5 等，其中 β-O-4 连接键最多，其分布多数在 40% 以上。β-O-4 连接键比木质素结构中 C—C 键更易断裂，它的断裂是木质素解聚为中间化学品的关键。

由于木质素结构的不规则性，以及连接键的稳定性和转化技术上的困难，木质素高值化利用研究进展缓慢，直到最近才取得实质性进展。通过热化学或生物化学的方法可以实现木质素结构中 β-O-4 键的断裂，从而实现木质素的解聚转化。采用生物转化技术降解木质素主要采用生物酶降解的方式，成本较高，并且产物难分离。国内外科研工作者研究较多的是热化学转化方法。木质素的热化学转化方法主要可分为高温燃烧、高温热解和液相催化解聚。高温燃烧和高温热解对木质素利用率较低，并产生环境污染。木质素液相催化解聚在液相环境中进行，反应条件较温和，方法简单，易于操作，是具有良好应用前景的木质素高值利用方法。

### 2.2.2　木质素液相催化解聚

木质素液相催化解聚是在液相环境中利用催化剂的活性位点断裂木质素结构中的 $\beta$-O-4 键，从而实现木质素的解聚。催化剂在液相环境中分散性好，催化剂活性位点易接触到 $\beta$-O-4 键，反应充分。相对于燃烧和热解，木质素在液相环境中的反应条件较温和，产物选择性较高，主要为高价值的小分子酚类产物，是一种前景较好的木质素解聚手段。木质素在液相中的催化解聚方式主要有酸催化解聚、碱催化解聚、催化氢化解聚与催化氧化解聚。

#### 2.2.2.1　酸催化解聚

酸催化剂被广泛应用于生物质解聚过程以获得高附加值化学品。矿物质酸最早被应用于木质素解聚研究，主要用于催化 C—O 键断裂。日本京都大学 Ito 等开展了一系列关于木质素二聚体模型化合物的酸催化反应研究，并提出了可能的 C—O 键断裂机理（图 2.15），指出 $\beta$-O-4 的断裂需要强酸催化。传统的液体矿物质酸主要用于催化木质素模型化合物的解聚，研究 $\beta$-O-4 断裂机理。液体酸催化木质素解聚，产品分离较困难，并且需要对废酸进行回收处理。近几年科研工作者开发了对产物选择性较高、腐蚀性弱、易于分离重复利用的固体酸催化剂。应用于木质素解聚的固体酸催化剂主要有分子筛类、杂多酸类、金属氧化物类等。

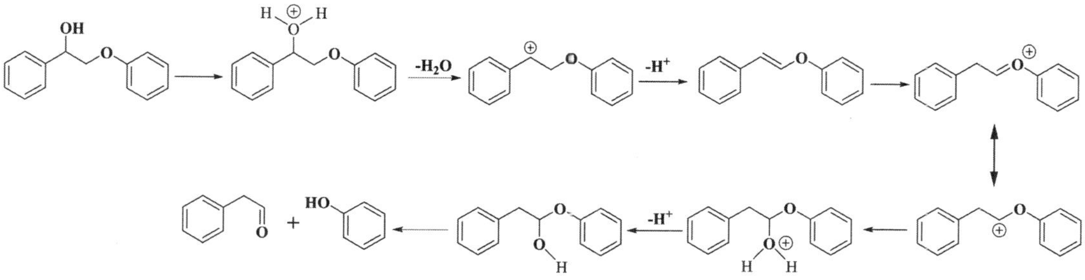


图 2.15　酸催化 C—O 键断裂机理

分子筛具有丰富的孔结构和可以调节的布朗斯特（Brønsted）和路易斯（Lewis）酸性位，是一种应用广泛的固体酸催化剂。Kong 等以异丙醇作为溶剂，分别采用 H-Beta、HZSM-5、MAS-7、MCM-41 和 SAPO-11 分子筛负载 Ni-Cu 作为催化剂醇解碱木质素。结果表明，Ni-Cu/H-Beta 催化剂有较高的催化活性。在 330 ℃下，生物原油和单体收率可分别达到 98.8%、50.8%。研究认为，原因在于 Ni-Cu/H-Beta 有较高的酸性、较大的比表面积和孔体积，以及丰富的孔尺寸。Wang 等制备了 Ru-M/HY（M=Fe、Ni、Cu、

Zn）催化剂，催化加氢脱氧解聚软木材木质素至烷烃。结果表明，氢离子在 Cu 表面扩散的活化能相对于 Fe、Ni 和 Zn 较低，Ru-Cu/HY 催化剂对烷烃有较高的选择性。研究人员进一步发现钌基双金属催化剂中过渡金属可以调节钌的氢解活性，防止氢解过度生成气态产物。

杂多酸是均相和多相酸催化反应的活性催化剂，其酸性比传统固体酸催化剂酸性强，是一种在催化解聚木质素制备高值化学品方面有潜在价值的固体酸催化剂。Abayneh 等研究了碱木质素在高温高压条件下湿法氧化制羧酸的工艺，分别采用 2 种杂多酸 $H_3PW_{12}O_{40}$ 和 $H_3PMo_{12}O_{40}$ 在水热条件下催化氧化木质素，以甲酸、乙酸和琥珀酸为目标产物，考察了木质素氧化过程中羧酸总收率的影响因素。在所使用的 2 种催化剂中，磷钼酸的效果最好，羧酸的产率和木质素的转化率分别达到 45% 和 95%。Du 等以异丙醇为反应介质，$CePW_{12}O_{40}\cdot xH_2O$ 为催化剂，在 300 ℃的条件下解聚木质素，木质素转化率达到 73.4%，主要产物为醛类和酚类，收率分别为 29.17%、26.33%。研究指出，木质素在高温催化下 C—C 键、C—O 键断裂，产生的单体经脱水、脱烷基和去甲氧基化反应降解成各种产物。

金属氧化物中因金属阳离子和氧离子分别具有 Lewis 酸和 Brønsted 酸的性质而颇受关注。Hita 等制备了 $Al_2O_3$ 负载重金属催化剂 $Pt/Al_2O_3$、$Pd/Al_2O_3$、$Rh/Al_2O_3$、$Ru/Al_2O_3$。制备的催化剂通过 $NH_3$-TPD 表征发现，$Pt/Al_2O_3$ 和 $Rh/Al_2O_3$ 催化剂上较弱的位点（297~367 ℃）占主导，而 $Pd/Al_2O_3$ 上较强的位点（420~491℃）占主导。在 450 ℃、10 MPa $H_2$ 条件下解聚木质素，考察不同负载金属对反应的影响发现，解聚产物主要有四类：烷基酚类、芳烃类、含氧化合物和烷烃，其中烷基酚类为主要产物。以 $Rh/Al_2O_3$ 为催化剂时，产物总收率最高，为 30%。研究认为这是金属 Rh 和 $Al_2O_3$ 协同作用所致，其总酸度更高，尤其是含有大量的弱酸位。为了去除沉积的固体碳，在 550 ℃时对 $Rh/Al_2O_3$ 进行了氧化处理。催化剂总酸度、比表面积、孔体积均有一定程度下降，然而金属粒度有一定程度增加。XRD（X 射线衍射）结果表明，木质素脱水解聚过程中一定比例的 $\gamma$-$Al_2O_3$ 和 $\alpha$-$Al_2O_3$ 形成了勃姆石态。其他研究人员也发现，$\gamma$-$Al_2O_3$ 在水热状态下稳定性不理想，易形成水化勃姆石而导致比表面积和 Lewis 酸位点降低。

#### 2.2.2.2 碱催化解聚

碱催化解聚也是一种重要的木质素解聚方式。在水热条件下，碱能够夺取木质素结构中的活泼氢从而引发醚键的断裂，导致木质素解聚为目标产物。Thring 等对木质素及其模型化合物在碱催化剂（NaOH）催化解聚领域做了很多研究。杨木、枫木和桦木木质素碱催化解聚研究结果表明：反应温度、反应时间和催化剂添加比例对液相产物的产率影响较大。在反应温度较低的条件下，愈创木酚和紫丁香酚为主要催化解聚产物；而随着反应温度升高，产物则以儿茶酚及其衍生物为主。

碱能够促进木质素的解聚，但碱催化解聚为了提高目标产物得率，通常反应条件苛刻，需要较高的反应温度，反应过程中总是伴随着不饱和基团或碳正离子等活性物质的生成，生成的初级降解产物高度不稳定，极易发生严重的缩合反应，造成目标产物得率及选择性降低。缓解木质素碱催化过程中的缩聚反应是提高目标产物得率的重要途径。Miller 等以甲醇和乙醇为反应介质，分别以 CsOH、KOH、NaOH、LiOH、$Ca(OH)_2$、$Na_2CO_3$ 作为催化剂，在 290 ℃的反应温度下，反应时间 10~15 min，催化解聚木质素及其模型化合物。结果表明，醇溶剂作为反应介质在一定程度上能够缓解缩聚反应，催化剂碱性越强，木质素的转化率越高。Yuan 等在水 – 乙醇溶剂中，采用苯酚作为封端剂，以 NaOH 为催化剂催化解聚碱木质素。在反应温度为 260 ℃，木质素与苯酚质量比为 1 ∶ 1，反应时间 1 h 的条件下，木质素基本能得到完全降解，固体残渣不足 1%，基本上没有气体产物，降解产物的数均分子量和重均分子量与原木质素相比均得到有效降低。王祺铭等利用响应面法分析碱性条件下木质素酚化降解工艺，考察了木质素取代量、酚化时间、酚化温度对响应值酚羟基含量的影响。研究发现，木质素取代量 63%，酚化温度 109 ℃，酚化时间 1.4 h 时，其酚羟基含量可达 4.498 mmol/g。

均相碱催化剂催化木质素解聚产物分离困难，液体碱造成环境污染，催化剂不易回收循环利用。近几年来，科研工作者开发了固体碱催化剂催化解聚木质素。MgO 是生物柴油合成中广泛应用的一种固体碱催化剂，也被应用于木质素催化解聚。Long 等以价格低廉的工业固体碱 MgO 为催化剂，分别采用水、甲醇、乙醇和四氢呋喃为反应介质催化解聚木质素。结果表明，以四氢呋喃为反应介质时，MgO 催化解聚活性高，在 250 ℃、反应时间 15 min 条件下，酚类单体收率达到 13.2%。分析认为，这是因为木质素在四氢呋喃中良好的溶解性促进了木质素的催化解聚。其他的固体碱，如 $RbCO_3$、$CsCO_3$，在木质素模型化合物中断裂 $\beta$–O–4 键也表现了较高的活性，在木质素催化解聚中也有一定的应用前景。

#### 2.2.2.3 催化氢化解聚

木质素催化氢化解聚是在氢气或者氢源存在的条件下，在催化剂的作用下将木质素解聚为芳香族化合物的方法。Ni、Fe、Ru 的复合物等均相催化剂被报道应用于木质素催化氢化解聚，这些均相催化剂在温和条件下能够有效断裂木质素结构中的 C—O 键，使木质素解聚为小分子芳香族化合物。但是，均相催化剂回收和循环利用困难，且有些催化体系中使用 $LiAlH_4$ 或 *t*–BuONa，空气或湿度对其催化性能影响较大。

近几年，多相催化剂开始应用于木质素及其模型化合物催化氢化解聚。Song 等采用活性炭负载镍催化剂，在 200 ℃条件下成功将木质素磺酸盐催化转化为酚类产品。Zhang 等指出 Ni 催化剂中引入贵金属 Au、Ru 等，能够显著增强催化剂断裂木质素 C—

O 键的活性。除 Ni 外，其他金属催化剂，如 Cu、Mo、Pt、Pd，也被报道催化氢化解聚木质素及其模型化合物至酚类衍生物有较高的活性。

Guan 等制备了不同贵金属 Pt、Pd、Rh 和 Ru 负载的 $Nb_2O_5$ 催化剂，通过催化氢化解聚木质素模型化合物 2- 苯乙基 - 苯基醚评估几种催化剂的活性。结果表明，Rh/$Nb_2O_5$ 催化活性较佳，通过优化 $H_2$ 压力、反应温度、反应时间等因素，在 260 ℃、0.1 MPa 条件下反应 4 h，2- 苯乙基 - 苯基醚转化率能达到 99.3%，芳香族化合物选择性高达 98.9%。研究认为，Rh/$Nb_2O_5$ 催化氢化解聚反应活性高是 Rh 和 $Nb_2O_5$ 活性位点协同作用的结果，Rh 负责 $H_2$ 的解离，而 $Nb_2O_5$ 则负责 C—O 键的活化。将 Rh/$Nb_2O_5$ 催化剂应用于白蜡木木质素的解聚，在 0.1 MPa $H_2$ 压力条件下，液体产物基本全部为芳香族化合物。Song 等制备了钴基催化剂 Co/C@N，选择性催化氢化解聚苄基苯基醚，如图 2.16 所示。结果表明，在最优反应条件下，苄基苯基醚基本完全转化，单体产物选择性高达 98.2%。研究人员指出，在催化作用下，苄基苯基醚结构中的 $C_{alk}$—O 键首先断裂形成甲苯和苯酚，苯酚迅速加氢形成环己醇。Co/C@N 催化剂选择性断裂二苯醚、二苄醚、联萘乙醚、愈创木酚、苯甲醚和邻苯二甲醚等木质素衍生物中的连接键，活性也较高。

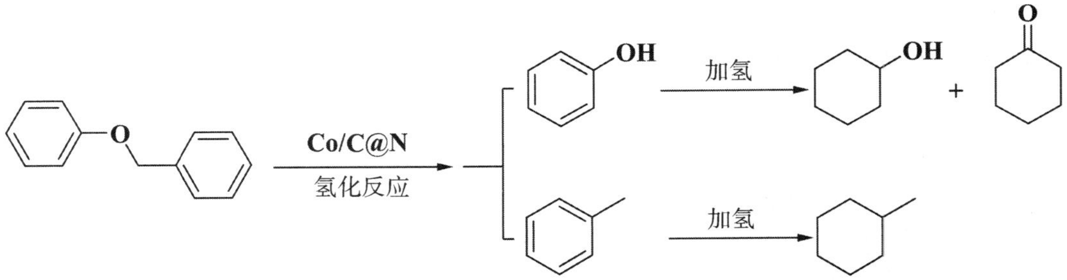


**图 2.16　苄基苯基醚在 Co/C@N 催化下氢化解聚反应途径**

虽然催化氢化解聚是一种有前景的木质素解聚方式，但是催化效率低导致木质素的转化率低，并且氢解过程中消耗昂贵的氢或氢源，成本较高。此外，催化氢化解聚反应过程中碳氧键的裂解可能伴随着芳香环的加氢，产生环己烷衍生物的混合物，造成产物体系较复杂。因此，开发高效、对目标产物选择性高的催化氢化解聚方式仍是下一步研发的重点。

#### 2.2.2.4　催化氧化解聚

催化氧化是一种有效的木质素解聚方法，可以将木质素解聚成芳香族单体、低聚物或功能性化学品，用于碳氢燃料或其他化工和制药工业的原料。与催化氢化解聚相比，木质素的氧化转化不需要消耗氢气或氢源，也可产生芳香族化合物。传统造纸工业采用催化氧化法，在制浆和漂白过程中使用氧气、臭氧和过氧化氢作为氧化剂降解脱除木质素。近年来，在木质素催化氧化解聚方面，过氧酸、离子液体、有机金属催化剂、有机催化剂、仿生催化剂等得到了广泛的研究。

木质素选择性氧化解聚是一种有前景的木质素转化策略。钙钛矿型复合金属氧化物，如 $LaFe_{1-x}Cu_xO_3$（$x$=0、0.1、0.2）和 $Pd/Al_2O_3$ 催化剂被用于碱木质素的氧化转化，主要产物为香草醛和丁香醛，但产物得率不高。研究发现，均相催化剂如 $Mn(NO_3)_2$，结合离子液体在木质素氧化解聚断裂 C—O 键具有较高的反应活性。

尽管均相催化剂氧化解聚木质素活性较高，但催化剂从产物中分离比较困难。针对这一问题，科研工作者开发了多相催化剂。Zeng 等制备了石墨烯氧化物催化剂，分别氧化解聚木质素二聚体、木质素低聚物和溶剂型木质素。结果表明，石墨烯氧化物催化剂可以选择性氧化木质素的芳基和烷基羟基，从而实现木质素在温和条件下解聚。研究认为，木质素二聚体、木质素低聚物和溶剂型木质素催化解聚的机理是通过一种稳定存在的烯醇醚中间体。木质素中的酚羟基促进自由基阳离子的形成，阻止开环反应，从而导致木质素二聚体通过烯醇醚中间体转化为酚类单体。Sibel 等在温度 150~250 ℃、压力 3.45~10.34 MPa 条件下，采用湿式空气氧化法解聚碱木质素、玉米秸秆和杉木原料。结果表明，相对于玉米秸秆和杉木原料，碱木质素更易解聚。在 150 ℃和 6.89 MPa 条件下，主要产物为异香草酸，升高温度和压力，导致更多氧化产物的形成，主要为羧酸衍生物。

Rahimi 等提出了一种在温和条件下选择性转化木质素至低分子量芳族化合物的新路径，这一路径包含氧化木质素中 $C_\alpha$ 位的羟基至酮基和水解 $\beta$-O-4 键两个步骤。研究发现 4- 乙酰氨基 -TEMPO（2，2，6，6- 四甲基哌啶氧化物）和 $HNO_3$ 能够有效氧化木质素中 $C_\alpha$ 位的羟基至酮基，转化率高达 94%。氧化木质素在甲酸 / 甲酸钠存在条件下较易水解，低分子量芳族化合物产率高达 60%。Torsten 等也得出了相同的结论，在 80 ℃，氧气气氛下，以 1，4- 二氧六环为溶剂，采用 $Co(acac)_3$/ NHPI（三乙酰丙酮钴 / N- 羟基邻苯二甲酰亚胺）为氧化剂选择性氧化木质素模型化合物，指出 $Co(acac)_3$/ NHPI（三乙酰丙酮钴 /N- 羟基邻苯二甲酰亚胺）氧化剂能够有效氧化 $C_\alpha$ 位的羟基，从而降低化学键稳定性，使邻近的 C—O 键和 C—C 键更易断裂，如图 2.17 所示。通过 2D-NMR（HSQC）表征和凝胶渗透色谱测量结果表明，硫酸盐木质素和溶剂型木质素在此实验条件下也能被氧化。

尽管催化氧化解聚是一种有效的木质素解聚方式，但是大多数催化氧化解聚反应条件苛刻（如高温、高压、强氧化度等），致使木质素分子内连接键或芳香环的无规则断裂，产生多种解聚产物，目标产物产率和选择性较低。因此，这应是木质素催化氧

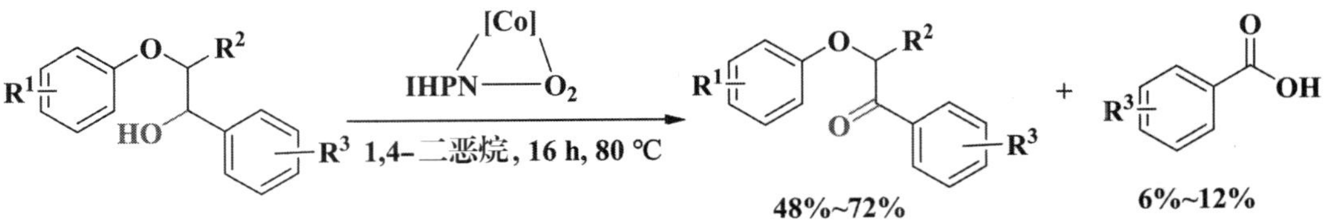


图 2.17　Co-NHPI 氧化木质素模型化合物 β-O-4 键

化解聚需要解决的关键问题。

木质素液相催化解聚反应中，木质素分子连接键，特别是β-O-4 键与催化剂活性位的接触是木质素能够有效解聚的关键。然而，木质素空间结构复杂，结构中含有多种极性基团，有很强的分子内和分子间氢键，极高的聚合度使其结构单元紧密结合，阻止了催化剂活性位点向连接键的扩散，导致催化剂对木质素水解效率较低。此外，在催化剂存在下木质素分子连接键的断裂，通常需要苛刻的反应条件，反应过程中总是伴随着不饱和基团或碳正离子等活性化合物的生成，生成的初级降解产物高度不稳定，极易发生严重的缩合反应，造成目标产物产率及选择性降低。因此，只有在温和的条件下解聚才能有效抑制中间产物的缩合反应，得到理想的目标产物。今后木质素液相催化解聚研究应重点放在以下几个方面：

（1）优化木质素预处理方法。选择有效的木质素预处理方法，降低木质素聚合度，使木质素结构中连接键与催化剂活化位有效接触，同时弱化木质素结构中化学连接键，使其在温和条件下能够催化断裂。

（2）筛选合适的反应介质。木质素催化解聚过程中，反应介质对木质素与催化剂间的传质影响很大。已有研究表明，以有机溶剂与水形成的均相共混溶剂或非均相反应体系作为介质，对木质素的水热解聚过程有较大影响，可提高液相产物及总酚的产率。

（3）选择高效易分离催化剂。催化剂的使用对木质素解聚效果的提升影响显著，因此，如何保持催化剂的高活性及稳定性至关重要，且后续催化剂的分离及循环使用也是需要解决的关键问题。

### 2.2.3　木质素在酚醛树脂中的应用

酚醛树脂是由苯酚或其同系物（如甲酚、二甲酚）和甲醛在碱或酸催化剂的作用下反应制得的产品，具有耐热性好、粘接强度高、耐老化性能好、耐化学介质及电绝缘性优良等特点，被广泛应用于人造板、耐火材料、隔音和隔热材料、绝热和耐腐蚀涂料等诸多产业领域。传统酚醛树脂在使用过程中会释放有毒的游离苯酚和甲醛，且合成酚醛树脂的原料苯酚、甲醛等均来自不可再生的石化资源，使用过程中会对人体健康和环境造成严重危害。此外，传统酚醛树脂作为胶黏剂时存在固化温度高、固化速度慢、易透胶等问题。

木质素是由苯丙烷结构单元通过醚键和C—C键连接的无定形高聚物，与纤维素和半纤维素一起构成植物骨架的主要成分。由于木质素是自然界唯一能够提供可再生芳香基化合物的非石油资源，其分子中含有芳香基、酚羟基、醇羟基、羰基、甲氧基、羧基、共轭双键等众多不同种类的活性官能团，此外，木质素降解可产生一系列低分子酚类化合物，同时又具有可再生性、可降解、无毒等优点，是一种优良的绿色环保型化工原料，因此，将木质素替代部分苯酚制备木质素酚醛树脂是可行的。

#### 2.2.3.1 木质素高选择性解聚制备酚类化合物

木质素应用于酚醛树脂的合成，主要是利用其酚型结构特性，部分替代苯酚与甲醛反应。与苯酚相比，木质素的化学反应活性低，因此难以用木质素完全替代昂贵且有毒的苯酚。从现有报道来看，木质素对苯酚的替代率通常在40%以下。为进一步提高木质素对苯酚的替代率，研究者通过不同方法催化解聚改性木质素提高木质素解聚产物中的酚羟基含量，然后部分代替石化基苯酚在催化剂作用下与甲醛溶液反应合成木质素酚醛树脂。由于木质素存在不同单体（愈创木基、紫丁香基、对羟基苯基等）结构，且单体之间存在多种连接方式（$\beta$-O-4、$\beta$-5、$\beta$-$\beta$、$\beta$-1、$\alpha$-O-4等），芳环上的取代基效应及单体间连接方式将显著影响木质素解聚活性。常见的木质素解聚方法包括酚化改性法、脱甲基法、羟甲基法、热解法、水溶液法和氧化降解法。

Chen等以Ru/C催化剂、硼酸和乙二醇水解木质素为酚油。核磁共振结果表明，木质素结构中的醚键被破坏，木质素酚羟基含量从0.052 4 mmol/L增加到0.629 9 mmol/L。聚合物的Mn值从2 691 g/mol降至1 042 g/mol，愈创木酰基和丁香酰单体的含量显著增加。结果表明，当以50%的酚油代替苯酚时，制备的生物质基线性酚醛树脂具有良好的热稳定性、软化点、游离酚含量、聚合时间和流动性。

编者采用锌铝复合负载镍基催化剂对有机溶剂提取的高品质木质素进行催化氢解、Pt/C和H-ZSM-5混合催化剂催化进行去甲氧基、去烷基化反应，得到苯酚含量70%以上的木质素解聚产物，可100%替代苯酚与甲醛反应合成木质素酚醛树脂。充分利用木质素为主要原料合成酚醛树脂，可以避免木制资源和造纸废液等木质素主要来源物不合理利用对环境造成的污染，减少资源浪费，节约石油能源，降低酚醛树脂的合成成本，为木质素酚醛树脂的绿色合成及胶合板、防火保温材料的产业化应用提供技术支撑。

#### 2.2.3.2 木质素在酚醛树脂胶黏剂合成中的应用

酚醛树脂胶黏剂具有粘接强度高、耐水、耐热、耐磨和耐化学介质等优点，广泛应用于各种工业和民用行业中，尤其在木材加工领域中，作为粘接剂制造的胶合板、刨花板、纤维板等，经高温煮沸后板材不会出现开裂现象，在生产耐水、耐候性木制品方面酚醛树脂占有重要位置。但酚醛树脂胶黏剂的制备成本高，高温下固化时间较长、易透胶。木质素的结构与酚醛树脂胶黏剂的结构具有一定的相似性，将木质素用于酚醛树脂胶黏剂的制备中，不仅可以大幅度降低酚醛树脂的制备成本，而且可克服其固化温度高、固化速度慢的缺点。

（1）木质素酚醛树脂胶黏剂的合成。编者采用本章 2.2.3.1 中得到的苯酚含量 70% 以上的木质素解聚产物 100% 替代苯酚，在碱催化剂的催化下与甲醛反应合成木质素酚醛树脂胶黏剂，其工艺流程如图 2.18 所示，产品见图 2.19。

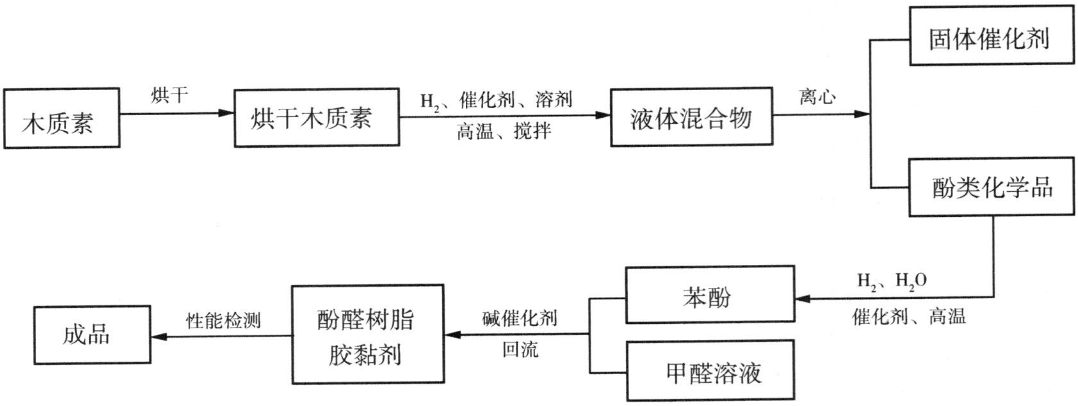


图 2.18　木质素酚醛树脂合成工艺

同时用苯酚直接合成纯酚醛树脂胶黏剂，并对合成的木质素酚醛树脂胶黏剂和纯酚醛树脂胶黏剂的各项性能指标进行表征和比较，结果如表 2.5 所示。

酚醛树脂胶黏剂性能测定方法如下：

pH 值、固体含量和游离甲醛含量，参照 GB/T 17657—2013 和 GB/T 14732—2017 进行测定；使用旋转式黏度计测定胶黏剂的动力黏度。胶合强度：酚醛树脂胶黏剂样品均匀涂于 1.2 mm 厚杨木板两侧，单面施胶量 120~130 g/m$^3$；胶合板涂胶后，在冷压机上以 0.5 MPa 压力陈化 30 min；陈化后的样品在 140 ℃热压机上，以 0.75 MPa 压力热压 5 min；室温放置 24 h 后，按照 GB/T 17657—2013 标准进行胶合强度的测定。

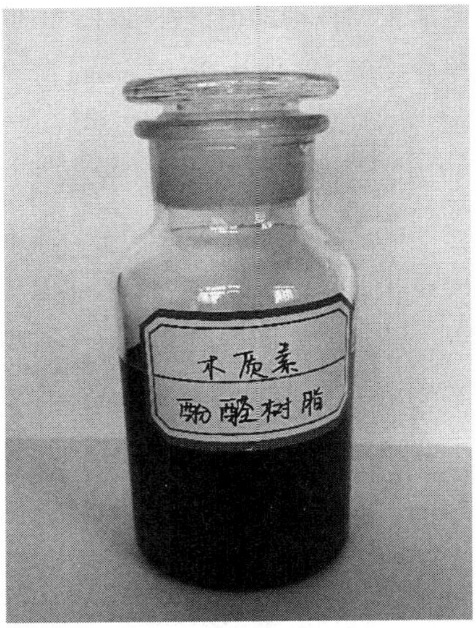


图 2.19　木质素酚醛树脂胶黏剂

表 2.5　苯酚与木质素解聚产物制备酚醛树脂性能指标

| 项目 | pH 值 | 动力黏度（30℃）/（mPa·s） | 固体含量 / % | 游离甲醛含量 /% | 胶合强度 / MPa |
|---|---|---|---|---|---|
| 木质素酚醛树脂胶黏剂 | 10.52 | 179.0 | 66.7 | 0.125 | 1.33 |
| 纯酚醛树脂胶黏剂 | 10.38 | 164.0 | 62.6 | 0.145 | 0.97 |
| 国标值 | ≥ 7 | ≥ 60.0 | ≥ 35.0 | ≤ 0.300 | ≥ 0.70 |

与苯酚制备的纯酚醛树脂胶黏剂相比，由木质素氢解 - 去甲氧基 - 去烷基酚类化学品制备的木质素酚醛树脂胶黏剂的游离甲醛含量降低、胶合强度明显增加，木质素酚醛树脂胶黏剂的各项性能指标显著提高。

（2）碱法制浆黑液制备木质素酚醛树脂胶黏剂及其应用研究。制浆黑液占制浆造纸过程中污染物总量的比例高达 90%，是制浆过程中污染物浓度最高的一种废液。其中含有多种化学物质，约 1/3 为无机物，主要为 NaOH、KCl、$Na_2SiO_3$ 和 $CaSO_4$ 等；约 2/3 为有机物，主要是木质素、半纤维素、糖类等，而这些有机物中大部分是由木质素构成。将制浆黑液部分替代苯酚用于酚醛树脂胶黏剂的合成研究，不仅能够降低黑液对环境的污染，还能降低酚醛树脂胶黏剂的合成成本，具有良好的经济、社会和环境效益。

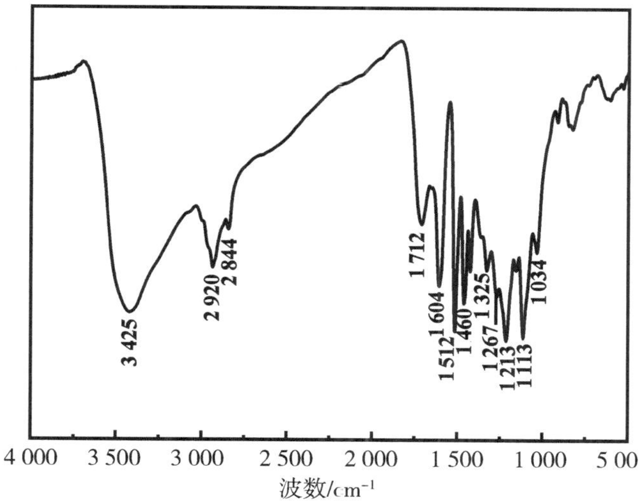


图 2.20　制浆黑液中提取木质素的红外光谱分析

1）制浆黑液中木质素的提取与表征。采用 $H_2SO_4$ 溶液提取制浆黑液中的木质素，得到该批次制浆黑液中粗木质素的得率约为 24.35%，对所提取的木质素进行红外表征。

由图 2.20 可知，制浆黑液提取木质素分子结构中含有丰富的酚羟基、甲氧基等活性基团，可以替代苯酚合成酚醛树脂。

2）碱法制浆黑液制备木质素酚醛树脂胶黏剂的合成与应用。编者在纯酚醛树脂合成工艺基础上，利用碱法制浆黑液替代苯酚合成木质素酚醛树脂，对影响其性能的反应回流时间（表 2.6）、催化剂用量（表 2.7）、制浆黑液添加量（表 2.8）进行考察，并应用于刨花板。研究结果表明，碱法制浆黑液可以替代苯酚合成性能良好的木质素酚醛树脂，较佳的合成工艺为：反应回流时间 60 min，催化剂用量 20%，制浆黑液添加量 30%。对应的木质素酚醛树脂性能指标 pH 值 =11.24，动力黏度 1 560 mPa·s（30 ℃），固体含量 51.6%，游离甲醛含量 0.114%，胶合强度为 1.77 MPa，均符合 GB/T 17657—2013 的要求。

酚醛树脂胶黏剂性能测定方法同前。

**表 2.6　反应回流时间对木质素酚醛树脂胶黏剂性能的影响**

| 反应回流时间 / min | pH 值 | 动力黏度（30℃）/（mPa · s） | 固体含量 / % | 游离甲醛含量 /% | 胶合强度 / MPa |
|---|---|---|---|---|---|
| 30 | 11.19 | 312 | 53.1 | 0.165 | 0.93 |
| 60 | 11.15 | 1 235 | 53.6 | 0.109 | 1.70 |
| 90 | 11.03 | 1 547 | 56.5 | 0.092 | 1.61 |
| 120 | 11.24 | 3 860 | 58.4 | 0.089 | 1.54 |
| 国标值 | ≥ 7.00 | ≥ 60 | ≥ 35.0 | ≤ 0.300 | ≥ 0.70 |

**表 2.7　催化剂用量对木质素酚醛树脂胶黏剂性能的影响**

| *w*（催化剂）/% | pH 值 | 动力黏度（30℃）/（mPa · s） | 固体含量 / % | 游离甲醛含量 /% | 胶合强度 / MPa |
|---|---|---|---|---|---|
| 10 | 10.82 | 479 | 48.2 | 0.128 | 0.85 |
| 15 | 10.95 | 583 | 51.4 | 0.135 | 1.68 |
| 20 | 11.15 | 1 235 | 53.6 | 0.109 | 1.70 |
| 25 | 11.09 | 1 660 | 56.5 | 0.296 | 1.82 |
| 国标值 | ≥ 7.00 | ≥ 60 | ≥ 35.0 | ≤ 0.300 | ≥ 0.70 |

表 2.8　制浆黑液添加量对木质素酚醛树脂胶黏剂性能的影响

| *w*（制浆黑液）/% | pH 值 | 动力黏度（30℃）/（mPa·s） | 固体含量 /% | 游离甲醛含量 /% | 胶合强度 / MPa |
|---|---|---|---|---|---|
| 0 | 10.38 | 164 | 62.6 | 0.145 | 0.97 |
| 10 | 11.03 | 220 | 58.3 | 0.126 | 1.24 |
| 15 | 11.19 | 504 | 53.2 | 0.110 | 1.58 |
| 20 | 11.15 | 1235 | 53.6 | 0.109 | 1.70 |
| 30 | 11.24 | 1560 | 51.6 | 0.114 | 1.77 |
| 40 | 11.36 | 4311 | 50.4 | 0.168 | 1.46 |
| 国标值 | ≥ 7.00 | ≥ 60 | ≥ 35.0 | ≤ 0.300 | ≥ 0.70 |

较佳工艺条件下制备的碱法制浆黑液改性木质素酚醛树脂胶黏剂如图 2.21 所示。制备的木质素酚醛树脂胶黏剂具有优异的粘接性能及耐热、耐水性能。压制的多层板、刨花板见图 2.22，刨花板的性能指标（表 2.9）达到了潮湿状态下重载型刨花板的使用

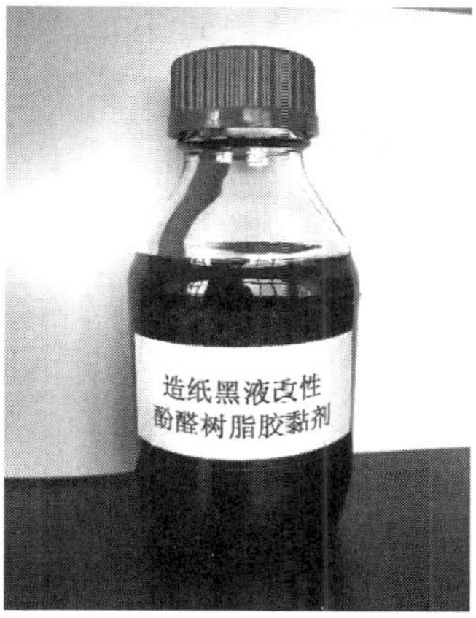


图 2.21　制浆黑液改性木质素酚醛树脂胶黏剂

图 2.22　木质素酚醛树脂胶黏剂制备多层板和刨花板

要求。

表 2.9　木质素酚醛树脂胶黏剂粘接刨花板的性能指标

| 项目 | 厚度 / mm | 密度 / ( $g \cdot cm^{-3}$ ) | 含水率 / % | 内胶合强度 /MPa | 24 h 吸水厚度膨胀率 /% | 沸水煮后内胶合强度 /MPa |
|---|---|---|---|---|---|---|
| 刨花板测量值 | 15 | 0.63 | 4.62 | 1.17 | 8.19 | 0.91 |
| 潮湿状态下重载型刨花板国标值 | 15~20 | — | 3.00~13.00 | ≥ 0.70 | ≤ 10.00 | ≥ 0.21 |

研究木质素高选择性解聚及木质素酚醛树脂胶黏剂的合成，不仅可以降低酚醛树脂胶黏剂的合成成本，还可以减轻制浆黑液、发酵残渣、木制资源等不合理利用对环境的污染，促进其资源化利用，具有良好的经济、环境和社会效益。

#### 2.2.3.3　木质素在建筑保温材料酚醛泡沫合成中的应用

在建筑保温材料领域，随着人们安全意识的增强和国家建筑防火等级的提高，普通聚苯乙烯和聚氨酯保温材料必将被新型阻燃保温材料取代。酚醛泡沫塑料具有难燃、自熄、低烟、耐火焰等优点，同时对环境影响较小。利用木质素制备高固含量的可发性木质素酚醛树脂及其生物质阻燃性泡沫材料，可有效替代易燃或阻燃性能低的聚苯乙烯保温板材和聚氨酯泡沫材料，与石油泡沫材料相比，生物质泡沫材料有着低成本、可循环再生和可部分生物降解的巨大优势。目前，兼具阻燃和保温性能的木质素酚醛泡沫材料的研究与应用尤为受到关注。

酚醛泡沫是以酚醛树脂为基体，加入固化剂、发泡剂（正戊烷、异戊烷、环已烷、二氯甲烷、碳酸钠等）、表面活性剂［硅氧烷类、吐温（聚山梨酯）、脂肪醇聚氧乙烯醚等］、增塑剂（邻苯二甲酸二辛酯、磷酸三甲苯酯、聚乙二醇等）、阻燃剂（三氧化二锑、水和氧化铝、脲等）、填充剂（玻璃纤维、高岭土、粉煤灰等）等，在树脂固化的同时，把发泡剂产生的气体分散在其中而形成的泡沫材料。酚醛泡沫的开发始于 1940 年，被誉为“保温材料之王”，除了应用于建筑保温材料外，还用于航天航空、国防军工领域，后又被应用于民用飞机、船舶、车站、油井等防火要求严格的场所，并逐步推向高层建筑、医院、体育设施等领域。

编者采用本章 2.2.3.1 中得到的苯酚含量 70% 以上的木质素解聚产物 100% 替代苯酚，在碱催化剂的催化下与甲醛反应合成常温可发性木质素酚醛树脂，其性能指标见表 2.10。

常温可发性木质素酚醛树脂性能测定方法如下：固体含量、游离苯酚含量和游离甲醛含量参照 GB/T 17657—2013 和 GB/T 14732—2017 进行测定；使用旋转式黏度计测定胶黏剂的动力黏度。

表 2.10　常温可发性木质素酚醛树脂胶黏剂性能指标

| 指标 | 固体含量 /% | 动力黏度（25℃）/（mPa·s） | 游离苯酚含量 /% | 游离甲醛含量 /% |
|---|---|---|---|---|
| 数值 | 85 | 3100 | 1.96 | 0.29 |

将常温可发性木质素酚醛树脂应用于酚醛泡沫的制备中，在酚醛泡沫原有基础填料（匀泡剂吐温 -80、增韧剂聚乙二醇、硅油、硼酸、发泡剂正戊烷）的基础上，添加适量填料热处理生物质和阻燃剂纳米氧化物溶胶，生物质材料为木屑在 200 ℃、空气气氛下热处理 2 h 得到。探究生物质添加量（表 2.11）、中性硅溶胶添加量（表 2.12）对酚醛泡沫物理力学性能和阻燃性能的影响，制备了综合性能优良的轻质高强阻燃酚醛树脂防火保温泡沫材料。

酚醛树脂胶黏剂性能测定方法如下：采用 GB/T 5486—2008 方法测试所得木质素酚醛树脂泡沫材料的密度和抗压强度，采用 GB/T 10294—2008 方法测试所得木质素酚醛树脂泡沫材料的导热系数，采用 GB/T 8624—2012 方法测试所得木质素基酚醛树脂泡沫材料的防火等级。

表 2.11　生物质添加量对木质素酚醛树脂泡沫材料性能的影响

| 生物质材料添加量 | 0 份 | 15 份 | 30 份 | 40 份 |
|---|---|---|---|---|
| 密度 /kg·m$^{-3}$ | 135 | 120 | 113 | 105 |
| 抗压强度 /MPa | 0.24 | 1.12 | 1.98 | 2.15 |
| 导热系数 /W·（m·K）$^{-1}$ | 0.035 | 0.032 | 0.025 | 0.021 |
| 防火等级 | A2 | A2 | A2 | A2 |

表 2.12　中性硅溶胶添加量对木质素酚醛树脂泡沫材料性能的影响

| 中性硅溶胶添加量 | 0 份 | 5 份 | 10 份 | 15 份 |
|---|---|---|---|---|
| 密度 /kg·m$^{-3}$ | 101 | 107 | 113 | 118 |
| 抗压强度 /MPa | 1.86 | 1.92 | 1.98 | 2.24 |
| 导热系数 /W·（m·K）$^{-1}$ | 0.021 | 0.023 | 0.025 | 0.031 |
| 防火等级 | B2 | B1 | A2 | A2 |

较佳工艺条件下制备的酚醛树脂泡沫材料及表面涂覆砂浆的酚醛树脂泡沫材料如图 2.23 所示。

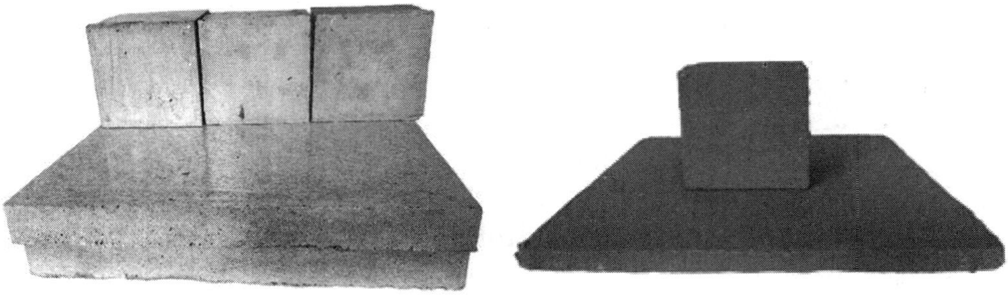

图 2.23　木质素酚醛树脂泡沫材料

### 2.2.3.4　木质素酚醛树脂在其他方面的应用

木质素酚醛树脂产品除了应用于胶合板和酚醛泡沫领域外，还可以应用在模塑料、木材黏结、铸造、绝缘制品、涂料、油墨等领域。

（1）生产模压制品的压塑粉是酚醛树脂的主要用途之一。压塑粉可用模压、传递模塑和注射成型法制成各种塑料制品。热塑性酚醛树脂压塑粉主要用于制造开关、插座、插头等电气零件，日用品及其他工业制品。热固性酚醛树脂压塑粉主要用于制造高电绝缘制件。以玻璃纤维、石英纤维及其织物增强的酚醛塑料主要用于制造各种制动器摩擦片和化工防腐蚀塑料；高硅氧玻璃纤维和碳纤维增强的酚醛塑料是航天工业的重要耐烧蚀材料。

（2）热固性酚醛树脂在防腐蚀领域中的应用。常用的几种形式：酚醛树脂涂料，酚醛树脂玻璃钢、酚醛－环氧树脂复合玻璃钢，酚醛树脂胶泥、砂浆，酚醛树脂浸渍、压型石墨制品。

（3）热固性酚醛树脂也是胶黏剂的重要原料。单一的酚醛树脂胶性脆，主要用于胶合板和精铸砂型的黏结，制造耐水胶合板、航空胶合板、船舶板、车厢板、高级刨花板等，还可生产镁碳耐高温砖。以其他高聚物改性的酚醛树脂为基料的胶黏剂，在结构胶中占有重要地位，其中酚醛－丁腈、酚醛－缩醛、酚醛－环氧、酚醛－环氧－缩醛、酚醛－尼龙等胶黏剂具有耐热性好、黏结强度高等特点，黏结金属或非金属、制造蜂窝结构、刹车片、砂轮、金刚砂纸、复合材料等，在航空、航天、机械、军工、汽车、船舶、电气等行业都获得了广泛的应用。还可用于对其他胶黏剂的改性，提高耐热性、耐老化性、耐水性和黏结强度等。

（4）木质素酚醛树脂作为常温可发性酚醛树脂用于防火保温材料。使用的主要是酚醛树脂泡沫材料，不仅导热系数低、保温性能好，还具有难燃、热稳定性好、质轻、低烟、低毒、耐热、力学强度高、隔音、抗化学腐蚀能力强、耐候性好等多项优点，作为绝热、节能、防火的新材料，可广泛应用于中央空调系统、轻质保温彩钢板、房屋隔热降能保温、化工管道的保温材料（尤其是深低温的保温）、车船等场所的保温领域。

## 参考文献


[1] 孙晓锋，王海洪，胡永红．秸秆纤维素的一步快速提取和水解［J］．高等学校化学学报，2010，31（9）：1901-1904.

[2] 郑明霞，李来庆，郑明月，等．碱处理对玉米秸秆纤维素结构的影响［J］．环境科学技术，2012，35（6）：27-31.

[3] 司晓勤．生物质组分高效分离及木质素催化氢解的研究［D］．北京：中国科学院大学，2020.

[4] SUN N，RAHRNAN M，QIN Y，et al. Complete dissolution and partial delignification of wood in the ionic liquid 1-ethyl-3-methylimidazolium acetate［J］. Green Chem，2009，1（5）：646-655.

[5] PU Y Q，JIANG N，RAGAUSKAS A J. Ionic liquid as a green solvent for lignin［J］. Wood Chem Technol，2007，27（1）：23-33.

[6] 刘振，马磊，赵绘婷，等．醇－水体系下木质素的提取及结构表征［J］．中国科技成果，2022，23（6）：31-36.

[7] 李金宝，宋特，冯盼，等．不同催化剂对麦草组分乙醇溶剂热分离效果的影响［J］．中国造纸，2019，38（6）：27-32.

[8] REITER J，STRITTMATTER H，WIEMANN L O，et al. Enzymatic cleavage of lignin β-O-4 aryl ether bonds via net internal hydrogen transfer［J］. Green Chemistry，2013，15（5）：1373.

[9] YUAN Z，CHENG S，LEITCH M，et al. Hydrolytic degradation of alkaline lignin in hot compressed water and ethanol［J］. Bioresource Technology，2010，101（23）：9308-9313.

[10] LI X，CHEN G，LIU C，et al. Hydrodeoxygenation of lignin-derived biooil using molecular sieves supported metal catalysts：A critical review［J］. Renewable and Sustainable Energy Reviews，2017，71：296-308.

[11] WANG H，RUAN H，FENG M，et al. One-pot process for hydrodeoxygenationof lignin to alkanes using Ru-based bimetallic and bifunctional catalysts supported on zeolite Y［J］. ChemSusChem，2017，10（8）：1846-1856.

[12] GUAN W，TSANG C，LIN C S K，et al. A review on high catalytic efficiency of solid acid catalysts for lignin valorization［J］. Bioresource Technology，2019，298：122432.

[ 13 ] DU F，LI Y，XIAN X，et al. Liquefaction behavior of lignin in different alcohol solvents under the catalysis of heteropolyacid salt [ J ] . Energy & Fuels，2019，33（8）：7366-7376.

[ 14 ] HITA I，DEUSS P J，BONURA G，et al. Biobased chemicals from the catalytic depolymerization of Kraft lignin using supported noble metalbased catalysts [ J ] . Fuel Processing Technology，2018，179：143-153.

[ 15 ] THRING R W. Alkaline degradation of ALCELL® lignin [ J ] . Biomass and Bioenergy，1994，7（1-6）：125-130.

[ 16 ] THRING R W，BREAU J. Hydrocracking of solvolysis lignin in a batch reactor [ J ] . Fuel，1996，75（7）：795-800.

[ 17 ]王祺铭，海潇涵，徐文彪，等 . 响应面优化酶解木质素酚化工艺研究 [ J ]. 林产工业，2019，56（10）：27-32.

[ 18 ] MONTERO J M，GAI P，WILSON K，et al. Structure-sensitive biodiesel synthesis over MgO nanocrystals [ J ] . Green Chemistry，2009，11（2）：265-268.

[ 19 ] KELLEY P，LIN S B，EDOUARD G，et al. Nickel-mediated hydrogenolysis of CO bonds of Aryl ethers： What is the source of the hydrogen？ [ J ] . Journal of the American Chemical Society，2012，134（12）：5480-5483.

[ 20 ] ZHANG J，ASAKURA H，VAN RIJN J，et al. Highly efficient，Ni，Au-catalyzed hydrogenolysis of lignin into phenolic chemicals [ J ] . Green Chemistry，2014，16（5）：2432-2437.

[ 21 ] HUANG X，KORÁNYI T I，BOOT M D，et al. Catalytic depolymerization of lignin in supercritical ethanol [ J ] . ChemSusChem，2014，7（8）：2276-2288.

[ 22 ] SONG Q L，ZHAO Y P，WU F P，et al. Selective hydrogenolysis of ligninderived Aryl ethers over Co/C@N catalysts [ J ] . Renewable Energy，2019，148：729-738.

[ 23 ] RAGAUSKAS A J，BECKHAM G T，BIDDY M J，et al. Lignin valorization： improving lignin processing in the biorefinery [ J ] . Science，2014，344：1246843.

[ 24 ] SIBEL I，JUHYON K，MARK W. Depolymerization of lignin by wet air oxidation [ J ] . Bioresource Technology Reports，2020（9）：100377.

[ 25 ] RAHIMI A，AZARPIRA A，KIM H，et al. Chemoselective metal-free aerobic oxidation in lignin [ J ] . Journal of the American Chemical Society，2013，135（17）：6415-6418.

[ 26 ] TORSTEN R，CARTEN B. Cobalt-catalyzed oxidation of the $\beta$-O-4 bond in lignin and lignin model compounds [ J ] . ACS Omega，2018，3（7）：8386-8392.

[27] CHEN S, XIN Y Y, ZHAO C. Multispectroscopic analysis in the synthesis of lignin-based biophenolic resins [J]. ACS Sustainable Chemistry & Engineering, 2021, 9 (46): 15653-15660.
[28] 谢梅竹，刘振，王鹏晓，等. 碱法制浆黑液制备木素酚醛树脂及其应用研究 [J]. 中国胶粘剂，2020，29 (8): 27-31.
[29] 谢梅竹，马磊，赵绘婷，等. 植物纤维增强阻燃酚醛泡沫的制备及性能研究 [J]. 塑料科技，2022，50 (10): 49-53.

# 第 3 章　生物质固体成型燃料技术

植物生长是一个生物固碳过程，而生物质能源化利用过程是植物生长的逆过程，具有天然的碳中性特征，因此开发利用生物质能不会产生净温室气体排放。生物质能作为重要的可再生能源，其绿色零碳属性，在节能减排、减污降碳等方面发挥重要作用，可通过发电、供热、供气等方式广泛应用于工业、农业、交通、建筑等领域，是其他可再生能源无法替代的。生物质能源的开发过程并不影响原有的生态效益和经济效益的发挥，而是通过采集生产剩余物来实现高效率的能源转化。利用现代技术可以将生物质能源转化成可替代化石燃料的生物质固体成型燃料、生物质可燃气、生物质液体燃料等。生物质能拥有零碳排基因，符合未来新型能源体系建设要求。

生物质固体成型燃料（BMF）是生物质固体形态的能源化利用方式，也是生物质能源化利用最简单、最直接的途径之一。利用机械力将生物质压缩或挤压成为容积密度较大、热效率较高、便于运输和储藏的固体成型燃料，其容积密度可以提高到原来的 6 倍以上，形状和尺寸统一，相较于原始生物质，其能量密度和燃烧性能有很好的提升和改善，是优秀的煤和薪柴替代燃料。通过生物质固化成型燃料技术的应用，对大量废弃生物质进行回收处理，可实现生物质大规模资源化能源化利用。我国生物质资源受到耕地短缺的制约，以各类剩余物和废弃物为主（被动型生物质资源），主要包括农业废弃物、林业废弃物、生活垃圾、污水污泥等。未来随着我国"双碳"目标、乡村振兴战略的持续推进，生物质能的开发利用水平将进一步提高。同时，随着相关政策出台，部分地区禁止烧煤炭，近几年以农林废弃物为原料的生物质固体成型燃料市场需求逐渐提高。

## 3.1　生物质固体成型燃料概述

### 3.1.1　生物质固体成型燃料技术概述

原生的生物质散状燃料存在一些缺点，如：较低的能量密度；堆积密度太低，存储需较大的空间；运输成本过高，不适合远距离运输；难以控制的燃烧速率，快速燃烧；

流动性较差，用于大型设备难于实现连续进料等。因此，原生生物质不适合远程运输和工业化大规模使用，而生物质燃料致密化技术是用来克服这些缺点的比较好的方法。最常用的三种致密化的技术是打捆、压块和造粒，后两者需要使用成型设备。

生物质固体成型技术是一种对生物质进行成型处理的现代化技术，利用成型设备将松散的、不定型的生物质压制成高密度、具有一定形状的生物质固体成型燃料。生物质固体成型燃料技术的典型意义是将松散的农林废弃物通过挤压成型，使其密度提高到 0.8~1.5 t/m$^3$，体积缩小到原来的 1/8~1/6，生物质固体成型燃料的能量密度相当于中质烟煤，发热量可达 14 600~20 900 kJ/kg。生物质原料经过成型处理，热效率相比于传统直燃方式提高了 50%~70%，可替代木材、原煤和燃气等燃料。成型后的生物质储存、运输方便，燃烧过程稳定，燃烧持续时间延长，热效率利用高，扩大了应用范围，解决了生物质大规模利用的关键难题。生物质固体成型燃料可用于生物质气化发电、直燃发电及混烧发电，还可以广泛应用于各类工业锅炉、窑炉、供暖锅炉等燃烧、热解和气化设备的清洁能源改造，作为农村新型炊事燃料等。此外，生物质固体成型燃料还具有灰分含量低、硫含量低、分布广泛、可再生、全生命周期零碳属性等特点。

生物质固体成型燃料在压制成型之前，根据使用要求，需要对生物质等原料进行

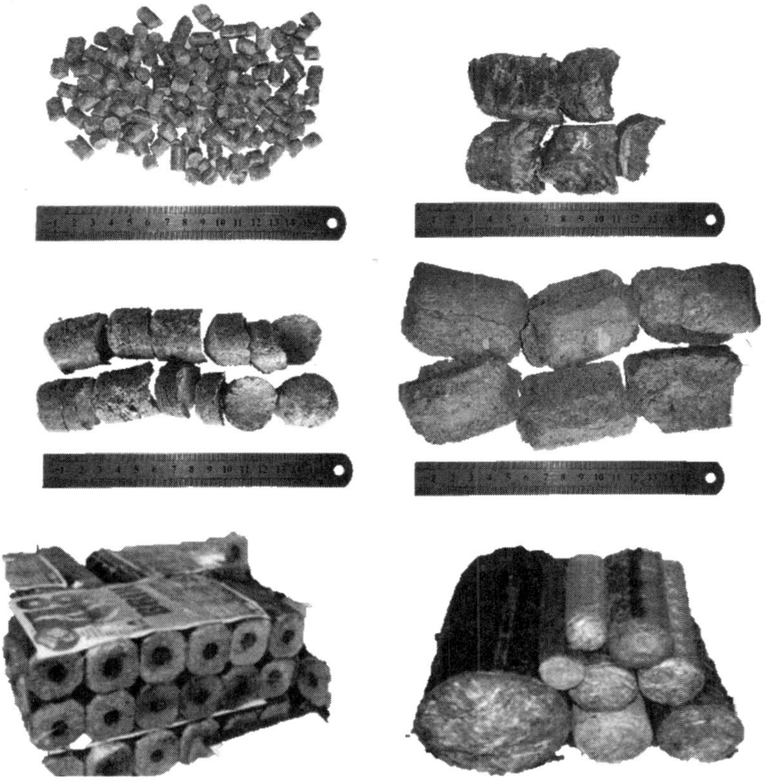

图 3.1　常见的生物质固体成型燃料

加热、干馏或炭化处理，以进一步提高燃料性能。根据形状，固体成型燃料可分为颗粒燃料（直径为 5~12 mm，长度为 10~30 mm）、压块（30 mm × 30 mm 的方形截面和长度 30~80 mm）和棒状燃料（通常为六边形横截面类型，直径为 50~60 mm，长度约 500 mm，20 mm 中心通孔），市场常见销售的生物质固体成型燃料如图 3.1 所示。压块和棒状燃料主要通过活塞或螺旋压缩法生产，而颗粒燃料则通过环形 / 平模技术制造。区分燃料类型的最简单方法是测量其直径，压块和棒状燃料直径大于 25 mm，燃料密度通常大于 1.0 t/m$^3$；颗粒燃料直径小于 25 mm 时，密度通常大于 0.8 t/m$^3$。

### 3.1.2 国内外生物质固体成型燃料产业发展现状

生物质自古以来都是人类生存发展的主要燃料，但人类进入工业化时期后，工业上要求燃料便于集中获取、易运输储存、能量密度高，符合上述要求的化石燃料被大规模开发利用，生物质燃料则逐渐没落。在近几个世纪，人类对生物质利用技术的开发速度，远远落后于对石油、燃煤等化石燃料利用技术的开发速度。

#### 3.1.2.1 国外发展现状

1880 年，美国人 William Smith 将加热到 66 ℃的废弃锯末或者木头边角料利用蒸汽锤加工成成型块，是目前有明确记载的最早的生物质固体压缩成型燃料。20 世纪 30 年代，美国研制成功了螺旋挤压成型机，随后发明了环模成型机，生物质固体成型燃料相关产业开始发展，并在 70 年代的石油危机期间得到快速发展。由于当时石油价格的飙升，迫使部分欧美国家大力开发和利用替代能源，而此时生物质固体成型燃料经过几十年的发展，生产技术逐渐成熟起来，产品质量有了很大的提高。由于其生产原料主要来源于当地林业废弃物，运输成本低、价格便宜，物美价廉的生物质颗粒燃料成为煤和天然气的替代能源，深受欧美国家的青睐。西欧的许多国家开始重视对生物质固化成型技术和燃烧设备的研究，研发了冲压式成型机、颗粒成型机及配套的燃烧设备。但石油危机过后，随着世界石油价格的稳定，生物质固体成型燃料的生产和使用逐渐走向萧条，生物质固体成型燃料产业的发展缓慢。直到 20 世纪 90 年代，人们认识到由于长期大量使用煤、石油、天然气等化石能源而导致石油资源萎缩和全球气候变暖等问题，积极开发和使用可再生的清洁能源、减少化石能源的消耗、降低温室气体的排放已成为世界各国缓解能源危机和气候变化问题的共识。在国际社会和各国政府的共同努力下，一些限制全球温室气体排放的协议书纷纷出台。所有这些国际协议书、地区或国家的法律和法规成为世界可再生清洁能源发展的驱动力，大大刺激了可再生能源的需求量，生物质固体成型燃料产业也因此再次进入人们的视野，并在 21 世纪得到了飞速发展，产量以每年 18%~25% 的速度增长。根据 2022 年世界颗粒网站数据，2021 年投入运营的产量超过 1 万 t/a 的生物质颗粒工厂有 1 179 家，它们分布在

62 个国家，年产能合计近 6 660 万 t。其中有 2 140 万 t 的产品是通过 ENplus 认证（欧洲生物质颗粒认证体系）的，可满足家用和工业需求。

国外的生物质颗粒燃料产业发展也不平衡，欧洲是传统的生物质颗粒生产国和消费国，其生物质颗粒燃料的消耗量与产量之间的差额主要靠进口来弥补，因此欧洲也就成为世界上生物质颗粒燃料最大的进口市场；北美洲由于其产量远远大于消耗量，成为最大的出口市场，美国与加拿大正抢占全球木屑颗粒市场份额；亚洲国家生物质颗粒燃料消费也迅速增长，日本和韩国是生物质颗粒燃料主要的采购国，2022 年亚洲在全球生物质颗粒进口的份额提高至 32%。

2022 年全球木质颗粒贸易量约为 2 900 万 t，欧洲是世界生物质颗粒燃料消耗量最大的地区，欧盟更是为了实现其“碳中和”的绿色减排目标，将木质颗粒列为可获得政府补贴的“绿色可再生”能源。2022 年，德国仍然是 ENplus 认证颗粒的最大生产国，其产量超过 350 万 t，奥地利以 150 万 t 的产量位居第二。德国、奥地利、波兰、法国、西班牙和比利时是认证颗粒产量最大的前六大国家。目前，取暖和发电是生物质颗粒燃料的两个主要用途，在奥地利、法国、德国和意大利生物质颗粒燃料主要用于取暖，而在丹麦、芬兰、瑞典除了取暖以外还用于发电。加拿大目前每年向欧洲出口多达 400 万 t 生物质颗粒，其中大多数是用林业副产品生产的。日本对包括木屑颗粒在内的生物质的需求增长非常快，从 2018 年的 100 万 t 增加到 2022 年的 440 万 t，其木屑颗粒供应国家有越南、加拿大和美国等。

#### 3.1.2.2　国内发展现状

我国从 20 世纪 70 年代末开始研究生物质固体成型燃料技术，技术发展可大致分为以下三个阶段。

（1）20 世纪 70 年代末至 80 年代初期，技术引进与试验阶段。在消化吸收日本相关技术的基础上研制开发螺旋挤压成型设备。然而该技术存在的成型筒和螺旋片磨损严重、寿命短、功耗大等问题始终没有得到解决，发展一度停滞不前。

（2）20 世纪 80 年代中期到 20 世纪末，研究开展阶段。在政府相关政策的鼓励下，有关学者和企业又开展了大量的研究，成型方法从单一的螺旋挤压式拓展到活塞冲压式和模辊挤压式，相关技术问题也得到了一定程度的改善，但是市场需求较弱。

（3）20 世纪末至今，快速发展阶段。我国生物质固体成型燃料技术得到了迅猛发展，相关技术已日渐成熟，具备了规模化、产业化发展基础。

湖南省衡阳市粮食机械厂于 1985 年试制成功 ZT-63 型生物质固体成型机，江苏省连云港市东海粮食机械厂于 1986 年引进一台 OBM-88 棒状燃料成型机。1990 年以后，河南农业大学先后研制出 PB-1 型机械冲压式成型机、HPB-I-IV 型液压驱动活塞式成型机。河南省科学院能源研究所研究了秸秆成型燃料成套设备与工艺技术。2002 年成立的老万生物质能源科技有限公司，开展了作物秸秆生物质颗粒燃料及供热燃烧设备的开发研究，该公司主要生产生物质颗粒燃料和燃烧固体成型生物燃料的炉具，炉具热效率高达 86.07%，排放指标达到国家环保标准和欧洲环保标准。2002 年起，中南林业大学在引进国外技术的基础上，开发了颗粒燃料成型机、环保节能炉具等。2008 年，农业部规划设计研究院研发了生物质固体成型燃料加工工艺与成套设备，完成了生物质固体成型燃料成套成型设备的集成、研发、试制、安装、调试和生产运行试验，在北京大兴区建设了年产 2 万 t 的致密固体生物燃料示范工厂，生产线可产颗粒生物质燃料 1 万 t，块状生物质固体成型燃料 1 万 t。2010 年，吉林省辉南县宏日新能源公司建设了年产 1.5 万 t 的生产线。农业农村部规划设计研究院、中国农业大学、河南农业大学、南京林业大学和北京林业大学是国内开展固体生物燃料致密化技术研究和推动产业发展的主要机构。

近年来，国家先后出台了《中华人民共和国可再生能源法》《可再生能源中长期发展规划》等一系列法律法规政策，加快发展生物质能源产业，支持从事生物质固体成型燃料、生物质气化、生物质干馏等生物质能源化生产的企业收集生物质、生产生物质能源产品并向市场推广。生物质固体成型燃料作为能源发展战略的重要组成部分，开发前景广阔。数据显示，2014 年我国生物质颗粒产量达到近十年顶峰，为 850 万 t。2015 年我国生物质固体成型燃料产量下降至 600 万 t。随着政策增大对生物质固体成型燃料行业的支持力度，在环保政策趋严驱动下，生物质固体成型燃料需求增多。2016 年以来我国生物质固体成型燃料产量逐渐回升。2022 年我国生物质颗粒产量回升至 767 万 t。随着产销量增加，我国生物质固体成型燃料市场均价呈现波动上升态势。2012~2022 年我国生物质固体成型燃料市场均价由 840 元 /t 增长至 900 元 /t。此外每年我国也有少量进口生物质固体成型燃料。

我国生物质固体成型燃料制造行业仍处于发展阶段，生物质颗粒制造市场高度分散，大部分生物质颗粒制造公司属小型工厂，有大量年产量不足 1 万 t 的小型公司，而稳定的原材料供应渠道、产能及技术创新、应用范围的扩大是该行业增长的主要障碍。但总的来讲，未来市场容量还很大，生物质固体成型燃料行业发展有很大潜力，将在未来转变能源技术利用方式过程中起到举足轻重的作用。

### 3.1.3 我国生物质固体成型燃料原料资源分布特性

我国农业林业资源、禽畜粪便、工业有机垃圾、城市生活垃圾、能源植物等生物质资源总量相当丰富，有很大的开发利用潜力。据统计，我国生物质能源转换的潜力可达 10 亿 t 标准煤。随着生物质能源产业的持续发展，原料收集技术也会越来越成熟，未来生物质固体成型燃料原料来源也将更加充足。

#### 3.1.3.1　农作物秸秆资源特性

农作物秸秆类生物质作为一种非竞争性生物质资源，是生物质颗粒上游重要原料之一，具有数量大、分布广、种类多和价格低廉等优势。作为农业大国，我国秸秆供应充足，为生物质固体成型燃料行业提供了坚实的发展基础。2022 年我国秸秆生物质理论资源量 9.77 亿 t，可收集资源量 7.37 亿 t。主要分布在东北地区、华北地区及长江流域，人均秸秆资源占有量最丰富的是东北区。我国秸秆资源主要分布在东北、河南、四川等产粮大省，资源总量前五的分别是黑龙江、河南、吉林、四川、湖南，占全国总量的 59.9%。

我国秸秆生物质资源空间分布受地理环境和气候条件等因素影响，总体呈现“东高西低、北高南低”的阶梯状分布特征，主要集中在东北、华北和长江中下游地区，分别占全国生物质资源总量的 20.7%、24.6%、22.3%，这些区域大部分属于中国生物质资源重点开发区。

目前，我国农作物生物质原料收集主要有 3 种方式：①农民将秸秆分散送厂。这种方式一次性投资较少，但是运输成本高，供料不稳定。②在农村建立原料收购点。这种方式运输成本较低，供料也相对稳定，但是一次性投资成本较高。③加工企业直接收集。这种方式运输成本低，供料稳定性最好，但是一次性投资成本最高，并且干燥成本及对交通条件的要求都比较高。

以上 3 种收集原料的方式虽然可以适用不同规模的生物质原料加工厂，但是在实际操作过程中要考虑投入资金、利润收益、当地民情、政策扶持、技术工艺管理等多方面的因素，并且实际运行过程并不如理论分析的那么理想，存在着多种多样的问题。

我国地域辽阔，地理空间南北纬度跨越较大，在利用不同种类生物质制作生物质固体成型燃料时会有不同影响。比如东北玉米的生长期较长，生物质外壳硬度大，内芯水分多，玉米棒外苞纤维长而厚，其粉碎难度增大，粉碎耗能高。西部地区，如甘肃、山西、河北西部、内蒙古等地作物收获后生物质水分很低，自然干燥几天就可以直接成型加工，能耗相对较低。南方作物资源进行成型加工遇到的首要问题是水分高、空气湿度大、脱水难，其次是稻谷生物质纤维多。棉花秆也存在外皮纤维长、不能揉搓、内部木质素高的问题。

#### 3.1.3.2　林业生物质资源特性

我国林木生物质资源种类丰富、生物量大、再生性强、燃烧热值高，利用潜力巨大。目前在能源需求和环境污染治理的双重驱动下，我国林木生物质能源开发利用水平提升刻不容缓。

我国林木生物质资源主要包含如下几种：首先是林地生长剩余物，如灌木平茬、经济林、“四旁”树林、城市绿化抚育修枝产生的林木剩余物；其次是林业生产剩余物，主要有苗木修枝、定杆及截杆剩余物，幼林（未成林）抚育，公益林抚育与间伐、采伐，以及林产品生产加工剩余物和废旧木制品等；此外还有部分能源林。能源林是以生产能源为主要目的而营造和经营的森林，以薪炭林为主。能源林的种植能够帮助提供多元化的生物质能源，但总量较少。我国全部林木生物质资源总量中，除去用于工业圆木和传统薪材的林木资源外，可获得的剩余物总量约为9.24亿t，其中，可作为能源利用的生物质总量约为2.64亿t，占全部剩余物总量的28.57%。在各类林木生物质能源资源中，林地生长剩余物和林业生产剩余物占比都相对较大，如果合理利用，可以作为林木生物质能源资源的重要供给途径。林木生物质能源资源总量及分布如表3.1所示。

**表3.1　林木生物质能源资源总量及分布**

| 生物质能源资源 | 类型 | 可获得剩余物总量 / 亿t | 可作为能源利用的生物量 / 亿t |
|---|---|---|---|
| 林地生长剩余物 | 灌木林平茬剩余物 | 1.85 | 1.03 |
| | 经济林抚育修枝剩余物 | 1.48 | 0.30 |
| | “四旁”树林抚育修枝剩余物 | 0.47 | 0.16 |
| | 城市绿化抚育修枝剩余物 | 0.40 | 0.20 |
| | 小计 | 4.20 | 1.69 |
| 林业生产剩余物 | 苗木修枝、定杆及截杆剩余物 | 0.02 | 0.01 |
| | 森林抚育与间伐剩余物 | 0.06 | 0.01 |
| | 林木采伐、造材剩余物 | 3.22 | 0.49 |
| | 林产品生产加工剩余物 | 0.74 | 0.04 |
| | 废旧木制品 | 0.60 | 0.30 |
| | 小计 | 4.64 | 0.85 |
| 能源林采伐 | 薪炭林 | 0.40 | 0.10 |
| 总计 | | 9.24 | 2.64 |

与秸秆等农业生物质资源相比，林业生物质资源在用作生物质固体成型燃料方面具有两个优势：其一是林业生物质资源收集成本低于农作物秸秆资源，与分散的秸秆资源相比，林业采伐剩余物和加工剩余物的产生相对集中。因此，林业生物质资源的收集比秸秆相对容易。其二是林业生物质资源交易成本低，农作物秸秆资源分散在数量众多的农户手中，产权分散，交易成本较高，而林业产权大部分集中在国有林场和

森林产品工厂，集中程度优于农作物秸秆，因而交易成本相对低。

#### 3.1.3.3　大宗工业副产物生物质资源

大宗工业副产物生物质资源主要是指糠醛渣、酒糟、醋渣等经过化学或生物发酵处理提取化学品之后产生的生物质残渣。

糠醛渣是玉米芯、棉籽壳、甘蔗渣、麸皮或农作物秸秆等生产糠醛后的剩余物。我国是全球最大的糠醛生产和出口国，糠醛渣的年产量可达 360 万 ~ 450 万 t。

酒糟是酿酒业的副产品。酒糟生物质的含水率大（60%~70%），酸度高（pH 值 3.0 左右），含有一定的残余糖分、淀粉，同时酒糟中有不易利用的稻壳等发酵填充物难以分解。因此，酒糟生物质不易保存，极易腐烂变质，发酸发臭，处理不当易造成严重的环境污染。目前，我国白酒酒糟年产量已超 2 000 万 t，啤酒酒糟年产量已达 1 000 多万 t。

醋渣是固态发酵法生产食醋过程中产生的残渣。食醋固态发酵过程中往往会用到大量的富含纤维素、半纤维素和果胶质的原料，如麸皮、麦糠等为主料或填充辅料。这些成分在食醋酿造过程中难以被分解利用，结果导致食醋酿造后会得到大量醋渣。麸曲食醋的醋渣中主要成分为纤维素、半纤维素。每生产 1 t 标准固态发酵二级食醋，就产生 600~700 kg 鲜醋渣。一个年产万吨标准固态发酵二级食醋生产企业，一年至少产出 6 500 t 鲜醋渣，鲜醋渣的含水率为 68%~75%。

生物质原料资源的多样性给我们的启示是：一是成型机不可能适应所有的原料，成型机必须在结构上与地域和原料相适应。二是成型机的设计必须与粉碎机匹配，生物质原料要粉碎预处理，粉碎颗粒的大小需要根据不同原料和成型大小试验调整。三是为了减少生物质原料大规模调度带来的损耗、保证生物质作为燃料的低成本性，需要解决两个问题：一方面做好生物质实际储量的调查和精确测算；另一方面减少跨地域的原材料运输，依据地区生物质种类优势就近发展生物质能源产业。目前国内一些生物质能源产业发达地区已经初步形成完整的生物质收储体系，但是还需要继续完善集成原料收集，向终端用户提供精准数量原料的供应链。

### 3.1.4　我国生物质固体成型燃料燃烧技术发展现状

我国生物质固体成型燃料市场需求逐年增加，生产技术已经较为成熟、有对应的产业化标准，但是适应不同原料的生物质固体成型燃料燃烧的理论研究和燃烧设备技术研究还需要不断完善。我国对生物质固体成型燃料燃烧所进行的理论研究仍有待加强，包括生物质固体成型燃料的点火理论、燃烧机理、动力学特性、空气动力场、结渣特性及燃烧设备主要设计参数的研究等。不同原料的生物质固体成型燃料对燃烧设备有不同的要求，在未弄清生物质固体成型燃料燃烧理论及设计参数的情况下，就把原有的燃烧设备直接改烧生物质固体成型燃料的做法不可取，燃烧设备仍存在空气流动场分布、炉膛温度场分布、烟气浓度场分布、过量空气系数大小、受热面布置等不合理问题，严重影响生物质固体成型燃料燃烧正常速率与工作状况，导致改造后的燃烧设备存在热效率低、排烟中的污染物含量高、易结渣等问题。为了使生物质固体成型燃料能高效率利用，根据生物质固体成型燃料燃烧理论、规律及主要设计参数重新研究与设计生物质固体成型燃料专用燃烧设备是非常重要的，也是非常紧迫的。

当前，生物质固体成型燃料的产业规模化、产品标准化程度仍然很低，这也是制约行业发展的原因。虽然生物质固体成型燃料正逐渐被市场接受，但部分城市仍限制使用生物质固体成型燃料。因此，尽快完善相应行业标准，使产品标准化，同时发展相应的配套设备显得尤为重要，如提供部件统一的燃烧炉，以供标准化的生物质固体成型燃料得以高效率燃烧。适合我国国情的生物质固体成型燃料燃烧技术相关研究还需要不断发展完善。

## 3.2 生物质原料特性及成型机理

### 3.2.1 生物质原料物化特性

生物质是由多种复杂的高分子有机化合物和无机物组成的复合体。生物质的结构组成及物理化学特性，是研究生物质能转化利用的理论基础和依据，对于生物质的收集、运输储存及基于生物质生产的燃料的燃烧特性有重要的影响。

#### 3.2.1.1 生物质的有机体组成

植物类生物质含有不同数量的纤维素、半纤维素、木质素，少量的脂类、蛋白质、糖和淀粉，以及小部分的无机成分和水。纤维素、半纤维素和木质素被称为木质纤维素。植物类生物质的组成成分及比例如图 3.2 所示，在这些成分中纤维素、半纤维素和木质

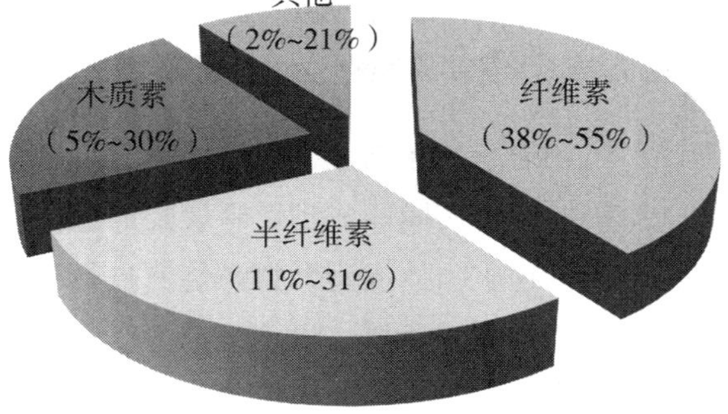


图 3.2 植物类生物质的组成成分及比例

素三种占大部分，是地球上最丰富的可再生有机资源。纤维素是木质纤维的最大组成部分，其次是半纤维素和木质素。通过非共价键或共价交键等化学方式结合，纤维素、半纤维素和木质素彼此紧密镶嵌在一起形成木质纤维素。

木质纤维素是在光合作用下形成的天然聚合体，是一种具有复杂的三维结构高分子化合物，在 110 ℃左右时开始软化，具有一定的黏度。在 200~300 ℃温度下，木质素呈熔融状且黏度较高，此时施加一定的压力，可将它与纤维素紧密粘接并与相邻颗粒互相粘接，使内部变得致密均匀且密度显著增加，外部体积大幅度减少；当外部压力消失后，由于紧密结合的纤维不具有弹性，生物质不能恢复原来的形状，形成固体成型生物质。

农作物生物质含有大量的纤维素、半纤维素、木质素、蛋白质等可被利用的成分。稻草、玉米秸和麦秸是产量最高、分布最广的三大作物生物质，约占秸秆类生物质资源总量的 2/3。秸秆类生物质一般是在植物发育成熟后的阶段收获，其木质化程度为生命周期内最高，一般为 31%~45%。不同的农作物生物质其组成成分和外形结构差异较大，其木质素含量较木材类生物质低，这种差异是生物学上遗传和环境因素及其相互作用造成的。部分生物质的干基化学组成如表 3.2 所示。纤维素、木质素含量及结合后生物质的物理性质对其粉碎、干燥成型过程与热解等都有重要的影响，并决定了其工艺设备的选型与能耗。在生物质的三种主要成分中，半纤维素最易热解，纤维素次之，木质素最难热解且持续时间最长，半纤维素、纤维素分解后主要生成挥发物，木质素热解后主要生成炭。

表 3.2　部分生物质的干基化学组成（%）

| 样品名称 | 抽出物 | 纤维素 | 半纤维素 | 木质素 | 灰分 |
|---|---|---|---|---|---|
| 玉米秸秆 | 11.4 | 46.2 | 20.8 | 17.1 | 4.6 |
| 高粱秆 | 9.2 | 49.1 | 18.7 | 17.0 | 6.0 |
| 稻秸秆 | 13.6 | 30.2 | 21.7 | 18.5 | 16.0 |
| 小麦秸秆 | 10.9 | 47.3 | 14.6 | 17.2 | 10.0 |
| 玉米芯 | 9.6 | 40.4 | 31.9 | 16.5 | 1.6 |

#### 3.2.1.2　生物质元素组成分析、工业成分分析及发热量

生物质含有大量由碳、氢、氧、氮、硫等基本元素组成的有机可燃物质，以及少量灰分（钙、硅、钾、铁等元素组成的无机矿物质）和水分等无机不可燃物质。生物质碳含量一般在 50% 左右，氧含量一般为 35%~45%，氢含量为 5.0%~6.5%。生物质氮含量 0.1%~1.2%，硫在植物内含量一般为 0.1%~0.5%，低硫是生物质作为燃料的一个

优点。其他无机物在生物质中含量都很少，例如硅、钾、钠、氯、磷、钙、镁、铁等元素在生物质燃料燃烧过程中参与反应后形成的一系列物质存在于生成的灰中。这些燃烧灰烬的熔点低，会产生结垢结渣的问题，甚至会对燃烧设备有腐蚀作用，这对燃烧设备的设计和操作都有重要影响。一般生物质燃料的原料需要经过一定的处理，从源头上减少这些元素的含量。

生物质燃料燃烧，是其经过一系列的化学反应后生成二氧化碳和水的过程。生物质中含量最高的三种元素是 C、H、O，则生物质的平均组成可以用生物质假想分子式 $CH_{1.44}O_{0.66}$ 来表示。这个假想分子式同时也揭示了生物质燃料原料的广泛适用性。对于典型的生物质，除去被忽视的氮、钾、氯等元素，燃料成分燃烧反应可以通过方程 3–1 表示：

$$CH_{1.44}O_{0.66}+\lambda 1.03(O_2+3.76N_2)\rightarrow \text{中间产物}(C, CO, H_2, CO_2, C_xH_y\text{等})$$
$$\rightarrow CO_2+0.72H_2O+(\lambda-1)O_2+\lambda 3.87N_2, \Delta H=-439\ \text{kJ/mol} \quad (3\text{–}1)$$

式中，$\lambda$ 表示过量空气系数。

对工业分析和发热量测定分析，可以初步判断生物质作为燃料的一些特性，以确定其工业用途。工业分析一般包含固定碳、水分、挥发分和灰分的测定。发热量是生物质燃料品质的重要指标和热力设备计算的基础，单位质量的生物质完全燃烧所产生的热量即为生物质的发热量。单位质量发热量（热值）被看作是燃料最基本的参数，它的大小决定了一种物质是否适合作为燃料。

一些常见的生物质的元素组成、热值和工业分析如表 3.3 所示。由表可知，木质类

**表 3.3 一些常见的生物质的元素组成、热值和工业分析**

| 燃料 | 元素组成 /% | | | | | 低位热值 /（MJ/kg） | 工业分析 /% | | | |
|---|---|---|---|---|---|---|---|---|---|---|
| | C | H | O | N | S | | 挥发分 | 水分 | 灰分 | 固定碳 |
| 花生壳 | 46.14 | 6.35 | 43.71 | 0.80 | 0.31 | 18.64 | 66.90 | 6.63 | 7.29 | 19.18 |
| 玉米秸 | 43.17 | 6.02 | 34.82 | 0.73 | 0.12 | 16.67 | 76.88 | 7.76 | 5.44 | 9.92 |
| 小麦秸 | 49.60 | 6.20 | 43.4 | 0.74 | 0.12 | 16.47 | 77.48 | 4.88 | 10.12 | 7.52 |
| 稻草 | 48.30 | 5.30 | 33.95 | 0.81 | 0.09 | 17.60 | 67.80 | 3.61 | 12.20 | 16.40 |
| 松木 | 47.39 | 5.89 | 30.75 | 0.23 | 0.10 | 17.80 | 77.61 | 7.90 | 0.30 | 14.19 |
| 杨木 | 51.60 | 6.00 | 41.70 | 0.39 | 0.05 | 17.93 | 73.68 | 6.26 | 3.50 | 16.56 |
| 木屑 | 46.46 | 5.34 | 40.45 | 0.32 | 0.12 | 18.41 | 73.88 | 5.55 | 1.76 | 17.81 |
| 柳枝稷 | 48.33 | 6.07 | 44.55 | 0.48 | 0.57 | 16.25 | 82.84 | 6.43 | 3.49 | 7.24 |

生物质的 C 和挥发分含量高，热值也高些；N、S 含量也较农作物类生物质低些。生物质的热值与中质烟煤相当，挥发分含量较高，而且 N、S 含量少，燃烧污染物排放比煤炭少，作为锅炉燃料使用可减少污染。

从表中可以看到，生物质原料的发热量与劣质煤的发热量相当，经过压缩成型达到一定密度和形状后可以代替煤炭使用。

#### 3.2.1.3　生物质含水率和堆积密度

水分在燃料中是不可燃部分，燃料含水率对燃料的发热量、燃烧温度及单位能量产生的烟气体积有不同程度的影响。含水率易变性是生物质作为燃料的不利因素之一。收割后的生物质含水率一般为 50%~70%，不易储存，而且生物质的发热量随含水率的增加明显降低，严重影响生物质利用设备的效率，因此必须进行干燥。生物质的挥发分比较高，一般在 70% 以上（空气干燥基），因此干燥时应注意控制温度不使挥发分析出。几种干燥后生物质低位发热量和含水率之间的关系如表 3.4 所示，不难看出生物质燃料含水率越高，其低位发热量越低。生物质原料含水率对生物质致密成型也有重要影响，含水率太低会导致原料过于干燥而难于成型，成型原料的含水率一般在 15% 左右。过高的含水率也不利于生物质原料的储存，例如含水率在 25% 以上的农作物生物质容易腐烂变质而不能再作为燃料使用。

表 3.4　几种秸秆低位发热量和含水率之间的关系

| 含水率 /% | 5 | 7 | 9 | 11 | 13 | 15 | 17 | 19 | 21 |
|---|---|---|---|---|---|---|---|---|---|
| 玉米秸 /（MJ/kg） | 15.42 | 15.04 | 14.66 | 14.28 | 13.91 | 13.57 | 13.19 | 12.76 | 12.38 |
| 高粱秸 /（MJ/kg） | 15.47 | 15.36 | 14.97 | 14.59 | 14.21 | 13.82 | 13.43 | 13.05 | 12.65 |
| 棉花秸 /（MJ/kg） | 15.95 | 15.55 | 15.17 | 14.77 | 14.34 | 13.99 | 13.61 | 13.21 | 12.83 |
| 豆秸 /（MJ/kg） | 15.84 | 15.31 | 14.95 | 14.57 | 14.19 | 13.81 | 13.41 | 13.03 | 12.61 |

生物质的堆积密度不仅仅指其密度，还包括其堆积空间在内的密度，堆积密度反映单位体积的生物质燃料质量。图 3.3 给出了颗粒大小为 15~25 mm 之间的部分生物质原料的堆积密度。不同种类的生物质的堆积密度差别也很大，木质类生物质堆积密度大于秸秆类生物质堆积密度，堆积密度的大小对生物质的利用有很大影响。其一，木质类生物质受热挥发分析出后剩余固定碳的机械强度较高，可维持固定碳骨架，容易形成孔隙率高且均匀的反应层，这种反应层有利于固定碳的燃烧。秸秆类生物质的固定碳机械强度较低，固定碳骨架容易破碎，降低反应层通气性，固定碳的燃烧状况不如木质类生物质。其二，低的堆积密度需要更大的堆放空地，不利于生物质的大规模

储存和远距离运输，导致其运用于生物质燃烧设备的人工成本过高。虽然生物质有堆积密度低的缺点，但是其内部分子间距大的特点也使生物质具有可压缩的特性，秸秆类生物质的压缩潜力比木材类生物质更大。

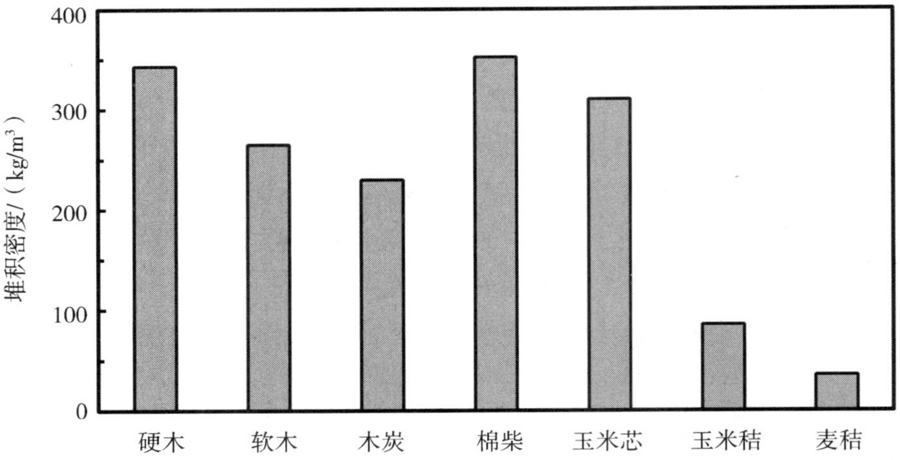


图 3.3　部分生物质原料的堆积密度

### 3.2.2　生物质固体成型机理及影响因素

物理压缩是生产 BMF 的主要技术，可分为湿压成型、热压成型、室温成型和炭化成型四种类型。生物质主要由纤维素、半纤维素和木质素组成，其质地松散，木质素的存在让生物质能够在不加黏结剂的作用下热压成型。当温度在 80~110 ℃时木质素开始软化，其黏合力开始增加；当温度达到 160~180 ℃时生物质开始熔融，原料颗粒流动性增加，此时施加外力可使生物质颗粒重新排列，并发生机械变形和塑性流变，与原料中的纤维素、半纤维素等通过分子间互相吸引和缠绕黏结成型。生物质的体积大幅度减小，容积密度显著增大，成型棒内部咬合、外部融合，并具有一定的形状和强度。在除去外力和恢复常温后，维持既定的形状不再变化。对于木质素含量较低的原料，则采取在固体成型过程中加入少量黏结剂，包括黏土、淀粉、糖蜜、植物油和造纸黑液等，也可以与木质素含量较高的原料混合成型。生物质固化成型机理的研究关键为物料的密实填充、表面变形与破坏及塑性变形三方面。生物质固化成型微观机理集中在物料的切碎尺寸对物料升温后分子间连接性的影响，以及物料受外力挤压作用时，达到其屈服强度后碎裂变形，变成小的粒子，形成纤维流动状态后的物理、生化特性等。BMF 成型过程中作用力和粒子结合机制如图 3.4 所示。

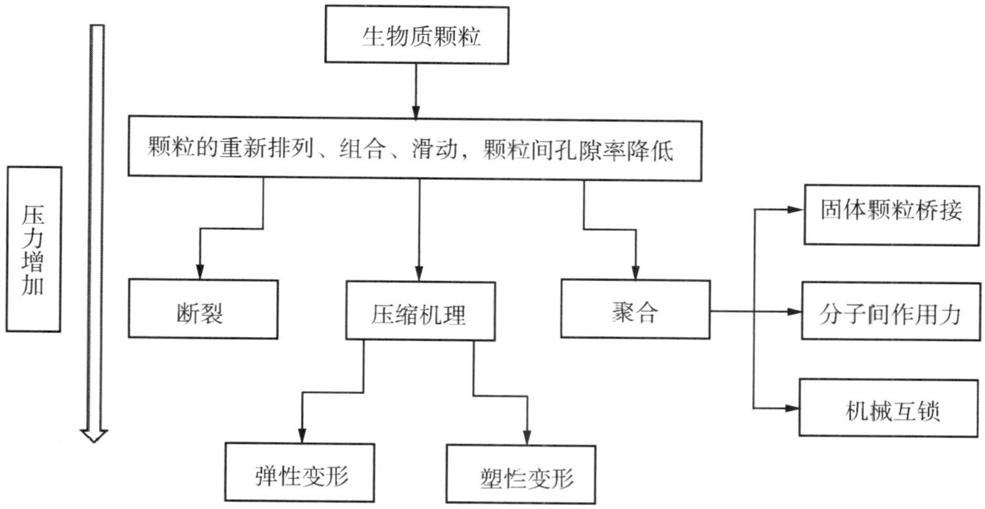


图 3.4　BMF 成型过程中作用力和粒子结合机制

因此在生物质固体成型过程中一些关键因素，如不同原材料组分不同、原料含水量、原料粉碎粒度大小、成型工艺的加热温度、成型压力、成型模具尺寸和成型保持时间对生产过程和燃料质量有很大影响。因此，有必要提高不同生产技术对不同原料的适应性。同时，为了实现生产技术的系统化和标准化发展，研究的重点应放在标准化和规范化上。

## 3.3　生物质固体成型燃料成型工艺及生产设备

### 3.3.1　生物质固体成型燃料成型工艺

生物质固体成型燃料成型工艺是将生物质原料经过粉碎、混合等处理，在高压的条件下固体成型的过程。成型过程包括以下几个阶段：①预压阶段：破碎的生物质在一定压力和温度下，体积减小，密度增大，变软。②成型阶段：生物质原料在压力下处于熔融状态，流动性增加，温度达到 160~180 ℃。随着原料体积的减小和密度的增大，生物质颗粒发生塑性变形，相互填充。在不断增加的压力下，生物质原料按预期开始挤压成型。③保型阶段：成型颗粒的体积逐渐达到稳定，其膨胀速度逐渐下降并稳定，密度也在逐渐地降低并达到最终的成型颗粒密度。

根据不同的工艺特点，成型工艺大致可分为直接挤压成型、加热挤压成型、低温干馏挤压成型、炭化成型四大类。

#### 3.3.1.1 直接挤压成型

直接挤压成型工艺就是将生物质粉碎后，直接输送到挤压成型机挤压成型。成型过程中通常需要接入一定量的水分，使生物质中的水分含量达到10%~20%，才能挤压成型。直接挤压成型工艺生产的生物质固体成型燃料水分含量较高，成型强度不高，成型燃料干燥后容易松散。

#### 3.3.1.2 加热挤压成型

加热挤压成型是目前普遍采用的生物质固体成型方法，其工艺流程如图 3.5 所示。

图 3.5 加热挤压成型工艺流程

生物质原料在加热挤压过程中，通常是在挤压磨具外加热，使生物质原料在挤压过程中因为摩擦、外加热等因素得到加热，产生部分木质素黏结作用，从而使生物质原料挤压成型。由于原料的种类、粒度、全水分、成型压力、成型温度、成型方式、成型模具的形状和尺寸等因素对成型工艺过程和产品的性能都有一定的影响，成型过程中也需要在水分、温度方面进行适当的调节。目前，加热挤压成型机主要有螺旋挤压式成型机、活塞冲压式成型机和模辊挤压式成型机等几种。

#### 3.3.1.3 低温干馏挤压成型

低温干馏挤压成型工艺，是在普通的挤压成型工艺上增加了一道低温干馏工艺，即首先将生物质在 240~250 ℃温度下干馏，干馏过程中通常用热风炉提供 240~250 ℃热风，在干馏炉中干馏生物质等原料，干馏后的原料再经过挤压成型。由于干馏过程会产生一部分焦油，在尾气排放处增加一个炭粉吸收段，以吸收干馏过程中产生的焦油，控制干馏过程对空气的污染。这一工艺主要生产热值大于 4 500 kJ/kg 的生物质固体成型燃料，用于发电等领域，有利于提高能量密度、燃烧温度和热效率。低温干馏挤压成型工艺流程如图 3.6 所示。

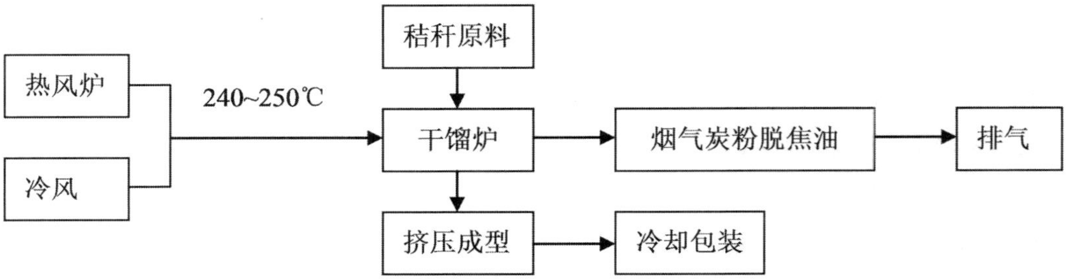


图 3.6 低温干馏挤压成型工艺流程

#### 3.3.1.4　炭化成型

生物质炭化是将生物质经烘干或晒干、粉碎，然后在制炭设备中经干燥、干馏、冷却等工序，将松散的农作物生物质制成木炭的过程。通过生物质炭化生产的木炭可称为机制木炭，也是一种固体成型燃料。生物质炭化成型工艺分为两大类。

一是先成型后炭化，工艺流程如图 3.7 所示。生物质原料首先挤压成型，然后在炭化炉中干馏炭化，炭化过程中产生的气体经冷却分离出木焦油和木醋液，炭则冷却后包装入库。

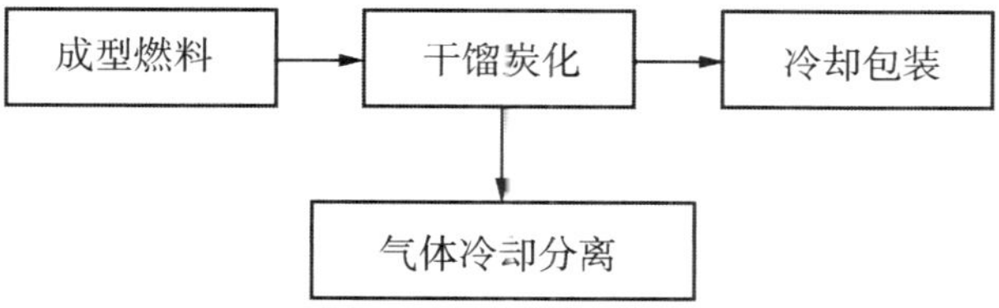


图 3.7　先成型后炭化

二是先炭化后成型，工艺流程如图 3.8 所示。生物质原料先粉碎后在炭化炉中干馏炭化，炭化过程中产生的气体经冷却分离出木焦油和木醋液，产生的炭粉冷却后加入黏结剂挤压成型，经干燥后包装入库。

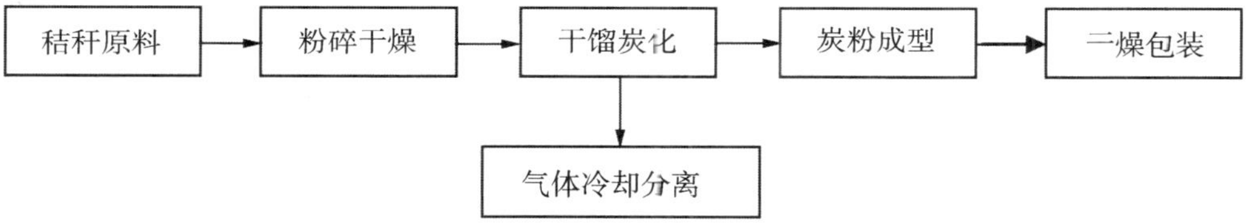


图 3.8　先炭化后成型

由于炭是热的不良导体，先成型后炭化需要较长的加热时间，能耗较大，如果采用传统的烧炭工艺，则原料本身燃烧消耗较多，得到的炭热值较低，一般热值在 3 500 kJ/kg。先炭化后成型工艺中，由于生物质颗粒度较小，炭化快，产量高，得到的炭热值较高，最高热值达到 6 600 kJ/kg。

### 3.3.2　秸秆固体成型燃料生产预处理

秸秆原料特性复杂多样，为了能够更好地挤压成型，需要在挤压成型之前进行预处理。原料预处理主要包括粉碎、混配、湿度调节等工序。

（1）粉碎。由于农作物秸秆等生物质原料尺寸较大，不能直接用于制粒，粗粉碎的主要任务是将尺寸较大的秸秆粉碎成短而细的纤维状颗粒。再利用搓揉粉碎揉丝，使原料中保持一定的长纤维含量，利于提高成型产品的强度。生产颗粒料时要进行物料二次粉碎，利用二次粉碎装置进行精细粉碎，通过输送装置再进入颗粒成型装置，进行颗粒成型。未成型或者成型不合格的颗粒将进入二次粉碎装置，再进行成型。

（2）混配。根据主原料的特性及成型要求，可以适当混配其他原料。例如在麦秸和玉米秸成型过程中加入花生壳，更有利于成型。

（3）湿度调节。根据原料的特性及水分含量，适当添加水分调湿。在水分含量较大的原料中，可以添加花生壳等原料调湿，满足成型要求。

经过预处理的秸秆原料，通过固体成型时一般不使用添加剂，利用其中的木质素充当黏结剂。配合成型燃料的切断、筛分、冷却、包装储运等工序，形成完整的秸秆成型燃料生产过程。

### 3.3.3 秸秆固体成型燃料生产辅助配套技术

辅助配套技术包括冷却、除尘、计量包装等工序。

（1）冷却。冷却工序的任务是将加工成型后的高温颗粒进行降温，使其温度能够达到包装储存的条件。

（2）除尘。采用旋风分离、脉冲除尘清除生产加工过程中的粉尘，达到国家规定标准。其中在粉碎过程中，脉冲布袋除尘效果较好，可以除去95%以上的粉尘。使用旋风分离器时，由于粉碎过程中工况的不断变化，旋风分离在实际使用过程中除尘效率较低。在成型燃料生产过程的粉碎、成型、冷却阶段使用除尘装置，可以有效控制粉尘污染，保障生产环境。

（3）计量包装。对成品进行计量，实现机器包装。

### 3.3.4 生物质固体成型燃料生产设备

生物质固体成型燃料生产的整套设备机组包括上料系统、成型系统、出料系统、配电系统。从原料到产品的主要生产设备有装载机、粉碎机、输送带、成型压块机、造粒机、烘干机、包装机等。

生物质固体成型设备的基本结构和工作过程都有所区别。根据工艺特征差异，螺旋挤压式分为热压成型和常温成型；根据驱动动力的不同，活塞冲压式分为机械驱动式和液压驱动式两类；根据压模形状的不同，压辊式分为平模、环模、对辊式和柱塞式。国内应用较多的是环模、平模、活塞和螺旋四类固体成型机。本书主要介绍压辊式、活塞冲压式和螺旋挤压式三类商用生物质固化成型设备。

#### 3.3.4.1　压辊式生物质固体成型设备

（1）环模颗粒成型机。环模颗粒成型机是采用环形压模和与其相配的圆柱形压辊为主要工作部件（压粒器）的颗粒成型机，其工作原理如图 3.9 所示。

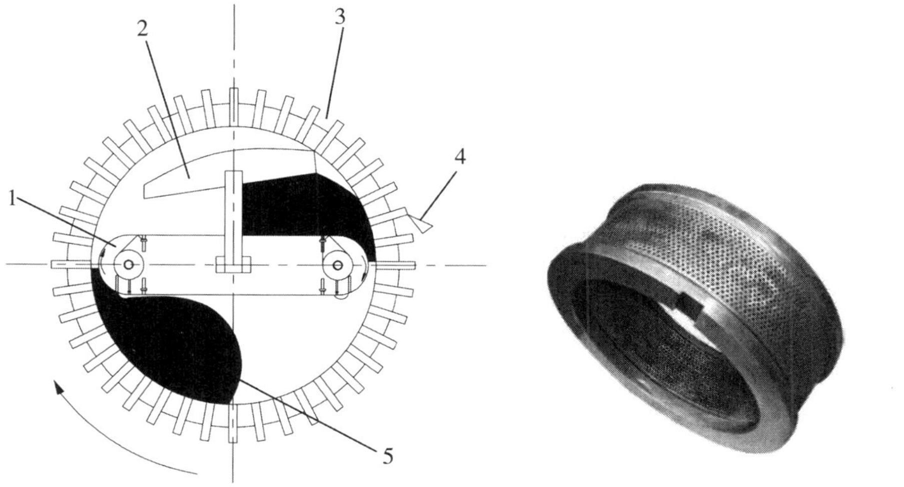


**图 3.9　环模颗粒成型机的工作原理（左）和环模模具实物（右）**

1. 压辊　2. 进料刮板　3. 环形压模　4. 切刀　5. 原料

因其压模轴线为水平布置，故常称卧轴环模颗粒成型机。在压粒器内，匀料板将调质好的物料均匀地分配到模、辊之间。环模由电动机带动回转，安装于环模内的压辊（一般 2~3 只）由压模通过模辊间的物料及其间的摩擦力使压辊自转。由于模辊的旋转，将模辊间的物料钳入、挤压，最后成条柱状从模孔中被连续挤出来，再由安装在压模外面的固定切刀切成一定长度的颗粒燃料。部分机型在模孔周边设有注水孔，以调节原料湿度和温度，有利于挤压成型。

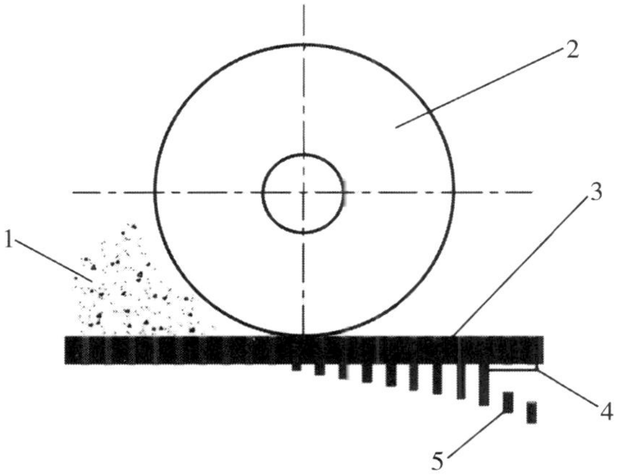


**图 3.10　平模颗粒成型机的工作原理**

1. 原料　2. 压辊　3. 平模　4. 切刀　5. 成型颗粒

（2）平模颗粒成型机。该机型是采用水平圆盘压模和与其相配的压辊为主要工作部件的颗粒成型机，又称为立轴平模颗粒成型机，其工作原理如图 3.10 所示。

其主机结构主要由压辊、平模、切刀、电动机及传动装置组成。附属设备由料斗、螺旋供料器、蒸汽孔、搅拌调质器、分料器、出料盘等构成。原料喂入压粒器，经分料器均匀分配至模、辊之间。原料进入成型机以后，在压辊作用下被粉碎的同时，进入压模成型孔，压成圆柱形或棱柱形，从压模的下边挤出，切割刀将压模成型孔中挤出的压缩条按需要的尺寸切割成粒，颗粒被切断并排出机体外。由于压辊和压模之间存在相对滑动，可起到磨碎原料的作用，可以使用粒径稍大一些的原料。

环模成型机自动化程度高，单机产量大，适于规模化生产。平模成型机对原料水分适应性强，水分一般在 15%~25%，结构简单，成本较低，适于农村小规模使用，但产量普遍偏低，一般不超过 0.5 t/h。国内部分模辊挤压式成型机的主要技术经济指标见表 3.5。

表 3.5　国内部分模辊挤压式成型机的主要技术经济指标

| 型号 | 装机功率 / kW | 生产率 /（kg/h） | 维修周期 /h | 能耗 /（kW·h/t） | 研制单位 | 备注 |
|---|---|---|---|---|---|---|
| ZLJ-300 | 11 | 120~150 | ＞200 | 100 | 吉林省华光生态工程技术研究所 | |
| ZLJ-1000 | 22 | 300~350 | ＞200 | 85 | 吉林省华光生态工程技术研究所 | |
| SZLH508 | 110 | 4 000 | ＞200 | 28 | 江苏正昌集团 | 生产颗粒饲料 |
| SZLH420D | 90 | 3 500 | ＞200 | 26 | 江苏正昌集团 | 生产颗粒饲料 |
| 485 型 | 94 | 2 000 | ＞400 | 47 | 农业农村部规划设计研究院 | 颗粒燃料 |
| 350 型 | 55 | 800 | ＞400 | 69 | 农业农村部规划设计研究院 | 颗粒燃料 |

#### 3.3.4.2　活塞冲压式生物质固体成型设备

（1）机械活塞冲压式成型机。机械活塞冲压式成型机主要由喂料斗、冲杆套筒、冲杆、成型套筒（成型锥筒、保型筒、成型锥筒外套）、夹紧套、电控加热系统、曲轴连杆机构、润滑系统、飞轮、曲轴箱、机座、电动机等组成。成型机第 1 次启动时先对成型套筒预热 10~15 min，当成型套筒温度达到 140 ℃以上时，按下电动机启动按钮，电动机通过 V 形带动飞轮使曲轴（或轮轴）转动曲轴回转带动连杆、活塞使冲杆做往复运动。待成型机润滑油压力正常后，将粉碎后的生物质原料加入喂料斗，通过原料预压机构或靠原料自重及冲杆下行运动时与冲杆套筒之间产生的真空吸力，将生物质吸入冲杆套筒内的预压室中。当冲杆上行运动时就可将生物质原料压入成型腔的锥筒内，在成型锥筒内壁直径逐渐缩小的变化下，生物质被挤压成棒状从保型筒中挤出，成为实心棒状燃料产品。机械活塞冲压式成型机的工作原理如图 3.11 所示。

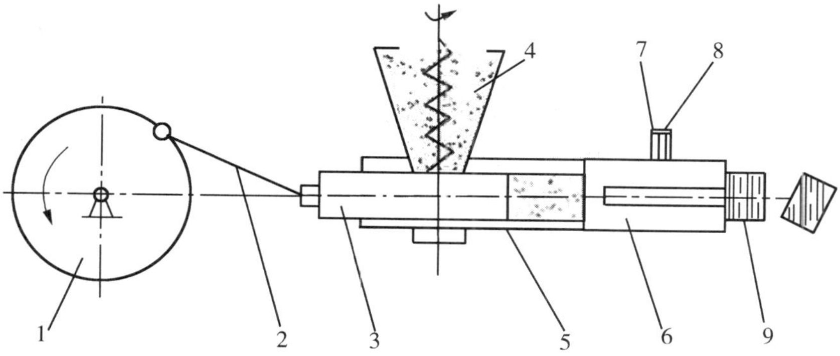


**图 3.11　机械活塞冲压式成型机的工作原理**

1. 曲轴　2. 连杆　3. 冲杆　4. 喂料斗　5. 冲杆套筒　6. 成型套筒
7. 加热圈　8. 夹紧套　9. 成型燃料

（2）液压活塞冲压式成型机。液压活塞冲压式成型机是河南农业大学在机械活塞冲压式成型机的基础上研究开发的系列成型设备，其成型原理为液压活塞双向成型。成型机主要由上料输送机构、预压机构、成型部件、冷却系统、液压系统、控制系统等几大部分组成。

工作时，先对成型套筒预热 15~20 min。当成型温度达到 160 ℃时，依次按下油泵电动机按钮、上料输送机构电动机按钮，待整机运转正常后，通过输送机构开始上料，每一端的原料都经两级预压后依次被推入各自冲杆套筒的成型腔中。冲杆在一个行程内的工作过程是一个连续的过程，根据物料所处的状态分为 5 个区：供料区、压紧区、稳定成型区、压变区和保型区。液压活塞冲压式成型机的工作原理如图 3.12 所示。

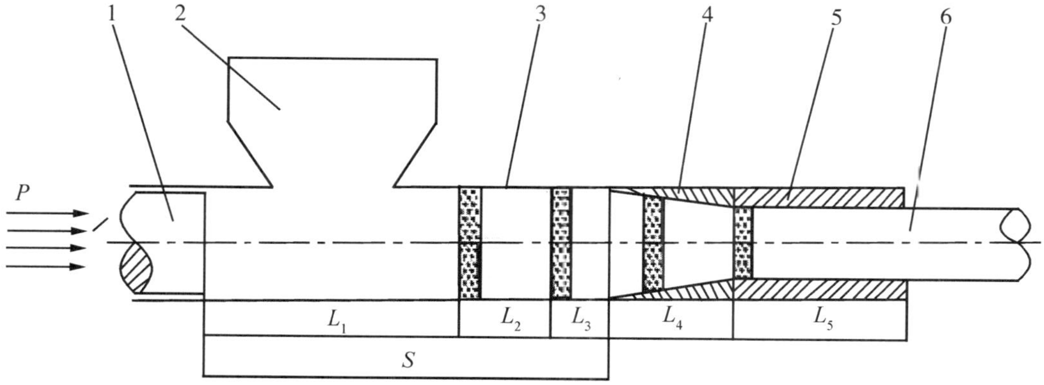


**图 3.12　液压活塞冲压式成型机的工作原理**

$L_1$. 一级预压长度　$L_2$. 二级预压长度　$L_3$. 变形区长度　$L_4$. 成型锥筒长度　$L_5$. 保型筒长度　$S$. 冲杆行程　$P$. 成型压强　1. 活塞冲杆　2. 喂料斗　3. 冲杆套筒　4. 成型筒　5. 保型筒　6. 成型棒

#### 3.3.4.3 螺旋挤压式生物质固体成型设备

螺旋挤压式成型机是利用螺旋推挤原理将生物质压制成成型燃料的生物质固体成型设备。根据黏结机理不同，螺旋挤压成型技术可分为不加热和加热两种类型。不加热类型是先在原料中加入黏结剂，由螺旋输送器输送和挤压，在黏结剂的作用下成型。加热类型是在螺旋挤压式成型机出口安装电加热装置，利用原料中的木质素受热塑化的黏结性成型。不加热成型在实践中被证明成型率较差，产品强度较低，挤出阻力更大，因此普遍使用的是加热成型技术。

螺旋挤压成型技术工艺适于压制木屑、稻壳、棉秆等木质生物质原料，其原料粒度一般要求为 1~10 mm。其中粒度在 6 mm 以上原料的比例不超过 10%，否则不易压实；水分不得超过 12%，否则挤压时，由于水分受热汽化，容易产生“放炮”现象，不能压实。螺旋挤压式成型机对螺旋的材质和加工精度要求较高，如果螺旋出现磨损则会显著降低成型效率，需要更换螺旋。螺旋挤压式成型机生产的多边形或者空心棒状生物质固体成型燃料，适合制作炭化燃料。螺旋挤压式成型机的工作原理如图 3.13 所示。

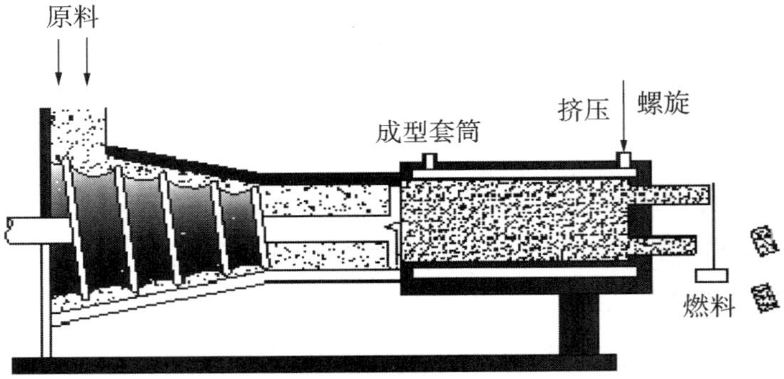


图 3.13 螺旋挤压式成型机的工作原理

国内部分螺旋挤压式成型机的主要技术经济指标见表 3.6。

表 3.6 国内部分螺旋挤压式成型机的主要技术经济指标

| 型号 | 生产率 /（kg/h） | 电动机功率 / kW | 加热功率 / kW | 燃料尺寸 /（mm × mm） | 研制单位 |
|---|---|---|---|---|---|
| LNJ-11 | 120~140 | 11 | 3 | 50 × 18 | 辽宁省能源研究所 |
| JX-7.5 | 85 | 7.5 | 2 | 66 × 15 | 武功县轻工机械厂 |
| JX-11 | 100 | 11 | 3 | 66 × 25 | 武功县轻工机械厂 |
| MD | 120~140 | 11 | 3.4 | 55 × 20 | 中国林业科学研究院林产化工所、江苏盱眙 9305 厂 |
| OBM-88 | 120 | 11 | 6 | 55 × 20 | 江苏省东海县粮食机械厂 |
| ZBJ-11 | 120 | 11 | 4.5 | 55 × 15 | 河南省巩义市合英机械制造有限公司 |

不同种类的生物质固体成型燃料生产技术比较见表 3.7。

表 3.7　不同种类的生物质固体成型燃料生产技术比较

| 种类 | 压辊式成型机 | | | 活塞冲压式成型机 | | 螺旋挤压式成型机 |
|---|---|---|---|---|---|---|
| | 平模辊式成型机 | 环模辊式成型机 | 辊式挤压成型机 | 机械活塞冲压式成型机 | 液压活塞冲压式成型机 | 螺旋挤压式成型机 |
| 成型原理 | 通过一个水平圆盘模具和多个压力辊成型，一般不需要外部加热 | 通过一个环形模具和多个挤压的圆柱形辊子成型，一般不需要外部加热 | 挤压成型，需要加热 | 加热或者常温冲压成型 | 物料经垂直及水平压力两次预压后，由冲杆推入套筒内，内部胶合，外部焦化，从套筒中挤出，为棒或块状 | 使用螺杆挤压生物质原料，需外部加热或不需要加热 |
| 原料要求 | 原料含水率为15%~20%，粒度小于10 mm | 原料含水率为15%~20%，粒度小于10 mm | 原料含水率应在15%~35%，粒度小于10 mm | 原料含水率不大于 20%，粒度不大于40 mm | 原料含水率不大于 12%，粒度不大于 40 mm | 原料含水率为8%~12%，粒度小于 40 mm |
| 应用阶段 | 处于相对成熟和商业化阶段 | 半商业化阶段 | 处于发展阶段的技术 | 介于半商业化和商业化阶段之间 | 商业化阶段 | 介于半商业化和商业化阶段之间 |
| 优缺点 | 设备简单，制造成本低；生产能力不高 | 生产能力高，产品质量好；模具易损坏，堵塞，维修费用较高 | 对原材料适应性强，能耗低，机器不易磨损撕裂；生产能力低 | 能耗大，产品易于储存，密度大；设备稳定性差，机器面临振动和润滑污染问题 | 成型设备寿命提高，能耗降低，运行平稳；生产能力较低，产品有“打孔”现象，产品容易开裂 | 产品易储存，密度高，可加工成各种形状；套筒易磨损，维护成本高，对原材料要求较高；表面易开裂 |
| 生产规模 | 提高生产能力，适合小规模生产 | 降低成本，可实现商业化应用 | 提高生产能力，适合小规模生产 | 适合大规模开发 | 增加生产能力，增强原料湿度适应性，适合规模化发展 | 适用于中小规模生产 |
| 产品形状 | 颗粒和块状 | 颗粒和块状 | 颗粒和块状 | 块状 | 块状 | 多边形和空心棒状 |

## 3.4　生物质固体成型燃料的燃烧特性及燃烧设备

生物质固体成型燃料是煤炭的良好替代燃料，可用于家庭炊事取暖、中小型锅炉、热风炉等生活生产的供热能源，是我国充分利用生物资源替代燃煤的主要途径之一。随着生物质固体成型技术水平的提高和规模的扩大，生物质固体成型燃料的竞争力不断提高，在我国未来的能源消耗中将占有越来越大的比例，应用领域也会不断扩大。压块和造粒的生物质固体成型燃料生产工艺更加复杂，能量需求和成本更大，但是生物质燃料的性质大大改善，比如其堆积密度、颗粒密度、机械耐久度等都大幅提高。当生物质从原料被加工为成型燃料后物理化学特性有了一些变化，这些变化也导致燃烧性能出现变化，其所需的燃烧设备也与燃煤的燃烧设备有所区别。

## 3.4.1 生物质固体成型燃料的燃烧特性

### 3.4.1.1 生物质固体成型燃料的物理化学特性

生物质原料的堆积密度、颗粒密度、机械耐久度、能量密度、燃烧持续时间等性质与煤相比有较大差距，不适合作为中小型工业层燃锅炉燃料使用。如表 3.8 所示，致密成型后秸秆类成型燃料密度、机械耐久度、堆积密度及能量密度，比未经压缩成型的秸秆类生物质均大幅提高。生物质固体成型燃料的灰分、挥发分和热值等理化特性改变有限，可以实现大规模的长久储存和运输。

表 3.8 生物质固体成型前后性质比较

| 项目 | 堆积密度 /（$kg/m^3$） | 能量密度 /（$MJ/m^3$） | 机械耐久度 /% | 燃料密度 /（$g/cm^3$） |
|---|---|---|---|---|
| 秸秆类生物质原料 | 30~90 | 970~1 300 | — | 0.02~0.04 |
| 生物质固体成型燃料 | 450~650 | 6 480~10 080 | ＞95 | 0.8~1.4 |

与散状农林废弃物相比，各种生物质散料经过压缩固化后热值、灰分没有明显变化，点火性能略微下降，但其堆积密度、颗粒密度、机械耐久性、能量密度、燃烧持续时间都大幅提高，燃烧性能大大改善，自燃的概率也大幅降低，可以作为长期安全储藏和方便运输的高品位清洁能源产品。生物质固体成型燃料和煤的工业成分、元素构成和热值有明显差别（表 3.9），但作为工业燃料仍有一定的相似之处，生物质固体成型燃料与煤的燃料特性比较如表 3.10 所示。

表 3.9 生物质固体成型燃料与煤的成分比较

| 燃料成分 | C/% | H/% | O/% | N/% | S/% | 灰分 /% |
|---|---|---|---|---|---|---|
| 生物质固体成型燃料 | 42~54 | 4~6 | 35~45 | 0.1~1.2 | ＜0.5 | 4~14 |
| 煤 | 60~90 | 3~5 | 2~15 | 0.8~1.8 | 0.5~7.5 | 5~25 |

表 3.10　生物质固体成型燃料与煤的燃料特性比较

| 燃料特性指标 | 挥发分 / % | 热值 /（MJ/kg） | 燃料密度 /（$g/cm^3$） | 堆积密度 /（$kg/m^3$） | 机械耐久性 / % | 点火温度 / K |
|---|---|---|---|---|---|---|
| 生物质固体成型燃料 | 60~85 | 14~21 | 0.8~1.4 | 450~650 | ＞ 95 | 418~426 |
| 煤 | 7~48 | 20~28 | 1.25~1.80 | 700~1 200 | 较高 | 490~595 |

### 3.4.1.2　生物质固体成型燃料点火特性

影响生物质固体成型燃料点火和燃烧特性的因素主要有燃料种类、温度、空气供给、密度、含水率等。生物质燃料的点火时间与挥发分含量及含水率有密切关系。生物质固体成型燃料点火时间与燃料挥发分的含量呈线性关系，燃料挥发分含量越高则相应的点火时间越短；燃料的点火时间和燃料含水率呈指数关系，含水率升高，不但延长了干燥时间，降低了燃烧温度，延长了燃料点火时间，当燃料含水率超过一定数值时，燃料点火的时间无限延长且无法点燃。生物质固体成型燃料的点火温度一般在 200 ℃左右，点火温度略高于生物质散料，但是远小于煤的点火温度。

生物质固体成型燃料发热量与二类烟煤相当，挥发分含量是烟煤的 2~3 倍，固定碳含量是烟煤的 0.3~0.5 倍，灰分含量为烟煤的 0.1~0.25 倍，含氧量远高于煤，含硫量和含氮量都低于煤。生物质固体成型燃料的挥发分含量很高，点火性能远优于煤，燃烧阶段稳定持久，整个燃烧过程比煤要迅速，空燃比小于煤，灰分含量较低，燃尽特性要优于煤。与煤相比，生物质固体成型燃料全生命周期的温室气体排放量不到煤的 1/9，节能减排效果明显。

### 3.4.1.3　生物质固体成型燃料的燃烧过程

生物质固体成型燃料的燃烧是一个复杂的过程，涉及连续气相燃烧、固相燃烧和气固相混合燃烧，燃烧类似型煤的燃烧过程，属于静态渗透式扩散燃烧。生物质燃烧过程可以分为水分析出（Ⅰ）、挥发分析出和焦炭形成（Ⅱ）、挥发分燃烧（Ⅲ）、焦炭燃烧（Ⅳ）和燃尽（Ⅴ）五个阶段，如图 3.14 所示。

这些燃烧阶段有些是相互重合的，没有完全严格的界线，不过与原生生物质相比其燃烧过程有明显层次。成型燃料燃烧水分析出的时间段十分集中，内层燃烧主要是随温度升高由表到里的传递，释放出 CO、$CH_4$、$H_2$ 和不饱和烃等可燃性挥发气体，挥发分析出后留下的是焦炭。挥发分燃烧的过程中，挥发分析出较快并且燃烧时间比较短，但是能够释放出较多的热量，这个阶段要加强空气供给才能使挥发分充分燃烧，这是与煤炭有明显区别的；挥发分燃烧消耗大量的氧，致使焦炭表面氧浓度较低，抑制焦炭燃烧。成型燃料随挥发分析出燃烧，燃料内的木质纤维素高温炭化，燃料出现气相

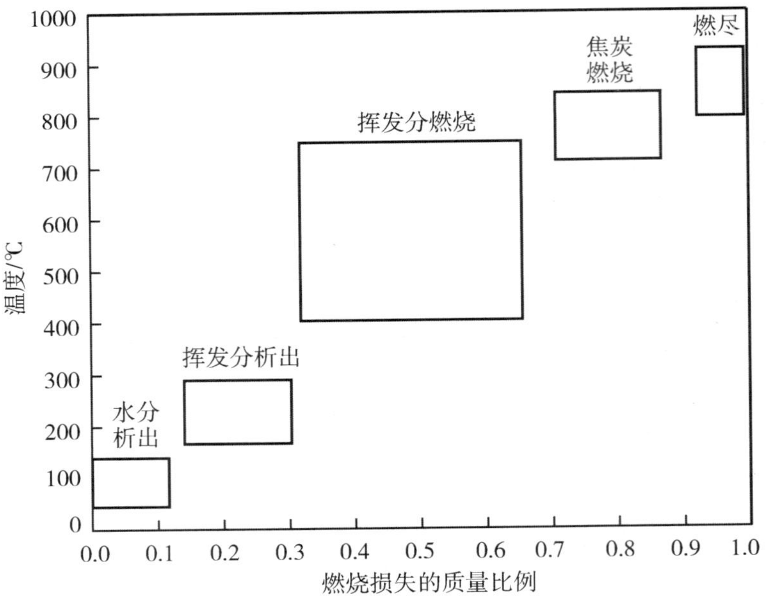


**图 3.14 生物质固体成型燃料的燃烧过程**

和固相并存的现象，挥发分完全析出燃烧后焦炭继续燃烧，这个阶段燃料内部受热膨胀，形成焦炭骨架，氧气可以更好地进入，随后焦炭剧烈燃烧。燃料内层物质基本燃尽，最后剩余灰渣及少量残余碳。

生物质固体成型燃料燃烧的各个阶段互有重叠交叉，特别是在大规模连续进料的燃烧设备中，水分蒸发后挥发分快速挥发燃烧而固定碳还未燃烧完全时，就会有新的燃料加入。但是可以明确的是，新进入的生物质固体成型燃料都要在一定温度下释放水分和挥发分，然后给挥发分提供足够的氧气进而高温燃烧产生热量。连续进料层燃烧模型如图 3.15 所示，随着炉排的移动和不间断的进料，炉排从左到右燃料依次经历初始加热、水分蒸发、挥发分析出、挥发分燃烧和固定碳燃烧几个阶段，最终燃烧结束后剩余的灰渣在炉排右侧被排出。针对生物质挥发分含量高的特点，生物质固体成型燃料在炉膛内的燃烧既要保证挥发分的充分燃烧，又要促使固定碳低强度充分燃烧以减少结渣，通过燃料空气分级燃烧手段减少污染物生成。

生物质固体成型燃料在燃烧过程中的燃烧速率主要受几个因素综合影响，包括：①原料的种类，主要涉及固定碳和挥发分含量的变化。②燃烧温度，温度越高燃料的平均燃烧速率越快。③供风，生物质挥发分含量较高需要分阶段供风，以保证挥发分充分燃烧。④密度，密度较大的生物质固体成型燃料燃烧速率更加稳定，更适合大型燃烧设备。⑤颗粒直径大小，颗粒直径越大燃烧时间越久，燃烧稳定性越好。因为生

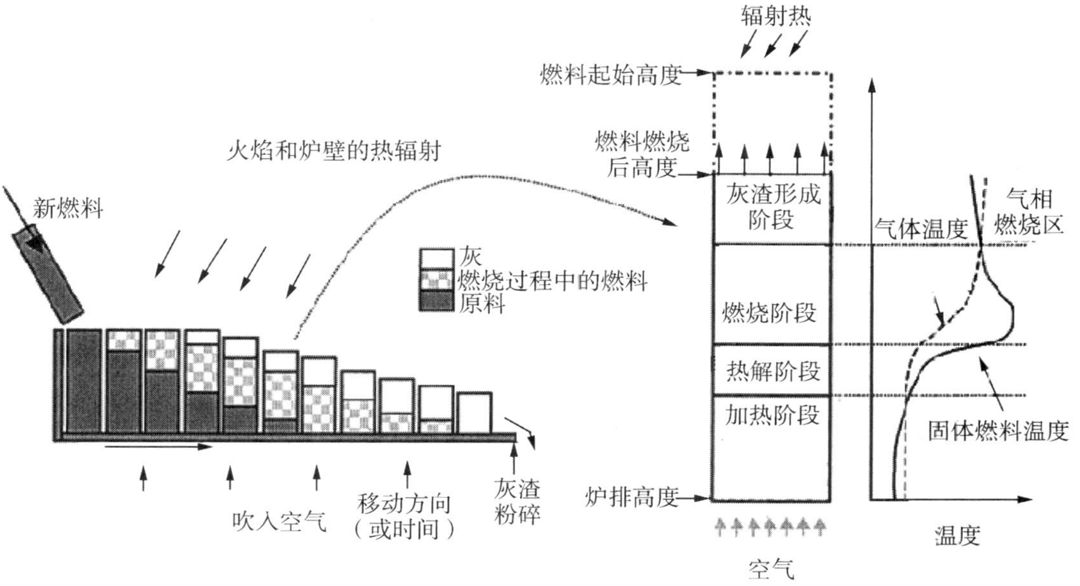


图 3.15　生物质固体成型燃料连续进料层燃烧模型示意图

物质固体成型燃料燃烧速率与成型燃料密度、挥发分含量呈正相关关系，所以这些因素中对生物质固体成型燃料燃烧速率影响最为明显的是原料种类和燃料密度。总之，生物质固体成型燃料克服了散状燃烧不稳定的缺点，燃烧速度均匀适中，燃烧持续时间较久，燃烧性能与型煤相近。

#### 3.4.1.4　生物质固体成型燃料的燃烧污染物

在理想的情况下，生物质固体成型燃料燃烧可表示为生物质固体有机部分完全氧化转化为气态的 $CO_2$ 和 $H_2O$。而生物质固体成型燃料燃烧的实际过程是非常复杂的，燃烧后生成气态或者固态的污染物。生物质固体成型燃料在锅炉内燃烧且具有二次风供给，污染物生成如图 3.16 所示。燃烧主要污染物包括 $CO_2$、$NO_x$、$SO_x$、CO、颗粒物、$C_xH_y$、焦油、HCl、PAH（多环芳烃）、PCDD/PCDF（二噁英 / 多氯代二苯并呋喃），重金属（Pb、Zn、Cd、Cu、Cr、Hg 等），碱金属盐（氯化钾、硫酸钾、氯化铵）和颗粒物。《锅炉大气污染物排放标准》（GB 13271—2014）对颗粒物、二氧化硫、氮氧化物、汞及其化合物的排放浓度限值做了明确规定，减少锅炉行业污染排放。

### 3.4.2　生物质固体成型燃料的燃烧设备

生物质燃料的燃烧特性和燃烧机理从本质上决定了燃烧方式和燃烧设备的设计，因此工业上链条炉排和往复炉排是生物质燃料所采用的主要设备。目前，很多国内外的专家都将目光聚焦在如何提高生物质固体成型燃料的燃烧效率上，有学者通过改变

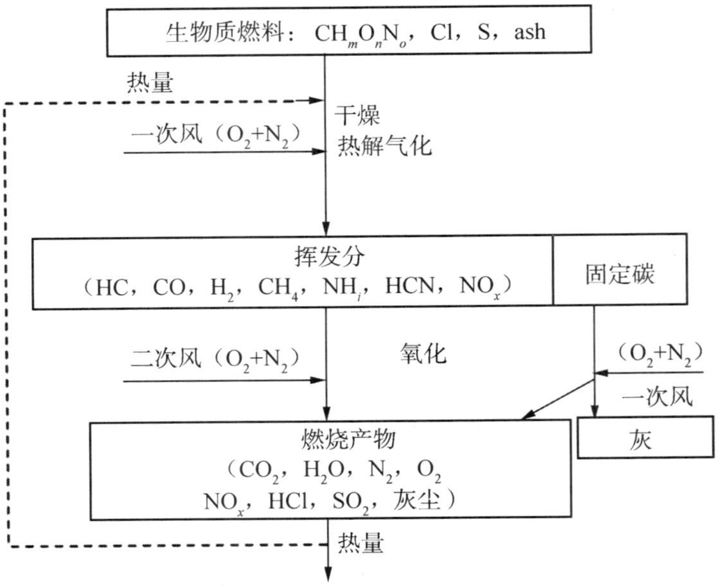


图 3.16　生物质固体成型燃料燃烧污染物生成

炉排长度、调整炉内的前拱后拱结构，以及增加折烟阻尘墙等方法，对生物质锅炉进行改造，得到较为理想的结果。有学者研究了不同种类的生物质燃料的层燃燃烧特性，对燃烧特性、燃料形状尺寸和配风等问题对影响层燃炉燃烧的影响做了分析。生物质燃料的燃烧情况受很多方面因素的影响，而生物质的燃料种类、水分含量、密度、集合尺寸、燃烧时的温度与配风量等为主要的几种因素，其中生物质的燃料种类、水分含量、密度和集合尺寸对生物质固体成型机械的合理设计及经济运行具有指导意义。从生物质燃料的性质出发合理地选择生物质燃料设备的设计和运行方式，是保证生物质燃烧设备经济、低污染运行的主要手段。

目前生物质固体成型燃料燃烧设备发展已经相对成熟，设备种类众多。按照燃烧过程可以分为直接燃烧设备和气化燃烧设备。按照传热方式可以分为生物质蒸汽锅炉、生物质热水锅炉、生物质热风炉、生物质导热油炉等；按照用途可以分为生物质热能锅炉和生物质电能锅炉；按照燃烧方式可以分为层状燃烧设备、悬浮燃烧设备和流化床燃烧设备。

#### 3.4.2.1　层状燃烧设备

层状燃烧设备在工业上使用最为广泛。大型锅炉以链条炉或往复炉排锅炉为主，小型锅炉常采用固定炉排。细小、稍重的生物质燃料在炉排上燃烧时，因为炉排空隙较大容易未燃烧就掉落至灰斗处，而较轻的生物质燃料容易被炉排下方一次风吹起。所以，这种炉排燃烧锅炉主要适用于大颗粒及块状生物质燃料。编者曾设计的一种燃用生物质固体成型燃料的中小型工业蒸汽锅炉的本体结构如图 3.17 所示。

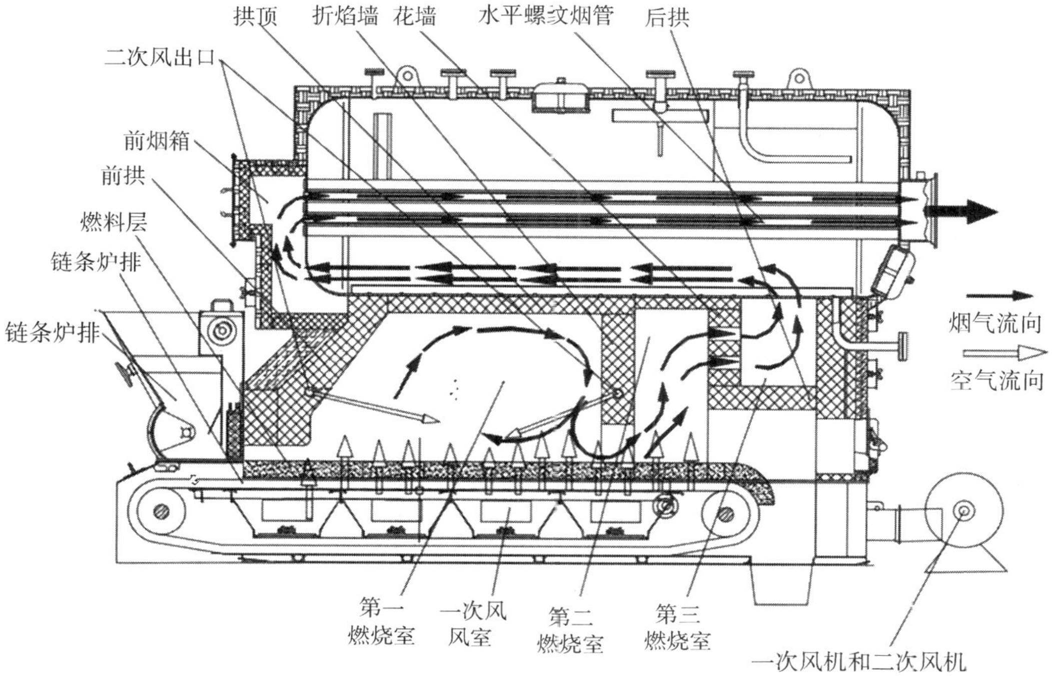


图 3.17　燃用生物质固体成型燃料的中小型工业蒸汽锅炉的本体结构

### 3.4.2.2　悬浮燃烧设备

燃料在炉膛内以悬浮的方式与空气接触燃烧，因此燃料需要以悬浮方式存在于炉膛内。此时，对于较重的燃料使之悬浮在炉膛内，需要较大的空气流速，而过大的空气流速对于炉膛温度有很大的负面影响。因此，悬浮燃烧更适用于细碎、较轻的干燥生物质成型颗粒燃料。生物质颗粒粒径小，悬浮燃烧方式能使其与空气充分接触，因此燃烧效率很高，可达 98% 以上。但是存在飞灰浓度大的问题，而且在熄火的情况下，极易发生爆炸。采用层燃和悬浮燃烧相结合的沸腾气化燃烧设备，可以有效地解决爆炸问题。生物质沸腾气化燃烧锅炉的结构如图 3.18 所示。锅炉本体主要部分包括分布板、螺旋进料器、炉膛、风机、保温材料、电动机等。

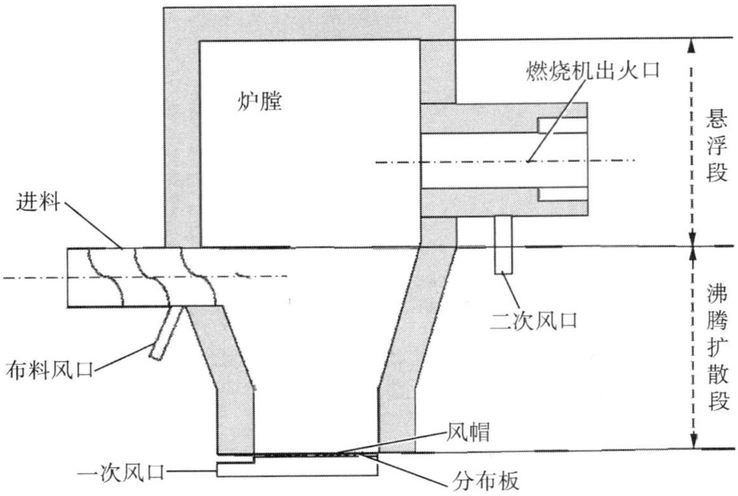

图 3.18　生物质沸腾气化燃烧锅炉的结构（上）和实物（下）

#### 3.4.2.3　流化床燃烧设备

流化床燃烧是介于层燃和悬浮燃烧之间的一种燃烧方式。这种燃烧方式结合了前两种燃烧方式的优点，既能使较重燃烧物得到充分燃烧，又能利用燃料中细碎的部分。空气从流化床底部的空气分布板将细碎的燃料吹至上部，较重的不能被吹起的则被留在流化床底部燃烧。为了提高燃烧效率，将飞出的颗粒经过旋风分离器收集重新送至流化床底部继续燃烧，而烟气则从分离器上部排出，这就是所谓循环流化床（CFB）燃烧。循环流化床对于生物质燃料的水分含量要求不高，即使水分含量很大的生物质，在进入炉腔内也能通过迅速蒸发使燃料快速干燥，同时它的工作方式使得燃料与空气接触性能良好，因此是一种高效的燃烧方式。循环流化床气化炉的工作原理如图 3.19 所示。

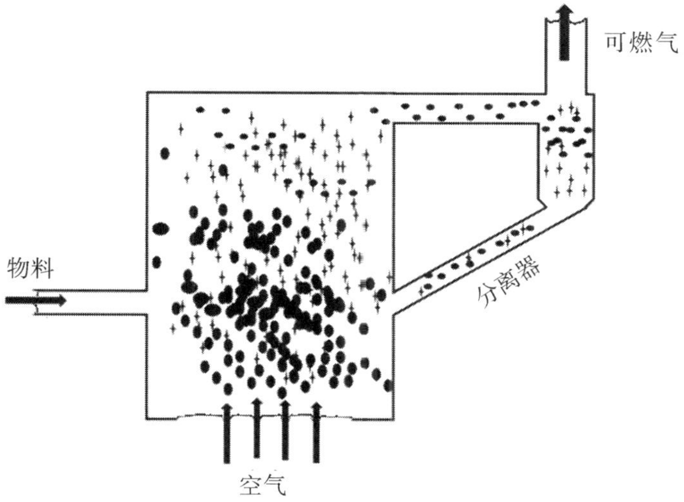


图 3.19　循环流化床气化炉的工作原理

## 3.5　生物质固体成型燃料评价及标准

秸秆成型燃料的主要技术指标反映了秸秆成型燃料的物理和化学特性。物理特性指标主要包括外观尺寸和密度，化学特性指标主要包括热值、含水率、灰分含量、灰分熔点及 Cl、N、S、K 和重金属含量。目前没有秸秆固体成型燃料的专门技术指标及标准，因此，秸秆固体成型燃料的有关技术标准主要包含在各国制定的生物质固体成型燃料标准中，对于秸秆固体成型燃料的技术指标的评价也参照生物质固体成型燃料执行。我国生物质固体成型燃料标准体系建设初步取得了一些成效，但与欧美发达国家相比，标准制定工作进展较为缓慢，一定程度上制约了产业发展。

### 3.5.1　国内外相关的产业标准

#### 3.5.1.1　美国标准

美国材料与试验协会（ASTM）制定了生物质固体成型燃料的试验方法标准，已制定 14 项。2007 年，ISO/TC238 委员会开始制定生物质固体成型燃料国际标准，基于欧盟标准进一步完善，目前已制定并发布了 35 项 ISO 标准，正在制定 12 项，内容涵盖术语、规格和等级、质量保证、采样制样、试验方法、安全储运、排放控制等，同时考虑了住宅 / 商业和工业应用等不同用户的分级质量要求（表 3.11）。由于体制所限，ASTM 所制定的标准存在以下不足之处：适用范围不统一，其中涉及的生物质、木质燃料和木质颗粒燃料 3 个概念相互之间存在交叉重复；没有形成完整的标准体系，缺乏如取样、机械特性试验方法等必备的标准；没有制定生物质发热量和元素分析的试验方法，而是引用了垃圾衍生燃料的标准，实际上垃圾衍生燃料的特性与生物质存在一定的差异，并不完全适用于生物质燃料；测试方法之间（如E871和E1358，以及E1534和E1755）存在重复现象。

表 3.11　ASTM 生物质固体燃料标准

| 标准名称 | 适用范围 | 测试内容和方法 |
|---|---|---|
| E870 木质燃料分析测试方法 | 适用于木质燃料 | 工业分析和元素分析，引用了D1102，E771、E775、E777、E778等木材、垃圾衍生燃料的标准 |
| E871 木质颗粒燃料全水分试验方法 | 适用于锯末、颗粒、木屑、木块及其他体积不超过16.39 cm³的木质颗粒燃料 | 取出50 g样品，放置在（103 ± 1）℃干燥箱内烘干16 h |
| E872 木质颗粒燃料挥发分试验方法 | 同E871 | 将1 mg样品放置在密闭的坩埚内，放置在（950 ± 20）℃马弗炉内7 min |
| E873 生物质颗粒成型燃料堆积密度的试验方法 | 适用于体积不超过16.39 cm³的生物质颗粒成型燃料 | 采用规格为305 mm × 305 mm × 305 mm的容器进行测量 |
| E1358 木质颗粒全水分试验方法——微波法 | 提供了E871的替代试验方法 | 控制温度、时间、样品质量的条件，用微波炉进行加热 |
| E1534 木质颗粒燃料灰分试验方法 | 适用于木质颗粒燃料 | 将2 g样品放置马弗炉中，缓慢升温至580 ~ 600℃ |
| E1755 生物质灰分试验方法 | 适用于硬木、软木、草本作物（如柳枝稷等）、农作物剩余物（如玉米秸、稻草和蔗渣）、废纸等，其中木质颗粒燃料适用于E1534 | 在温度为（575 ± 20）℃马弗炉中氧化 |
| E1757 生物质分析样品准备方法 | 同E1755 | 用于元素分析，分为A、B、C三种方法 |

### 3.5.1.2　欧洲标准

2000年，欧洲标准化委员会（CEN）授权瑞典标准局，成立生物质固体成型燃料技术委员会（CEN/TC 335），经过2007—2010年修订和完善逐渐统一了欧盟标准，并取代了欧盟其他国家标准，如DIN、ONORM等标准，目前欧盟标准已发布42项标准，正在制定7项。CEN/TC 335分为术语，规格、分类和质量保证，采样和样品制备，物理（或机械）试验，化学实验五部分。根据起源和来源，生物质固体成型燃料可分为木本生物质、草本生物质、果木生物质、混合物和混杂物等。根据交易类型，可分为压块、颗粒、饼粕、木屑、碎木燃料、原木、锯末、树皮、秸秆捆等。物理试验规定了堆积密度、颗粒密度、工业分析、机械强度等测试方法；化学试验规定了C、H、N、S、Cl等主要元素和微量元素的测试方法（表3.12）。

表3.12 CEN/TC 335生物质固体燃料标准体系

| 分类 | 规定的内容 | 技术规范 |
|---|---|---|
| 术语 | 术语 | CEN/TS 14588 |
| 规格、分类 | 规格和分类 | CEN/TS 14961 |
| 质量保证 | 质量保证和质量控制 | CEN/TS 15234 |
| 采样和样品制备 | 采样方法、抽样检验方法、样品制备方法 | CEN/TS 14778—1，CEN/TS 14778—2，CEN/TS 14779，CEN/TS 14780 |
| 物理（或机械）试验 | 热值<br>堆积密度 | CEN/TS 14918<br>CEN/TS 15103 |
| | 颗粒密度<br>全水分 | CEN/TS 15150<br>CEN/TS 14774—1，CEN/TS 14774—2，CEN/TS 14774—3 |
| 化学试验 | 灰分<br>挥发分<br>机械强度<br>尺寸分布<br><br>C、H、N<br>Cl、Na、K<br>S、Cl<br>主要元素（Al、Si、K、Na、Ca、Mg、Fe、P和Ti）<br>微量元素（As、Ba、Be、Cd、Co、Cr、Cu、H9、Mo、Mn、Ni、Pb、Se、Te、V和Zn） | CEN/TS 14775，CEN/TS 15370<br>CEN/TS 15148<br>CEN/TS 15210—1<br>CEN/TS 15210—2，CEN/TS 15149—1，CEN/TS 15149—2<br>CEN/TS 151493<br>CEN/TS 15104<br>CEN/TS 15105<br>CEN/TS 15289，<br>CEN/TS 152901<br><br>CEN/TS 15297 |

欧盟没有专门制定燃烧设备的标准，但已制定的标准中包括锅炉和燃烧器、室内采暖设备等相关标准，主要适用于包括生物质在内的固体燃料。

总的来说，欧盟在生物质固体燃料和燃烧设备方面，特别是燃料方面，已经形成了完整的标准体系，可供我国制定标准时借鉴。但是，欧盟尚缺乏生物质固体燃料储藏和运输、成型设备，安全卫生环境等标准。另外，欧盟标准中所规定的对象是生物质固体燃料，生物质固体成型燃料仅是其中的一种形式，还有木屑、锯末、圆木、草捆等其他类型的固体燃料，与我国的实际情况不同。

#### 3.5.1.3 中国标准

中国自2008年开始，通过借鉴国外标准，结合中国国情，由农业农村部规划设计研究院承担研究课题并初步建立了生物质固体成型燃料标准体系，涵盖原料收储运、成型设备、产品质量、产品储运、燃烧应用等环节。目前已制定国家标准11项，行业标准38项。我国生物质固体成型燃料标准体系由以下3部分构成。

（1）技术条件。包括原料及产品的收集、储存、加工及运输过程中的工艺和设备的技术条件标准。此外，还包括与生物质固体成型燃料配套的燃具、炉具的技术条件。

（2）检测技术条件的测试试验标准。每个技术条件应该有相应的检测标准，没有统一的测试标准，技术条件将起不到指导和标准的作用。

（3）公用标准。原料或产品的化学成分、微量元素含量、粉尘、水分、热值及样品的制备等标准为公用标准，这些标准将在整个标准体系中重复提到或使用。

标准体系中每部分包含若干具体标准，总体构成中国生物质固体成型燃料标准体系。

### 3.5.2 生物质固体成型燃料试验方法

#### 3.5.2.1 燃料特性及其影响

生物质固体成型燃料的物理特性和化学组成影响从燃料供应、燃烧系统到污染物排放的整个过程。颗粒尺寸和粒度分布决定了进料系统和燃烧技术；能量密度由堆积密度和低位发热量计算所得，影响燃料供应（运输、贮藏）和上料系统的过程控制；全水分影响燃烧性能；挥发分是燃料热解和燃烧性能的主要影响因素；C、H、O是燃料的主要组成成分；Cl一方面体现在HCl排放及影响二噁英（PCDD）和多氯代二苯并呋喃（PCDF）的形成，另一方面是Cl及其化合物的腐蚀作用；S在燃烧过程中形成气态的$SO_2$、$SO_3$和碱性硫酸盐。另外，形成灰分和盐的元素（如Si、Ca、Mg、K和Na）对燃烧过程也很重要，Ca和Mg通常会提高灰分的熔解性能，K则相反，Si与K结合在一起可在飞灰颗粒中形成低熔点的硅酸盐。具体内容见表3.13。因此，需要按相关的试验方法标准测定这些参数。

表3.13 生物质固体成型燃料的特性及影响

| 特性 | 影响 |
|---|---|
| 物理特性 | |
| 全水分 | 储藏持久性、干物质损失、净热值（NCV）、自燃、工程设计 |
| 低位发热量 | 燃料利用、工程设计 |

续表

| 特性 | 影响 |
|---|---|
| 挥发分 | 热解特性 |
| 含灰量及灰分熔解特性 | 粉尘排放、灰分处理、灰分再利用和排放，燃烧技术 |
| 堆积密度 | 燃料共应（储藏、运输、搬运） |
| 密度 | 热导、热解 |
| 机械耐久性 | 燃料供应（储藏、运输、搬运）、粉末 |
| 化学特性 | |
| C、H、O | 发热量 |
| Cl | HCl、PCDD/PCDF 排放、腐蚀 |
| N | NO、$N_2O$ 排放 |
| S | $SO_x$ 排放、腐蚀 |
| F | HF 排放、腐蚀 |
| K、Na、Mg、Ca、P | 腐蚀（换热器、过热器）、灰熔点、形成气溶胶、灰分再利用 |
| 重金属 | 排放、灰分再利用、形成气溶胶 |

#### 3.5.2.2　实验结果确定

除特别规定外，针对每个测定项目，同一样品进行 2 次试验。2 次测定的差值如不超过重复性限 r，则取其算术平均值作为最后结果；否则，需进行第 3 次测定。如 3 次测定的极差不超过重复性限 1.3 T，则取 3 次测定值的算术平均值作为最后结果；否则，需进行第 4 次测定。如 4 次测定的极差不超过重复性限 1.3 T，则取 4 次测定值的算术平均值作为最后结果；如果极差大于 1.3 T，而其中 3 个测定值的极差不大于 1.2 T，则取此 3 次测定值的算术平均值作为最后结果；如上述条件均未达到，则应舍弃全部测定结果，并检查试验仪器和操作，然后重新进行试验。

#### 3.5.2.3　试验基准

在生物质固体成型燃料分析化验中，不同的样品其化验结果是不同的。同一样品在不同的状态下其测试结果也是不同的。例如，一个样品的水分，经过空气干燥后的测试值比空气干燥前的测试值要小。所以，任何一个分析化验结果，必须标明其进行分析化验时生物质燃料所处的状态。主要的基准如下。

（1）收到基。以收到状态的生物质燃料为基准。

（2）空气干燥基。以空气湿度达到平衡状态的生物质燃料为基准。

（3）干燥基。以假想无水状态的生物质燃料为基准。

（4）干燥无灰基。以假想无水、无灰状态的生物质燃料为基准。

各种基准的生物质各组分的关系如表 3.14 所示。

**表 3.14　各种基准的生物质各组分的关系**

<table>
<tr><td colspan="2">水分（M）</td><td>灰分（A）</td><td>挥发分（V）</td><td>固定碳（FC）</td></tr>
<tr><td rowspan="3">外水分</td><td rowspan="2">内水分</td><td></td><td colspan="2">干燥无灰基（daf）</td></tr>
<tr><td colspan="3">干燥基（d）</td></tr>
<tr><td colspan="4">空气干燥基（ad）</td></tr>
<tr><td colspan="5">收到基（ar）</td></tr>
</table>

为了使分析结果在不同基准之间进行转换，可将分析结果乘以输入必要数值的适当公式（表 3.15）。大部分基于一个特定基准的分析值都可以乘以该公式转换成其他任何基准。

**表 3.15　不同基准之间的换算公式**

| 已知基 | 要求基 | | | |
|---|---|---|---|---|
| | 空气干燥基（ad） | 收到基①（ar） | 干燥基（d） | 干燥无灰基（daf） |
| 空气干燥基（ad） | | $\frac{100-M_{ar}}{100-M_{ad}}$ | $\frac{100}{100-M_{ad}}$ | $\frac{100}{100-(M_{ad}+A_{ad})}$ |
| 收到基（ar） | $\frac{100-M_{ad}}{100-M_{ar}}$ | | $\frac{100}{100-M_{ar}}$ | $\frac{100}{100-(M_{ar}+A_{ar})}$ |
| 干燥基（d） | $\frac{100-M_{ad}}{100}$ | $\frac{100-M_{ar}}{100}$ | | $\frac{100}{100-A_{d}}$ |
| 干燥无灰基（daf） | $\frac{100-(M_{ad}+A_{ad})}{100}$ | $\frac{100-(M_{ar}+A_{ar})}{100}$ | $\frac{100-A_{d}}{100}$ | |

注：① 用来计算收到基结果的公式可以用来计算其他任何湿基。$M$ 为水分含量；$A$ 为灰分含量。

#### 3.5.2.4　试验精度

生物质固体成型燃料试验方法的精密度，用重复性限和再现性临界差表示。重复性限是指在重复条件下，在同一实验室中，由同一个实验者使用同样的设备对从分析样品中称出的具有代表性的分样进行操作，所得结果的产值（在 95% 概率下）的临界值。再现性临界差是指在再现性条件下，从同一个分析样本中取出重复试验分样，在两个不同的实验室对其进行重复测定，其结果平均值的差值（在 95% 概率下）的临界值。

（1）全水分。全水分是指生物质燃料的外在水分和内在水分的总和。生物质固体成型燃料的水分变化较大，影响燃烧的状况，全水分较高生物质的热值有所下降，导致起燃困难，燃烧温度偏低，阻碍燃烧反应的顺利进行。通常用收到基全水分含量来表示。

1）试验温度。生物质中水分按其结合形态可分为游离水和结合水（结晶水）两大类。游离水是指以物理吸附或吸着方式与生物质结合的水。结合水是指以化合的方式同生物质中矿物质结合的水。生物质中的游离水于常压下在105~110 ℃的温度下经过短时间干燥即可蒸发；而结合水通常要在200 ℃甚至500 ℃以上才能析出。所测定的全水分只是游离水，也就是外在水分和内在水分。外在水分是指在一定条件下样品与周围空气湿度达到平衡时所失去的水分，是生物质固体成型燃料在运输、储存及应用过程中，附着在颗粒表面和大毛细孔中的水分，可用自然干燥方法去除；内在水分是指在一定条件下样品达到空气干燥状态时所保持的水分，内在水分吸附在燃料内部，比较稳定，与测试时空气的湿度和温度有关，温度超过100 ℃时可将其中内在水分完全蒸发出来。

2）浮力补偿。因为干燥后的样品在称重时还保持着较高温度，需要补偿浮力作用以满足更高精度的要求。

3）水分损失。在测定全水分之前，还应检查样品质量的损失情况，能确定样品在运送过程中有损失时，应将减少的质量作为样品在运送过程中的水分损失，并计算出该减少量占样品质量的百分数，计入样品全水分。

4）精密度。当全水分小于10%时，重复性限小于0.4%；当全水分大于等于10%时，重复性限为0.5%。

（2）一般分析样品水分。在一定条件下，一般分析样品水分是指在实验室中与周围空气相对湿度达到大致平衡时所含有的水分。一般分析样品水分是一项重要的指标，在燃料的基础理论和加工利用研究中都具有重要的作用。在工业分析中，一般分析样品水分是进行不同基准的工业分析结果之间换算的基础数据。一般分析样品水分通常是某些测定项目的校准数据。

1）试验仪器。仪器为带鼓风的干燥箱。鼓风的目的在于促进干燥箱内的空气流动，一方面使干燥箱内温度均匀，另一方面使生物质燃料中的水分尽快蒸发，缩短试验周期。试验证明，在鼓风的情况下干燥1 h测得的水分高于在不鼓风情况下测得的水分值。在随后的30 min检查性干燥中，在鼓风的条件下只需进行1次，试样即可达恒重，而不鼓风时，常需进行多次才能达到恒重。因此，采用带鼓风的干燥箱。

2）试验方法。本试验采用一步法。一般分析样品定义为试验室样品的分样，名义最大尺寸为1 mm。一般分析样品在105 ℃的温度下干燥，直到质量不再变化。质量恒量是在进一步的 60 min [(105 ± 2)℃] 的加热过程中，其质量变化量不超过 1 mg。所需的干燥时间通常为 2~3 h。根据测试样品损失的质量计算出水分百分比。一般分析样品可在空气中或氮气中干燥。

3）结果计算。计算结果为空气干燥基。在同一实验室中，由同一个实验者使用同样的设备对从分析样品中称出的具有代表性的部分样品操作，反复测定得到结果，其差值的绝对值不超过 0.2%。

（3）挥发分。挥发分是指样品在规定条件下隔绝空气加热，并进行水分校正后的质量损失。挥发分主要含有 $H_2$、$CH_4$ 等可燃气体和少量的 $O_2$、$N_2$、$CO_2$ 等不可燃气体。生物质挥发分含量一般在 76%~86% 之间，远远高于煤，因此挥发分的热解与燃烧是生物质转化利用的主要过程。

1）仪器设备。马弗炉，为电加热，内部有可维持（900 ± 10）℃的恒温区。它可以是封闭的，在后部安装通气管。对于配有通气管的马弗炉来说，炉门密封性良好很重要。通气管不能伸出炉膛太多，且应配有蝶阀以限制气流在炉内流通。

2）试验方法。挥发分为固体生物质燃料在标准条件下隔绝空气加热时的质量损失减去全水分。实验是经验性的，为了保证可再现结果，务必小心控制加热速度、最终温度和试验持续时间。在加热时务必使生物质固体成型燃料隔绝空气，以防止氧化。一般分析样品的试验子样在（900 ± 10）℃隔绝空气的环境中加热 7 min。用扣除水分质量损失后试验子样质量损失占样品质量的百分数来计算挥发分含量。

一般分析样品的全水分与挥发分同时测定。

3）结果计算和精密度。样品中的挥发分用干燥基的质量分数来表示。从同一个分析样本中取出的两个具有代表性的试验子样，由同一操作者在同一实验室使用相同的设备对这两部分进行重复测定，其结果的差异不超过算术平均值的 3%。从同一个分析样本中取出重复试验子样，在两个不同的实验室进行重复测定，其结果平均值的差异不超过算术平均值的 4%。

（4）灰分。灰分是指样品在规定条件下完全燃烧后所得的残留物，是原有的不可燃矿物杂质经高温分解和氧化形成的，对生物质燃烧过程有一定的影响。如果生物质的灰分含量高，将减少燃料的热值，降低燃烧温度。如稻草的灰分含量可达 14%，导致其燃烧比较困难。

1）试验方法。试验样品为一般分析样品，其标称最大粒度等于或小于 1 mm。在严格控制时间、样品重量、设备规格、温度在（550 ± 10）℃等条件下，通过计算样品在空气中加热后剩余物的质量占样品总质量的百分比来测定灰分。与 550 ℃相比，根据 ISO 1171—1997 在更高温度（815 ℃）测定的灰分含量不同，这是因为无机物成分的挥发、无机物的进一步氧化（更高的氧化态）和碳酸盐分解成 $CO_2$ 而引起的损失。

2）结果计算和精密度。用干燥基质量分数表示。本方法的重复性限和再现性临界差见表 3.16。

**表 3.16　灰分测定的重复性限和再现性临界差**

| 灰分，/% | 试验结果允许的最大差值（干燥基） | |
|---|---|---|
| | 重复性限 | 再现性临界差 |
| 小于 10% | 0.2 | 0.3 |
| 等于或大于 10% | 平均值的 2.0% | 平均值的 3.0% |

引用：NY/T 1881.5—2010 生物质固体成型燃料试验方法 第 5 部分：灰分。

（5）堆积密度。堆积密度是指在规定条件下将生物质固体成型燃料填充在容器内，质量与容器体积的比。堆积密度影响生物质固体成型燃料的运输和贮藏，同时影响燃烧设备的上料系统设计。

1）试验方法。堆积密度可分为松散堆积密度和振实堆积密度。其中，松散堆积密度包括颗粒内外孔及颗粒间空隙的松散颗粒堆积体的平均密度，用处于自然堆积状态的未经振实的成型燃料的总质量除以堆积燃料的总体积求得。振实堆积密度包括颗粒内外孔及颗粒间空隙经振实的颗粒堆积体的平均密度。考虑到生物质固体成型燃料在装卸过程中，一般都有振实的过程，需测量振实堆积密度。将试验样品装入已知尺寸和形状的标准容器并称量，根据单位标准体积的净质量来计算堆积密度，并根据测定的全水分报告堆积密度。

2）计算与精密度。生物质固体成型燃料的全水分也影响堆积密度，须注明全水分。

生物质固体成型燃料的堆积密度随着一些因素（如振动、碰撞、压力、生物降解、干量和吸湿等）而发生变化。测定的堆积密度在运输、存储或转运时可能会偏离实际情况。因此，本部分的试验方法不可能给出一个精确的说明（重复性或再现性）。

（6）密度。生物质固体成型燃料密度是指单个生物质固体成型燃料的密度。生物质固体成型燃料属于多孔物质，具有与外部相通的开口孔和不通的闭孔，成型燃料的体积包括材料的空体积，即材料内所含全部孔隙体积之和。它是决定成型燃料物理性能和燃烧性能的一项重要指标。生物质固体成型燃料的密度与生物质原料的种类及固体成型的工艺条件密切相关，不同生物质由于全水分不同，组成成分不同，在相同压缩条件下所达到的成型燃料密度也存在明显的差异。

1）试验方法。对于外形规则的材料，其测定很简便，只要测得材料的质量和体积，即可计算成型燃料密度。不规则材料的体积要采用浮力法求得。称取一定量的生物质固体成型燃料样品，表面用蜡涂封后（防止水渗入样品的孔隙），通过测定样品在空气中测量与在随后液体中测量质量的差值，来测定浮力，再计算出蜡颗粒样品的体积，减去蜡的体积后，计算出生物质固体成型燃料的密度。

2）仪器设备。针对颗粒和压块燃料，分别规定了自制试验台，用于体积的测试。

3）精密度。生物质固体成型燃料密度并不是一个绝对值，随环境或技术因素（如空气湿度、振动或生物降解等）变化而发生变化。此外，成型燃料密度可能随时间发生变化。因此，其测量值应作为瞬时的燃料特性。由于本部分涵盖的固体生物质燃料具有变化性，因此试验方法不可能给出一个精确的说明（重复性或再现性）。

（7）机械耐久性。机械耐久性是指生物质固体成型燃料在装卸、输送和运输过程中保持完整个体的能力，表示了成型燃料的黏结性能由成型燃料的压缩条件及松弛密度所决定，主要体现在成型燃料的不同使用性能和储藏性能。机械耐久性又可以具体细化为抗变形性、抗跌碎性、抗滚碎性等几项性能指标。

1）试验方法。生物质固体成型燃料的抗变形性，可以采用强度试验测量其拉伸强度和剪切强度，用失效载荷值表示成型燃料的强度，但对于不同的颗粒燃料存在较大的差异性。转鼓试验和跌落试验分别用来检验成型燃料的抗跌碎性和抗滚碎性，并用失重率反映成型燃料的抗碎性能。在上述这些试验中，欧盟、瑞典等分别形成了各自的试验技术标准和评估标准。某些情况下，冲击试验及抗冲击指标（IRI）也常常作为一种非标准方法，检验成型燃料在特殊场合使用时的抗冲击变形能力。

本部分采用转鼓试验测定机械耐久性。在可控的振动下，通过在试验样品之间、样品与测试器内壁之间发生碰撞，然后将已磨损和细小的颗粒分离出来，根据剩余的样品质量计算机械耐久性。

2）仪器设备。本部分选用了更为广泛使用的煤的转鼓试验机作为试验设备。

机械耐久性测定的重复性限和再现性临界差如表 3.17 规定。

**表 3.17　机械耐久性测定的重复性限和再现性临界差**

| 机械耐久性 | 试验结果允许的最大差值 | |
|---|---|---|
| | 重复性限 | 再现性临界差 |
| ≥ 97.5% | 0.2% | 0.5% |
| < 97.5% | 1% | 2% |

引用：NY/T 1881.8—2010 生物质固体成型燃料试验方法 第 8 部分： 机械耐久性。

## 3.6　生物质固体成型燃料的主要用途

生物质固体成型燃料多应用在林业资源相对比较丰富的地区、农作物秸秆资源量大的区域、木材加工业和生产活性炭行业等。它主要用于供热，包括区域供热、小型热水锅炉（功率为 0.5~4 MW）和家用采暖炉及壁炉（功率为 1.0~25 kW），为家庭用户提供生活热水和室内取暖。

目前，在欧美等国家，一般居民家用的生物质固体成型燃料（主要为木质颗粒燃料）及配套的高效燃烧设备已经非常普及，成型燃料现已通过袋装在市场上销售，成为许多家庭首选的生活用燃料；家庭式供热锅炉的热效率可达 80%，住宅区、学校等较大面积的供热系统中使用的高效节能燃烧锅炉其热效率能达到 90% 以上。

### 3.6.1　农村居民生活用能

根据用途的不同，秸秆固体成型燃料炉具可分为炊事炉、采暖炉和炊事采暖炉；根据使用燃料的规格不同，可分为颗粒炉和棒状炉；根据进料方式的不同，可分为自动进料炉和手动炉；根据燃烧方式的不同，可分为燃烧炉、半气化炉和气化炉。

（1）生物质炊事炉。生物质炊事炉主要月于家庭做饭，采用上吸式气化技术（逆流式气化），空气经一次风从灰室的炉栅处吸入，从下向上通过燃烧层，燃料从炉口顶部一次加入炉膛，亦可边燃烧边添料。在炉膛内沿气化高度，生物质气化过程主要分为三层，即热分解层、还原层、氧化层。

（2）生物质炊事采暖炉。生物质炊事采暖炉的采暖、炊事功能可自由切换，炊事能力强，采暖效果好，适用于秸秆等生物质块状燃料及其他木块、木棒和玉米芯等农林废弃物。其特点是热效率高，热烟气冲刷受热面充分，传热效率大大提高；燃料和灰渣全封闭在炉箅及储灰室中；气化室内可燃气体易于充分燃烧，真正达到节能环保的目的；操作简便，一次加料长时间连续燃烧，不耗电，无噪声，常压运行，安全可靠。

### 3.6.2　农村区域供热

秸秆等生物质固体成型燃料可以作为农村公共机构（乡政府、学校、卫生所等）、农产品加工业（粮食烘干、蔬菜、烟叶等）、设施农业（温室）、养殖业等不同规模的区域供热燃料。

生物质热水锅炉采用正反两向进风原理，锅炉燃烧层次分明，采用板式与管式双重换热，增加了换热面积，降低了排烟温度；自然通风，无须动力。该锅炉适宜于在农村、城镇浴室及中小企业和事业单位使用。

### 3.6.3　工业用途

秸秆等生物质固体成型燃料能够满足住宅区、工厂等大中型单位生产生活需要，可用于替代燃煤、燃油、燃气等工业锅炉，也可用于工业窑炉。可借助生物质颗粒燃烧机、中型工业锅炉、大型流化床燃烧设备发电供热或者循环流化床燃煤锅炉掺烧生物质固体成型燃料发电供热等方式实现工业化应用。生物质固体成型燃料可以规模化工业应用，也可以通过现代化技术代替煤、石油等大规模转化成 $CH_4$、CO 等工业原料，形成以生物质为原料高效合成、转化生产交通运输燃料、低碳能源产品的技术体系。

## 3.7 生物质固体成型燃料的技术应用

原生生物质原料在工业化应用中存在较多弊端，在前文有所介绍。原生生物质原料主要有以下缺点：

（1）较低的能量密度。

（2）堆积密度太低，存储所需较大的空间。

（3）运输成本过高，不适合远距离运输。

（4）原料自身质量和热值的不确定性。

（5）难以控制燃烧速率，快速燃烧。

（6）流动性较差，用于大型设备难以实现连续进料。

而成型后的生物质燃料极大地克服了以上缺点，在大规模使用场景中具有突出优势。编者及编者所在团队多年来专注于生物质能源化利用，在生物质固体成型燃料制备及利用方面也做了较多工作，将生物质固体成型燃料相关技术应用在不同目的需求场景的中试生产或者工业生产中。对生物质固体成型燃料技术应用的相关研究从以下几个方面做介绍。

### 3.7.1 生物质固体成型燃料成型工艺应用

#### 3.7.1.1 生物质先成型后炭化工艺应用

编者曾对果酒酒糟制备高品质炭粉工艺进行中试研究，利用团队研制的旋转炭化炉中试设备制作高品质果酒酒糟炭。团队研制的旋转炭化炉中试设备实物如图 3.20 所示。该设备采用内源加热方式制备生物质炭，燃烧液化气提供热源使转炉升温至原料所需炭化温度，并维持炉膛温度在一定范围内；进料方式为螺旋连续进料，出料方式为螺旋连续出料。

使用的果酒酒糟原料含水量达 60% 以上，呈泥饼状。经过干燥后果酒酒糟成为形状不规则、大小不尽相同的颗粒。经试验，原料不规则形状，不能实现原料连续进料，并且炭化后得到的炭的颗粒大小不一、品质有明显差别，同时掺杂有不容易分离的杂质。为保证果酒酒糟原料在中试转炉设备上连续稳定运行，同时克服干燥后果酒酒糟颗粒原料不均匀、炭化过程不均匀等不利影响，采取了先成型后炭化的工艺制备果酒酒糟炭。

图 3.20　生物质炭旋转炭化炉中试设备

果酒酒糟原料　　干燥后果酒酒糟　　果酒酒糟成型颗粒

图 3.21　果酒酒糟的各种形态

果酒酒糟的各种形态如图 3.21 所示。

生产高品质果酒酒糟炭生产工艺如图 3.22 所示。

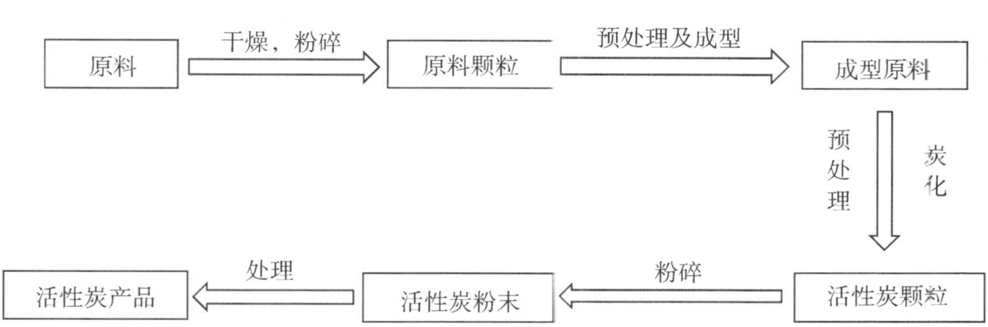


图 3.22　果酒酒糟炭生产工艺

使用以上炭制备工艺完成了 1 t 果酒酒糟原料的炭化连续运行中试试验，取得了良好的效果，制备的成型炭颗粒经处理后得到了高品质活性炭炭粉。得到的活性炭颗粒和活性炭如图 3.23 所示。

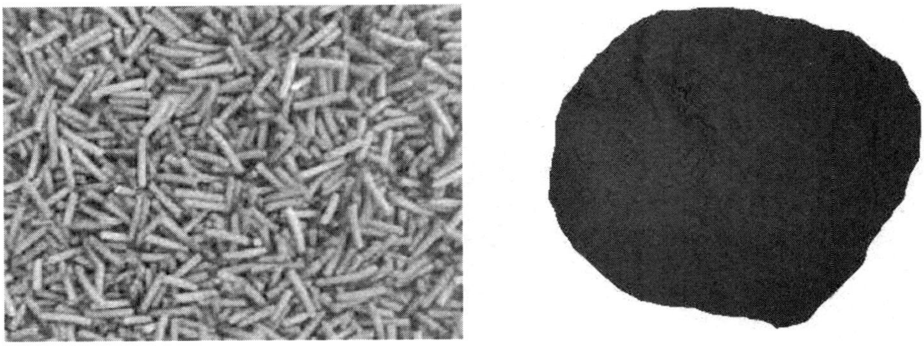

图 3.23　活性炭颗粒（左）和活性炭（右）

先成型后炭化的生物质固体成型技术在此次高品质果酒酒糟基活性炭中试试验中的优势如下：实现了稳定连续进料及炭化后连续出料；保证了炭产品的纯度减少杂质污染；方便制备的炭产品干燥、收集、运输及下一步处理。

#### 3.7.1.2　生物质先炭化后成型工艺应用

编者团队建设了南阳方城县袁店乡汉山村烟秆和林果薪柴炭气化项目示范工程，包括烟秆和林果薪柴炭化制高品质炭产品成套生产线的建设。项目主要核心技术为根据烟秆和薪柴的炭气化特性自主研发的下吸式移动床热解气化和炭化技术，得到热解气和生物炭，然后使用先炭化后成型工艺制作生物质炭棒。项目建成后，生产线可年处理烟秆和薪柴 5 000 t、年产炭 1 500 t。炭气化项目生产工艺流程如图 3.24 所示。

工艺描述：原料切段粉碎，颗粒最大尺寸控制在 5 cm 以下，用气流输送机输送，经旋风分离器分离后，颗粒原料进入炭气化炉气化，输送用空气经除尘器除尘后排放。原料经炭气化反应后，生成的气体首先经过除尘塔除尘，除尘后气体利用塔板式喷淋塔冷凝分离出燃气、木醋液、木焦油，产品分别送入各自存储设施存储备用。炭气化反应后生成的炭在炭气化炉内经一定时间停留，充分释放出挥发分后，经出料螺旋冷却输出并加湿抑尘，再经粉碎机粉碎后，用成型机成型，烘干，即为成型炭。大约 25% 的燃气用于成型炭的烘干，降低水分含量，提高炭燃烧性能和储存性能；剩余燃气供给周边居民使用。炭气化装置及部分生产过程如图 3.25 所示。

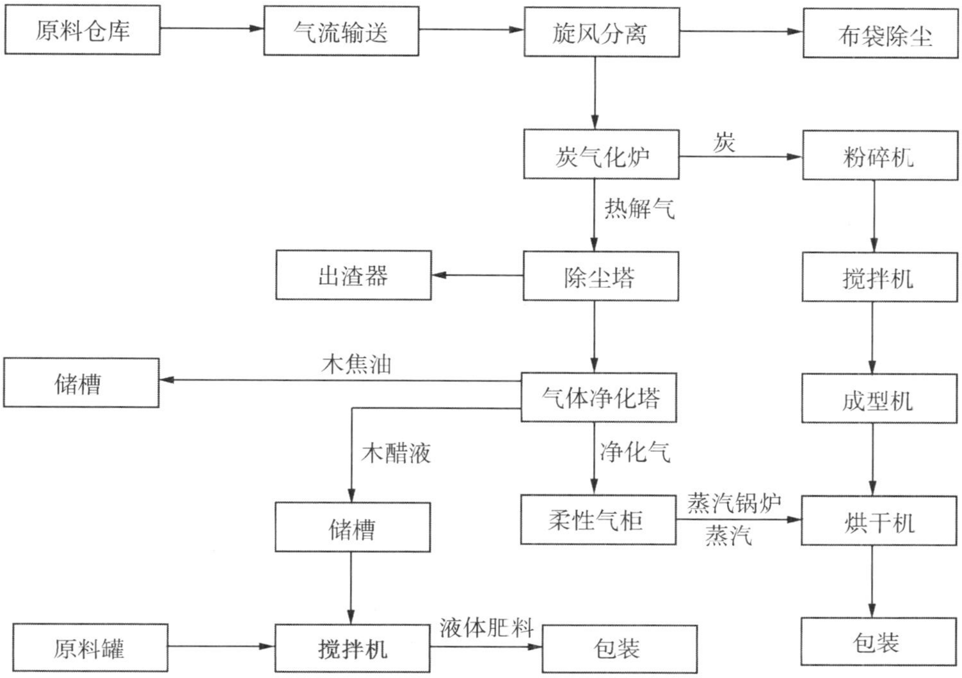


图 3.24　炭气化项目生产工艺流程

a. 炭气化设备总体　b. 炭气化主体设备　c. 炭棒生产　d. 炭棒装箱

图 3.25　炭气化装置及部分生产过程

生产的炭粉加工成食品用炭，添加一定量黏结剂，挤压成型干燥后，用作烧烤等餐饮行业用炭。原料为烟秆的炭成型前平均热值 30 000 kJ/kg，成型后约 28 000 kJ/kg，平均灰分含量 15%，平均含水量 8%。产品固定碳含量质量控制大于 55%，发热量大于 14 600 kJ/kg。典型烟秆炭的主要技术指标如表 3.18 所示。

表 3.18　烟杆生物质炭主要技术指标

| 项目 | 含水量 | 热值 /（kJ/kg） | 灰分 | 挥发分 | 固定碳 |
|---|---|---|---|---|---|
| 成型前 | 6.41% | 3 0670.6 | 13.19% | 18.23% | 68.56% |
| 成型后 | 8.70% | 27 924 | 15.46% | 21.31% | 63.23% |

### 3.7.2　生物质固体成型燃料在蒸汽锅炉设备上的应用

现有的燃煤锅炉直接改烧生物质固体成型燃料，由于燃料性质和锅炉结构不匹配，导致锅炉热效率低下且污染环境，包括挥发分难以在炉膛中完全燃烧、尾气带火苗、固定碳燃烧不完全易结渣、污染物超标排放等。因此，需要设计与生物质固体成型燃料的燃烧特性相适应的新型结构的燃烧设备。与传统燃煤锅炉相比，生物质固体成型燃料燃烧设备的设计主要是改进了炉膛结构设计和送风系统设计，保证挥发分和固定碳充分燃烧，减少生物质燃烧形成的沉积及结渣，减轻沉积对燃烧设备的腐蚀和换热效率的影响。炉膛是锅炉的重要结构之一，是燃料燃烧的主要场所，炉膛结构特性决定了锅炉内温度及烟气流场的分布特点。

编者在燃煤层燃锅炉基础上，对炉膛结构做了优化设计，主要包括炉膛形状的设计和二次风的布置。工业蒸汽链条锅炉由锅炉本体及辅助设备两部分组成，这些设备组成的锅炉系统可分为水汽系统、上料系统、燃烧系统、风烟系统、除尘除渣系统和控制系统等。锅炉整体系统如图 3.26 所示。

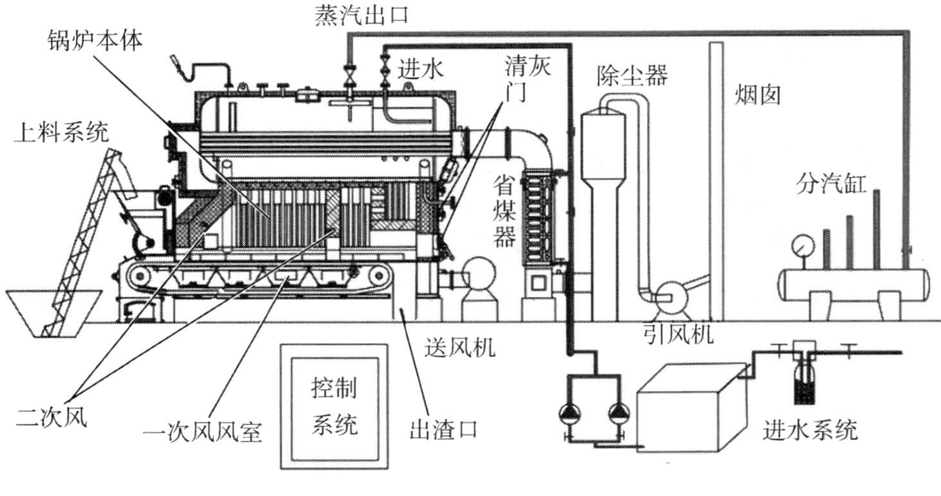


图 3.26　锅炉整体系统简图

（1）炉膛设计。燃用生物质固体成型燃料的中小型工业蒸汽锅炉本体结构和烟气流向如图 3.27 所示。在链条炉排的上方从左到右依次设有前拱、中拱和后拱，中拱是由竖向折焰墙形成的屏式中拱，后部设置横向的后拱和竖向的花墙。二次风风口位于炉膛中部，在前拱和中拱同一水平方向上分别等距设置二次风风口，从前拱、中拱射出的二次风方向相对且斜向下吹向炉排中部。如此炉膛可划分为 3 个部分：前拱、拱顶、中拱、炉排、两侧炉墙围绕形成第一燃烧室；中拱、拱顶、后拱、炉排、两侧炉墙围绕形成第二燃烧室；花墙、横向拱、后炉墙及两侧炉墙围绕形成燃烬室。

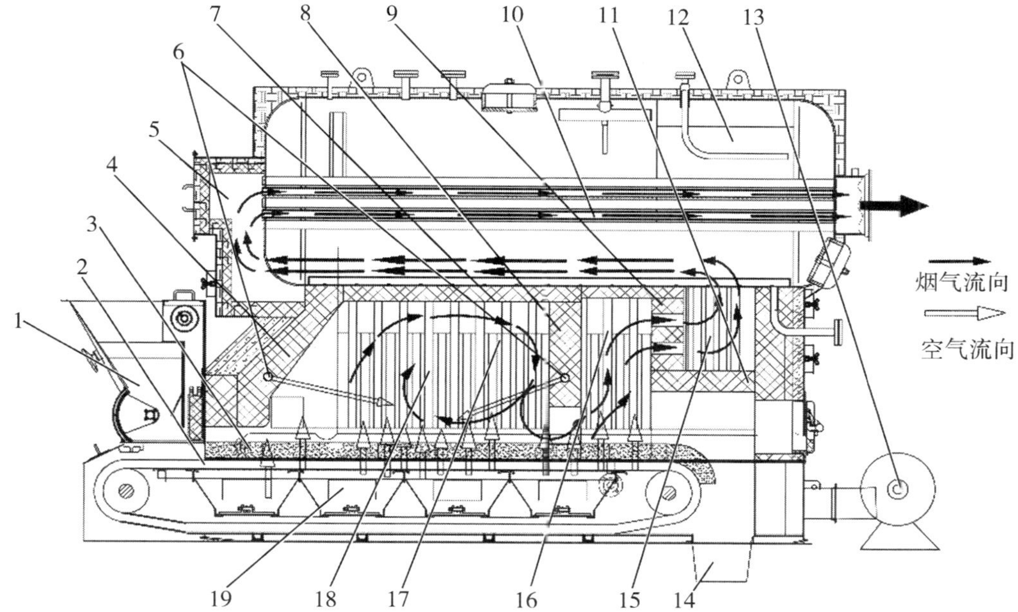


**图 3.27　燃用生物质固体成型燃料的中小型工业蒸汽锅炉本体结构和烟气流向**

1. 进料斗　2. 链条炉排　3. 燃料层　4. 前拱　5. 前烟箱　6. 二次风　7. 拱顶　8. 中拱　9. 花墙　10. 螺纹烟管　11. 后拱　12. 锅筒　13. 一次风和二次风鼓风机　14. 出渣口　15. 燃烬室　16. 第二燃烧室　17. 受热面　18. 第一燃烧室　19. 一次风风室

（2）炉膛内二次风设计。二次风的设计特点：锅炉炉膛的前拱和中拱之间有较大的空间，在此空间内主要是挥发分气体和未燃尽炭粒的燃烧。增设一台二次鼓风机提供二次风，通过风道通向前拱和中拱的二次风风口，二次风由二次风风口射向炉膛。炉膛内前拱、中拱同时布置相向的八个圆形二次风出口，二次风风口向下倾斜，前拱的二次风倾角为 10°，中拱的二次风倾角为 25°。在炉膛前拱、中拱设置的二次风风口彼此错开，二次风吹出后和烟气形成烟气旋涡，使烟气旋涡位于炉膛中心。在不影响炉排上的生物质固体成型燃料层正常燃烧的情况下，尽量使旋涡向下靠近燃料层，

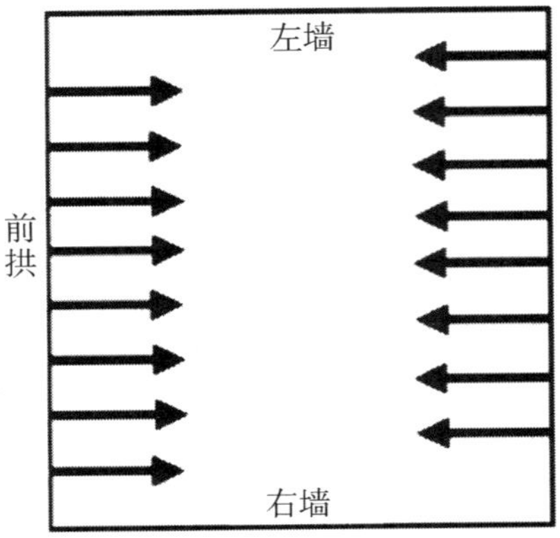


a. 二次风前后墙布置

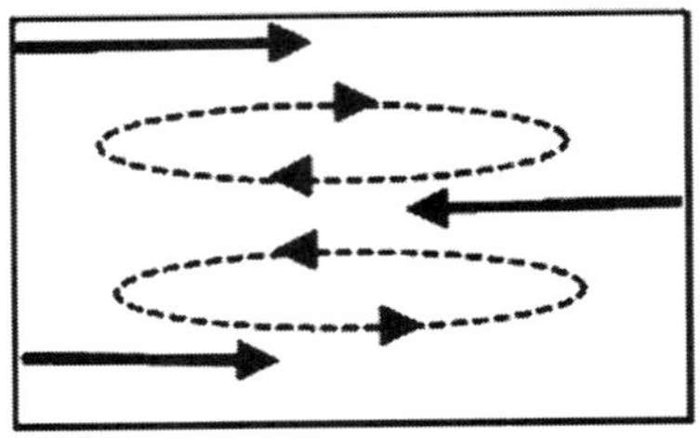

b. 水平方向二次风“旋流”效果

**图 3.28　二次风布置**

最终在二次风的扰动作用下使烟气充满整个炉膛。

二次风布置及产生烟气旋流燃烧效果如图 3.28 所示。这样的二次风布置方式对来自下炉膛内的烟气产生较强搅混，烟气在炉膛竖直和水平两个方向上混合，促使炉膛烟气温度分布均匀，降低炉膛火焰中心位置，改善了炉膛内部烟气温度不均匀状况。从二次风风口射出的二次风带动烟气在炉膛水平截面方向和竖直方向形成的旋转流动，延长了烟气在炉膛的行程和平均停留时间，使烟气可燃成分充分燃烧，同时二次风在前后墙炉膛水冷壁面附近形成局部富氧环境，可以减少锅炉水冷壁面被腐蚀和积灰结焦的形成。

通过二次风的设计可以弥补炉膛结构的不足，以及避免为追求较好的燃烧状况而过分提高过量空气系数的现象。

1）代替炉拱部分功能，优化炉膛内部空气动力场，增强烟气扰动，使烟气混合更加均匀，有利于挥发分充分燃烧。

2）不提高锅炉炉膛出口过量空气系数，也可减少化学不完全燃烧损失及飞灰损失，获得较好的燃烧效率且减少颗粒物原始排放浓度。

3）通过二次风流动带动烟气，形成烟气局部回流或烟气气流旋转，延长烟气及飞灰在炉膛内的停留时间，使炉膛烟气充满度较好，以及降低火焰中心位置使燃料层稳定燃烧；形成局部的富料燃烧区域及富氧燃烧区域，富料燃烧区域提供还原气氛可以减少 $NO_x$ 形成，富氧燃烧区域可以使烟气充分燃烧，减少颗粒物及未完全燃烧污染物的生成。合理的二次风布置系统，可以优化生物质固体成型燃料燃烧形成的稀相空间内挥发分气体充分燃烧和未燃尽碳粒燃烧。锅炉内送风系统及燃料燃烧特性如图 3.29 所示。

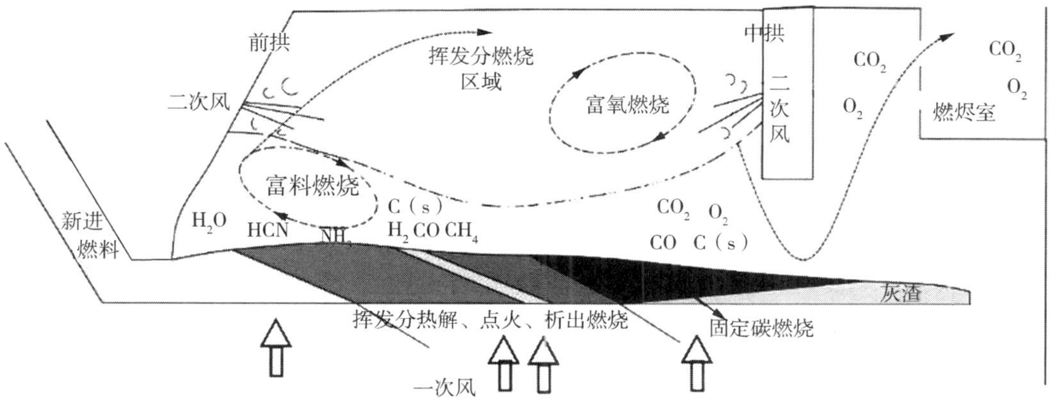


图 3.29　锅炉内送风系统及燃料燃烧示意

生物质固体成型燃料蒸汽锅炉的主要设计参数：锅炉炉型为单锅筒纵置式水火管锅壳锅炉，额定蒸发量 1 t/h，额定工作压力 0.7 MPa，额定出口蒸汽温度 170 ℃，给水温度 20 ℃，冷空气温度 20 ℃，炉膛出口烟温 900 ℃，省煤器后排烟温度 126 ℃，排烟处过剩空气系数 1.45，燃料消耗量 193.34 kg/h，排污率 5%，锅炉设计热效率 86.90%，安全稳定运行工况范围为热负荷 70% ~100%。前后拱二次风布置和炉膛实际燃烧状况如图 3.30 所示。

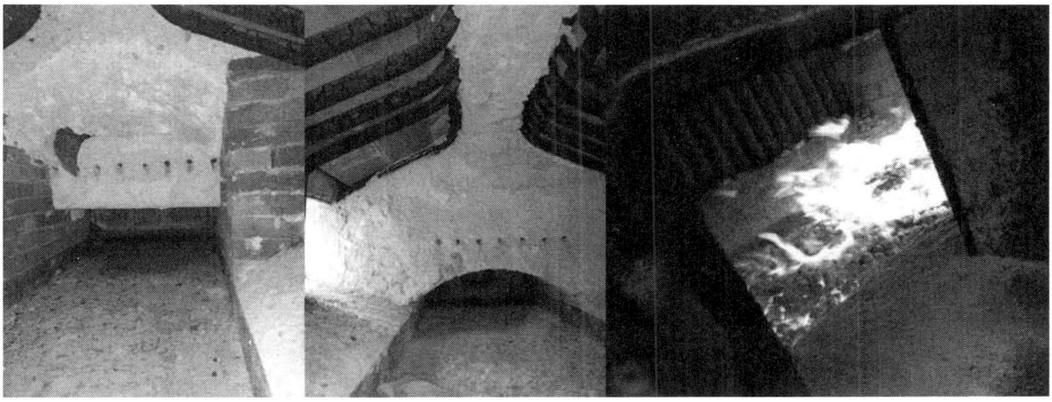

图 3.30　前后拱二次风布置和炉膛实际燃烧状况

### 3.7.3　生物质固体成型燃料颗粒气化技术应用

生物质固体成型燃料气化技术是指以生物质固体成型燃料为原料，在高温条件下与气化剂（空气、氧气和水蒸气）反应得到小分子可燃气体的过程，通常所说的气化还包括生物质的热解。生物质固体成型燃料的气化技术可用于气化发电、间接合成及制取氢气等。常见的上吸式固定床、下吸式固定床、横吸式固定床、开心式固定床、单流化床、循环流化床、双流化床等气化设备，都可用于生物质固体成型燃料的气化。编者团队所研制的气化设备及生物质固体成型颗粒气化研究详见第 5 章 5.6 节 。

生物质固体成型燃料用作气化原料的优势如下：

（1）有效地解决了生物质加料不稳定的问题。粉末状生物质能量密度和质量密度较小，在生物质气化过程中容易出现“架桥”和“堵料”等现象，导致进料系统密封困难等问题。而成型后生物质燃料形状规则、能量密度和质量密度都极大提升，气化过程中可实现稳定连续供料和有效密封。

（2）生物质固体成型燃料气化得到的气体质量稳定，热值高。生物质固体成型燃料流化性能好，可以在生物质气化炉内建立稳定的料层，气化炉运行工况稳定，得到的生物质燃气成分质量更加稳定，热值较高。

（3）飞灰量小，焦油含量低。生物质固体成型燃料颗粒均匀，含水量稳定，能量密度和质量密度较大，这就使得生物质气化炉在运行过程中带出物减少，气化后产生的燃气中飞灰和焦油含量较低。

（4）产能大。生物质固体成型燃料颗粒均匀，能量密度和质量密度较大，气化炉运行稳定，可以实现长时间连续稳定运行。

## 参考文献

[1] BAJWA D S, PETERSON T, SHARMA N, et al. A review of densified solid biomass for energy production [J]. Renewable & Sustainable Energy Reviews, 2018, 96 (11): 296–305.

[2] ZHOU Y, ZHANG Z, ZHANG Y, et al. A comprehensive review on densified solid biofuel industry in China [J]. Renewable & Sustainable Energy Reviews, 2016, 54: 1412–1428.

[3] 丛宏斌，姚宗路，赵立欣，等 . 中国农作物生物质资源分布及其产业体系与利用路径 [J]. 农业工程学报，2019，35（22）：132–140.

[4] 张卫东，张兰，张彩虹，等 . 我国林木生物质能源资源分类及总量估算 [J]. 北京林业大学学报（社会科学版），2015，14（2）：52–55.

[5] 张百良 . 生物质成型燃料技术与工程化 [M]. 北京： 科学出版社，2012.

[6] 刘页辰 . 我国农业生物质能源产业发展问题研究 [D]. 北京：华北电力大学，2014.

[7] 聂虎 . 生物质燃烧污染物排放特性研究 [D]. 杭州：浙江大学，2010.

［8］王鹏晓．生物质成型燃料链条锅炉风烟系统设计和排烟特性研究［D］．郑州：河南农业大学，2017.
［9］霍丽丽，赵立欣，郝彦辉，等．国内外生物质成型燃料质量标准现状［J］．农业工程学报，2020，36（9）：245-254.

# 第 4 章　生物质炭化技术

生物质热解炭化是最为古老的生物质热解技术，在我国已有两千多年的悠久应用历史。根据在热解过程中是否引入氧气，生物质热解炭化可以分为烧炭（有限供氧）和干馏（无氧）两类技术。生物质在不同的热解条件下，或多或少都会生成一定量的炭产物，而要想获得高产率的生物质炭，一般需要较低的反应温度（300~400 ℃）、缓慢的加热速率（0.01~2 ℃ / s），以及较长的固相滞留时间（气相＞5 s，固相长达几分钟甚至几天）。在常规的生物质热解炭化过程中，除了生物质炭这一主产物之外，还有三种副产物，分别是可燃气、木醋液和焦油。

生物质热解炭化的各产物均具有广泛的用途。生物质炭与生物质原料相比，稳定、无毒，燃烧不会产生大量的烟气，在自然界中不易降解，方便运输、保存和使用；可作为固体燃料替代煤进行使用，也可以用于金属冶炼及制造活性炭、渗碳剂、二硫化碳、黑火药、固体润滑剂、电极炭、饲料添加剂等；还可以作为土壤改良剂提高土壤肥力，调节土壤 pH 值，提高农作物产量。此外，木醋液可用于制备醋酸、醋酸盐等化学品，在农业、养殖业、护肤美容、医疗保健等领域都有一定的用途；而焦油则可用于加工获得杂酚油、黏结剂等产品，应用于化工、医药等行业。

近年来，单纯以生物质炭为目标产物的热解炭化研究越来越少，为了提高热解系统的经济性，现有的生物质热解炭化技术一般以炭气联产或者炭液气联产为目标，在制备生物质炭的同时，联产的燃气用于合成高品位杂醇或者高附加值的液体副产物。

## 4.1　生物质热解炭化工艺过程及主要装置

### 4.1.1　生物质热解炭化工艺

#### 4.1.1.1　生物质热解工艺

生物质热解是指生物质在完全没有氧或缺氧条件下热分解，最终生成木炭、生物油和不可冷凝气体的过程。3 种产物的比例取决于热解工艺的类型和反应条件。一般地，低温低速热解温度不超过 580 ℃、产物以生物炭为主。热解既可以作为一个独立的过程，也可以是燃烧、炭化、液化和气化等过程的一个中间过程，其过程直接决定各热化学转化反应动力学，以及产物的组成、特征和分布。按温度、升温速率、固体停留时间（反应时间）和颗粒大小等试验条件。热解分为传统热解（慢热解）、快速热解和闪蒸热解。生物质快速热解技术将低品位的生物质（热值 12~15 MJ/kg）转化成易储存、易运输、收率为 60% ~75%和热值达 16~20 MJ/kg 的燃料油。生物质气化可以将固态生物质资源转化为使用方便而且清洁的可燃气体，用作燃料或产生动力。

#### 4.1.1.2 生物质热解炭化过程

生物质在缓慢加热过程中的热解炭化，一般可以分为三个阶段：

（1）干燥阶段（小于 150 ℃）。生物质原料在炭化反应器内吸收热量，水分蒸发逸出，生物质内部化学组成几乎没有变化。

（2）挥发热解阶段（150~300 ℃）。出现明显的热分解反应，生物质大分子化学键发生断裂与重排，形成并释放出有机挥发分，包括水、二氧化碳、一氧化碳、乙酸等；在有氧气存在的情况下，还会发生少量的静态渗透式扩散燃烧，燃烧释放的热量可提供生物质大分子分解所需热量。

（3）全面炭化阶段（大于 300 ℃）。物料在该阶段发生剧烈的分解反应，产生较多的焦油、乙酸等液体产物以及甲烷、乙烯等可燃气体，随着大部分挥发分的分离析出，最终剩下的固体产物就是由碳和灰分所组成的生物质炭。

根据国家标准 GB/T 17664—1999《木炭和木炭试验方法》规定，炭中固定碳含量越高且灰分含量越低，其品质越高，可见生物质炭工业分析结果是衡量炭品质的重要指标；而生物质炭的工业分析结果主要取决于原料组成，以及热解反应条件。例如，木材类生物质的灰分含量一般低于 1%，远小于农作物秸秆的灰分含量，因此木炭比秸秆炭在灰分这一性能指标方面一般更为优越。木质素的固定碳含量高达 38.81%，而纤维素的固定碳含量仅为 5.3%，因此木质素含量越高的生物质原料，其热解获得的生物质炭产率也越高。

一般而言，生物质炭的产率随着炭化温度升高而下降，随着气氛中含氧量的增加而下降；无论炭化气氛是否含有氧气，随着炭化温度的升高，生物质炭中的碳含量都升高，而氢、氧含量都减少。表 4.1 给出了 6 年生杉木间伐材锯屑原料在不同热解温度下的炭产率与性质。由此表可知，随着炭化温度的升高，生物质炭的产率降低，固定碳含量、pH 值及比表面积都增加；保持相同的炭化终温，降低升温速率，有利于增加生物质炭的比表面积。

表 4.1 不同炭化条件下生物质炭的性质

| 升温速率 /（℃ /min） | 炭化温度 /℃ | 炭产率 /% | 固定碳 /% | pH 值 | 比表面积 /（$m^2 \cdot g^{-1}$） |
|---|---|---|---|---|---|
| 5 | 400 | 48.87 | 62.15 | 5.91 | — |
| | 500 | 31.73 | 64.64 | 7.17 | — |
| | 600 | 27.71 | 74.05 | 8.30 | 426 |
| | 700 | 26.54 | 76.05 | 8.58 | 431 |
| | 800 | 24.89 | 77.13 | 8.88 | 506 |
| | 900 | 23.11 | 77.73 | 9.08 | 581 |
| 10 | 400 | 50.21 | 63.26 | 5.12 | — |
| | 500 | 31.87 | 66.93 | 7.74 | 173 |
| | 600 | 26.40 | 73.68 | 8.09 | 349 |
| | 700 | 25.58 | 76.12 | 8.19 | 428 |
| | 800 | 24.49 | 78.33 | 8.82 | 484 |
| | 900 | 23.47 | 78.46 | 9.02 | 526 |

生物质大分子含有大量的含氧官能团，如羟基、羧基、羰基等，这些高活性的含氧官能团稳定性较差，使生物质在低温下就容易热解且生成大量的水、含氧气体（$CO_2$ 和 CO）或液体有机物（乙酸、甲醛、甲醇等），因此生物质原料与炭的有机官能团分布具有很大的差别。

#### 4.1.1.3 生物质热解炭化机理

生物质主要由纤维素、半纤维素和木质素构成，其热解过程可分为 4 个阶段（表 4.2）。半纤维素由多种糖类聚合而成，热解时侧链和主链上的部分糖苷键先断裂，随后发生主链糖苷键的完全断裂，在此过程中主要发生脱水、消除及开环反应。纤维素是一种大分子多糖，每条纤维素链由一个还原端、一个非还原端和若干个内部单元组成，其热解过程主要发生解聚、脱水、开环和环化反应。随着脱水反应的发生，羟基逐渐减少，C＝O 键和 C＝C 键逐渐增加，纤维素进一步分解为呋喃类、脱水糖类及轻质氧化物等物质。木质素是一种复杂三维无定形聚合物，在其连接键中，*β*-O-4 键和 *α*-O-4 键占据主导地位。*β*-O-4 键分解以 Maccoll 消除反应、逆烯反应和 C—O 键均裂为基本反应，*α*-O-4 键分解则主要发生 C—O 均裂和 C—C 均裂。

表 4.2　生物质在不同热解阶段的主要反应及产物

| 成分 | 温度段 | 主要反应 | 主要产物 |
|---|---|---|---|
| 水分 | ＜ 220 ℃ | 水分蒸发 | $H_2O$ |
| 半纤维素 | 200~315 ℃ | 脱水、消除和开环 | 酸类、酮类、$H_2$ 和 CO 等 |
| 纤维素 | 315~400 ℃ | 解聚、脱水、开环和环化 | 呋喃类、脱水糖类、$H_2$、CO 和 $CO_2$ 等 |
| 木质素 | ＞ 400 ℃ | 解聚、缩聚，挥发分二次反应 | 生物炭、醇类、醛类、酸类、CO、$CH_4$ 和 $CO_2$ 等 |

#### 4.1.1.4　影响炭化的因素

（1）原料。从原料的角度来看，一般木本植物生物炭具有较高的含碳量及较低灰分含量，草本植物及禾本科植物生物炭具有较高灰分含量及较低的含碳量。这是因为不同生物质原料，甚至是不同类型土壤中生长的同一物种，其有机成分（纤维素、半纤维素和木质素）之间的构成比例存在较大的差异，不同生物质原料中的灰分含量也存在显著的差异，从软木材的 1% 到草本植物和农业废弃物的 1%~5%。因此，原料性质是影响生物炭产量的首要因素。

（2）预处理方式。不同预处理方式也会对生物炭的产量产生重要影响，在其他条件一定的情况下，生物炭的产量随着原料块状由大到小而逐渐降低，当然，原料块状越大，炭化过程越长，炭化程度则相对较低；对生物质进行酸碱处理或添加化学品预处理前后，产生的生物炭特征或性质具有显著的差别。

（3）工艺参数。工艺参数是影响生物炭品质的主要因素之一。热解温度和加热速率是影响生物炭产量及特性的关键因素，这是因为在热解过程中除了生物炭以外，还会产生生物油和生物气两种副产物，不同的热解温度和加热速率会对这三种产物之间的分配产生很大的影响。例如，以玉米秸秆颗粒为原料，在其他条件不变的情况下，在反应温度为 300 ℃时，炭产率为 55%，达到最大值，再提高热解温度时，炭产率及热值均呈逐渐下降的趋势。在一定范围内，随着炭化温度的升高，碳含量增加，氢和氧含量降低，灰分含量亦有所增加。比较来说，高温热解比低温热解的生物炭具有更高的 pH 值、灰分含量、生物学稳定性及含碳量，但高温热解保留原生物质中的碳要比低温热解少。而生物炭的孔隙度、比表面积、离子交换量是在一定温度范围内热解方可获得最大值。

### 4.1.2　生物质热解炭化装置

生物质热解炭化技术发展至今，已有多种不同类型的热解炭化装置。与热解气化和液化等技术相比，生物质热解炭化的工艺条件相对容易实现，对反应器要求也较低，因此生物质热解炭化装置种类繁多，结构各异，包括炭窑、移动式炭化炉、果壳炭化炉、螺旋炉、流态化炉、车辆式干馏釜等各种传统的热解炭化装置，以及各种新型的装置。

### 4.1.3 生物质热解炭化装备开发应用现状

#### 4.1.3.1 大尺寸生物质原料的热解烧炭装置

适用于大尺寸生物质原料（木块、竹材、果壳等）的热解炭烧装置，主要包括炭窑、移动式炭化炉、斯列普炉、果壳炭化炉、回转窑等。

炭窑是最古老的生物质热解烧炭装置，我国的炭窑一般用于木材和竹材的烧炭。炭窑的形式和构造很多，如浙江窑、鲤鱼窑、木瓢窑、湖南炭窑和四川炭窑等，其工作原理均是通过燃料的燃烧加热炭化室，从而达到炭化的目的。炭窑修筑前首先挑选合适的窑址，一般要求窑址土壤坚实、附近生物质资源丰富、原料和产品运输方便。筑窑时挖出炭化室、烟道腔和排烟孔。炭窑装料时，从内区到外区依次摆放上等、中等和次等原料，原料摆放完毕筑窑盖，之后开始烘窑并烧炭。待炭化完成后，通过闷窑熄火的方式（窑内熄火法）所得到的炭称为“黑炭”；趁热从窑内扒出，然后用湿沙熄火的方法（窑外熄火法）所得到的炭称为“白炭”。后者是由于高温炭与空气接触过程中，炭的外部被氧化，生成白色灰附在炭上，故称为“白炭”。炭窑烧炭作为一种古老的炭化技术，具有前期投入少、技术成熟等优点，但是产炭率相对低，而且浪费资源，对环境有严重的污染，已逐步被淘汰。

斯列普炉又名鞍式炉，是我国 20 世纪 50 年代从苏联引进的一种炭化炉，在我国使用广泛，除了生产炭外，也可以生产活性炭。斯列普炉主要由炉体、蓄热室、水封、出料器和烟囱等部分组成。该炉的炉体庞大，炉内部结构复杂，因此前期投入较大；但其使用寿命长、生产能力大、温度稳定，所得炭产品质量好，正常生产时不需要外加热源，耗能少。

果壳炭是生产活性炭的重要原料，针对果壳的炭化，我国设计出的一种典型果壳炭化炉。该炉在运行过程中，从加料开始分三个阶段。第一阶段为预热段；第二阶段为炭化段，该阶段是用耐热混凝土预制块砌筑成槽，炭化槽外为烟道，烟道内用隔板分为三层，空气由四根进风管均匀进入炭化炉的旁烟道，由于耐热混凝土预制块上有许多栅孔，空气通过栅孔进入炭化槽，炭化后的混合气体也通过栅孔进入主烟道，最后排入烟囱；第三阶段为冷却段，炭在此自然冷却后通过出料器进入炭储槽。

#### 4.1.3.2 粉末状生物质原料的热解烧炭装置

适用于粉末状生物质原料的热解烧炭装置主要包括立式多槽炭化炉、螺旋炉、流态化炉、多层炭化炉等。

立式多槽炭化炉炉内设有 14 个立式炭化槽，每个炭化槽的两侧为烟道，共有 15 个烟道；每炉设置 5 个燃烧室，每一个燃烧室与 3 个烟道相通，高温烟气在流动中将热量通过隔墙间接地传给生物质原料实现炭化；每个炭槽均有一个卸炭口，设在与燃烧室相反的一面。这种炭化炉结构简单、容易砌造、操作易掌握，但产炭率低，质量不够均匀，且高温操作劳动强度较大。

流态化炉的结构如图 4.1 所示，该炉是立式圆筒形或圆锥形的炉子。生物原料通过设置于炉子下部的螺旋加料器送入炉内，空气通过炉子底部的布风板进入炉内并作为流化载气，使生物质流态化炭化。在生物质原料进料前，需要首先用外部燃料将炉膛加热到 500~600 ℃，而后开始进料，并停止外部燃料，炭化温度由炭化过程所生成的部分可燃气燃烧释放的热量进行维持，通过旋风分离器对气固产物进行分离后收集生物质炭，同时生成的废气可作为低品位的热源干燥生物质原料。采用流态化炉进行生物质的热解炭化，具有炭化温度均匀、炭化时间短、生物质炭品质均一等优点。

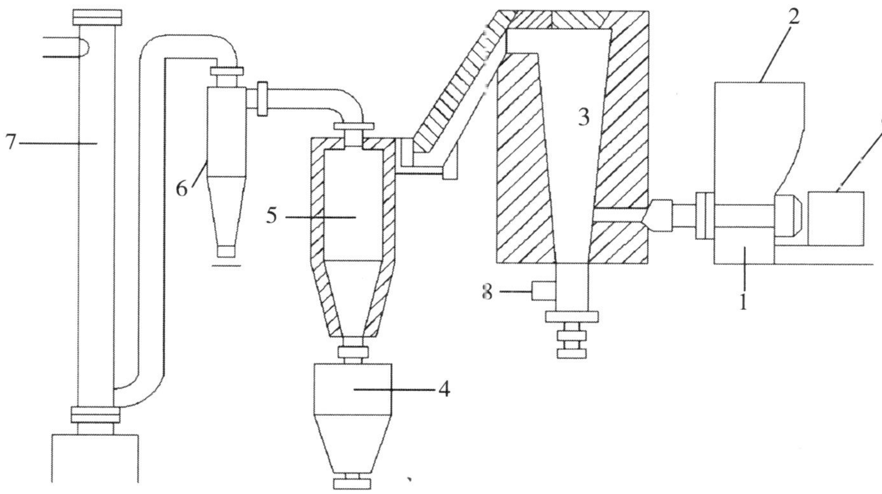


1. 螺旋进料器　2. 料仓　3. 流态化炉　4. 木炭受器　5. 第一旋风分离器　6. 第二旋风分离器
7. 气体洗涤器　8. 空气入口　9. 减速箱

**图 4.1　流态化炉的结构**

多层炭化炉是美国研制的一种内热式连续炭化炉，其结构如图 4.2 所示。圆柱形炉内设有多层隔板，将炭化炉分为多层炭化室，炉内设有上下贯穿的转动轴体，轴体上设有横向的搅拌臂和搅拌齿。生物质原料从炉子顶部进入第一层炭化室后，在横向搅拌臂和搅拌耙的推动下，进入下一层炭化室，在多层炭化室之间移动的过程中，完成热解炭化。

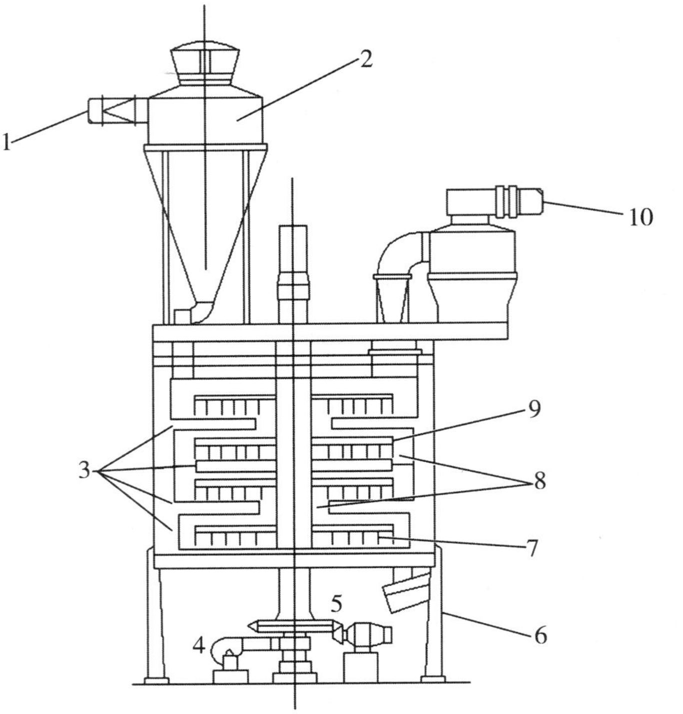


1. 原料进口　2. 旋风分离器　3. 炉床　4. 风机　5. 扇形齿轮　6. 螺旋卸料器
7. 搅拌耙　8. 料孔　9. 中心转轴　10. 干馏气体出口

**图 4.2　多层炭化炉的结构**

### 4.1.3.3　生物质原料的热解干馏装置

生物质原料干馏炭化装置主要包括车辆式干馏釜和内热立式干馏釜。

车辆式干馏釜是一种外热式干馏釜，其结构如图 4.3 所示。干馏釜是用厚钢板焊成的圆筒，卧放，其中一端密封，另一端设有釜门，供装料与卸炭用，上部通过导气管与分离及冷凝系统相连，与干馏釜的釜门相对处有生物质炭冷却器，冷却器与干馏釜大小相同，两者的纵轴在同一直线上，两者之间设有料车及连通的轨道。工作时，首先将已装好生物质原料的料车推入干馏釜中，即可开始干馏；干馏结束时，迅速将料车拉入炭冷凝器中并关闭冷凝器，通过在炭冷凝器外表面洒水的方式进行冷却。当干馏釜卸出料车后，可迅速将下一车装有生物质原料的料车趁热送入干馏釜中，减少热损失，从而缩短生产周期，提高生产能力。生物质在干馏釜中热解所需的热量由设置在干馏釜后的燃烧炉提供。生物质干馏所产生的热解气相产物，首先进入旋风分离器，分离出一部分高沸点油雾滴，而后进入塔板式焦油分离器，分离获得醋液和焦油。在工作过程中，虽然干馏釜及其后的燃烧炉一直保持较高的温度，热利用效率较高，但整体燃料消耗较大，且干馏釜的容积利用率也不高。

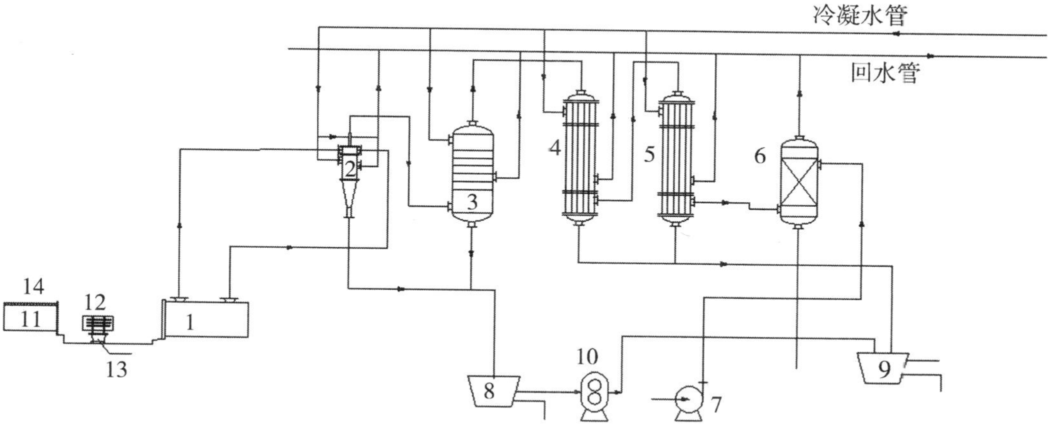


1. 干馏釜　2. 旋风分离器　3. 塔板式焦油分离器　4、5. 列管冷凝器　6. 气体洗涤器　7. 排风机　8. 焦油贮槽　9. 醋液贮槽　10. 耐酸泵　11. 炭冷却器　12. 料车　13. 横行车　14. 喷水管

**图 4.3　车辆式干馏釜的结构**

内热立式干馏釜，根据所用热载体的不同，有不同的形式。利用燃烧炉烟气作为热载体的内热立式干馏釜是其中应用最广泛的一种。如图 4.4 所示，干馏釜是一个钢板制成的圆筒，釜顶有加料装置，釜底有卸炭装置，其干馏过程是连续的，而加料和卸炭是间歇的。加料器和卸炭器要求在卸炭和加料时保证釜内的气体不向外逸，同时又容易操作。加料口外设有环形水封，卸料器有三个阀门，在卸料的时候依次开关。干馏釜有四个气体出入口，从上往下依次是热解气出口、热载体气入口、冷却生物质炭的热气体出口、冷却生物质炭的冷气体入口。工作过程中，将生物质热解干馏产生的

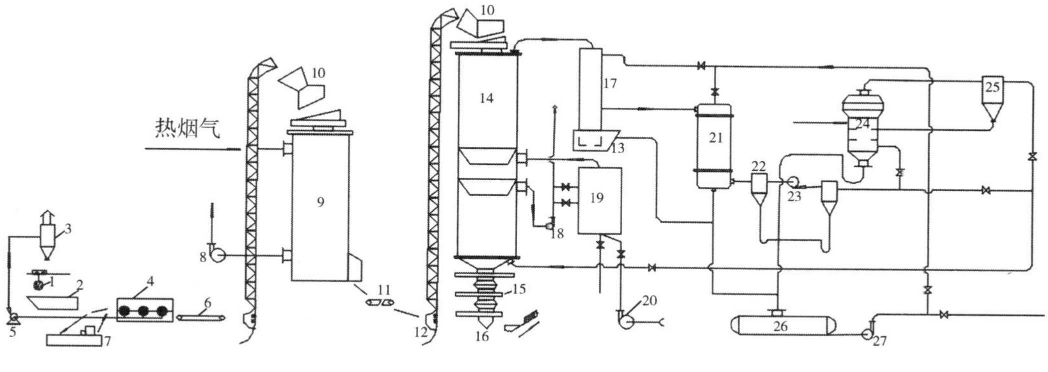


1. 原料　2. 料仓－给料器　3. 旋风分离器　4. 断材机　5. 风机　6. 传送带　7. 劈柴斧　8. 烟道气风机　9. 干燥器　10. 水封　11. 传送带　12. 斗式提升机　13. 焦油水封　14. 干馏釜　15. 闸板阀　16. 炭提升机　17. 前冷凝器　18. 吸风机　19. 燃烧－混合室　20. 鼓风机　21. 冷凝－冷却器　22. 雾滴捕集器　23. 风机　24. 泡沫吸收器　25. 旋风分离器　26. 醋液收集器　27. 泵

**图 4.4　内热立式干馏釜工艺流程**

不可冷凝气体，首先送入干馏釜最底部的气体入口，用于冷却生物质炭，受热后的不可冷凝气体离开干馏釜后进入燃烧炉燃烧获得高温烟气，作为热载体气进入干馏釜提供生物质干馏所需的热量，最后随同生物质干馏的气相产物从最上部的气体出口离开干馏釜，经冷凝后分别获得木醋液、焦油及不可冷凝气体，而不可冷凝气体经风机送入干馏釜最底部的气体入口，冷却生物质炭，从而循环使用。

#### 4.1.3.4　新型生物质热解炭化装置

除了传统的生物质热解炭化装置，近年来，我国已经研制出了多种不同类型的新型生物质热解炭化装置，下面对一些典型装置进行简单介绍。

武汉凯迪科技发展研究院有限公司研发的生物质热解炭化装置，其结构如图 4.5 所示。运行时，首先将一定含水率（15%~20%）的生物质原料切割成小颗粒送入干燥器，在 120~160 ℃下干燥 600~1 200 s，水蒸气从水蒸气出口排出，原料颗粒深度干燥后进入炭化反应器，在搅拌桨搅拌下实现炭化，炭化温度为 300~500 ℃，物料在炭化反应器内的停留时间为 200~1 000 s。利用该装置，可分别获得生物质炭和可燃气两种产物。该装置启动简单，主要依靠外热源依次连续为炭化反应器和干燥器中的原料提供热量，热源利用率高，原料深度脱水析出的水分不会进入炭化反应系统，炭化产物中热解气的热值较高，生物质炭的产量也较高。该装置的炭化器中还设置了弧面形燃烧板，板上设置有气态助剂喷嘴，根据炭化器的温度状况输入不同的气态助剂，可以方便调节和控制炭化器的温度。

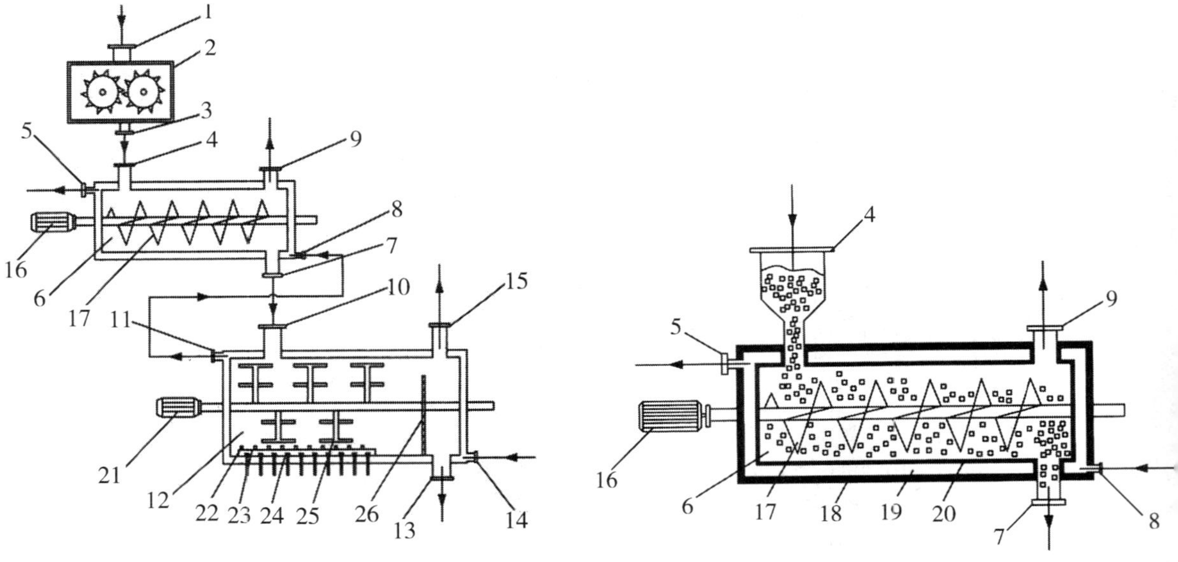


a　　　　b

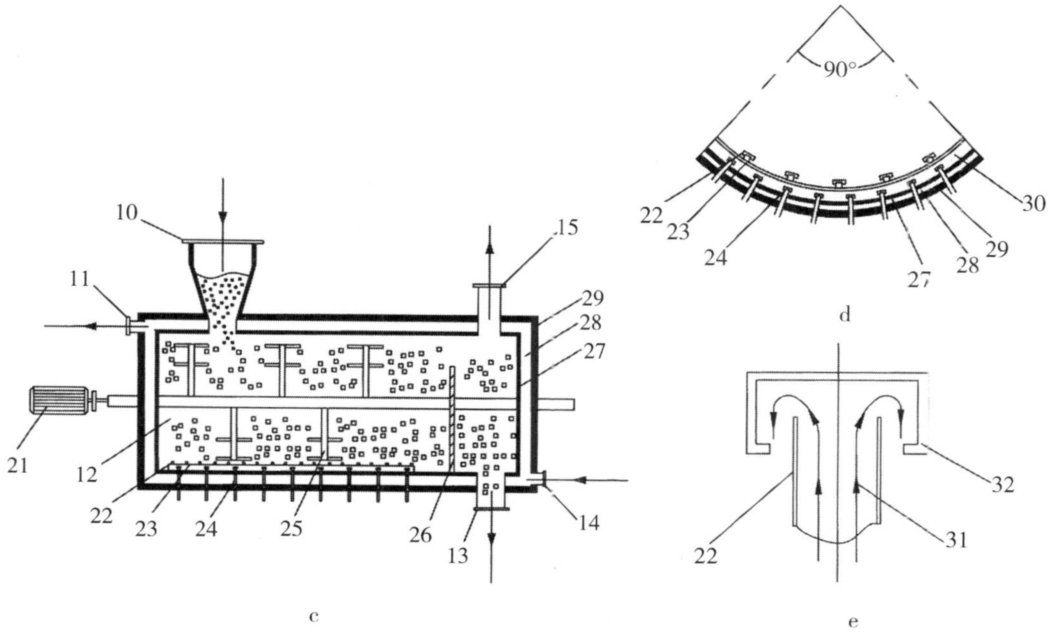


图 4.5　武汉凯迪科技发展研究院有限公司研发的生物质热解炭化装置

1. 切割器物料进口　2. 切割器　3. 切割器物料出口　4. 干燥器物料进口　5. 干燥器外热源介质出口　6. 干燥器　7. 干燥器物料出口　8. 干燥器外热源介质进口　9. 干燥器水蒸气出口　10. 炭化反应器物料进口　11. 炭化反应器外热源介质出口　12. 炭化反应器　13. 炭化反应器焦炭出口　14. 炭化反应器外热源介质进口　15. 炭化反应器热解气出口　16. 干燥器电机　17. 干燥器绞龙　18. 干燥器外壳　19. 干燥器夹层换热空腔　20. 干燥器内胆　21. 炭化反应器电机　22. 气态助剂喷嘴　23. 弧面形燃烧板　24. 气态助剂进管口　25. 炭化反应器搅拌桨　26. 物料挡板　27. 炭化反应器内胆层　28. 炭化反应器夹层换热空腔　29. 炭化反应器外壳层　30. 弧面形封闭空腔　31. 喷嘴管道　32. 喷嘴泡罩

华南农业大学研发的生物质热解炭化装置，其结构如图 4.6 所示。该装置运行时，首先启动燃烧炉，获得高温烟气作为生物质热解炭化的外加热源，对不锈钢的热解管表面进行加热，达到一定温度之后，启动电机使热解管上的柔性螺旋弹簧开始转动，在柔性螺旋弹簧的作用下，粉末状的生物质颗粒原料沿着热解管轴线连续移动，在此过程中，依次经历干燥、预炭化、炭化、煅烧等阶段完成炭化过程。该装置利用具有柔性的整体钢制柔性螺旋弹簧推送物料，不需设定固定的中心轴，易于长距离输送，即使在跨度大、间隙小和长期高温工作环境下，输送绞龙和热解管之间也不会出现干涉现象，实现连续稳定运转。该装置的抗缠绕性强，无中心轴干扰，对于输送带状、易缠绕物料有特殊的优越性，输送量大。

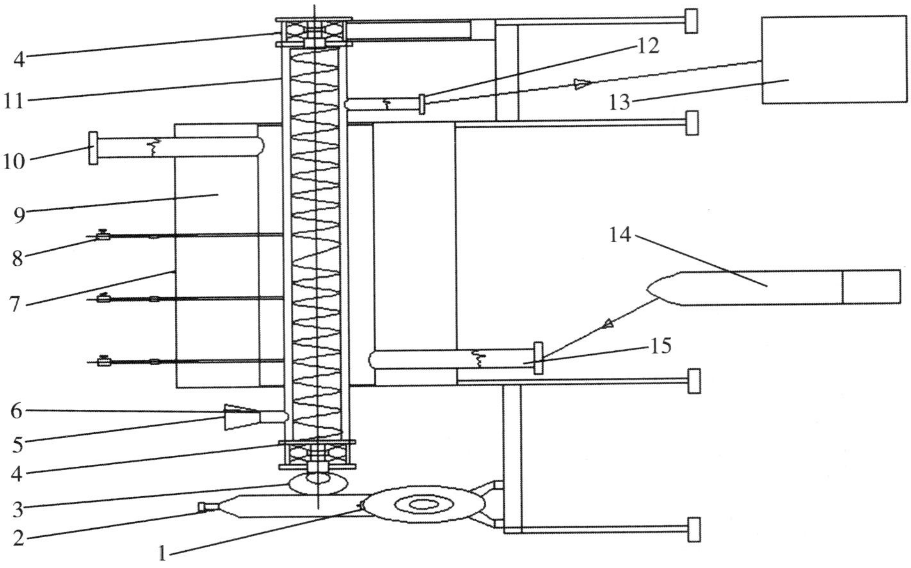


**图 4.6　华南农业大学研发的生物质热解炭化装置**

1. 电机　2. 减速器　3. 联轴器　4. 轴承　5. 进料口　6. 柔性螺旋弹簧　7. 加热炉　8. 热解气输出装置　9. 保温层　10. 加热气体出口　11. 热解管　12. 出炭口　13. 炭储藏室　14. 燃烧炉　15. 加热气体进口

浙江大学研发的生物质热解炭化装置，其结构如图 4.7 所示。该装置运行时，利用风机气将粉碎后的生物质原料从料斗送入第一旋风分离器，在旋风分离器和关风器的

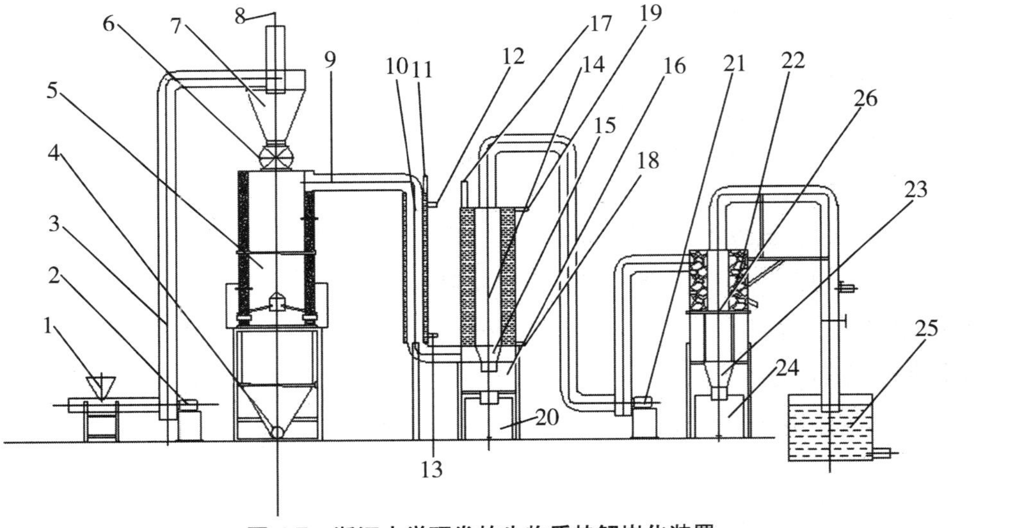


**图 4.7　浙江大学研发的生物质热解炭化装置**

1. 料斗　2. 风机　3. 输料管　4. 螺旋出料装置　5. 炭化室　6. 关风器　7. 第一旋风分离器　8. 排气管　9. 输气管　10. 换热器　11. 水蒸气出口　12、18. 出水口　13、19. 进水口　14. 净化器　15. 第二旋风分离器　16. 第三旋风分离器　17. 出气口　20. 第一集油箱　21. 引风机　22. 炭过滤器　23. 第四旋风分离器　24. 第二集油箱　25. 水封阻火器　26. 不锈钢网板

作用下，原料和空气分离，空气从排气管排出，原料进入炭化室。在炭化室中原料依次经历干燥、预热解、热解和炭化阶段，转为生物质炭和可燃气以及少量焦油。经炭化后，生物质炭在炭化室下部自然冷却，由螺旋出料装置自动出炭。高温气相产物则经过换热器、多级旋风分离器实现液体、气体及杂质的分离。本装置的炭化室内设置头部圆锥状的风室、具有喷风口的进风管，炉内温度可调，物料炭化均匀；此外还设置了三级冷却和净化过程，将高温的可燃气通过冷却、净化、过滤后变成洁净的可燃气，热交换后的热水可用于温室甲鱼等特种水产养殖，尾气排放符合环保要求。

中国农业大学研发的生物质热解炭化装置，该装置运行时，首先在炭化膛内填装生物质原料，而后在燃烧膛内通过燃烧生物质和可燃气体产生热量，热量通过内壁传导的方式进入炭化膛实现生物质的热解炭化。炭化过程中产生的可燃气通过可燃气体回流管路导入燃烧膛进行燃烧，提供炭化膛所需的热量。炭化完成后，将高温生物质炭直接落入冷却膛，在无氧条件下冷却。本装置设计简单、成本低廉，对炭化过程中产生的可燃性气体进行回收利用，提供炭化所需的热量。

北京林业大学研发的生物质热解炭化装置，其结构如图 4.8 所示。该装置采用了流化床热解反应器，在运行过程中，反应器的下段控温区为 150~200 ℃（预炭化阶段），中段控温区为 200~350 ℃（炭化阶段），上段控温区为 350~450 ℃（煅烧阶段），反应时间为 3~5 s。生物质热解炭化所生成的产物，首先经气固分离后收集生物质炭，气相

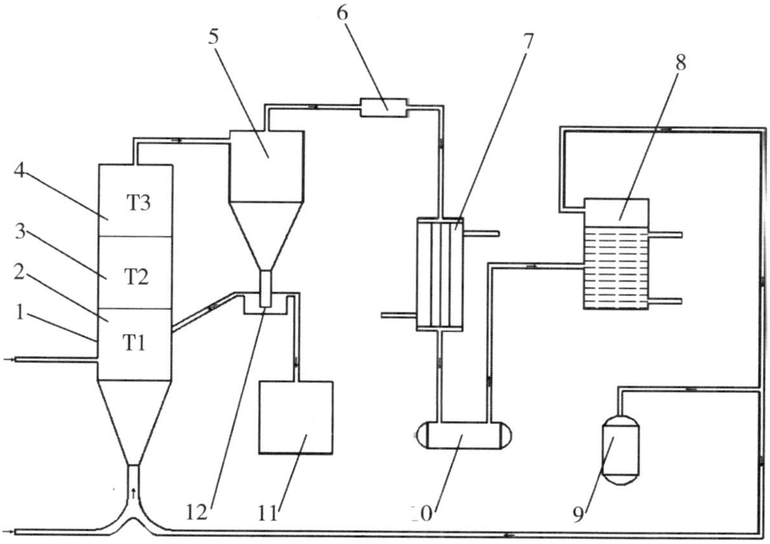


**图 4.8　北京林业大学研发的生物质热解炭化装置**

1. 热解反应器　2. 流化床下段控温区　3. 流化床中段控温区　4. 流化床上段控温区　5. 气固分离器　6. 过滤器　7. 冷凝器　8. 水洗除焦器　9. 储气罐　10. 储油罐　11. 集炭箱　12. 灰分返料器

产物则进一步经冷凝实现气液分离，部分不可冷凝气体作为流化载气循环使用。本装置中的流化床炭化反应器，采用三段控温模式，精确控制热解炭化过程的工艺参数。

南京师范大学研发的连续式生物质低温热解炭化炉，其结构如图 4.9 所示。该装置运行时，首先将生物质原料送入干燥装置，在外加热筒的间接加热下完成生物质的干燥；干燥后的原料进入炭化反应器，逐步完成低温热解炭化过程，产生热解气、焦油和生物质炭。热解气和焦油经过分段收集后直接送入燃烧室，与部分补燃燃料一起燃烧，燃烧产生的高温烟气通过管道直接送入热解炭化装置的外套筒内，通过间接加热方式将热量传递给生物质，换热后的烟气再进入干燥区的外套筒内，最终完成对生物质的热解炭化和干燥过程。所有外套筒内均设置迷宫式换热装置，以提高换热效率，充分换热后的烟气经净化后排空。该装置采用热解气燃烧装置、迷宫式套筒结构和分区换热等技术，充分利用了热解气能源和烟气余热，基本实现了生物质热解炭化过程的能量自给。此外，装置中水平螺旋推进的输送方式，不仅可以根据要求合理控制生物质在炭化炉内停留时间，而且强化了炭化炉内部物料的混合，提高了生物质炭化产品质量和炭化效率。

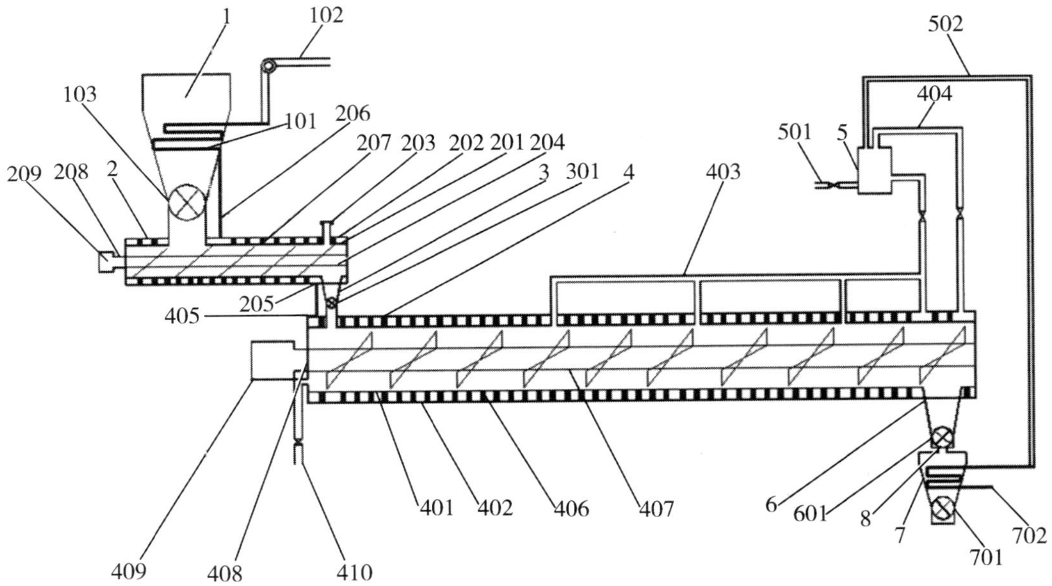


**图 4.9　南京师范大学研发的连续式生物质低温热解炭化炉**

1. 加料仓（101- 换热管，102- 风机，103- 星形加料器）　2. 干燥装置（201- 内加热筒，202- 外加热筒，203- 水蒸气出口，204- 输料螺杆，205- 烟气进口，206- 烟气出口，207- 迷宫式导流隔板，208- 联轴机，209- 电机）　3. 出料口（301- 星形加料器）　4. 炉体（401- 内加热筒，402- 外加热筒，403- 热解气出口，404- 高温烟气进口，405- 高温烟气出口，406- 迷宫式导流隔板，407- 输料螺杆，408- 联轴器，409- 电机，410-$N_2$ 输入口）　5. 燃烧室（501- 补充燃料进口，502- 助燃气体进口）　6. 出料口（601- 星形加料器）　7. 卸料仓（701- 星形加料器，702- 冷却装置）　8. 锁气阀为了克服生物质运动中动力消耗较大的缺陷，河南省高新技术实业有限公司研发的连续式生物质裂解炭化炉，其结构如图 4.10 所示。该结构可有效解决裂解装置裂解后的固体和气体产物分离麻烦、反应磨损严重、动力消耗大的问题。其采用的技术方案是：炉体内装有炉管，炉管两端伸出炉体外部，炉管上端部侧壁有裂解气出口，炉管上端口部内装有生物质入口管，炉管下端有炭出口，炉体底部有燃气烧嘴，燃气烧嘴一端伸入炉体内，另一端伸出炉体外部，伸出炉体外的燃气烧嘴上有空气入口，其端部有燃气入口，炉体上端中心有加热炉烟气出口。本装置结构简单，新颖独特，大幅提高了生产效率，是裂解装置的一大创新。

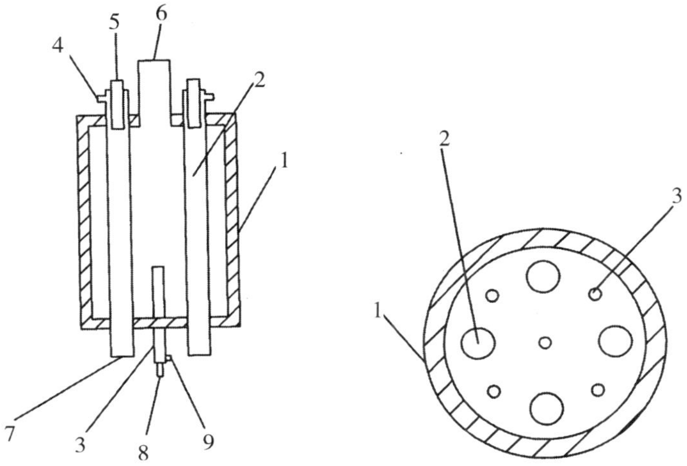


a. 正视图　　　　b. 俯视图

**图 4.10　河南省高新技术实业有限公司研发的连续式生物质裂解炭化炉**

1. 热解反应器　2. 炭化炉管　3. 燃气烧嘴　4. 裂解气出口　5. 生物质进料口　6. 炉内烟气出口　7. 出炭口　8. 燃气入口　9. 空气入口

此外，河南省高新技术实业有限公司根据不同生物质的性质和多年炭化经验，设计改进了生物质炭活化一体式回转炉，其结构如图 4.11 所示。

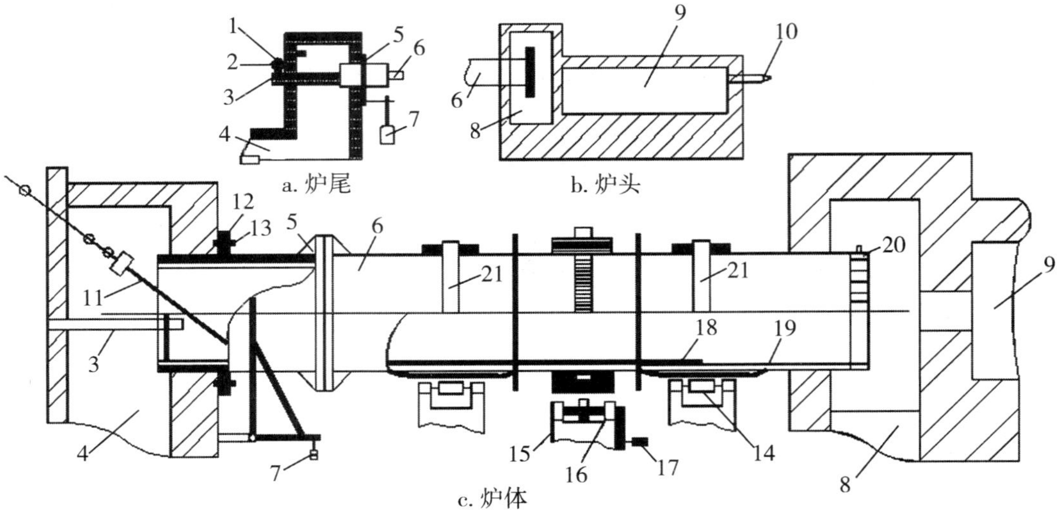


图 4.11　生物质炭活化一体式回转炉

1. 料斗　2. 圆盘加料器　3. 螺旋进料器　4. 烟道　5. 套管　6. 炉体　7. 平衡锤　8. 出料室　9. 燃烧室　10. 喷嘴　11. 链条　12. 填料　13. 压圈　14. 托轮　15. 齿轮　16. 变速箱　17. 电机　18. 刮刀　19. 耐火砖　20. 炉头异形耐火砖　21. 导轮

# 4.2　生物质水热炭化技术

## 4.2.1　生物质水热炭化工艺

水热炭化是指将生物质废弃物置于高温（150~350 ℃）水溶液中停留一段时间，脱水脱羧形成具有明确理化性质的固体产物。水热炭化是一个典型的放热过程，其主要通过脱水和脱羧反应来降低原料中 O 元素和 H 元素的含量，以此提高样品中 C 元素含量而达到炭化目的。利用水热炭化实现生物质炭化的研究始于 1913 年，Bergius 试图通过水热反应来制备氢气（$C + H_2O = CO + H_2$），然而反应后样品残渣的元素分析表明，经过水热反应生成的产物与植物通过亿万年的煤化形成的煤相似。尽管水热炭化早在 1913 年就被开发出来，但该技术并没有在废弃生物质转化研究上得到广泛关注。直到 20 世纪初水热炭化技术开始在材料合成领域被逐渐关注，在此之后，大量研究人员开展了水热炭化相关方面的研究，由水热反应制备碳材料及针对其炭化机理的探讨逐渐成为研究的热点。

### 4.2.1.1　生物质水热炭微球制备反应机理

合成炭微球水热炭化。生物质水热法已经成为制备炭微球的一种重要方法。炭微球的形成主要包括两个过程：一是成核过程，即形成晶核；二是生长过程，即通过中间产物表面的活性氧官能团向晶核表面的扩散与吸附，使得晶核之间连接到一起直至形成最终的炭微球。基于这一特点，炭微球可被用作自牺牲模板来制备金属及其氧化物壳的空心微 / 纳米球。通常可从溶液中吸附金属离子至炭球表层，然后通过在含氧条件下煅烧除去碳核。制备不同结构水热炭的方法主要有三类：硬模板法、软模板法和无模板法。

生物质细胞壁主要由纤维素、半纤维素和木质素组成，在水热炭化反应过程中半纤维素于 180 ℃开始水解，纤维素的水解基本发生在 210 ℃左右，而木质素开始分解为酚类或酚类衍生物则在 260 ℃左右。目前普遍认为水热过程主要分为以下几个阶段：

（1）前驱体水解成单体，体系 pH 值下降。

（2）单体间脱水并诱发聚合反应。

（3）芳构化反应导致最终产物的形成。

以纤维素为例阐述多糖水热炭化过程。当温度高于 220 ℃时，水自电离产生水合氢离子，催化纤维素水解生成低聚糖（如纤维二糖、纤维三糖、纤维五糖等）和单糖葡萄糖。其中一部分葡萄糖会通过异构化反应转变成果糖，果糖再分解产生有机酸，这些酸产生的自由氢离子和水自电离产生的氢离子共同催化纤维素和低聚糖，使其进一步水解成葡萄糖，最后溶液中的多糖全部转化为单糖。同时产生的单糖还会通过分子内脱水和裂解反应，进一步降解为酸类、醛类和酚类可溶化合物。随着溶液中的可溶物还有一些其他水解产物的累积，它们之间便可通过分子间脱水或是醇醛缩合反应诱发聚合或是缩聚反应，形成可溶聚合物。这些聚合物之间又会发生芳构化反应，生成芳香族化合物。溶液中的芳香族化合物达到饱和临界值时，便会爆发产生形核，并伴随着扩散过程的进行，最终形成表面含有丰富活性氧基团的碳材料。

在单糖水热炭化过程中，以五碳糖木糖和六碳糖葡萄糖最为普遍、典型。研究表明，六碳糖水热起始阶段分子内脱去三分子水形成五羟甲基糠醛，而五碳糖木糖则是分子内脱水形成糠醛。其中，葡萄糖的水热产物呈单核生长，在生长过程中会与异构反应生成的果糖自发组装，彼此黏结，最终形成胶连的草莓状炭球；而木糖的水热产物粒径较小，没有中间异构体，最终仅是一个单独的团聚体。但无论六碳糖或是五碳糖的起始形式如何，在水热反应结束后，含碳原子数量相同的产物表面形貌和化学组成各自相同，且形成的球状颗粒外表面通常带有亲水性含氧基团，而内核多为疏水性芳香烃。

#### 4.2.1.2　水热炭化废弃生物质的种类

废弃生物质来源广泛，成分复杂。按照其来源，可以分为农业秸秆、林业废弃物、牲畜粪便、固体垃圾及水生生物等。废弃生物质中主要组分有结构性大分子有机物（纤维素、半纤维素及木质素）、可提取小分子有机物（淀粉、低聚糖、蛋白质、油脂等）及各种无机盐类。不同废弃生物质中各组分含量及化学组成都不尽相同，且各组分间相互作用，对水热炭化物的物理、化学性质影响显著。因此，针对不同废弃生物质的水热炭化研究具有重要的应用价值。表 4.3 列举了近年来水热炭化技术所处理的废弃生物质的种类、用途及制备条件。由于水热炭化无需脱水干燥的前处理，因此对原料的要求低，将传统裂解炭化物的原料范围由低含水量的木质纤维素类废弃物开拓到各种含水率高的有机废物，如粪便、厨余垃圾、藻类和污泥等。所得炭化物的含水率显著降低，碳密度及能量密度得以提高，可直接用作固体燃料或其他生物质燃料的前驱体，且便于储存、运输和进一步处理。

**表 4.3　水热炭化技术所处理的废弃生物质的种类、用途及制备条件**

| 种类 | 组成 | 用途 | 制备条件 |
|---|---|---|---|
| 生活垃圾 | 纸类、塑料、厨余垃圾，无机物、木料 | 固体燃料 | 220~250 ℃，0.5~20.0 h |
| 林业废弃物 | 柳枝稷、松木、杉树 | 地下水处理屏障、吸附材料（六价铀、$Cu^{2+}$） | 300 ℃，20~30 min |
| 牲畜粪便 | 家禽类粪便、猪粪 | 有机物吸附剂（双酚 A、菲、乙烯雌二醇） | 250 ℃，20 h |
| 农业废弃物 | 小麦秸秆、果壳 | 有机物吸附剂（双酚 A、菲、乙烯雄二醇、燃料） | 250~300 ℃，20 h |
| 食品废物 | 餐余垃圾、虾壳、甜菜根 | 土壤改良剂、电池和超级电容器材料的前驱体、用于 CO 赋存和生物检 | 180~200 ℃，18~24 h |
| 泥炭 | 热带泥炭 | 脱水、提升热值 | 250~380 ℃，30 min |

由表 4.3 可知，相对于传统的裂解炭化（400~700 ℃），水热炭化具有反应温度低（< 380 ℃）、炭化产率高的特点。比较不同炭化方式处理果壳废弃物所得产物的热值及产率可知，300 ℃水热炭化物的产率（31.4%）及热值（25.8 MJ/kg）高于 600 ℃裂解炭化物的产率（27.8%）及热值（22.0 MJ/kg），因此推测低温水热炭化促进了废弃生物质的炭化过程；另外，炭化物在高温、高压下杀菌消毒，芳香度提高，表面官能团丰富，通常可直接应用到土壤改良、$CO_2$ 固定及水质净化等领域。

### 4.2.1.3　水热炭化技术的主要影响因素

（1）反应温度。反应温度是水热炭化反应过程中一个重要的影响因素，反应温度较高时不仅会改变水的状态，而且还会使水的性质在亚临界区发生改变，使其具有反应物、溶剂和催化剂的作用。而较高的反应温度可使废弃生物质在水热炭化反应过程中的反应更为剧烈，加速废弃生物质的炭化进程。例如：以核桃壳和向日葵茎为原料，在 190~230 ℃的反应温度范围内，较高的反应温度有利于废弃生物质的炭化进程。而随着炭化程度的增加，得到的固体产物的高位热值也会相应增加。通过对比反应温度分别为 200℃、230 ℃的水热炭化反应发现，反应温度为 230 ℃时得到的固体产物的高位热值要比反应温度为 200 ℃时得到的高，这与相对较高的反应温度可去除纤维素和半纤维素有关。高位热值一般用来评定煤的质量，而在水热炭化反应过程中产生的固体产物具有与煤相似的特征，因此，该固体产物高位热值的大小决定了其燃烧潜力。由此可以推断，在水热炭化反应过程中相同的停留时间下，固体产物的高位热值的大小趋势与反应温度的大小排序一致，因此最佳的水热炭化反应温度可以制备出拥有高位热值的固体产物。虽然水热炭化反应过程中反应温度的升高可提升固体产物的高位热值，但固体产率却呈逐渐下降趋势。例如：Chen 等在甘薯渣的水热炭化反应中发现，当反应温度从 180 ℃升至 300 ℃时，固体产率从 63.18% 降至 47.95%，这主要是由一定温度时生物质原料的一次分解和固体产物的二次分解造成的。

（2）停留时间。在水热炭化反应过程中，停留时间也是一个重要影响因素，虽然在固体产率方面，停留时间没有反应温度所产生的影响大，但固体产率会随着停留时间的延长而降低。此外，停留时间不仅会影响固体产物的规格，而且还会影响能耗量。因此，在对水热炭化反应后得到的最终固体产物的性能进行分析时，需要对停留时间进行很好的界定。很多学者针对停留时间进行了研究，例如：在对林业废弃物的水热炭化反应过程进行研究时，发现在 240 ℃的反应温度下，停留时间分别选取 4 h、6 h、8 h、10 h 时，最终的固体产物的高位热值在 27.0~28.2 MJ/kg 之间；且停留时间越长，固体产物的高位热值越高。

能量密度和高位热值一样，也是水热炭化反应后评定固体产物在燃烧方面特性的标准之一，其表示在一定的空间或质量物质中储存的能量的大小。

（3）催化剂。催化剂可在不改变原料性质的情况下达到降低反应条件、加速反应过程，快速得到所需结果。在水热炭化反应过程中加入催化剂可缩短反应时间，提高固体产率。酸性催化剂可以促进水解，利于焦炭的形成；而碱性催化剂有利于液体产物的形成。对于废弃生物质的水热炭化反应而言，研究者更希望得到焦炭，因此，酸性催化剂是很好的选择。事实上，在水热炭化反应过程中，生物质会产生有机酸，如甲酸、乙酸、乳酸等，从而使反应过程中的溶液呈酸性，促使反应过程具有自催化作用。

由于强酸性或强碱性的催化剂具有较高的腐蚀性，对于水热炭化反应时采用的反应釜而言也是一种考验。因此，在选择优良的催化剂时，研究者需考虑其热反应性、有效性、成本效益，以及对固体产率的高选择性等。

（4）溶液的循环利用。为了减少对水和化学品的需求量，水热炭化反应后溶液的循环利用变得十分重要。反应结束后所得到的溶液中存在挥发性有机化合物，因此，对其进行过滤，或将其用于其他工艺，或排放到环境中均变得十分困难。总的来说，溶液循环再利用能显著降低水的消耗和废水处理成本，是改进水热炭化技术的可行性方法。

### 4.2.2 生物质水热炭化技术应用现状

（1）多步水热炭化。废弃生物质组分复杂，除了纤维素、半纤维素、木质素类，还含有低分子的糖类、脂肪、蛋白质及无机盐等。各种废弃生物质的水热炭化路径都经历了水解、脱水、脱羧、芳香化、缩聚等步骤。由于水解是水热降解生物质的起始反应，水解的活化能比大部分的裂解活化能低，因此在水热条件下，生物质的降解温度更低。废弃生物质在水热及裂解条件下各组分的降解主要受温度的影响，如可提取低分子有机物在150~180 ℃发生水热炭化；半纤维素在150~190 ℃发生醚键断裂生成低聚糖和单糖；而纤维素是由D–吡喃葡萄糖酐以1，4糖苷键连接而成的线型巨分子，是由结晶区和无定形区交错连接而成的二相体系，结晶部分葡萄糖分子排列规则致密，反应活性点密度低，小分子物质不容易接近并发生反应，因此纤维素的水解炭化温度较高，一般在220 ℃以上；而木质素中的芳醚键需要在300 ℃才能断裂和进一步聚合与裂解。因此，要使废弃生物质中的结晶纤维素和木质素完全降解转化，化学处理强度过大，往往造成易水解产物过度分解，生成小分子有机酸及气体产物，从而降低炭产率。由此表明，通过控制反应温度、停留时间等，可以使各组分反应完全，或做到产物的分离与提纯。例如利用两步水热法，先通过控制pH值并在添加碳酸钾加热到150~190 ℃时停留20 min，将大部分的木质素与全部的半纤维素从纤维素中分离出来；然后将溶解的液体产物进一步在200 ℃炭化，制备炭产品。半纤维素及木质素的转移，增加了纤维素表面积及反应活性，提高了水解速率及糖化率。而木质素类生物质可在215~295 ℃水热条件下，通过低温–高温两步水热法可以回收到高产量的糖类并得到能量密度较高的炭产品。

（2）活化水热炭化。为了提高水热炭化物的孔隙度，研究人员将传统制备活性炭的方法应用在水热炭化物的后续处理中，并获得了良好的造孔效果。研究表明，不同废弃生物质的水热炭化物被碱进一步活化后，显示出微孔丰富的多孔材料，是一种优良的选择吸附材料。

1）硬模板法。直接水热炭化糖类得到的产物往往只有少量的微孔，这非常不利于催化、吸附、储能等很多应用。因此，基于生物质水热法，制备多孔材料是非常有意义的。硬模板法被认为是直接复制各类纳米形貌的最直接的方法，合成步骤主要有三步：①合成所需要的硬模板并对其表面进行合理修饰；②选择碳前驱体，经水热反应，在纳米尺寸上进行复制；③除去模板，得到反向炭复制品。第一例介孔水热炭是利用纳米结构的二氧化硅作为模板的，研究者们发现模板表面的极性与碳前驱体之间能否相互匹配是至关重要的。模板表面的疏水性太强或太弱则会复制出大孔或混合的炭结构。只有当二氧化硅模板表面有合适的疏水性时，才能在去除模板之后，复制出完整的中空多孔炭球。基于这一优化条件，以 SBA-15 为模板，成功制备得到有序介孔的碳材料。此外，将 3- 氯丙胺与水热炭表面的羟基反应，即可将水热炭表面成功修饰上氨基官能团。基于硬模板复制方法，还可以得到不同维度结构的水热碳材料。如以碲（Te）纳米线作为模板，水热葡萄糖再去除模板后，即可得到超长的、结构完整的碳纳米纤维。通过控制反应时间或 Te 与葡萄糖的浓度比例，可以实现精准调控碳纳米纤维的直径。以阳极氧化铝膜作为模板，糖类经水热再高温炭化，可得到有序阵列的、两端开口的碳纳米管。与传统的电弧放电法、激光刻蚀法、化学气相沉积相比，这种制备碳管的方法显示出明显的优势，如不需要催化剂，使用的是廉价原料等。

硬模板法通常能实现对模板的精准反向复制，但是过程复杂且合成步骤多导致目标产物有效产率低，且去除模板需要较为苛刻的条件，这些缺陷都限制了这一方法的实际应用。

2）软模板法。与硬模板法相比，软模板法不需要复杂的制备模板及去除模板过程，整个制备过程相对简单、绿色、适合放大化生产。软模板法通常使用表面活性剂、聚合物等作为结构导向剂。模板与前驱体分子之间的有效自组装及在反应条件下自组装的作用力能够稳定存在，是使用软模板法的关键。选择阴离子表面活性剂作模板，葡萄糖为碳前驱体，制备得到一类中空炭球，但是产物炭球具有从几十个纳米到几个微米不等的很宽尺寸分布。表面活性剂与碳前驱体之间通过氢键自组装是制备有序介孔炭的一类有效方法。例如，选择适当分子量的可溶性低聚物树脂为碳前驱体，可购买商业廉价聚三嵌段共聚物或根据目标碳材料形貌设计制备三嵌段共聚物作为模板，醇类作溶剂，通过一类溶剂挥发诱导的自组装的方法（evaporation-induced self-assembly，EISA）制备得到有序介孔碳材料。低聚物树脂含有大量的羟基，可与表面活性剂分子之间形成氢键是得到有序结构的关键。同样的，选择嵌段共聚物为模板，用于生物质水热体系，低温较长时间水热炭化果糖（130 ℃，3~5 d），也可得到有序孔道的炭。但是使用相同的方法，其他类型的生物质（有效聚合温度在 160 ℃以上）很难得到有序孔道的炭。其主要原因是：生物质水热炭化法相对于酚醛树脂类的聚合温度要高很多（通常 160 ℃以上），在这种情况下，表面活性剂分子自身不稳定且表面活性剂与生物质前驱体分子之间的作用力也很难稳定存在，因此难以形成有序孔道的骨架结构。

3）无模板法。无模板法指的是不需要牺牲任何模板就能得到目标结构的方法。与模板法相比，无模板法更为简单、成本更低。与合成其他贵金属、二氧化硅或树脂类炭等无机物方法相比，基于生物质无模板法的报道还比较少。较为常见的是通过在水热炭化过程中加入添加剂，利用添加剂对生物质聚合过程进行调控。

## 4.3 生物质炭的性质及其应用

### 4.3.1 生物质炭的性质

#### 4.3.1.1 生物质热解炭的性质

生物炭的性质取决于材料来源和炭化温度。生物质炭拥有广泛的原材料来源，包括农作物秸秆、畜禽粪便、工业固体废弃物、城市污泥、木屑、中药渣等各种生物质，其中大多数来源于农业废弃物。生物质炭不但具有高碳含量，而且富含 N、P、K、Ca 和 Mg 等农作物生长所需要的无机营养元素。随着裂解温度的升高，由于燃烧和挥发的原因，生物质炭中的碳、氧含量会减少；相反，炭化温度升高，浓缩效应加剧，挥发量增加，K、Ca、Mg 和 P 等元素的含量升高。原因是生物质炭中含有的物质虽然来源于原材料，总量不会增加，但是热解过程中会浓缩某些养分，使营养元素富集，所以部分元素在生物质炭中的浓度反而高于其来源物料中的。生物质炭一般呈碱性，有研究表明，在 300 ℃、500 ℃和 700 ℃的温度条件下，以厌氧热解法制备玉米秸秆炭、油菜秸秆炭、大豆秸秆炭和花生秸秆炭，分析后发现随着温度的升高，这几种生物质炭的碱含量和 pH 值都会提高。生物质炭可以保持投入其中的养分离子，这主要由生物质炭富含孔隙的性质决定。按照其孔径的大小分类，可将生物质炭的孔隙分为三级：小孔隙（$< 0.9$ nm）、微孔隙（0.9~50 nm）和大孔隙（$> 50$ nm）。在对生物质炭性质的影响方面，提高土壤的保水能力和通气性靠大孔隙，大孔隙还可以为微生物提供生存场所；对土壤中养分的吸附、影响其转移性由小孔隙决定。生物质炭孔隙的存在不仅吸附了养分离子，还给土壤微生物提供了生存和繁殖的场所，所以在土壤中施用生物质炭对养分离子的保持及微生物生物量、微生物的基础呼吸作用、微生物数量的增长和微生物的功能有着直接影响。研究表明，在 300~900 ℃范围内，制备温度越高，生物质炭的孔隙结构就越发达。炭的微孔隙和小孔隙的数量在制备温度达到 900 ℃时达到临界值，然后，孔隙度开始随制备温度的进一步升高而降低。

生物质炭是一种含碳的聚合物，表面有着丰富的含氧官能团，生物质炭表面的亲水性、疏水性及生物质炭对酸碱的缓冲性能由这些含氧官能团决定，进而决定了生物质炭在土壤中发挥哪些功能。生物质炭表面带负电荷，这是由—COOH 和—OH 官能团决定的。这些丰富的含氧官能团所产生的表面负电荷使得生物质炭具有较高的土壤阳离子交换量（cation exchange capacity，CEC），因此，向土壤中施入生物质炭可提高土壤的 CEC。研究发现，不同原材料生物质炭中营养元素的含量不同，数值大小由原料的性质和元素组成决定。农作物秸秆、木屑等原材料纤维含量高，烧制的生物质炭孔隙度高，比表面积大，灰分低，含有较多种类含氧官能团，阳离子交换量低。而以畜禽粪便为材料的生物质炭，比表面积低，磷酸盐含量高。生物质炭的炭化温度一般低于 700 ℃，实际操作中以 50 ℃为一档。以秸秆生物质炭为例，从 350 ℃到 700 ℃，随着裂解温度的提高，生物质炭的含碳量、C/N 值、芳香化程度、比表面积、持水量、pH 值等显著提高，但是 CEC、可提取态的碳、速效氮、镁的含量则显著降低。

综上所述，生物质炭含有一定量矿物养分元素，并且具有多孔性、吸水性、碱性，可以在农业及环境领域发挥重要作用。

#### 4.3.1.2　生物质水热炭化物表面化学性质

水热炭化过程的优点之一，是可以通过添加合适的原料、化学试剂或简单地后续处理，使水热炭化物表面有效地负载各种含氧、含氮官能团，在催化、选择吸附、电池、生物传感器等领域表现出优良的性能。

（1）含氮官能团。含氮官能团在 pH 值响应吸附剂、超级电容器、燃料电池电极、$CO_2$ 选择吸附剂及高导电材料中具有优越的性能。目前很多研究集中在通过水热炭化形成含氮官能团的炭化物，例如可利用水热炭化后的材料表面化学反应性高的特性，通过后续的修饰方法在炭化物表面负载各种含氮官能团，可使炭化物表面负载较高浓度的含氨基的官能团，此类碳材料可应用于催化、层析、能量储存及药物传输领域。同时，利用含氮的废弃生物质作为原料或添加剂，水热炭化后也可以直接形成含氮官能团的炭化物，如利用含氮元素较高的海洋生物的壳（如虾壳），水热转化成高含氮量（＞5%，质量分数）、中等表面积和孔容的材料，其在生物传感器、电池、燃料电池及超级电容器等领域具有令人满意的性能。也可利用厨余垃圾水热炭化，生成含有大量含氮官能团的炭化物。

（2）含氧官能团。碳水化合物本身含有丰富的氧元素，直接水热炭化后表面即含有大量的含氧官能团。为了提高酸度和离子交换能力，研究人员利用含有羧酸根、磺酸根、硫酸根的有机酸或磷酸等无机酸作为添加剂，一步水热合成含大量羧酸根、磺酸根的固体酸催化剂或阳离子交换剂。通过在水热炭化原料中添加丙烯酸，成功制备了含羧基丰富的炭化微米球。利用对甲苯磺酸、葡萄糖、间苯二酚在 180 ℃水热合成块状含磺酸根的碳材料，作为固体酸催化缩醛反应，显示了很好的活性和重复利用性。同时添加含有羧酸根和磺酸根的有机质（柠檬酸和羟乙磺酸或对甲苯磺酸），与碳水化合物一步水热炭化合成具有多种酸根的炭化物，此类炭化物的固体酸的催化活性与硫酸相当，可以用于固体酸催化酯化和缩酮反应。利用无机磷酸水热活化蔗糖形成含磷酸盐的微米球，表面显示酸度高，该方法在碳结构中引入含磷化合物的同时，也加强了碳材料的阳离子交换能力。

通过添加有机或无机材料在水热中或水热后负载官能团，是一种有效的表面官能团修饰方法。但纯化学试剂的添加成本较高，同时有些添加剂具有毒性和腐蚀性，不利于回收和工业应用，因此从经济的角度考虑，应尽量使用天然或废弃的添加材料，从而降低生产成本。

## 4.3.2 生物质炭的应用

### 4.3.2.1 生物质热解炭的应用

（1）在农业领域中的应用。生物质热解炭可作为一种土壤改良剂施入土壤中，改善土壤的性质，提高土壤的肥力，增加营养物质的植物可利用性，进而提高农作物的产量。早在 2 500 年前，亚马孙流域的印第安土著居民就在土壤中施加黑炭，提高其肥力。该土壤呈黑色，其含碳量高达 9%，约是周边其他土壤的 20 倍，氮和磷含量是其他土壤的 3 倍，农作物产量可提高 1 倍。

土壤阳离子交换量（CEC）是衡量土壤质量的一个重要指标，CEC 高的土壤淋溶性低，对养分的固定能力强，对植物生长有利。生物质炭表面存在的大量含氧有机官能团以及负电荷，使其具有较高的 CEC，CEC 值与生物质炭的氧碳原子比值（O/C 值）相关，O/C 值越高，CEC 值越大，这是由于 O/C 值取决于生物质炭表面的羟基、羧基和羰基数量。因此，向土壤中施加生物质炭可以提高土壤的 CEC 值，而且生物质炭在土壤中的保存过程中，其表面某些官能团会发生氧化导致含氧官能团的数量增加，CEC 值也随之增加。

生物质热解炭一般呈碱性，世界约 30% 的土地为酸性，不利于植物生长，因此向土壤中施加生物质炭，可以提高土壤的 pH 值。

生物质热解炭含有大量大小不一的孔隙，其中的大孔隙可以增加土壤的透气性和持水率，同时也为微生物提供生存和繁殖的场所；小孔隙则可以起到对一些分子的吸附和转移作用。当将生物质炭施入土壤后，其丰富的孔隙结构会改变土壤中水分渗滤路径和速度，显著提高土壤的田间持水率，从而改善土壤对养分的固定能力。

生物质热解炭还可以吸附土壤中的农药，其对杀虫剂的吸附能力约是土壤本身的 2 000 倍，而且生物质炭还可增强土壤中微生物的活性，进一步增加对污染物的降解能力。因此，在土壤中施入少量的生物质炭，可有效降低有机污染物对植物的毒害作用，减少在植物中的累积；选择合适的生物质炭施入受污染的土壤中，吸附有毒物质，也可以进行土壤修复。例如，在土壤中施入生物质炭，可以使土壤中的多环芳烃（PAH）浓度降低约 50%。

表 4.4 给出了几种不同的生物质炭施用对作物产量的影响。可以看出，施加生物质炭后（或与无机肥料混合施用）可明显促进作物的生长，提高作物产量。生物质炭对于土壤的改良作用，可以总结如下。

1）直接原因。生物质炭中含有一定量的 C、N、P 及一些有机的营养成分，可以直接提高土壤肥力，促进植物生长。

2）间接原因。延长营养物质的保留时间，减少养分流失；提高土壤 pH 值至中性，利于作物生长；提高土壤含水率和孔隙率，增加土壤的透气性，促进土壤中有机成分的分解和微生物的生长；增加阳离子交换能力，固定某些植物所必需的金属元素；增加和优选土壤中微生物的种类和活性。还有学者认为，生物质炭具有快速且稳定的磷释放能力，具有替代磷肥的潜力；而且，土壤中施入生物质炭后，因其较大的孔隙率使得土壤表层容重减小，有利于植物根系生长。

**表 4.4　施加生物质炭后作物产量的变化**

| 生物质热解炭种类 | 施加量 / （$t/hm^2$） | 作物种类 | 效果 |
|---|---|---|---|
| 树枝炭 | 0.5 | 大豆 | 单位面积生物量提高 51% |
| 次生森林木炭 | 11 | 玉米 | 与无机肥料一起施用产量提高 18% |
| 花生壳炭 | 10 | 玉米、大豆 | 产量增加 10%~40% |
| 酒糟炭 | 10 | 小麦 | 在酸性土壤中小麦产量提高 30%~40% |

影响生物质炭作为土壤改良剂质量的因素包括表面电荷、pH 值、比表面积、孔隙率、阴阳离子交换能力及营养成分等。此外，生物质炭对土壤的改良也受到土壤环境的影响，如生物质炭的阳离子交换能力随环境 pH 值的升高而线性增加。因此，可以根据生物质炭的性质和土壤性质来选择合适的生物质炭作为土壤改良剂，从而达到促进植物生长、增加农作物产量的目的。

（2）在环境领域中的应用。

1）对有毒有害物质的吸附作用。生物质炭具有非常复杂的微孔结构，比表面积较大，稳定性较高，且表面含有很多活性基团，非常适合作为一种低成本的高效吸附剂，用于吸收多种污染物质。生物质炭对各种污染物的吸附去除机理主要包括：生物质炭有丰富的孔隙结构，可以固定污染物；生物质炭具有较大的比表面积，可以有效地吸附污染物质；高温条件下制备的生物质炭极性较强，对有机物质的亲和能力强，因此能更有效地去除有机污染物。现阶段，针对不同的污染物，已经研制了多种不同的生物质炭，用于高效吸附去除污染物。

活性炭是最常用的吸附材料，虽然生物质炭的吸附容量不如活性炭，但是生物质炭的生产成本低，而且其表面含有较多活性基团，除了吸附作用，还可以利用静电作用和化学沉淀作用将多种污染物同时去除。例如，生物质炭对 Pb 的吸附去除效果优于活性炭，这是由于生物质炭表面含有大量的含氧基团，可通过结合沉淀将 Pb 以 $Pb_5(PO_4)_3(OH)$ 的形式去除，同时又可利用微孔结构将阿特拉津等有机物吸附，且二者不存在竞争关系；而活性炭则对二者均依靠表面吸附作用去除，总容量有限。实际环境中经常同时存在多种污染成分，因此生物质炭作为吸附剂优点是非常明显的。

2）对温室气体的减排作用。碳固定是指将碳捕获后转变成一种固定态的形式，避免其回到大气中。环境中的碳循环是指大气中的 $CO_2$ 被植物通过光合作用吸收，固定于生物质内，生物质经过分解或燃烧再转变成 $CO_2$ 重新释放到大气环境中。生物质经热解炭化转变为生物质炭后，其中的碳以苯环等较复杂的形式存在，非常稳定，这就使得环境中的碳循环被分离出来一部分，称为“碳负”过程。生物质炭这种固碳方式，比其他固碳方式（如植树造林），能更长时间地对碳进行固定。

众所周知，耕地和牧场是温室气体的重要产生源，如何减少其温室气体的排放是人们所迫切关注的。研究表明，将生物质炭施入土壤中，可以减少 $CO_2$、$CH_4$ 等温室气体的排放，也可以大幅减少 $N_2O$ 等的排放。例如，在稻田中施入生物质炭可以使 $N_2O$ 溢出量减少 40%~50%；以 20 g/kg 的标准将生物质炭施入牧草地和大豆地中，两种土壤中 $N_2O$ 的溢出量分别减少了 80% 和 50%，同时 $CH_4$ 的产生也受到明显的抑制。关于生物质炭施入土壤中降低温室气体排放的机理，目前还不清晰，其原因可能是施入生物质炭之后土壤的孔隙率增大，透气性增强，$CH_4$ 被氧化的量增多，而 $CH_4$ 的排放量是产生量和氧化量的共同结果，所以净排放减少。同样，由于 $N_2O$ 的产生是与土壤环境密切相关的，加入生物质炭后可以提高土壤 pH 值，同时因为透气性增强，使得反硝化菌的活性受到抑制，所以 $N_2O$ 的溢出量会大量减少。由于 $N_2O$ 和 $CH_4$ 的温室效应分别是 $CO_2$ 的 290 倍和 25 倍，因此，在耕地和牧场中施入生物质炭，降低温室效应的成果是较为显著的。

（3）在冶金工业中的应用。自古生物质炭（主要是木炭）就用于冶炼铁矿石，木炭与焦炭熔炼生铁，即使化学组成相同，其结构与机械性质仍不相同。在多数采用焦炭作为还原剂的高炉中，温度与鼓风压力都较高，而木炭对氧化铁的还原过程可在较低的温度下进行，因此，木炭冶炼的生铁一般具有细粒结构、铸件紧密、没有裂纹、杂质少等优点，适合于生产优质钢。

生物质炭也可作为表面助溶剂，用于有色金属的生产。当有色金属熔融时，表面助溶剂在熔融金属表面形成保护层，使金属与气体介质分开，即可减少熔融金属的飞溅损失，又可降低熔融物中气体的饱和度。低灰分含量的生物质炭，主要是木炭，还可用于结晶硅的生产，工业结晶硅的杂质含量应不超过 1%~4.5%，因此，为了保证产品的纯度，对还原剂具有较高的要求。木炭在纯度、孔隙度、反应能力与介电性等方面，都比其他碳素材料更为优越。此外，生物质炭还广泛用于硅钙合金、锆铁合金、钼铁合金等的生产。

#### 4.3.2.2　生物质水热衍生炭的应用

与生物质热解炭化相比，水热炭化技术具有以下优点：孔结构易调控，简单引入纳米铸造、自然模板或者化学活化、热处理等手段即可实现孔结构调控；制备的碳材料可与其他组分结合形成具有特殊性能的复合材料，如与无机纳米颗粒结合形成具有特殊物理化学性能的复合材料；通过简单的额外热处理即可控制表面的化学官能团和电化学性能，而维持形貌和孔结构不变。水热炭化过程中制备的碳材料具备尺寸可控、单分散、纯度高、均一化、富含多种官能团、低灰分等特点，从而在吸附净化、气体储存、催化剂载体、药物输送等许多新技术领域有着巨大的潜在应用价值。

（1）环境治理方面。活性炭的主要应用领域是气体、液体等介质中的吸附。活性炭可由煤或木材、果壳、椰壳等生物质原料制备而成，与煤制活性炭相比，低温水热炭化合成的生物质活性炭没有发达的孔结构，但因其表面具有丰富的杂原子官能团，如羰基、氨基，因此也具有较强的吸附作用。一般情况下，生物质活性炭可经物理活化，即在高温条件下，在空气、氧气、水蒸气等氧化性气体的帮助下开新孔、扩孔等作用，形成发达的孔隙结构；经由化学活化，即在化学药品的作用下在其表面或孔隙内部增加新的官能团，来增强吸附效果；同时采用化学 – 物理活化法和物理 – 化学活化法共同制备生物质活性炭材料，可在保留官能团性质的同时最大化孔结构。处理后的生物质活性炭，因其成本低廉，吸附效果较好，逐渐成为特别是在发展中国家水净化 / 补救的理想选择。在 $CO_2$ 富集方面，目前，用于 $CO_2$ 吸附的多孔固体材料主要包括多孔碳材料、分子筛、金属有机框架（MOF）材料、共价有机框架（COF）材料及多孔聚合材料等。在这些材料中，多孔碳材料具有较大吸引力，因其制备技术具有众多优势，如低成本、易制备、高热化学稳定性、易设计孔结构和可再生循环利用。而在燃料电池领域，$H_2$ 和 $CH_4$ 的储存也是制约技术发展的瓶颈之一，而多孔功能性碳材料的应用，为解决这些问题提供了较好的方案。表 4.5 为近年来基于生物质水热炭化制备的多孔碳材料应用于 $CO_2$、$H_2$、$CH_4$ 气体吸附概况。

表 4.5 基于生物质水热炭化制备的多孔碳材料气体吸附概况

| 生物质 | 制备方法 | 应用情况 | 最大吸附量 /（$mg \cdot g^{-1}$） | 温度 /℃ |
|---|---|---|---|---|
| 海洋大藻 | 先水热再 KOH 活化 | $CO_2$ 吸附 | 61.4 | 25 |
| 海洋大藻 | 先水热再 KOH 活化 | $CO_2$ 吸附 | 105.0 | 0 |
| 藻 | 先水热再 KOH 活化 | $CO_2$ 吸附 | 212.0 | 25 |
| 藻 | 先水热再 KOH 活化 | $CO_2$ 吸附 | 288.0 | 0 |
| 豆渣 | 先水热再 KOH 活化 | $CO_2$ 吸附 | 198.0 | 25 |
| 豆渣 | 先水热再 KOH 活化 | $CO_2$ 吸附 | 325.0 | 0 |
| 葡萄糖 | 先水热再 KOH 活化 | $CO_2$ 吸附 | 187.0 | 25 |
| 葡萄糖 | 先水热再 KOH 活化 | $CO_2$ 吸附 | 195.0 | −20 |
| 葡萄糖 | 水热 | $CH_4$ 吸附 | 9.0 | 25 |
| 黑麦秸 | 水热 | $CH_4$ 吸附 | 9.1 | 25 |
| 糠醛 | 水热 | $H_2$ 吸附 | 5.4 | 25 |
| 葡萄糖 | 水热 | $H_2$ 吸附 | 5.3 | 25 |
| 淀粉 | 水热 | $H_2$ 吸附 | 5.4 | 25 |
| 纤维素 | 水热 | $H_2$ 吸附 | 5.6 | 25 |
| 木材 | 水热 | $H_2$ 吸附 | 5.6 | 25 |

（2）非均相催化剂。碳纳米复合材料因其合成过程可控，表面官能团杂合，致使材料性质改善，因此被广泛用于催化领域。基于水热炭化（Hydrothermal Carbonization，HTC）材料的非均相催化剂制备方式主要有两种。一种是在水热炭化材料上直接负载无机纳米颗粒，生物质炭表面丰富的功能性官能团对各种无机纳米颗粒表现出很好的反应活性。如在氧化还原反应中，这些水热炭化材料能原位还原并固定贵金属离子（Ag、Au、Pt 和 Pd），从而形成理想的贵金属纳米结构，这些结构具有规则尺寸而且很容易用生物分子或药物进行改性。另一种是原位合成，即在水热炭化过程中加入贵金属离子，一步法合成胶囊型的核壳结构，而且复合材料的尺寸也可通过选择合适的试剂比例和反应条件进行调控。该方法的主要优势有：炭化过程及贵金属离子的还原和生长过程同时进行；贵金属离子可以催化炭化过程；一步合成法有利于大规模应用。基于水热炭化材料的非均相催化剂的制备与应用情况见表 4.6。从表 4.6 可以看出，基于水热炭化材料的非均相催化剂在酚类加氢、甲醇电化学氧化、甲烷重整，部分氧化、费托合成及连续流催化反应等领域均表现出优异的催化效果。

表 4.6　基于水热炭化材料的非均相催化剂的制备与应用情况

| 前驱体 | 制备方法 | 催化剂形式 | 应用情况 |
|---|---|---|---|
| HTC 微球 | 一步合成法 HTC 上直接负载纳米颗粒 | Pd 纳米颗粒 /HTC | 苯酚加氢制环己烷 |
| HTC 微球 | HTC 材料上负载金属纳米颗粒 | Pd 纳米颗粒 /HTC | 碱性液中甲醇乙醇的电化学氧化 |
| HTC 材料 | Pt–Ru 颗粒负载 | Pt–Ru 负载于 HTC | 干基甲烷重整甲烷部分氧化 |
| 葡萄糖硝酸铁盐 | 温和温度下，葡萄糖、氯化铁盐溶液，水热炭化 | $Fe_xO_y$@C<br>CNF–$Fe_3O_4$ | 费托合成，有利于 C5 烷烃生成 |
| 炭质纳米纤维 | 模板剂直接 HTC，形成纳米尺度的支架，化学路线制备 | CNF–$TiO_2$<br>CNF–Ag/Au | 连续流催化反应 |
| 海鲜废弃物 | 原料水热炭化后，负载 $Pt^{2+}$ | 载体含氮的固体催化剂 | 在发烟硫酸中甲烷直接氧化 |

注：水热炭化（Hydrothermal Carbonization，HTC），乙酰化纤维素纳米纤维（CNF）。

（3）磁性碳复合材料。磁性纳米和微孔粒子碳材料被广泛用于生物科学、医药、生物技术、环境治理、电子及无损检测等众多领域，文献均报道过磁性热解生物质炭或磁性炭微球的制备及其应用，结果见表 4.7。常见的热解磁性生物炭制备方法是：将铁酸盐或铁盐溶于水，然后在强碱存在的情况下，将炭源浸泡于 60~80 ℃的盐水溶液中 0.5~5.0 h；浸泡完成后，固体颗粒离心，在 80~100 ℃下干燥 2.0~24.0 h；干燥后的固体残渣在 500~700 ℃热解 0.5~2.0 h，即制得磁性热解生物炭。然而，磁性热解生物炭合成过程通常不能连续，需耗费大量的时间和能源，且第一步中需要添加强碱等严苛化学品来保证最终碳材料的表面功能性质，可见整个工艺并不简易环保。因此，开发一种条件温和、一步合成法制备且环境友好的磁性生物碳材料制备方法显得很有必要。

表 4.7　常见的热解磁性生物质炭制备方法及其应用

| 生物质 | 制备方法 | 应用情况 |
|---|---|---|
| 橡木 | 400~500 ℃热解，铁离子溶液浸泡，NaOH 处理 | 吸附废水中 $Cd^{2+}$、$Pb^{2+}$ |
| 橙皮粉 | 与铁离子溶液共沉淀，250~700 ℃热解 | 吸附有机废物、有机磷 |
| 纸浆 | 700 ℃热解，$NaBH_4$ 为还原剂，溴化十六烷基三甲铵为表面活性剂 | 脱除废水中的五氯苯酚（PCP） |
| 松木 | 松木与赤铁矿 600 ℃混合热解 1.0 h，$N_2$ 氛围 | 脱除废水中砷 |

续表

| 生物质 | 制备方法 | 应用情况 |
| --- | --- | --- |
| 水热炭 | 水热炭浸渍于 $FeCl_3$ 溶液，在 700 ℃、$N_2$ 氛围中热解 1.0 h | 脱除废水中四环素 |
| 松树皮 | 将松树皮浸渍于 $Co(NO_3)_2$ 和 $Fe(NO_3)_3$ 溶液，干燥后于 950 ℃热解 2.0 h，$N_2$ 氛围 | 吸附 $Pb^{2+}$ 和 $Cd^{2+}$ |

（4）能源储存及电化学应用。近年来，含氮、硫等杂原子的碳材料在没有添加 Pt 催化剂情况下，仍然表现出不断增强的氧化还原反应催化活性，加上这些含杂原子碳材料在锂或钠电极、超级电容器以及燃料电池的特殊作用被不断证明，基于水热炭化技术制备的炭材料将在能源储存及电化学领域具有广阔的应用前景。Li/Na 离子电池，毫无疑问，锂电池在智能手机、笔记本电脑、数码相机、电动工具以及其他消费产品中起着重要作用。而碳作为锂电池最常用的负极材料，自然地，很多水热炭材料可用于锂电池的电极。随着锂电池大规模的商业应用，未来对锂资源的需要将急剧增加，然而全世界的锂资源分布极度不平衡，可以预见锂的应用成本将急剧升高，锂电池的应用将受到限制。与之对比的是钠资源，全世界储量巨大，且金属钠具有的电化学当量和标准电极电势的优势仅次于锂，因此发展钠电池也具有重要意义。

总之，合成的碳材料在 $CO_2$ 捕集与封存、水净化、催化剂、能源储存以电化学等方面表现出了很好的应用前景。虽然水热炭化技术在较短的时间内取得了重大进展，但仍然存在许多挑战与问题：①能否寻找到适合的催化剂，进一步降低反应温度和缩短反应时间；②如何真正从原生生物质出发制备多功能碳材料和纳米复合材料，并得到实际应用；③碳质材料的制备过程详细机理以及产物分析等。在未来基于原生生物质的高附加值“绿色”碳材料将在环境治理、替代燃料、高新材料领域发挥更加重要作用，这将是原生生物质废弃物高质化利用的一条新途径。

## 参考文献

［1］匡崇婷．生物质炭对红壤水稻土有机碳分解和重金属形态的影响［D］．南京：南京农业大学，2011.

［2］王廷廷，余向阳，沈燕，等．生物质炭施用对土壤中氯虫苯甲酰胺吸附及消解行为的影响［J］．环境科学，2012，33（4）：1339–1345.

［3］张斌，刘晓雨，潘根兴，等．施用生物质炭后稻田土壤性质［J］．水稻产量和痕量温室气体排放的变化，农业科学，2012，45（23）：4844–4853.

［4］张文玲，李桂花，高卫东．生物质炭对土壤性状和作物产量的影响［J］．中国农学

通报，2009（17）：153–157.
[5] DEMIRBAS A . Mechanisms of liquefaction and pyrolysis reactions of biomass [J] . Energy Conversion and Management，2000，41（6）：633–646.
[6]杨海平，等 . 温度对生物质固定床热解影响的研究[J]. 太阳能学报，2007，28（10）：1152–1157.
[7] 项缙农，改良斯列普活化炉 [J] . 煤炭加工与综合利用，1989，1：52–53.
[8] 杨东 . 斯列普活化炉生产过程控制系统的应用研究 [D] . 沈阳：东北大学硕士学位论文，2008.
[9] 金沙杨，等 . 生物质深度脱水炭化连续处理工艺及其设备 [P] . 2007.
[10] 蒋恩臣，等 . 带有柔性螺旋输送装置的生物质连续热解炭化装置 [P] . 2009.
[11] 蒋恩臣，等 . 用于还田的生物质炭制取及燃气余热回收利用装置 [P] . 2009.
[12] 李贵桐，等 . 自燃式生物质焦生产炉 [P] . 2010.
[13] 常建民，等 . 一种多功能流化床式生物质热解转化装置 [P] . 2011.
[14] 常炬宇，等. 连续式生物质低温热解炭化方法及其炭化炉 [P] . 2011.
[15] SCHMIDT M W，NOACK A G. Black carbon in soil sand sediments：analysis，distribution，implications and current challenges [J] . Global Biogeochemical Cycles，2000，14（3）：777–793.
[16] CHENG C H，et al. Oxidation of black carbon by biotic and abiotic processes [J] . Organic Geochemistry，2006，37（11）：1477–1488.
[17] 庄晓伟，陈顺伟，张桃元，等 . 7 种生物质炭燃烧特性的分析 [J] . 林产化学与工业，2009，S1：169–173，178.
[18] KRULL E S，BALDOCK J A，SKJEMSTAD J O，et al. Characteristics of biochar：organo–chemical properties [J] . Earthscan，2009：53–65.
[19] SILBER A，LEVKOVLTCH I，GRABER E R. pH–dependent mineral release and surface properties of cornstraw biochar：agronomic implications [J] . Environmental Science & Technology，2010，44（24）：9318–9323.
[20] 郝蓉，彭少麟，宋艳暾，等，不同温度对黑碳表面官能团的影响 [J] . 生态环境学报，2010，19（3）：528–531.
[21] SOHI S，CAPEL E，KRULL E，et al. Biochar，climate change and soil：A review to guide future research [J] . Csiro Land and Water Science Report，2009，5（09）：17–31.
[22] 张璟慧 . 生物质炭的制备及对水中污染物的去除研究 [D] . 杭州：浙江大学硕士学位论文，2011.

[ 23 ] SCHMIDT M W，et al . Carbon isotope geochemistry and nanomorphology of soil black carbon： Black chernozemic soils in central Europe originate from ancient biomass burning [ J ] . Global biogeochemical cycles ， 2002，16 ( 4 )：1123.
[ 24 ] MASIELLO C，DRUFFEL E. Black carbon in deep-sea sediments [ J ] . Science，1998，280 ( 5371 )： 1911–1913.
[ 25 ] 刘莹莹，等 . 不同作物原料热解生物质炭对溶液中 $Cd^{2+}$ 和 $Pb^{2+}$ 的吸附特性 [ J ] . 生态环境学报，2012，1： 146–152.
[ 26 ] 乌日娜 . 生物质炭基固体酸催化剂的制备及催化性能研究 [ D ] . 大连：大连理工大学硕士学位论文，2009.

# 第 5 章　生物质气化技术

现代生物质能技术包括热化学转化和生物化学转化两大类，其中热化学转化技术与化石燃料技术有很强的兼容性，在很多方面可以替代化石燃料技术，实现农业可持续发展和低碳排放，为人们所重视。生物质气化技术是一种热化学处理技术，指生物质与气化剂（空气、氧气、空气 / 水蒸气、氧气 / 水蒸气）在高温下通过气化炉将生物质转化为气体燃料的热化学转化过程。生物质在气化反应器中氧气不足的条件下发生部分燃烧，以提供气化吸热所需的热量，使生物质在 700~900 ℃的气化温度下发生热解气化反应，转化为含 $H_2$、CO、$CH_4$、$CO_2$ 和低分子烃类的可燃气体。生物质气化能源转化效率高，设备及操作简单，生物质气化的可燃气体既可以直接作为锅炉燃料供热，又可以经除尘、除焦、脱硫、脱氮、脱氧、冷却等净化处理后，为燃气用户集中供气或者驱动燃气轮发动机或燃气内燃机发电，或者经过变压吸附等从富氢气流中分离提纯制氢气，也可以经过调变氢碳比（$H_2$/CO）作为合成气原料合成甲醇等化学品或液体燃料等，因此成为生物质热化学转化的主要技术之一，也是生物质高效利用的主要方式。

生物质作为气化原料有诸多优点：①储量丰富，分布广泛。②反应活性高。③低硫氮含量。④富含碱金属及碱土金属，可作为催化剂提高气化反应速率。

其作为气化原料也有很多不足之处：①水分含量高，能力密度低，储存和运输成本高。②供应易受地域、季节及气候影响，波动较大。③气化过程中产生焦油易堵塞系统。

本章主要围绕生物质气化技术的发展现状、原理、分类及应用等方面展开介绍。

## 5.1　生物质气化技术发展现状

### 5.1.1　生物质气化的主要技术路线

生物质气化过程是热解、氧化、还原、变换等多种反应的组合，反应路线复杂。生物质气化的过程可以描述为：生物质燃料遇热发生热解析出挥发分，挥发分和木炭燃烧，燃烧产物与碳发生还原反应，生产以 CO、$H_2$、$CH_4$ 为主要可燃成分的生物质燃气，

以及含有 $CO_2$、$N_2$ 或 $O_2$ 不可燃的气体产物。生物质气化工程中大多使用空气为气化剂，由于空气简便易得使用方便，是最简单的气化方式。然而由于空气中含有约 78% 的氮气不参与反应，成为气体产物中的稀释剂，空气气化生产的燃气中氮气含量占 50%，只能获得低位热值燃气。相比较而言，使用氧气作为气化剂时可以提高反应温度，加快反应速率，显著提高燃气热值，可获得中热值燃气。使用氧气和水蒸气复混合气化工艺时，水蒸气参与碳的还原反应，与二氧化碳发生变换反应，明显改善燃气品质，特别是氢含量明显提高，经调变后可作为合成气原料。图 5.1 表示了生物质气化的主要技术路线。生物质气化技术的应用方式主要有以下 4 个方面：

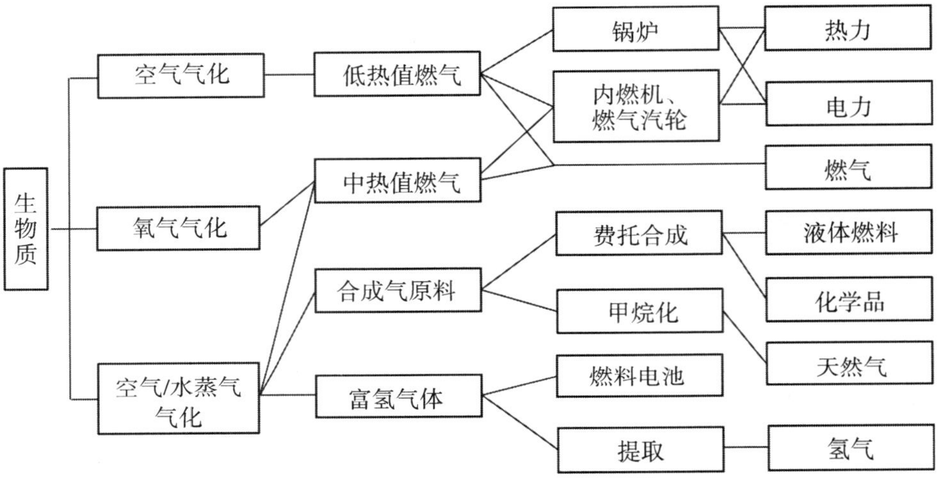


图 5.1　生物质气化的主要技术路线

（1）作为民用燃气或为工业锅炉提供燃气。

（2）驱动内燃机或燃气轮机发电。

（3）燃烧提供热能。

（4）燃气调变后用于合成液体燃料化学品。

### 5.1.2　生物质气化的发展

生物质气化的发展主要有两个阶段，一个阶段是 20 世纪 70 年代到 1987 年，主要是为了应对石油危机，由美国政府主导；另一个阶段是在 20 世纪 90 年代后期，环境污染及温室效应等问题是其主要推动力，欧盟是这一时期的主要推进者。而 2000 年之后，日本和中国则成了这一领域的主要角色。近 30 年来生物质气化主要集中在以下 3 个方面：①生物质热解气化和发电技术；②生物质气化合成液体燃料技术；③生物质气化制氢技术。

近代的生物热解气化技术朝向大型化发展，主要以农林生物质为原料。丹麦、芬兰、瑞典、荷兰、意大利、德国等发展了多种类型的固定床、移动床、流化床气化炉装置。为解决空气气化燃气热值低和燃气中焦油等问题，开发了双流化床气化炉生产中热值燃气及加压气流床气化装置得到无焦油中热值燃气。在发电系统方面，小型生物质发电系统采用固定床气化炉和内燃机发电机组组合方式，中型发电系统采用流化床或循环流化床与内燃机发电机组组合方式，大型发电系统采用流化床气化炉、燃气轮机、蒸汽轮机组成生物质整体气化循环发电系统（IGCC）热空气汽轮机循环系统（HATC）。

我国自 20 世纪 70 年代初期开始生物质气化技术研究，并取得一定成绩。我国生物质气化主要应用于发电、热电联产、供热和集中供气，并已建成了从 200 kW~10 MW 不同规格的气化发电装置，气化发电正向产业化、规模化方向发展，我国已成为世界上中小型生物质气化发电应用最多的国家。中国科学院广州能源研究所建成并运行多套气化发电系统，在循环流化床气化发电方面取得一定进展，包括采用以木屑和木粉为原料的循环流化床气化技术，完成的 4 MW 气化发电系统的开发。表 5.1 所列是我国已经形成一定规模的生物质气化技术及应用现状。其中，直径 600 mm 的下吸式气化炉用于木材烘干机稻壳气化发电等均已推广 100 台以上，几种气化供气系统则在全国 400 多个村庄应用，使农村居民用上了管道燃气；循环流化床气化装置使气化炉生产强度突破 2 000 kg/（$m^2$·h），这种装置以木粉和稻壳等为原料，适用于中等规模的供热、供气和发电系统，有多个企业和农场使用该技术。我国生物质气化发电有一定的特色，应用也比较广泛，其中生物质 IGCC 示范系统正在建设之中，装机容量为 4~6 MW。

**表 5.1　我国生物质气化技术及应用现状**

| 类型 | 气化炉直径 / mm | 生产强度 / [kg/（$m^2$·h）] | 功率 / （MJ/h） | 应用情况 | 研究单位 |
|---|---|---|---|---|---|
| 上吸式 | 1 100 | 240 | 2.9 | 生产供热 | 中国科学院广州能源研究所 |
| | 1 000 | 180 | 1.6 | 锅炉供热 | 中国林业科学院南京林产化学工业研究所 |
| 下吸式 | 400 | 200 | 0.3 | 发电（10 kW） | 中国农业机械研究院 |
| | 600 | 200 | 0.66 | 木材烘干 | 中国农业机械研究院 |
| | 900 | 200 | 1.49 | 锅炉供气 | 中国农业机械研究院 |
| | 600 | 200 | 0.66 | 生活用气 | 山东省科学院能源研究所 |
| | 500 | 510 | 0.92 | 生活用气 | 辽宁省科学院能源研究所 |
| | 300 | 637 | 0.9 | 发电（30 kW） | 辽宁省科学院能源研究所 |

续表

| 类型 | 气化炉直径 / mm | 生产强度 / [kg/（$m^2$·h）] | 功率 / （MJ/h） | 应用情况 | 研究单位 |
|---|---|---|---|---|---|
| 层式下吸式 | 200 | 150 | 160 kW | 发电 | 国家国内贸易局等 |
| | 1 100 | 150 | 60 kW | 发电 | 江苏省粮食局 |
| | 200 | 398 | 2~5 kW | 发电 | 中国科学院广州能源研究所 |
| 内循环流化床 | 2 000 × 400 | 1 000 | 160 kW | 发电 | 中国科学院广州能源研究所 |
| 循环流化床 | 400 | 2 000 | 4.2 | 锅炉供气 | 中国科学院广州能源研究所 |
| | 1 350 | 2 800 | 1 000 kW | 供热、发电 | 中国科学院广州能源研究所 |
| 循环流化床中热值气化装置 | 150 | 2 000 | 0.67 | 生活供气 | 中国科学院广州能源研究所 |

生物质气化技术在我国的研究应用主要有以下 3 个特点：①气化炉采用特色设计，适用于多种生物质原料，能最大限度利用当地的农林废弃物资源，变废为宝，有利于环保。②在功能上，适用多种用户需求，包括烘干、加热、供暖、供热等热利用和发电动力及村镇集中供气的燃料使用。③气化结构炉简单，以空气气化为主，适合我国国情。

生物质气化未来的发展趋势是合成燃料，利用气化获得一定 $H_2$/CO 的合成气，并通过合成反应获得液体燃料（如甲醇、乙醇、二甲醚等）。20 世纪 80 年代，气化合成燃料技术已在欧美有了初步进展。美国在气化合成燃料乙醇方面取得了很大成就，产能已达到 $600 \times 10^8$ L/a。我国在 2008 年由山东省科学院能源研究所与中国科学院广州能源研究所合作建设了一套年产 100 t 二甲醚的中试装置，用富氧空气为气化介质的两部分气化技术，获得以合成气原料制取的二甲醚样品。

氢是转化效率最高且洁净的二次能源，随着燃料电池的发展和氢能的发展，生物质气化制氢也称为目前研究热点。国外研究集中在日本等国家。例如 Turn 等在富氧条件下研究了生物质流化床气化制氢过程，以水蒸气为气化介质，气体产物中氢含量可达 78%。Rapagna 等在一级流化床反应器和固定床催化变换反应器内研究了杏仁壳生物质的催化气化反应，产生混合燃气中氢气的体积含量可达 60%。中国科学院广州能源研究所以流化床为反应器对生物质空气和水蒸气气化制取富氢燃气的特性进行了系列研究。利用载氧体中的晶格氧为生物质提供反应所需氧元素的生物质化学链气化制氢技术，以及利用超临界水特定性质的生物质超临界水热制氢技术，是目前生物质气化制氢的新技术。

### 5.1.3　生物质气化发展的制约元素

尽管生物质气化技术在国内外都有了很好的发展，然而生物质气化发展的推动力取决于原料的可获得性，化石燃料的价格和供应，以及近年来全球变暖等问题之间的博弈。另外，生物质气化市场高度取决于市场收益以及政府的支持，因而生物质气化技术仍然只局限于国家内部层面。尽管有许多小型生物质气化炉的制造商，却没有国际市场。

技术层面上影响生物质气化发展的主要因素是反应器的放大、焦油量的减少、气化净化以及经济上的竞争力。下吸式固定床气化炉及常压空气鼓风循环流化床气化技术是较多采用的气化技术，但这些技术还远远不够，还需要开发更多的技术。固定床气化技术虽然在印度及中国应用非常广泛，但其市场份额仍然非常低。

尽管与煤气化相比，生物质气化的优势还是非常明显的，然而与天然气及生物质发电相比，这些优势就极其微小。在特定能源市场中，偏向于采用天然气发电、供热、合成氨及合成甲醇，采用生物质发电或供热。很显然，不同的技术是相互制约发展的，一种技术的进步或发展总会影响另一种技术的适用性。因此,在发展生物质气化技术时，要充分考虑到这些因素。

## 5.2　生物质气化原理与过程

### 5.2.1　气化基本原理

生物质气化是燃料热解、热解产物燃烧、燃烧产物还原等诸多反应的集合，对于不同气化装置、工艺流程、反应条件和气化剂种类，反应过程不完全相同，不过从宏观现象上来说，都是原料干燥、热解、氧化和还原四个反应阶段。下面以下吸式固定床常压气化炉的气化过程来说明，如图 5.2 所示。

（1）原料干燥。生物质原料和气化剂（空气）由顶部进入气化炉，气化炉的最上层为干燥区，含有 20%~50% 水分的物料在这里同下面的热源进行热交换，使原料中的水分被蒸发。首先是原料中外在水的蒸发，然后是内在水的蒸发。如果生物质含水率太高，会造成气化过程中负荷过高，因此在进行气化之前要对生物质进行干燥预处理，降低含水率。由于在干燥过程中，热量从颗粒表面传导到颗粒中心，若原料块状体积较大时，会造成热传导的延迟，其内在水分可能会有部分残留。干燥区的温度在 50~150 ℃。干燥区的产物为干物料和水蒸气，干物料主要在重力作用下往下移动，水

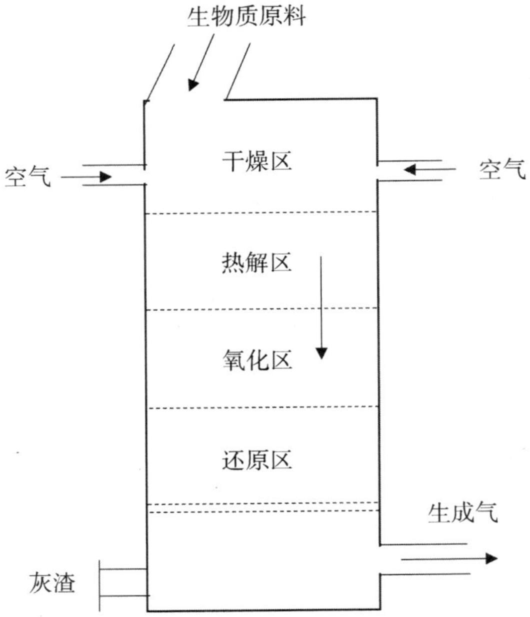


**图 5.2　下吸式固定床常压气化炉的气化原理**

蒸气在气力抽吸下克服热浮力也往下移动。

（2）热解反应。热解过程中，生物质在高温缺氧环境下会发生快速热分解反应。来自干燥区的生物质干物料、水蒸气和气化剂进入热解区后，继续获得氧化区域传递过来的热量，当温度达到 150 ℃以上时，生物质（纤维素、半纤维素、木质素等高分子化合物）将会发生热解反应而析出挥发分，温度越高，反应越剧烈。此时的热解总体上为放热反应，反应产物较为复杂，主要有炭、水蒸气、一氧化碳、二氧化碳、氢气、甲烷、焦油和其他烃类物质。热解过程中会产生一些重烃类焦油，如果留在燃气中冷凝后容易堵塞管道，影响用气设备的运行。如何彻底清除焦油，一直是生物质气化中的难点。

热解过程可用反应方程式来近似表示：

$$\mathrm{CH}_x\mathrm{O}_y = n_1\mathrm{C} + n_2\mathrm{H}_2 + n_3\mathrm{H}_2\mathrm{O} + n_4\mathrm{CO} + n_5\mathrm{CO}_2 + n_6\mathrm{CH}_4 \tag{5-1}$$

式中，$CH_xO_y$——生物质的特征分子式；

$n_1$~ $n_6$——气化时由具体情况待定的平衡常数。

（3）氧化反应。生物质热解产物连同水蒸气和气化剂在气化炉内继续下移，温度也会继续升高。当温度达到热解气体的最低着火点（250~300 ℃）时，可燃挥发分气体首先被点燃和燃烧，来自热解区的焦炭随后产生不完全燃烧，生成一氧化碳、二氧化碳和水蒸气，同时也放出大量热量。氧化区的最高温度可达 1 000~1 200 ℃，正是这个区域产生的反应热为干燥、热解和还原提供了热源。在气化装置内，只供入有限空气，是不完全燃烧，燃烧产物包括水蒸气、一氧化碳和二氧化碳。

氧化区发生的化学反应主要有

$$C+O_2 \rightarrow CO_2 \quad \Delta H = -394 \text{ kJ/mol} \tag{5-2}$$

$$C+\frac{1}{2}O_2 \rightarrow CO \quad \Delta H = -111 \text{ kJ/mol} \tag{5-3}$$

$$C+\frac{1}{2}O_2 \rightarrow CO_2 \quad \Delta H = -283 \text{ kJ/mol} \tag{5-4}$$

$$2H_2+O_2 \rightarrow H_2O \quad \Delta H = -242 \text{ kJ/mol} \tag{5-5}$$

（4）还原反应。还原区没有氧气存在，二氧化碳和高温水蒸气在这旦与未完全氧化的炽热的炭发生还原反应，生成一氧化碳和氢气等。由于还原反应是吸热反应，还原区的温度也相应下降，为 600~900 ℃。

还原区发生的活性反应主要有

$$C+CO_2 \rightarrow 2CO \quad \Delta H = +172 \text{ kJ/mol} \tag{5-6}$$

$$C+H_2O \rightarrow CO+H_2 \quad \Delta H = +131 \text{ kJ/mol} \tag{5-7}$$

$$C+H_2 \rightarrow CH_4 \quad \Delta H = -75 \text{ kJ/mol} \tag{5-8}$$

$$CO+H_2O \rightarrow CO_2+H_2 \quad \Delta H = -41 \text{ kJ/mol} \tag{5-9}$$

$$CH_4+H_2O \rightarrow 3H_2+CO \quad \Delta H = +206 \text{ kJ/mol} \tag{5-10}$$

应该指出，发生上述四个基本反应的区域只在固定床气化炉中有比较明显的特征，而在流化床气化炉中是无法界定其分布区域的。即使在固定床中，由于热解气相产物的参与，其分界面也是模糊的。事实上，一个区域可以局部地渗入另一个区域，所以上述过程是相互交错进行的。

### 5.2.2　气化反应热效应

气化反应过程中，燃料与气化剂分子、原子之间发生化学键的重新组合，化学能发生变化，因此产生热效应。化学反应热效应是指恒温恒压条件下，物质通过化学反应放出或吸收热量，称为反应焓。盖斯定律指出，在恒压或恒容条件下，不管化学反应过程如何，总热效应是相同的，反应热的变化等于反应终态与始态之间焓的变化。焓是状态函数，与反应途径无关。生物质气化过程通常是在等压条件下进行的，其热效应可写作：

$$Q_p = -\Delta H \tag{5-11}$$

式中，$\Delta H$——产物与反应物的焓差，kJ/mol。

规定放热反应的 $Q_p$ 为正值，吸热反应为负值。由于放热反应产物的焓值必然小于反应物焓值，故 $\Delta H$ 为负值，吸热反应的 $\Delta H$ 为正值。

化学反应热效应可根据物质的燃烧热之差计算，也可根据物质的生产焓值差来计

算。根据燃烧热计算热效应的公式为

$$\Delta H=\sum n_i\Delta H_{c,i}-\sum n_j\Delta H_{c,j} \tag{5-12}$$

式中，$\Delta H_{c,i}$——反应物中第 $i$ 种组分的燃烧热，kJ/mol；

$\Delta H_{c,j}$——反应物中第 $j$ 种组分的燃烧热，kJ/mol；

$n_i$——反应物中第 $i$ 种组分的物质的量；

$n_j$——产物中第 $j$ 种组分的物质的量。

根据生成焓技术热效应的公式为

$$\Delta H=\sum n_i\Delta H_{f,i}-\sum n_j\Delta H_{f,j} \tag{5-13}$$

式中，$\Delta H_{f,i}$——反应物中第 $i$ 种组分的燃烧热，kJ/mol；

$\Delta H_{f,j}$——反应物中第 $j$ 种组分的燃烧热，kJ/mol。

气化反应是在高温条件下进行的，根据克希霍夫定律，温度对反应焓的影响可表示为

$$\left[\frac{\partial(\Delta H)}{\partial T}\right]_P=\sum(n_jC_{p,j})-\sum(n_iCT_{p,i})=\Delta C_p \tag{5-14}$$

式中，$C_{p,i}$，$C_{p,j}$——反应物和产物各组分的定压热容，kJ/（mol·K）。

根据物质比热容的经验式，$C_p=\Delta a+bT+\Delta T^2+\Delta c'/T^2$，将其代入式（5-14）积分，可求得任意温度下的反应焓 $\Delta H_{R,T}$：

$$\Delta H_{R,T}=\Delta H_0+\Delta aT+\frac{\Delta b}{2}T^2+\frac{\Delta c}{3}T^3+\frac{\Delta c'}{T} \tag{5-15}$$

式中，$\Delta H_0$——积分常数，由已知温度下的反应焓求得。

表 5.2 列举了部分气化反应在不同温度下的热效应值。

**表 5.2 部分气化反应在不同温度下的热效应值**

| 温度 /K | $\Delta H_T$ /（kJ/mol） | | | | | | | |
|---|---|---|---|---|---|---|---|---|
| | $C+O_2 \rightarrow CO_2$ | $C+\frac{1}{2}O_2 \rightarrow CO$ | $C+CO_2 \rightarrow 2CO$ | $C+2H_2O \rightarrow CO+H_2O$ | $C+2H_2O \rightarrow CO_2+2H_2$ | $CO+H_2O \rightarrow CO_2+H_2$ | $C+2H_2 \rightarrow CH_4$ | $CO+3H_2 \rightarrow CH_4+H_2O$ |
| 0 | −393.5 | −113.9 | 165.7 | 125.2 | 84.7 | −40.4 | −67.0 | −192.1 |
| 298 | −393.8 | −110.6 | 172.6 | 131.4 | 90.2 | −41.2 | −74.9 | −206.3 |
| 400 | −393.9 | −110.2 | 173.5 | 132.8 | 92.2 | −40.7 | −78.0 | −214.7 |
| 500 | −394.0 | −110.1 | 173.8 | 133.9 | 94.0 | −39.9 | −80.8 | −214.7 |
| 600 | −394.1 | −110.3 | 173.6 | 134.7 | 95.8 | −38.9 | −83.3 | −218.0 |
| 700 | −394.3 | −110.6 | 173.1 | 135.2 | 97.3 | −37.9 | −85.5 | −220.7 |

续表

| 温度 /K | $\Delta H_T$ /（kJ/mol） | | | | | | | |
|---|---|---|---|---|---|---|---|---|
| | $C+O_2 \rightarrow CO_2$ | $C+\frac{1}{2}O_2 \rightarrow CO$ | $C+CO_2 \rightarrow 2CO$ | $C+2H_2O \rightarrow CO+H_2O$ | $C+2H_2O \rightarrow CO_2+2H_2$ | $CO+H_2O \rightarrow CO_2+H_2$ | $C+2H_2 \rightarrow CH_4$ | $CO+3H_2 \rightarrow CH_4+H_2O$ |
| 800 | −394.5 | −111.0 | 172.4 | 135.6 | 98.7 | −36.9 | −87.3 | −222.8 |
| 900 | −394.8 | −111.6 | 171.6 | 135.8 | 99.9 | −35.8 | −88.7 | −224.5 |
| 1 000 | −395.0 | −112.1 | 170.7 | 135.9 | 101.1 | −34.8 | −89.8 | −225.7 |
| 1 100 | −395.2 | −112.7 | 169.7 | 135.9 | 102.0 | −33.9 | −90.7 | −226.5 |
| 1 200 | −395.4 | −113.3 | 168.7 | 135.8 | 102.9 | −32.9 | −91.4 | −227.1 |
| 1 300 | −395.6 | −114.0 | 167.6 | 135.6 | 103.6 | −32.0 | −91.9 | −227.5 |
| 1 400 | −395.8 | −114.7 | 166.5 | 135.4 | 104.3 | −31.1 | −92.2 | −227.6 |
| 1 500 | −396.0 | −115.4 | 165.3 | 135.0 | 104.8 | −30.2 | −92.5 | −227.5 |
| 1 600 | −396.2 | −116.1 | 164.1 | 134.7 | 105.3 | −29.4 | −92.7 | −227.4 |
| 1 700 | −396.5 | −116.8 | 162.8 | 134.2 | 105.5 | −28.6 | −92.7 | −226.9 |
| 1 800 | −396.7 | −117.6 | 161.5 | 133.6 | 105.7 | −27.9 | −92.8 | −226.4 |

## 5.2.3　生物质气化剂的分类

按照气化剂的不同，生物质气化可以分为空气气化、氧气气化、水蒸气气化和复合式气化等 。

### 5.2.3.1　空气气化

空气气化是以空气作为气化剂的气化过程。空气中的氧与生物质中的可燃组分发生氧化反应，放出的热量为气化剂的其他过程（热分解与还原）提供所需的能量，整个气化过程是一个自供热系统而不需要外部热源。但由于空气中含有约 78% 的氮气，基本不参加气化反应，却稀释了生物质中可燃组分的含量，使生成气中的氮气含量高达 50%，因而降低了气体热值。空气气化的燃气热值在 5 MJ/$m^3$ 左右，属于低热值气体，作为燃气使用时输送效率较低，作为化工合成气的原料使用时需要进行处理。由于空气廉价且可以随处取得，空气气化过程不需要外供热源，所以空气气化是所有气化过程中最简单也是最容易实现的形式，这种气化技术应用较普遍。

### 5.2.3.2　氧气气化

氧气气化是指向生物质通入一定的氧气使之进行氧化还原反应，产生可燃气的气化过程。其过程原理与空气气化大致相同。由于不含氮气稀释剂，在与空气气化相同的当量比下，反应温度提高，反应速率加快，反应容积减小，热效率提高。氧气气化生成气中的主要成分为一氧化碳、氢气和甲烷等，热值与城市煤气相当，为 12~15 MJ/$m^3$，为中热值气体，既可以作为燃气使用，也可以作为化工合成气的原料。但是制备氧气需要消耗大量能量，使气化成本提高，在生产燃气时较少采用。

#### 5.2.3.3 水蒸气气化

水蒸气气化是指水蒸气在高温下与生物质发生反应，它不仅包括水蒸气和碳的反应，还有一氧化碳和水蒸气的变换反应和甲烷化反应等。其主要气化反应是吸热反应过程，因此，水蒸气气化的热源来自外加热源及蒸汽本身热源。水蒸气气化一般不单独使用，而是与氧气（或富氧空气）气化联合使用，否则仅由水蒸气本身提供的热量难以为气化反应提供足够的热源。典型的水蒸气气化生产气的组分（体积分数）为：$H_2$ 20%~26%、CO 28%~42%、$CO_2$ 16%~23%、$CH_4$ 10%~20%、$C_2H_2$ 2%~4%、$C_2H_6$ 1%、$C_nH_m$ 2%~3%。由于氢气和烷烃含量较高，故生成气的热值可以达到 11~19 MJ/$m^3$，属于中热值气体，既可以用作燃气，也可用作化工合成气的原料。由于系统中需要蒸汽发生器和过热设备，还需要外供热源，因此，系统独立性差，技术较复杂，而且运行成本高。

#### 5.2.3.4 复合式气化

复合式气化是指同时或交替使用两种或两种以上气化剂对生物质进行气化，如富氧空气－水蒸气气化和氧气－水蒸气气化等。从理论上分析，氧气－水蒸气气化比单独用空气或用水蒸气气化都优越。一方面，它是自供热系统，不需要复杂昂贵的外供热源；另一方面，气化所需的一部分氧气可由水蒸气裂解提供，减少了外供氧气的消耗量，并生成更多的氢气及碳氢化合物，特别是在催化剂存在的条件下，一氧化碳可以与氢气反应生产甲烷，降低了气体中的一氧化碳含量，使得该气体燃料更适于用作城乡居民的生活燃气。典型情况下，氧气－水蒸气气化的气体组分（体积分数）为 $H_2$ 32%、$CO_2$ 30%、CO 28%、$CH_4$ 7.5%、$C_nH_m$ 2.5%；气体的热值为 11~12 MJ/$m^3$，属于中热值气体，既可用作燃气，也可用作化工合成气的原料。

表 5.3 所示为不同气化技术的气化特性。

**表 5.3 不同气化技术的气化特性**

| 气化装置类型 | 空气气化炉 | 氧气气化炉 | 水蒸气气化炉 |
|---|---|---|---|
| 气化剂 | 空气 | 氧气 | 水蒸气 |
| 热值 /（MJ/$m^3$） | 5 | 12~15 | 11~19 |
| 用途 | 锅炉、干燥、动力 | 区域管网、合成燃料、氨 | 区域管网、合成燃料、氨 |

### 5.2.4　生物质气化过程的评价指标

气化过程的评价指标主要包括气化剂的比消耗量、燃气产率、燃气质量、气化强度、气化效率等。

#### 5.2.4.1　气化剂比消耗量

气化剂比消耗量指气化 1 kg 原料所消耗的空气、氧气或水蒸气等气化剂的量。为了对比各自气化方法，也可采用生产 1 $Nm^3$ 生物质燃气或纯 $CO+H_2$ 所消耗的气化剂量为基准。

气化比消耗量的主要影响因素包括原料的性质和气化反应的操作条件。一般来说，原料中的碳含量越高，所需气化剂量越大；原料的水分含量、灰分含量越高，则比消耗量越低。比消耗量还与气化反应的操作条件有关。如采用水蒸气气化，水蒸气除满足气化反应的需要外，还被用于降低氧化区的温度，以将氧化区域的温度控制在灰熔点以下，避免结渣的发生。

气化过程中与气化剂比消耗量相关的一个重要的控制参数为当量比，当量比是指气化单位质量的原料所需消耗的空气（氧气）量与其完全燃烧所需的理论空气（氧气）当量比。随着当量比增大，气化过程中参与燃烧反应的原料量增加，反应温度升高，一方面有利于气化反应的进行，另一方面燃气中的 $CO_2$ 比例增加，燃气质量下降。因此存在最佳的当量比，其范围在 0.2~0.28 之间。

#### 5.2.4.2　燃气产率

燃气产率 $G_p$ 是指单位质量的原料气化后所获得的气体燃料在标准状态下的体积，即

$$G_p = \frac{V_g}{m_b} \tag{5-16}$$

式中，$m_b$——气化生物质的质量，kg；

$V_g$——气化气体在标准状态下的体积，$m^3$。

#### 5.2.4.3　燃气质量

燃气质量主要衡量指标是其组成和热值。生物质气化生成气可以分为两部分：一部分是可燃气体，它们是 CO、$H_2$、$CH_4$ 和 $C_nH_m$；另一部分是不可燃气体，它们是 $CO_2$、$N_2$ 和 $O_2$。可燃气体所占的比例越大，气化气体的热值就越高，但可燃气体中的一氧化碳含量又不能随意增加，因为一氧化碳具有毒性。此外，为了保证燃气储存和输送安全，生物质气化生成气中的氧气含量也应受到限制。高质量燃气中 CO、$H_2$、$CH_4$、$C_nH_m$ 等可燃组分含量高，燃气热值也高。燃气的热值可用以下公式简化计算：

$$Q_g = 126\varphi CO + 108\varphi H_2 + 359\varphi CH_4 + 665\varphi C_nH_m \tag{5-17}$$

式中，$Q_g$ 为燃气低位热值（KJ/Nm³），φCO、φ$H_2$、φ$CH_4$、φ$C_nH_m$ 分别代表燃气中各种可燃气体的体积分数。农业农村部《生物质气化集中供气站建设标准》（NY/T 3337—2018）规定，标准状态下的燃气低位热值应大于 4 600 kJ/m³；一氧化碳和氧含量应分别小于 20% 和 1%。

燃气质量主要受原料物理化学性质、气化过程操作条件及气化炉结构的影响。

（1）原料物理化学性质的影响。

1）挥发分的影响。通常原料挥发分含量越高，气化产生的燃气热值越高。但燃气热值与挥发分含量不成比例，主要是由于挥发分凝结成液体的焦油会带走一部分热量。

2）水分的影响。原料中水分过高时，多余的水分在气化和燃烧过程中需要消耗一部分能量生成水蒸气，因此会导致燃气热值下降。此外，水分含量高会降低氧化区的温度，从而导致热解区产生的碳氢化合物裂解不完全，一部分冷凝为焦油而带走热量。

3）灰分的影响。生物质气化过程中，当氧化区温度超过灰熔点后，会导致结渣现象。结渣是生物质气化所面临的一个问题，尤其是灰分中碱金属氧化物含量最高的原料，碱金属氧化物会产生低熔点共融混合物。因此，对于灰分中碱金属氧化物含量高的原料，气化工作中，氧化区的温度需控制在灰熔点之下，而温度的降低，必然会影响燃气的成分及热值。

4）原料的粒度和粒径分布的影响。原料的粒径越小，比表面积越大，在相同的反应条件下，气化反应进行得越彻底，燃气质量越高。但原料粒径太小会增加气流阻力，使带出物损失增加，因此粒径也不宜过小。如果粒径分布均匀，则有利于气化剂的均匀分布，燃气质量高；如果粒径分布不均匀，会使气化炉炉膛界面上各处气流阻力不均匀，会造成气化剂分布不均匀，从而导致局部强烈燃烧，会出现过热现象，进而造成烧结形成“架空”现象。严重时，气化层可能会超过原料层，出现“烧穿”现象，使部分气化剂由“烧穿区”进入上部空间，烧掉部分燃气，造成燃气质量的降低。因而，原料粒径尽可能均匀，最大和最小粒径之比不超过 8。

（2）操作条件的影响。影响燃气质量的存在条件主要有气化温度、鼓风量、鼓风速度等。在生物质气化过程中，温度不仅会影响燃气质量，也会对燃气产率造成影响。提高气化温度可提高燃气中 CO 和 $H_2$ 的量，同时 $CH_4$ 的含量减少，进而影响燃气热值。温度对燃气质量的影响程度因气化条件的不同而改变，没有统一结论。鼓风量和鼓风速度都会对燃气质量造成影响，如采用空气气化工艺时，若鼓风量超出正常气化的需要，会增加燃气中 $N_2$ 和 $CO_2$ 含量，使燃气质量下降；若鼓风线速度过大，会缩短气固两相接触的时间，从而影响气化反应的程度，使燃气可燃组分减少，热值降低。

#### 5.2.4.4 气化强度

气化强度 $P$ 是指在单位气化炉横截面积上单位时间内气化的生物质原料的能力，

其值等于生物质进料速率除以气化炉横截面积，表示方法如下：

$$P = \frac{W_b}{A} \tag{5-18}$$

式中，$W_b$——生物质原料进料速率，kg/h；

$A$——气化炉炉膛横截面积，$m^2$。

气化强度越大，气化炉的生产能力越强。气化强度与燃气性质、气化剂供给量、气化炉结构等均有关系。对灰分含量高的原料，其有机组分含量少，要维持一定的生产能力，通常气化强度偏高。气化炉中的主要气化反应为碳与二氧化碳及水蒸气之间的反应。根据操作条件的不同，气化反应可处于化学反应控制区或外扩散区。当气化反应处于化学反应控制区时，气化反应速度随气化温度的增加而增大；继续升高温度，则气化反应由化学反应控制转变为扩散控制，扩散控制区气化反应速率随鼓风速度的增大而增大，是强化气化过程的必要条件，但气化温度不宜过高，超过生物质灰熔点会造成结渣等问题。提高鼓风速度虽然可以增加气化强度，但会受到一些限制，如鼓风速度过高，会增加带出物损失，导致气化炉料层不稳定，气固两相接触时间缩短，气化反应不完全等。此外，气化强度只有在相同炉型比较时才有意义，因为炉膛形状不同，截面积定义可能不同。

#### 5.2.4.5　气化效率

气化效率 $\eta$ 是指单位质量的生物质原料气化后产生的燃气热值与气化前生物质原料的热值之比，是衡量气化炉工作性能好坏的重要指标。

$$\eta = \frac{Q_g \cdot G_p}{Q_b} \times 100\% \tag{5-19}$$

式中，$Q_b$——原料的热值，kJ/kg；

$Q_g$——气化气体的热值，kJ/$Nm^3$；

$G_p$——气化气体的产率，$Nm^3$/kg。

农业农村部《生物质气化集中供气站建设标准》（NY/T 3337—2018）规定，生物质气化效率应大于70%。

#### 5.2.4.6　碳转化率

碳转化率 $\eta_C$ 为单位质量的生物质原料气化后，气化气体含碳量与原料中含碳量之比。它是衡量气化效果的指标之一。采用空气为气化剂时，假设生物质气化气体由 $CO$、$CO_2$、$H_2$、$CH_4$、$C_nH_m$、$N_2$ 及少量的 $O_2$ 组成，则可按照下式进行计算：

$$\eta_C = \frac{\varphi(CO) + 12\varphi(CO_2) + o(CH_4) + 2.5\varphi(C_nH_m)}{22.4 \times (298/273)\, w(c)} \cdot G_p \tag{5-20}$$

式中，$\eta_C$——碳转化率，%；

$G_p$——气体产率（标准状态），$m^3/kg$；

$w$（c）——生物质原料中碳的含量，%；

φ（CO）、φ（$CO_2$）、φ（$CH_4$）、φ（$C_nH_m$）——分别代表相应的气体在气化气体中的体积分数，%。

#### 5.2.4.7 焦油含量

焦油是生物质气化的一种必然产物，但其副作用是多方面的，如对气化设备的正常运行和使用寿命带来不利影响，如果处理措施不当还会造成一定的二次污染。NY/T 3337—2018 规定，经水洗净化后的生物质燃气，在标准状态下，其焦油和灰尘的含量应小于 15 $mg/m^3$，且水洗净化产生的污水应采取相应的处理措施，处理后的污水必须达到国家允许的排放标准。

### 5.2.5 生物质气化过程的影响因素

#### 5.2.5.1 气化炉

固定床气化炉结构简单，制作方便，具有较高的热效率，适合块状大颗粒原料。但内部过程难以控制，物料容易搭桥形成空腔，且处理量小，处理强度低。流化床气化炉的原料适应性广，适合水分含量高、热值低、着火困难的细颗粒原料，利用效率高，处理量大，处理强度高。流化床气化炉还具有气固接触充分、混合均匀的优点，反应温度区间一般为 700~850 ℃。

#### 5.2.5.2 气化原料性质

原料的粒径、比表面积、水分含量等对气化过程均具有很大影响。原料粒径越小，比表面积越大，气化反应进行越激烈、越完全。原料粒径越小，其热阻越小，气化炉内颗粒温度分布越均匀，气化效果越好。水分的影响主要分为两个方面：一方面水蒸气作为气化剂参与气化反应，与碳反应生产 $H_2$ 和 $CO_2$；另一方面水蒸气可消耗气化反应过程中燃烧释放的热量，调节气化炉内的反应温度。

#### 5.2.5.3 气化温度

温度是影响气化反应速率、气化产品组成和性质最重要的因素之一。温度升高，气化反应速率提高，气化炉的处理量提高。此外，高温条件下，焦油的裂解增强，从而减少了焦油含量，提高了气体产率。提高反应温度有利于制取富含 $H_2$ 和 CO 的气体。

#### 5.2.5.4 气化压力

目前，国际上的大型生物质气化发电项目采用的都是加压气化流化床气化技术。提高气化压力在提高产能的同时可减少气化炉的体积，后续处理设备的体积也可减少；另外，加压气化产生的合成气可直接参与后续重整和变换反应，从而节约了压缩功。然而加压气化有其缺点，气化压力提高会导致 $CH_4$ 含量升高，增加了后续重整的难度。

#### 5.2.5.5　气化剂

气化剂对气化反应产品气体的组成具有重要影响。空气是最廉价的气化剂，但是空气中含有大量的氮气，稀释了燃气，降低了燃气热值。空气气化产生的燃气热值一般在 5~6 MJ/m$^3$，属于低热值燃气，不适宜长距离输送和大量储存。氧气做气化介质时，CO 的含量要高于空气做气化剂时 CO 的含量，同时 $CO_2$ 的含量增加，燃气热值可达 10~12 MJ/m$^3$，为中热值气体。氧气气化产生的燃气体积小，系统效率高，但氧气制备需要消耗大量能量，使气化成本提高，生成燃料气时较少采用，主要用于生成合成气。当气化剂为氧气时，CO、$CH_4$、$H_2$ 的含量比氧气作为气化介质时高很多，主要是由于发生了水煤气变换反应，产生的气体中氢气含量高，燃气质量好，热值可达 17~21 MJ/m$^3$，但系统中需要增加蒸气发生器和过热设备，还需外供热源，技术较为复杂，运行成本高。以空气（氧气）和水蒸气同时作为气化剂比单独使用空气或水蒸气作为气化剂优越，其为自供热系统，无需外部供热，可生成更多的氢气和烃类化合物，获得的燃气热值在 10 MJ/m$^3$ 以上，可用作化工合成气。氢气作为气化剂时，主要反应是在高温高压下氢气与碳和水蒸气生成甲烷的过程，所得燃气热值较高，可达 22.3~26 MJ/m$^3$，但由于反应条件苛刻，因此工程应用较少。

## 5.3　生物质气化炉的种类及其特点

我国生物质气化技术的研究始于 20 世纪 70 年代，经过多年研究已经取得了一定的成果。尤其是循环流化床气化发电系统，由于该系统具有比较好的经济性，在我国推广很快，已经成为国际上应用最多的中型生物质气化发电系统。

气化炉是生物质气化系统中的核心设备，生物质在气化炉内进行气化反应，生产可燃气。其结构和工作原理决定了气化质量及效率的高低。生物质气化炉按照气化炉结构的不同主要分为固定床气化炉和流化床气化炉两大类，根据气流方向和流化形式的不同，固定床和流化床还可以分为多种形式，具体如图 5.3 所示。

### 5.3.1　固定床气化炉

固定床气化炉是指以恒定高度保持在两个固定界面之间，由颗粒或块状燃料组成床层的气化炉。固定床气化炉有一个容纳燃料的炉膛和一个承托燃料层的炉排。燃料由顶层进入床层，依靠自身重力向下移动，以取代在气化中消耗的燃料，气化介质穿过颗粒间的空隙，与燃料表面接触而发生反应，相对于气体流动速率，燃料层的下移速度很慢，因此称为固定床气化炉。

固定床气化炉的最大优点是热效率高、制造简便、成本低、运动部件少和操作简

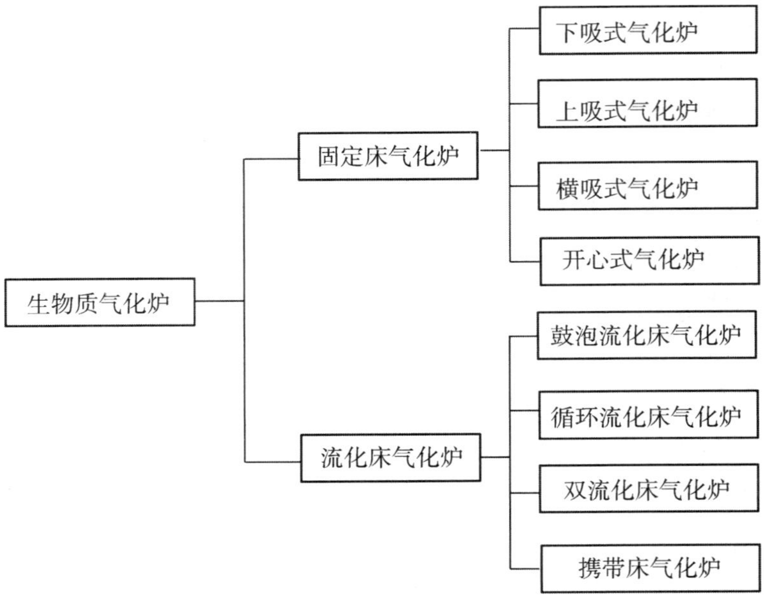


**图 5.3　生物质气化炉的分类**

单等，缺点是气化过程难以控制，物料在炉内容易搭桥并形成空腔，且单机最大气化能力和气化强度相对较低，分别约为 400 kg/h 和 200 kg/（$m^2$・h）。

固定床气化炉中，物料基本上按层次进行气化反应。根据气流在气化炉内的流动方向，固定床气化炉又可以分为下吸式、上吸式、横吸式和开心式等多种炉型。图 5.4 所示是下吸式固定床气化炉、上吸式固定床气化炉、横吸式固定床气化炉和开心式固定床气化炉的结构。

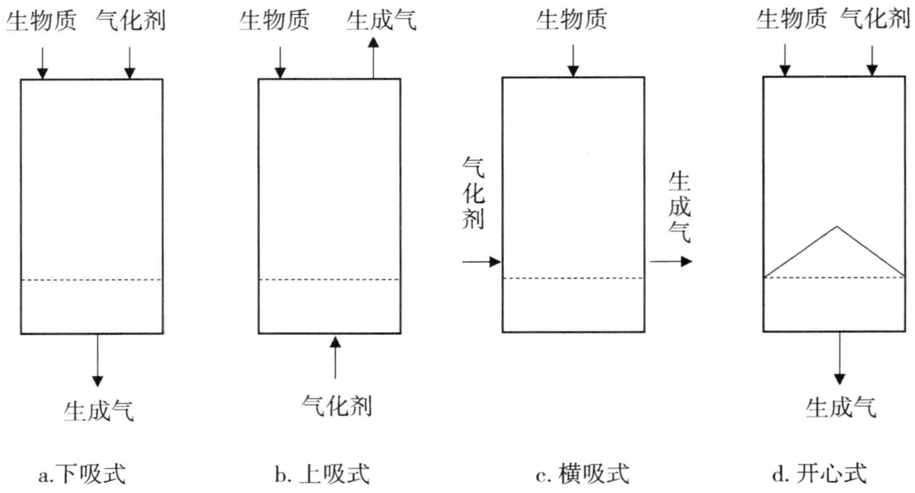


**图 5.4　固定床气化炉**

#### 5.3.1.1　下吸式气化炉

下吸式气化炉的工作过程是：原料从顶部加入，然后依靠重力逐渐由顶部移动到底部；空气从上部进入，向下经过各反应层，燃气由反应层下部洗出，灰渣从底部排出。由于原料移动方向与气体流动方向相同，所以也叫顺流式气化。刚进入气化炉的原料遇到下方上升的热气流，首先脱除水分，下移过程中当温度升高到 200~250 ℃发生热解并析出挥发分，挥发分随之与空气一起向下流动；当进入氧化区时，挥发分和一部分生物质焦炭与空气中的氧气发生不完全氧化反应，并使炉内局部温度迅速升至 1 000 ℃以上；在氧气耗尽后的还原区，剩余焦炭与气体中的二氧化碳和水蒸气发生还原反应而生成一氧化碳、氢气和甲烷等可燃气体；最后，这些混合气体由气化炉下部引至炉外。

#### 5.3.1.2　上吸式气化炉

上吸式气化炉的工作过程是：原料从顶部进入，然后依靠重力逐渐由顶部移动到底部；空气从下部进入，向上经过各反应层，燃气从上部排出；灰渣从底部排出。由于原料移动方向与气体流动方向相反，所以也叫逆流式气化。当进入气化炉的原料遇到下方上升的热气流，首先脱出水分，当温度升高到 200~250 ℃时发生热解反应，析出挥发分和一部分生物质焦炭与空气中的氧气发生不完全氧化反应，使炉内局部温度升至 1 000 ℃，剩余高温炽热的焦炭再与气体中的二氧化碳和水蒸气发生还原反应而生成一氧化碳、氢气和甲烷等可燃气体；最后，这些气体与热解层析出的挥发分混合，由气化炉上部引至炉外。

#### 5.3.1.3　横吸式气化炉

横吸式气化炉的原料从气化炉顶部加入，灰分落入下部的灰室。横吸式固定床气化炉的不同之处在于它的气化剂由气化炉的侧向提供，产出气体从对侧流出，气流横向通过氧化区,在氧化区及还原区进行热化学反应。反应过程同其他固定床气化炉相同，但是反应温度很高，容易使灰融化，造成结渣，所以该类型气化炉一般用于灰含量很低的物料。

#### 5.3.1.4　开心式气化炉

开心式气化炉的结构和气化原理与下吸式气化炉类似，可以将其视为下吸式气化炉的一种特别形式。它以转动炉栅代替了高温喉管区，主要反应在炉栅上部的气化区进行。该炉结构简单,氧化还原区小,反应温度较低。开心式固定床气化炉由我国研制，主要用于稻壳气化，并投入商业运行多年。

### 5.3.2　流化床气化炉

流化态是气体以一定速率通过颗粒层，使颗粒物料悬浮起来并保持连续随机运动的状态。流化床的特征是气固之间有很高的传热速率和传质速率，固体颗粒在床层中的混合接近于理想混合反应器中的状态，可以获得均匀的固体组成和温度。在流化床气化炉中，一般采用沙子作为流化介质和热载体（也可不用），向上流动的气流使沙子像液体沸腾一样漂浮起来。所以，流化床气化炉具有产热效率高的优点，气化强度为固定床气化炉的 2~3 倍，反应温度一般在 750~900 ℃，其气化反应和焦油裂解均在床内进行，原料适用性广，可大规模应用。流化床气化炉对燃料颗粒度和粒径分布有一定要求，同时要求燃料水分在 15% 以下。床料的任何结渣现象都会破坏流化状态，因而限制了最高床层温度，一般在 800 ℃以下。

根据结构不同，流化床气化炉进一步可分为鼓泡流化床、循环流化床、双流化床和携带床气化炉等多种炉型。

#### 5.3.2.1 鼓泡流化床气化炉

鼓泡流化床气化炉采用较低的流化速率，反应器一般可分为上下两段。床层下部有一个明显的密相区，较大颗粒燃料在这里呈现一种沸腾状态，与气化剂之间由很高的相对速率。床层上部是稀相区，在密相区与相互碰撞粉碎了的细颗粒继续反应，部分颗粒通过旋风分离器，炭颗粒被分离下来返回流化床中继续反应，部分细颗粒会被气流带走。如图 5.5 所示，气化剂从底部经由气体分布板进入流化床反应器，生物质原料从分布板上方进入流化床反应器。生物质原料与气化剂一边向上做混合运动，一边发生干燥、热解氧化和还原等反应，这些反应主要发生在密相段，反应温度一般控制在 800 ℃左右。稀相段的作用主要是降低气体流速，使没有转化完全的生物质焦炭不致被气流迅速带出反应器，而是继续留在稀相段发生气化反应。

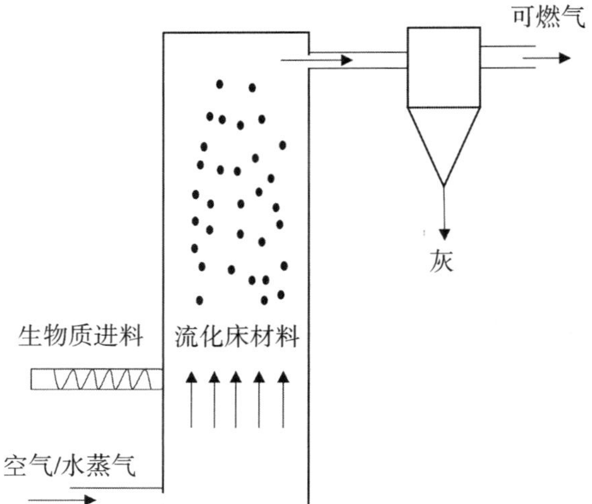


图 5.5　鼓泡流化床气化炉

与固定床气化相比，流化床气化炉的优点主要有：①由于生物质物理粒度较细和剧烈的气固混合流动，床层传热传质效果较好，因而气化效率和气化强度都比较高。②由于液态化的操作范围较宽，故流化床气化能力可在较大范围内进行调节，而气化效果和气化效率不会明显降低。③由于床层不是很高且比较均匀，因而灰分熔融结渣的可能性减弱。

与固定床气化相比，流化床气化的缺点主要有：①由于气体出口温度较高，故产出的气体的显热损失较大。②由于流化床速度较高，物料颗粒又细，故产出气体中的固体带出物较多。③流化床要求床内物料、压降和温度等分布均匀，故而启动和控制较为复杂。④对于鼓泡床气化，最好在床层内添加一些热容量比较大的惰性热载体，否则气化效率和气化强度都难以令人满意。

5.3.2.2　循环流化床气化炉

循环流化床气化炉的工作原理如图 5.6 所示。它与鼓泡流化床气化炉相比，主要区别是生成气中的炭颗粒在经过分离器后再返回到流化床，继续进行气化反应，循环倍率常达 10~20 倍。循环流化床气化炉的气化效率高于鼓泡流化床气化炉。

与鼓泡流化床气化炉相比，循环流化床气化炉的优点主要有：操作气速明显提高而不必担心炭的转化率，故气化效率尤其是气化强度可以得到进一步提高；可以适用更小的物料粒径，在大部分情况下可以不加流化热载体，运行较为简单。其缺点主要是回流系统控制较难，料脚容易发生下料困难，且在炭回流较少的情况下容易变成低

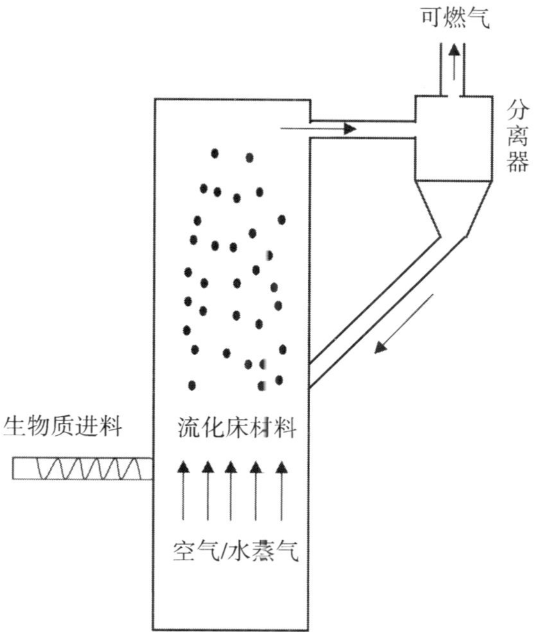


图 5.6　循环流化床气化炉

速携带床。

#### 5.3.2.3 双流化床气化炉

双流化床气化炉如图 5.7 所示，采用两个流化床，一个是气化炉，另一个是燃烧炉。生物燃料加入以热沙子为床料的气化炉，被水蒸气流化，进行热解和部分气化反应，气体产物携带残炭和沙子在旋风分离器中分离。分离后的残炭和沙子在燃烧炉中与空气发生燃烧，将沙子加热，烟气携带沙子再经旋风分离器分离后，热沙子返回气化炉。这种方法在用空气鼓风燃烧的条件下，获得了含氮量低的高品质燃气。双流化床气化炉炭转化率也较高。

双流化床系统是鼓泡床和循环流化床的结合，它把燃烧和气化过程分开，燃烧床采用鼓泡床，气化床采用循环流化床，两床之间靠热载体即流化介质进行传热，所以控制好载体的循环速度和加热温度是双流化床气化炉应用最关键也是最难的技术。

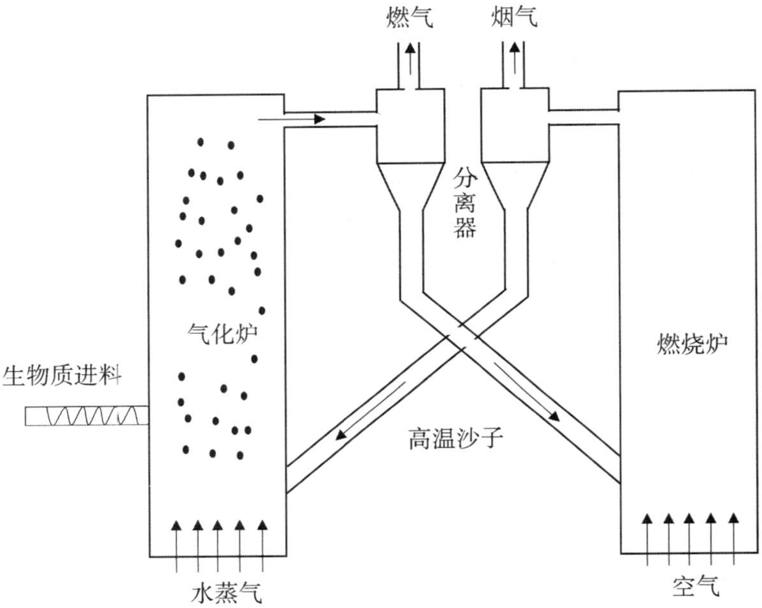


图 5.7　双流化床气化炉

#### 5.3.2.4 携带床气化炉

携带床气化炉不适用惰性材料作为流化介质，气化剂直接吹动炉内生物质原料，且流速较大，为紊流床。该气化炉要求原料破碎成非常细小的颗粒，运行温度高，可达 1 100 ℃，产出气体中焦油及冷凝成分少。携带床气化炉由于炭转化率高和焦油产率低，一直是煤、石油焦和炼油厂残渣气化的首选设备。这种气化炉并不需要惰性的床料，但是要求在高速率下顺流喂料与氧化剂达到气动输送规则。携带床气化炉在

1 200~1 500 ℃下运行，能够转化焦油和甲烷，获得更高品质的合成气，但是这需要在喂料前将原料粉碎成 50 μm 左右的颗粒，对生物质原料而言成本较高。

不同类型的气化炉对原料的种类、尺寸、湿度及灰分及气化剂的要求也不相同，表 5.4 列出各种类型气化炉对原料和气化剂的要求。无论是固定床气化炉还是流化床气化炉，在设计和运行中都有不同的要求和条件，了解不同类型气化炉的各自特性，对正确合理设计和使用生物质气化炉至关重要。

**表 5.4　各种类型气化炉对原料和气化剂的要求**

<table>
<tr><th>气化炉类型</th><th>原料种类</th><th>尺寸 /mm</th><th>湿度 /%</th><th>灰分 /%</th><th>气化剂类型</th></tr>
<tr><td>下吸式固定床</td><td>秸秆、废木</td><td>5~100</td><td>＜30</td><td>＜25</td><td>空气、氧气</td></tr>
<tr><td>上吸式固定床</td><td>秸秆、废木</td><td>20~100</td><td>＜25</td><td>＜6</td><td>空气、氧气</td></tr>
<tr><td>横吸式固定床</td><td>木炭</td><td>40~80</td><td>＜7</td><td>＜6</td><td>空气、氧气</td></tr>
<tr><td>开心式固定床</td><td>稻壳</td><td>1~3</td><td>＜12</td><td>＜6</td><td>空气</td></tr>
<tr><td>鼓泡流化床</td><td rowspan="4">秸秆、木屑、稻壳</td><td rowspan="4">＜10</td><td rowspan="4">＜20</td><td rowspan="4">＜20</td><td>空气、氧气、水蒸气</td></tr>
<tr><td>双流化床</td><td>空气、水蒸气</td></tr>
<tr><td>循环流化床</td><td>氧气</td></tr>
<tr><td>携带床</td><td>氧气</td></tr>
</table>

## 5.4　生物质燃气的净化

### 5.4.1　燃气净化的必要性

生物质气化炉产生的可燃气，含有各种焦油、颗粒、氯化物等，不能通过管道进行输送，直接用于锅炉或燃气轮机。燃气中含有的杂质主要分为固体杂质、液体杂质和少量的微量元素。其中，固体杂质主要是指灰分和细微的炭颗粒组成的混合物。根据所用原料的不同，灰粒的数量和大小各异。当使用木炭或木材时，原料中含灰量少，而且木炭的结构比较强，所以只有在气化的最后阶段，才出现被燃气携带的细小炭粒。液体杂质主要是指常温下能凝结的焦油和水。由于水具有很好的流动性，清除容易，但焦油冷凝后形成黏稠的液体，容易黏附于物体表面，难以清理。焦油的成分非常复杂，主要包括酚、萘、苯和苯乙烯等，气化方式和原料不同对其含量影响不大。焦油组分多、含量少，难以提纯，同时会和水、灰结合，沉淀于气化设备、管道、阀门、燃气设备等，影响系统运行。

焦油主要会造成以下几方面危害：

（1）焦油占秸秆总能量的 5% 左右，在低温下难以同秸秆一起被燃烧利用，民用时大部分被浪费。

（2）焦油在低温下凝结，容易和水、炭颗粒等杂质结合在一起，堵塞输气管道，卡死阀门，抽气转子，腐蚀金属。

（3）焦油难以完全燃烧，产生炭黑颗粒，对燃气利用设备如内燃机、燃气轮机等损害相对严重。

（4）焦油及其燃烧后产生的物质对人体有害。

因此，在燃气后续利用之前，对其进行净化处理，是必不可少的一个环节。燃气净化的一般流程为：首先燃气温度降低前脱除其炭和灰尘等固体杂质，然后逐步脱除焦油和水分，最终得到洁净度较高的可利用燃气。

### 5.4.2 燃气的净化方法与设备

可燃气由于含有固体颗粒及液体杂质，因此在净化过程中通常采用几种净化方法组合的方式。

#### 5.4.2.1 除尘

可燃气除尘主要是除去残留在燃气中的灰及微细炭颗粒，通常采用干式除尘和湿式除尘。

（1）干式除尘。干式除尘是指从生物质燃气中分离尘粉，保持气体原有温度，且不与其他物质混合，又可分为机械除尘和过滤除尘。

机械除尘利用尘粉的惯性，使颗粒从气流中分离出来。其除尘效果同气流的速度密切相关，气流速度越高分离效果越好，分离的粒径越小，机械除尘分离的尘粉最小粒径为 5 μm。其中，旋风分离器和惯性除尘器是常用的两种除尘设备。旋风除尘器是应用最广泛也是最有效的除尘设备。生物质气化系统中主要采用切流式旋风分离除尘器。

过滤除尘是利用多孔材料从气体中除去分散的固体颗粒。过滤时由于惯性的碰撞、拦截、扩散及静电、重力作用，使悬浮于气体中的固体颗粒沉积于多孔体表面或容纳于孔中，过滤除尘可将 0.1~1 μm 微粒有效捕集下来，是各种分离方法中分离效率最高而且最稳定的一种。缺点是滤速不能提高，设备庞大，排料清灰也不容易处理。过滤器一般用于末级分离，常见的过滤除尘设备是颗粒层过滤器和袋式过滤器。在生物质气化系统中常采用颗粒状的稻壳、木屑等生物质作过滤材料。该方法适用性广，处理气体量、气体温度和入口含尘浓度等的波动对效率影响不敏感，滤材来源广、价格便宜。

但是焦油和水汽的冷凝会很快堵塞过滤材料，因此需提高过滤系统温度，同时需选用 300 ℃以上玻璃纤维材质作为过滤袋。由于袋式除尘器对焦油和水汽较为敏感，因此袋式除尘器在生物质气化中较少应用。

（2）湿式除尘。湿式除尘一般利用液体（如水）捕集，将气体中的杂质捕集下来。其原理是当气流穿过液层，液膜形成液滴时，其中的颗粒就黏附在液体上而被分离下来。湿式除尘的关键在于气液两者的成分接触，其方法有很多，可以使液体雾化成细小的液滴，可以将气体鼓泡进入液体，可以使气体与很薄的液膜接触，还可以是几种方法综合使用。常用的湿式除尘设备有喷淋塔、文丘里洗涤器、冲击式分离器等。

1）喷淋塔。喷淋塔是生物质气化中最常用也是最重要的设备，因为喷淋塔是多功能的，被冷却的气体与喷淋水相对流动，含杂质气体在由下至上流动过程中，经过一排排向下的喷淋的液滴可以捕捉气体中的杂质，并冷却气体，从而达到除尘目的。一般喷淋塔处理 1 $m^3$ 的气体所需要的液体为 66~266 g。塔内气体流速一般为 0.6~1.2 m/s，气体在塔内滞留时间为 20~30 s，气体压降可在 200 Pa 左右，可捕集大于 5 μm 的颗粒，但效率不高。实际应用过程中，喷淋塔与填料冷却管组合使用，增强了喷淋塔的功能和除尘冷却效率，达到高效净化生物质燃气的目的。喷淋塔在生物质气化系统中可以除去气体中的灰分、炭颗粒、焦油，并冷却燃气。

2）文丘里洗涤器。当含尘气体通过文丘里管时，利用文丘里管的缩径，使气体流速增加。高压降文丘里管可以清除粒径小于 1 μm 的微小颗粒，但很难处理黏性粉尘。一般情况下，气体经过文丘里管加速后，流速应控制在 60~120 m/s。

3）冲击式分离器。又称为水浴分离器，其结构简单，主要由外壳、喷管和挡水板组成。分离器下部保持相对静止的水位，燃气以较大的流速通过喷嘴，产生冲击后折返向上。燃气中的固体和液体杂质一部分由于惯性的作用进入水层，另一部分与冲击溅起的水滴和气泡组合，进一步得到分离。挡水板的作用，是从气体中分离水滴和气泡。根据燃气净化的要求，可以选择将喷嘴的端部布置在水面以上或插入水中。冲击式分离器的优点是耗水少，远低于其他湿式净化设备，因此降低了污水处理的负荷。实际上，生物质燃气中的水分冷凝后足以补充耗水，但要采取措施，保持水层温度不变及燃气中的水分凝结。

#### 5.4.2.2　脱除焦油

生物质气化的目标是得到尽可能多的可燃气产物，但焦炭和焦油都是不可避免的副产物。其中焦油在高温时呈气态，与可燃气完全混合，而在低温时（一般低于 200 ℃）凝结为液体，所以其分离和处理更为困难。特别是在燃气需要降温利用的情况下（用于内燃机发电或家庭燃气灶），问题尤为突出。焦油的存在对气化有多方面不利的影响，首先，它降低了气化效率，气化中焦油产物的能量一般占总能量的 5%~15%，这部分能量在低温时难以与可燃气一起被利用，绝大部分被浪费；其次，焦油在低温时凝结为液态，容易与水、焦炭颗粒等结合在一起，堵塞管道，使设备运行困难；再次，凝结为细小液滴的焦油比气体难燃尽，在燃烧时容易产生炭黑颗粒。

以目前的除焦技术来看，水洗除焦法存在能量浪费和二次污染现象，净化效果只能勉强达到内燃机的要求；热解法在 1 100 ℃以上能达到较高的转化效率，但实际应用中较为困难；催化裂解法可将焦油转化为燃气，既提高了系统能源利用率，又彻底减少二次污染，是最有发展前途的技术之一。

（1）过程控制法。针对气化过程产生的焦油，采取措施把它转化为可燃气，既提高了气化效率，又减低了焦油的含量，对发展和推广生物质气化发电技术具有决定性的意义。焦油的含量取决于转化温度和气相停留时间，与加热速率也密切相关。对一般生物质而言，在 500 ℃左右时焦油产物最多，高于或低于此温度焦油均相应减少。在同一温度下，气相停留时间越长意味着焦油裂解越充分。所以随着气相停留时间的增加，焦油产量会相应地减少。焦油成分非常复杂，种类有 100 多种，其主要成分有 20 多种。大部分是苯的衍生物及多环芳烃，其中含量大于 5% 的有 7 种，它们是苯萘、甲苯、二甲苯、苯乙烯、酚和茚，其他成分含量很少。在高温下它们会继续发生分解，所以随着温度的升高，焦油中成分种类越来越少。因此在不同条件下（温度、停留时间、加热速率），焦油的数量和各种成分的含量都是变化的。根据这些特点，应在气化过程中尽可能提高温度和气相停留时间，减少焦油的产量和种类，以达到在气化时控制焦油的产生，减少气体净化的难度。

（2）水洗法。水洗法是利用水将生物质燃气中的焦油带走，如果在水中加入一定量的碱，除焦油效果有所提高。水洗法又分为喷淋法和吹泡法。水洗除焦是比较成熟的，是中小型气化发电系统采用比较多的技术之一。它的优点是同时有除焦、除尘和降温三种效果。焦油水洗设备的原理和设计与化工过程中的湍流塔一样，它的技术关键是选用合适的气流速度、合适的填料和合理的喷水量与喷水方式。焦油水洗技术的主要缺点是有污水产生，必须配套相应的废水处理装置。

（3）过滤法。过滤法除焦油是将吸附性强的材料（如活性炭和粉碎的玉米芯等）装在容器中，让可燃气穿过吸附材料，或让可燃气穿过滤纸或陶瓷芯过滤器，把可燃气中的焦油过滤出来。水洗法和过滤法除焦油又分别称为湿法除焦油和干法除焦油。焦油低温过滤只能应用于小型的气化发电系统，因为过滤材料阻力大，容易造成堵塞。对几十千瓦以上的气化发电系统，焦油过滤必须采用切换工艺（同时设计两套过滤设备）。低温过滤的优点是具有除尘和除焦两个功能，除焦效率也很高。低温过滤的设计关键是阻力计算及控制。另外，为了不产生新的污染物，过滤材料采用可燃的生物质是一种较佳的选择。

（4）机械法。机械法除焦油是利用离心力作用，使在气体中的焦油同洗涤液密切接触，同时，被洗涤液吸附并抛向分离器的外壳，从而达到除焦油的目的。

（5）静电法。静电除焦的原理和一般煤炭气化的静电捕焦器的原理相同，即先把气体在高压静电下电离，使焦油雾滴带有电荷，带电荷的雾滴将吸引不带电荷的微粒，与其结合成较大的复合物，并由于重力的作用而从气流中下降，或者带电荷的雾滴向相反的电极移动，并将自己的电荷给它，这样失去电荷的微粒就沉降在第二个电极上，同时气体中的焦油便会被收集并从气体中去除。静电捕焦技术的优点是除尘、除焦效率高，一般达到 98% 以上，但静电除焦对进口燃气焦油含量要求较高，一般要求低于 5 g/m$^3$。另外，由于焦油与炭容易黏附在电除尘设备上，所以静电捕焦器对燃气中的灰分含量要求很高。由于电捕焦设备应用于生物质燃气的净化过程必须解决防爆和清焦问题（生物质燃气中氧含量 1% 左右，短时间会达到 2% 以上，所以有爆炸的危险），目前在生物质气化发电系统中的应用仍很少。但该技术应用于连续运行的生物质气化发电系统是可能的，而且除焦效果也很好，是今后中小型气化发电系统除焦的有效途径之一。

（6）催化裂解法。从最简单的气化发电系统来看，焦油含量（标准状态）在 0.02~ 0.05 g/m$^3$ 范围内是可以接受的。但以目前的气化技术分析，在没有对焦油进行裂解的大部分气化工艺中原始气体中焦油含量在 20~50 g/m$^3$ 之间，净化系统的净化效果至少需要 99%~99.9% 才能达到气化发电的要求。所以，单一任何一种除焦过程均很难满足气化发电工艺的要求，需要采用多净化过程相结合的除焦除尘工艺。热解需要 1 000~ 1 200 ℃高温，所以较难实现。催化裂解利用催化剂的作用，把焦油裂解的温度大大降低（750~900 ℃），并提高裂解的效率，使焦油在很短的时间内裂解率达到 99% 以上。水蒸气在裂解过程中起到关键作用，可与某些焦油成分发生反应，生成 CO 和 $H_2$ 等气体，既减少炭黑的产生，又提高可燃气的产量。因此，水蒸气有利于焦油裂解和可燃气的产生。国内外催化裂解的研究主要集中于白云石和镍基催化剂。由于焦油裂解需要单独的装置，而且需要高温及连续化运行，使得催化裂解技术只适用于较大型的气化系统，限制了该技术的使用。

#### 5.4.2.3　脱除水分

在气化过程中及在生物质燃气净化过程中都有水分的产出或进入，而水分对生物质燃气的使用影响较大。常用的脱除水分的方法有机械法和过滤法。

（1）机械法。机械法通常的脱除水分设备为液体分离器，也就是液滴补集器。气体在通入液滴分离器后，由于撞到设备在分离器内的不同方向的挡板，而使气体的流动速度及方向都发生改变。撞击到挡板上的液滴在重力作用下落下，从而使液滴从气体中分离出来。

（2）过滤法。过滤法脱除水分的原理同过滤法除尘原理基本相同，可以利用滤料对水分的吸附除去生物质燃气中的水分。

## 5.5 生物质燃气的组分和性质

生物质气化所得的可燃气是由多种气体组成的混合气体，主要成分包括氢气、一氧化碳、甲烷、二氧化碳、氮气，另外还有少量的低碳烷烃和氧气等组分。通常认为，构成生物质燃气的绝大部分组分接近理想气体，可以用理想气体公式进行计算。

### 5.5.1 生物质燃气组分

表 5.5 列举了不同气化方式所得生物质燃气的主要气体成分。从表 5.5 可以看出，生物质燃气中可燃组分主要是一氧化碳、氢气和甲烷。反应温度较高的固定床气化炉，燃气中甲烷浓度较低，而反应温度较低的流化床气化炉，燃气中甲烷浓度明显上升；对于没有氧气或很少有氧气参与的热解制气和双流化床气化过程，燃气中氮气浓度为 19%~45%，同时低碳烃含量也有明显上升。空气气化时燃气中氮气浓度降低到 6%~12%，使燃气质量大为改善；而采用双流化床和热解方式，可以在不适用氧气的情况下获得很低含氮量的燃气。

对于特定的气化方式，由于所使用的生物燃料不同，运行时燃料水分、运行参数也会发生较大的变化，因此表 5.5 给出的是可供参考的气体成分变化范围，表 5.6 是生物质燃气的主要成分及热值。

**表 5.5 不同气化方式的生物质燃气成分**

| 气化方式 | 燃气成分 /% | | | | | | |
|---|---|---|---|---|---|---|---|
| | CO | $CO_2$ | $H_2$ | $CH_4$ | $C_nH_m$ | $N_2$ | $O_2$ |
| 上吸式气化炉 | 25~31 | 3.6~4.6 | 6.2~10 | 4.0~5.2 | 0.3~0.6 | 46~60 | 1.0~2.2 |
| 下吸式气化炉 | 14~23 | 11~16 | 11~14 | 1.0~3.0 | 0.1~0.4 | 45~58 | 0.8~2.0 |
| 下吸式气化炉（富氧） | 30~40 | 25~27 | 10~20 | 6.0~12 | 1.0~3.0 | 8.0~10 | 0.8~2.0 |
| 鼓泡流化床气化炉 | 13~16 | 10~14 | 4.0~8.0 | 4.0~10 | 1.0~2.5 | 45~55 | 0.8~2.0 |
| 循环流化床气化炉 | 14~23 | 7.0~15 | 4.0~8.0 | 4.0~10 | 1.0~2.5 | 45~60 | 0.8~2.0 |
| 循环流化床气化炉（富氧） | 32~38 | 22~25 | 20~28 | 8.0~12 | 1.2~2.2 | 6.0~11 | 0.8~2.0 |
| 双流化床气化炉 | 44~45 | 11~12 | 18~22 | 15~16 | 1.0~5.0 | 0.7~4.0 | — |

表 5.6　生物质燃气的主要成分及热值

| 原料品种 | 成分 /% | | | | | | 低位热值（标准状态下）（$kJ/m^3$） |
|---|---|---|---|---|---|---|---|
| | $H_2$ | CO | $CH_4$ | $CO_2$ | $N_2$ | $O_2$ | |
| 木屑 | 13.98 | 20.2 | 3.95 | 9.15 | 52.05 | 1.2 | 5 894 |
| 果树枝 | 12.5 | 19.89 | 3.96 | 9.56 | 53.33 | 1.78 | 5 676 |
| 木秸混料 | 12.76 | 20.31 | 2.94 | 10.08 | 53.13 | 1.45 | 5 371 |
| 玉米芯 | 12.3 | 22.5 | 2.32 | 12.5 | 48.98 | 1.4 | 5 032.8 |
| 棉秸秆 | 11.5 | 22.7 | 1.92 | 11.6 | 50.98 | 1.5 | 5 585.2 |
| 玉米秸秆 | 12.2 | 21.4 | 1.87 | 13.0 | 49.88 | 1.65 | 5 327.7 |
| 麦秸 | 8.5 | 17.6 | 1.36 | 14.0 | 56.84 | 1.7 | 3 663.5 |

河南省科学院能源研究所开发的 SLQ-300 型常压空气鼓风生物质流化床（图 5.8）适用于麦秸、麦糠、稻草、玉米秸秆、玉米芯、花生壳、锯末等多种生物质原料，燃气产量 250~400 $Nm^3/h$，燃气热值≥ 4 500 $kJ/Nm^3$，气化效率≥ 70%，秸秆产气量 1.6~1.7 $Nm^3/kg$，焦油及灰尘含量≤ 60 $mg/Nm^3$。表 5.7 列出了采用流化床以不同生物质为原料气化后得到的燃气成分与热值。

图 5.8　SLQ-300 型常压空气鼓风生物质流化床

表 5.7　各种生物质燃料的燃气成分与热值

| 燃料 | 燃气成分 /% | | | | | | | 低位发热值 /（$kJ/Nm^3$） |
|---|---|---|---|---|---|---|---|---|
| | $CO_2$ | $C_nH_m$ | $O_2$ | CO | $CH_4$ | $H_2$ | $N_2$ | |
| 花生壳 | 15.4 | 1.8 | 0.9 | 12.8 | 11.6 | 2.9 | 54.6 | 7 155.59 |
| 玉米芯 | 13.6 | 1.7 | 0.7 | 12.4 | 10.4 | 3.2 | 58.0 | 6 647.87 |
| 稻壳 | 17.0 | 1.4 | 0.4 | 16.0 | 4.3 | 3.5 | 53.8 | 4 769.78 |
| 玉米秸秆 | 20.1 | 2.2 | 0.8 | 15.4 | 8.5 | 3.8 | 49.2 | 6 707.05 |
| 麦秸 | 19.5 | 2.3 | 0.5 | 18.1 | 6.5 | 5.6 | 47.5 | 6 584.29 |

续表

| 燃料 | 燃气成分 /% | | | | | | | 低位发热值 /（kJ/$Nm^3$） |
|---|---|---|---|---|---|---|---|---|
| | $CO_2$ | $C_nH_m$ | $O_2$ | CO | $CH_4$ | $H_2$ | $N_2$ | |
| 稻秸 | 19.1 | 2.5 | 0.7 | 16.6 | 8.0 | 5.0 | 48.1 | 6 986.77 |
| 锯末 | 16.9 | 1.8 | 1.0 | 17.4 | 7.2 | 5.6 | 50.1 | 6 449.93 |

编者所在团队采用上吸式固定床气化炉对生物质成型燃料（图 5.9）700~900 ℃进行了气化实验，产气量为 1.2~1.7 $Nm^3/kg$。表 5.8 列出了不同气化温度下燃气成分及低位热值。

图 5.9　上吸式固定床气化炉（左）及生物质成型燃料（右）

表 5.8　生物质成型燃料不同气化温度下燃气成分及低位热值

| 温度 /℃ | 燃气成分 /% | | | | 产气量 /（$Nm^3/kg$） | $Q_{LHV}$/（kJ/$Nm^3$） |
|---|---|---|---|---|---|---|
| | $H_2$ | CO | $CH_4$ | $CO_2$ | | |
| 700 | 17.22 | 33.38 | 17.24 | 30.81 | 1.2 | 12 254.8 |
| 800 | 22.40 | 33.08 | 15.83 | 28.31 | 1.3 | 12 270.3 |
| 900 | 26.08 | 32.45 | 14.68 | 26.32 | 1.7 | 12 175.5 |

注：低位热值按照公式 $Q_{LHV}$=126φ（CO）+108$H_2$+359φ（$CH_4$）+665φ（$C_nH_m$）计算得到。

## 5.5.2 生物质燃气的基本性质

（1）燃气的密度。单位体积燃气的质量称为该燃气的密度，用$\rho$表示。

（2）燃气的相对密度。燃气的密度与干空气之比称为该燃气的相对密度，用$d$表示。

（3）燃气热值。单位数量的燃气，在标准状态下燃烧所释放的热量称为该燃气热值。气体燃料也有高位热值和低位热值之分。燃气热值可以用水热式热量计直接测出，也可以通过燃气成分计算。

（4）华白指数。华白指数是一个热负荷指标，用$W$表示，它反映了燃气向燃烧器提供热量的能力，是保证已有燃烧器在燃气性质发生变化时仍能正常使用的重要指标。

生物质燃气中组分气体的性质如表5.9所示。根据表5.9中各组分的性质，在已知燃气成分时，可以计算出燃气的性质参数。

**表5.9 生物质燃气中组分气体的性质**

| 气体 | 相对分子质量 | 密度/（$kg/m^3$） | 高位热值/（$MJ/m^3$） | 低位热值/（/$MJ/m^3$） |
|---|---|---|---|---|
| CO | 28.02 | 1.251 | 12.63 | 12.63 |
| $H_2$ | 2.02 | 0.090 | 12.63 | 10.79 |
| $CH_4$ | 16.04 | 0.717 | 39.74 | 35.81 |
| $C_2H_6$ | 30.07 | 1.352 | 69.63 | 63.74 |
| $C_2H_4$ | 28.05 | 1.261 | 62.96 | 59.03 |
| $CO_2$ | 44.01 | 1.977 | — | — |
| $N_2$ | 28.01 | 1.250 | — | — |
| $O_2$ | 32.00 | 1.429 | — | — |

表5.10给出了不同气化方式的生物质燃气性质参数。从表5.10可以看出，空气气化时燃气低位热值一般在4.5~6 $MJ/m^3$，属于低热值燃气；使用90%的富氧气体为气化剂时，燃气热值提高到8~12 $MJ/m^3$；而热解燃气的低温热值可以达到13~17 $MJ/m^3$，可以称为中热值燃气。

**表5.10 不同气化方式生物质燃气的性质**

| 气化方式 | 密度/（$kg/m^3$） | 相对密度 | 高位热值/（$MJ/m^3$） | 低位热值/（$MJ/m^3$） | 华白指数/（$MJ/m^3$） |
|---|---|---|---|---|---|
| 上吸式气化炉 | 1.07~1.25 | 0.83~0.97 | 6.1~7.3 | 5.8~5.9 | 6.71~7.37 |
| 下吸式气化炉 | 1.07~1.31 | 0.83~1.02 | 4.1~5.8 | 3.8~5.5 | 4.51~5.56 |

续表

| 气化方式 | 密度 / ($kg/m^3$) | 相对密度 | 高位热值 / ($MJ/m^3$) | 低位热值 / ($MJ/m^3$) | 华白指数 / ($MJ/m^3$) |
|---|---|---|---|---|---|
| 下吸式气化炉（富氧） | 1.10~1.27 | 0.85~0.99 | 9.4~13 | 8.8~12 | 10.0~13.1 |
| 二步法气化 | 1.01~1.23 | 0.78~0.99 | 5.0~6.2 | 4.5~5.6 | 5.54~5.72 |
| 二步法气化（富氧） | 0.89~1.00 | 0.69~0.78 | 8.9~9.9 | 8.2~9.0 | 10.7~11.3 |
| 鼓泡流化床气化炉 | 1.04~1.23 | 0.80~0.95 | 4.8~6.4 | 4.5~6.0 | 5.10~6.20 |
| 循环流化床气化炉 | 1.04~1.37 | 0.81~1.06 | 5.0~6.5 | 4.8~6.0 | 5.20~6.20 |
| 鼓泡流化床气化炉（富氧） | 1.07~1.22 | 0.82~0.95 | 11~14 | 10~13 | 12.5~14.1 |
| 双流化床气化炉 | 0.95~1.03 | 0.73~0.79 | 14~17 | 13~16 | 16.8~18.5 |
| 600 ℃热解 | 1.02~1.10 | 0.79~0.85 | 17~18 | 15~16 | 18.9~19.2 |
| 800 ℃热解 | 0.83~0.92 | 0.64~0.71 | 17~19 | 15~17 | 21.3~22.4 |

### 5.5.3 与典型工业燃气的比较

工业和民用上大规模使用的燃气主要有天然气、液化石油气、焦炉煤气、混合煤气和发生炉煤气，表 5.11 列举了典型燃气的成分，表 5.12 列举了典型燃气的性质。

**表 5.11 典型燃气的成分**

| 燃气种类 | 燃气成分 /% | | | | | | |
|---|---|---|---|---|---|---|---|
| | CO | $CO_2$ | $H_2$ | $CH_4$ | $C_nH_m$ | $N_2$ | $O_2$ |
| 发生炉煤气 | 30.4 | 2.2 | 8.4 | 1.8 | 0.4 | 56.4 | 0.4 |
| 焦炉煤气 | 8.6 | 2.0 | 59.2 | 23.4 | 2.0 | 3.6 | 1.2 |
| 混合煤气 | 20.0 | 4.5 | 48.0 | 13.0 | 1.7 | 12.0 | 0.8 |
| 天然气 | — | — | — | 98.0 | 1.0 | 1.0 | — |
| 液化石油气 | — | — | — | 1.5 | 98.5 | — | — |

表 5.12　典型燃气的性质

| 燃气种类 | 密度 /（$kg/m^3$） | 相对密度 | 低位热值 /（$MJ/m^3$） | 华白指数 /（$MJ/m^3$） |
|---|---|---|---|---|
| 发生炉煤气 | 1.162 | 0.899 2 | 5.744 | 6.33 |
| 焦炉煤气 | 0.469 | 0.36 2 | 17.62 | 32.93 |
| 混合煤气 | 0.670 | 0.517 8 | 13.86 | 21.42 |
| 天然气 | 0.743 | 0.575 0 | 36.44 | 53.28 |
| 液化石油气 | 2.350 | 1.818 0 | 113.73 | 87.48 |

从表 5.11 中可以看出，天然气和液化气的主要组分分别是甲烷和低碳烷烃，几乎没有其他气体组分；煤气中一氧化碳、氢气和甲烷是重要的可燃成分。对比表 5.5 中的数据，生物质燃气的组分与煤气相同，但各种组分的体积分数仍然有较大差别。突出差别是生物质燃气中二氧化碳含量较高，这显然是由生物燃料的高含氧量所致。即使采用相仿的气化方式，如固定床气化相当于煤气发生炉气化，热解相当于煤焦化，得到的燃气可燃成分和热值仍然比煤气要低一些。对比表 5.10 和表 5.12 的华白指数，空气气化时燃气大致相当于发生炉煤气，富氧气化燃气介于发生炉煤气和混合煤气之间，热解燃气相当于混合煤气。

## 5.6　生物质气化技术的应用

生物质气化技术的多样性决定了其应用类别的多样性。不同的气化炉、不同的工艺路线影响其用途。同一气化设备，选用不同的物料，不同的工艺条件，最终的用途也不同。因此，在不同的地区，根据不同的条件，选用不同的气化设备、净化设备，不同的工艺路线，来决定如何使用生物质燃气非常重要。生物质气化技术的基本应用主要有供热、供气、发电、制氢、制天然气及合成液体燃料。

### 5.6.1　生物质气化供热技术

生物质气化供热是指生物质经过气化炉气化后，生成的生物质燃气送入下一级燃烧器中燃烧，产生的高温烟气在燃气炉内被加热介质（水或风等）进行间接热交换，烟气通过引风机由烟囱排向室外，而被加热介质通过循环装置，经过系统释放热量后回到燃气炉内被再次加热，从而可连续为终端用户提供取暖或烘干用的热能。

如图 5.10 所示，生物质气化供热系统包括气化炉、滤清器、燃烧器、换热器及其终端装置等。系统相对简单，通常不需要高质量的气体净化和冷却系统，但热利用效

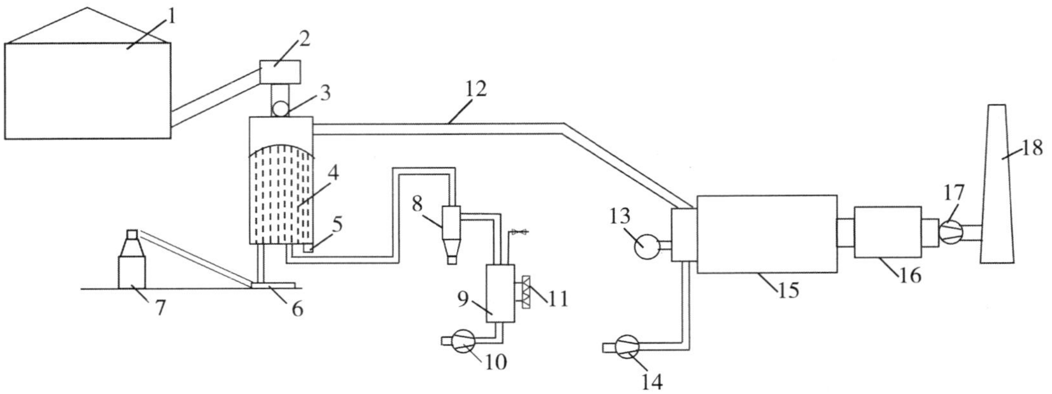


**图 5.10　生物质气化供热系统**

1. 燃料仓　2. 燃料输送机　3. 燃料喂入器　4. 气化炉　5. 灰分清除器　6. 灰分输送机　7. 灰分储箱　8. 沉降分离器　9. 加湿器　10. 气化进气风机　11. 盘管式热交换机　12. 烟气管道　13. 可燃气燃烧器　14. 燃料进气风机　15. 燃气锅炉　16. 省煤器　17. 排气风机　18. 烟筒

率高。气化炉常以上吸式固定床为主，燃料适用性较广。生物质气化供热技术可应用于农村城镇集中供热和木材、谷物、烟草等农林产品的烘干等。

## 5.6.2　生物质气化供气技术

生物质气化供气是我国于 20 世纪 90 年代发展起来的一项生物质气化应用技术，是以自然村为单位的小型燃气发生和供应系统。该系统将以生物质原料气化转化成原料气，然后通过管网输送到农村居民家中用作炊事燃料。

### 5.6.2.1　生物质气化集中供气系统的组成

整个系统由燃气发生系统、燃气输送系统和用户燃气系统三部分组成，如图 5.11

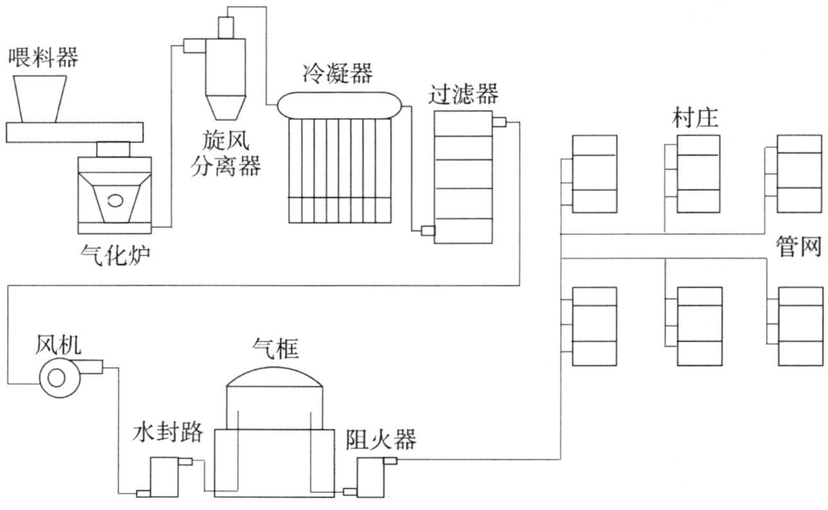


**图 5.11　生物质气化集中供气系统**

所示。

（1）燃气发生系统。作用是将固体生物质原料转化为可燃气。该系统包括气化器、燃气净化器和燃气输送设备及必要的原料原材料设备（如铡草机等），其中气化器、燃气净化器和燃气输送设备组成了生物质气化机组，是整个系统的核心部分。

（2）燃气输送系统。包括储气柜、输气管网和必要的管路附属设备（如阻火器和集水器等）。储气柜的作用是以恒定压力储存一定量的燃气，当外界燃气负荷发生变化时仍能保持稳定供气，从而使得用户燃气灶能够稳定燃烧。

（3）用户燃气系统。包括室内燃气管路、阀门、燃气计量表和燃气灶。用户打开阀门，将燃气引入燃气灶并点燃，就可以方便地获得炊事能源。燃气灶的燃烧将燃气的化学能转化成热能，最终完成对生物质能的转化和利用。

#### 5.6.2.2　生物质气化集中供气的优点

生物质气化集中供气具有以下显著的优点：

（1）能源转换效率高。下吸式固定床气化器的气化效率在 70% 以上，每千克秸秆原料大致能产 2 $m^3$ 燃气。四口之家的农户每天炊事用气只需 5~6 $m^3$ 即可，能源利用率较传统的直接燃烧秸秆提高了一倍以上。

（2）原料适用性好。几乎所有的农林生物质都可以用作气化原料，包括各种秸秆（小麦秸秆、稻秆、玉米秸秆、大豆秸秆、棉秆等）、玉米芯、花生壳、甘蔗渣等农业生物质和林业生物质（薪柴、木块、树枝和木屑等）。

（3）燃气用途广泛。燃气既可以用作炊事燃料，也可以用作发电和供暖用燃料等。

### 5.6.3　生物质气化发电技术

生物质气化发电的基本原理是把生物质转化为可燃气，然后再利用可燃气推动燃气发电设备进行发电。生物质气化发电过程包括三个方面：一是生物质气化，把固体生物质转化为气体燃料；二是气体净化，气化出来的燃气都带有一定的杂质，包括灰分焦炭和焦油等，需经过净化系统把杂质除去，以保证燃气发电设备的正常运行；三是燃气发电，利用燃气轮机或燃气内燃机进行发电，有的工艺为了提高发电效率，可以增加预热锅炉和蒸汽轮机。

根据采用气化技术和燃气发电技术的不同，生物质发电系统的构成和工艺过程有很大差别。从气化过程来看，生物质气化发电可以分为固定床气化发电和流化床气化发电两大类，其中固定床气化包括上吸式气化、下吸式气化和开心式气化三种；流化床气化包括鼓泡流化床气化、循环流化床气化及双流化床气化三种。这三种气化发电工艺目前都有研究，气化研究较多的是循环流化床气化发电系统。从燃气发电过程来看，生物质气化发电又可以分为内燃机发电系统、燃气轮机发电系统和燃气－蒸气联合循

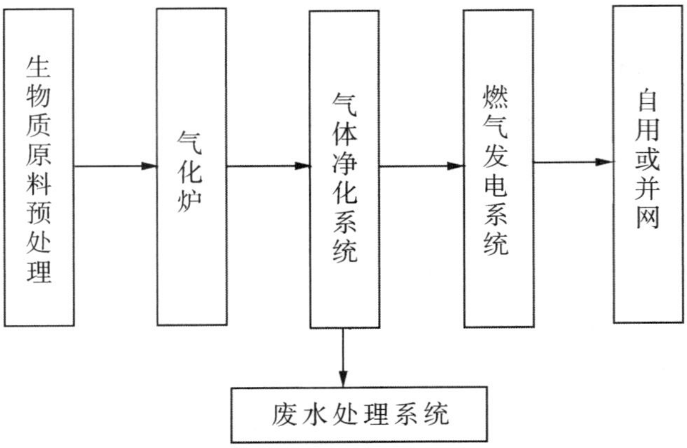


图 5.12　生物质气化发电系统的一般工艺流程

环发电系统等多种形式。生物质气化发电系统的一般工艺流程如图 5.12 所示。系统主要由进料结构、燃气发生装置、燃气净化装置、燃气发电机组、控制装置及废水处理系统组成。

生物质燃气的特点是热值低（4~6 $MJ/m^3$）、杂质含量高，虽然生物质气化发电技术与天然气发电技术、煤气发电技术的原理一样，但它有更多的独特性，对生物质发电的设备也与气体燃气发电设备有较大差别。生物质内燃机是常用的燃气发电设备之一。一般采用内燃机可降低对燃气杂质的要求（焦油与杂质含量在标准状态下低于 100 $mg/m^3$），可以大大降低技术难度（表 5.13）。

表 5.13　燃气轮机对燃气的要求

| 燃气成分及杂质 | | 燃气轮机可接受的范围 |
|---|---|---|
| 最低气体低热值（标准态）/（$MJ/m^3$） | | 4~6，或更高 |
| 最低气体中氢含量 /% | | 10~20，或更高 |
| 碱金属最高含量 /（μg/kg） | | 20~100，或更低 |
| 最高的燃气温度 /℃ | | 450~600，或更低 |
| 焦油 | | 在进口温度下必须全为气相 |
| 最低的颗粒浓度（灰、炭）（mg/kg） | ＞ 20 μm | ＜ 0.1 |
| | 10~20 μm | ＜ 0.1 |
| | 4~10 μm | ＜ 10 |
| $NH_3$ | | 没限制 |

续表

| 燃气成分及杂质 | | 燃气轮机可接受的范围 |
|---|---|---|
| HCl（mg/kg） | | 0.5 |
| $SiH_4$ 或 $SO_2$ /（mg/kg） | | 1 |
| $N_2$ | | 没限制 |
| 总计 | 总的金属 /（mg/kg） | < 1 |
| | 碱金属 + 硫 /（mg/kg） | < 0.1 |

生物质气化发电按照发电规模又可分为小型、中型和大型三种。小型发电系统的发电功率≤ 200 kW，简单灵活，特别适用于缺电地区作为分布式电站使用，或作为中小企业的自备发电机组；中型发电系统的发电功率一般在 500~3 000 kW，适用性强，是当前生物质气化发电的主要方式，可作为大中型企业的自备电站或小型上网电站，但在能源和环保双重压力的作用下，将是今后替代化石燃料发电的主要方式之一。大型生物质气化发电系统目前有两种技术路线：一种是整体式气化循环技术（IGCC，图 5.13）；另一种是热空气蒸汽轮机循环技术（HATC，图 5.14）。

各种类型生物质气化发电技术特点及应用见表 5.14。总而言之，生物质气化发电是所有可再生能源技术最经济的一种发电技术，综合发电成本已接近小型常规能源的发电水平。

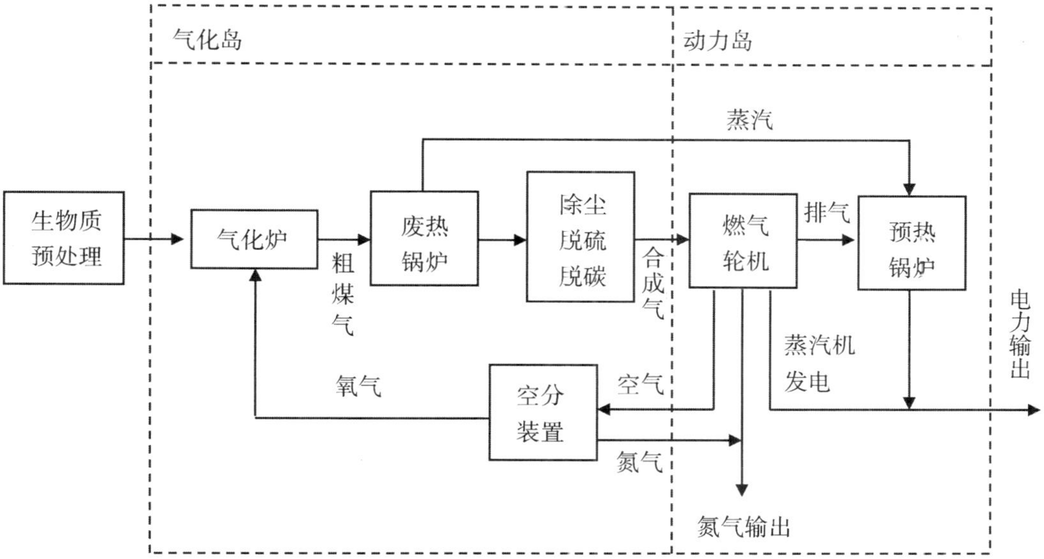


图 5.13　生物质整体式气化循环技术（IGCC）发电系统

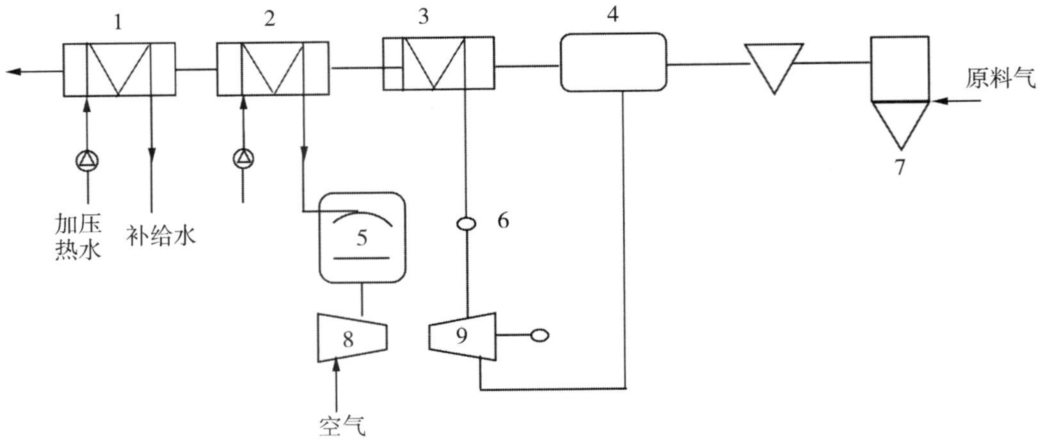


**图 5.14　生物质热空气蒸汽轮机循环技术（HATC）发电系统**

1. 烟囱　2. 低温热回收装置　3. 高温热交换器　4. 燃烧器　5. 蒸发器　6. 附加燃烧器　7. 空气流化床气化炉　8. 压缩机　9. 燃气轮机

**表 5.14　生物质气化发电技术的特点及应用**

| 规模 | 气化设备 | 发电设备 | 主要应用 |
|---|---|---|---|
| 小型系统<br>功率≤ 200 kW | 固定床气化 | 内燃机 | 分布式用电 |
| | 流化床气化 | | 中小企业用电 |
| 中型系统<br>功率 500~3 000 kW | 常压流化床气化 | 内燃机 | 大中企业自备电站 |
| | 循环流化床气化 | 微型燃气轮机 | 小型上网电站 |
| 大型系统<br>功率≥ 5 000 kW | 循环流化床气化 | 燃气轮机 | 大型企业自备电站 |
| | 高压流化床气化 | 燃气轮机 | 上网电站 |
| | 双流化床气化 | 燃气轮机 + 蒸汽轮机 | 独立能源系统 |

## 5.6.4　生物质气化制氢技术

氢气是重要的化工材料，被广泛用作炼油精制、精细化工的原料，也是冶金行业的还原剂。氢气同时还是非常重要的清洁能源，被誉为 21 世纪的绿色能源。氢气燃烧产生水，能够实现真正的零排放。相比于已知的燃料，氢的单位质量能量最高，其热值达到 143 MJ/kg，约为汽油的 3 倍，并且氢气的来源广泛。常规的制氢方法中，电解水制氢约占世界 4%，其余采用天然气、石油和煤炭等化石资源为原料通过热解水蒸气重整制氢。鉴于化石资源的不可再生性及其造成的环境污染问题，利用可再生能源制氢已成为氢能发展的长久之计。利用生物质气化制氢可以实现二氧化碳零排放，缓解化石燃料消耗带来的温室效应问题。生物质气化制氢主要包括生物质催化气化制氢和超临界水生物质催化气化制氢。

生物质催化气化制氢是指将预处理的生物质在气化介质中（空气、氧气、水蒸气或三者混合物）中加热到700 ℃以上，生物质分解转化为富含氢气的合成气，然后将合成气进行催化变换得到更多氢气的合成气，然后从得到的合成气中分离出氢气。展庭军等报道了稻壳、木屑、小麦秸秆及玉米秸秆四种典型生物质及木质素在管式炉反应器中采用水蒸气气化制富氢合成气的研究，研究结果表明：$H_2$含量随反应温度升高而上升，其中木屑在750 ℃产氢可达60%。提高水蒸气气化温度可有效降低$CH_4$含量，提高$H_2$体积分数。生物质化学链气化制氢技术是一种新颖的气化技术，利用载氧体中的晶格氧替代纯氧为生物质燃烧提供所需的氧元素发生气化反应得到以$H_2$和CO为主的气体成分，失去晶格氧的载氧体在空气反应器中与空气发生氧化反应重新获得氧元素。载氧体在生物质的载氧体气化过程中发挥着重要作用，降低了生物质化学链气化的可行性以及经济性。金属氧化物（铁氧化物、镍氧化物、铜氧载体）或复合氧化物作为载氧体研究较多。Hanaoka等报道了利用CaO作为$CO_2$的吸附剂，采用蒸气气化技术从禾本科植物生物质中制氢的方法，试验表明，加入CaO时产物无$CO_2$，[Ca]/[C]=2时产氢量最大，说明[Ca]/[C]的这种比例对于产氢量最适宜，木质生物质气化制氢时的气压明显低于煤炭和重油等其他含碳物质制氢的，氢气的产量随反应温度的升高而增加。Wang等报道了基于鼓泡床生物质气化炉的生物质空气－水蒸气气化技术，该技术以NiO-MgO为催化剂，通过沼气和富含氢气的合成气重整制取生物质合成气。研究发现，与传统的已商业化的基于镍催化剂的气化工艺相比，NiO-MgO催化剂具有更好的高温（$>$750 ℃）催化效果及抗焦炭化能力。

超临界水生物质气化制氢技术（SCWG）是近年来发展的一种新型制氢方法，可直接处理高含湿量的生物质直接气化，无需干燥过程，具有气化效率高、环境友好等优点。由于超临界水（$T \geqslant 374$ ℃、$p \geqslant 22.1$ MPa）的介电常数较低，有机物在水中的溶解度较大，在其中进行生物质的催化气化，生物质可以较完全地转化为气体和可溶产物，气体主要为$H_2$结合$CO_2$，而不产生焦油和木炭等副产品。

高明报道了马鞍山当涂发电有限公司开展了生物气化－化学链制氢技术在电厂的应用，该系统采用秸秆、稻壳等生物质原料通过富氧气化形式转化为合成气，再通过化学链制氢技术转化为纯度99%以上的氢气，同时捕获生产过程中产生的$CO_2$，氢气可用于发电机组的冷却，富余氢气可在储氢罐中储存或用于燃料电池发电。

## 5.6.5 生物质气化制天然气

生物质热解气化技术得到的天然气被称为生物质合成天然气。生物质合成天然气的制备过程与制备合成气工艺相似，包括气化、净化与调整、甲烷化、气体提质等过程，其中生物质气化、甲烷化是核心技术（图 5.15）。该技术所需原料适应性广，产气效率高，适于大规模生产。利用生物质气化合成天然气是一项相对较新的技术，加拿大、美国、德国等也对该项技术的可行性进行了分析。

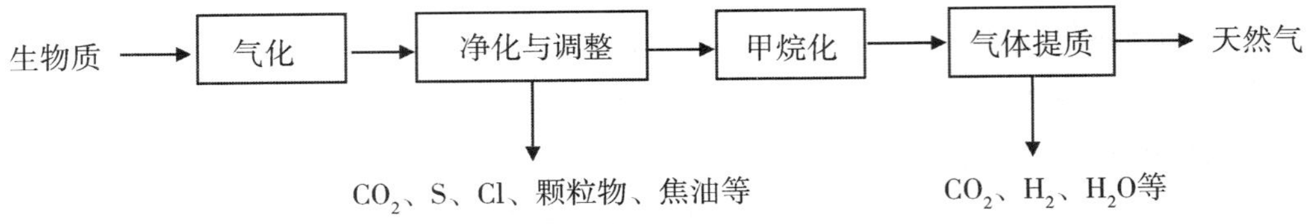


**图 5.15 生物质气化合成天然气技术工艺流程**

## 5.6.6 生物质气化合成液体燃料

图 5.16 表示了生物质气化与费托合成的工艺示意图。生物质气化制备的合成气经过调整，当达到一定要求后（表 5.15），即可通过费托合成甲醇、二甲醚等液体燃料。

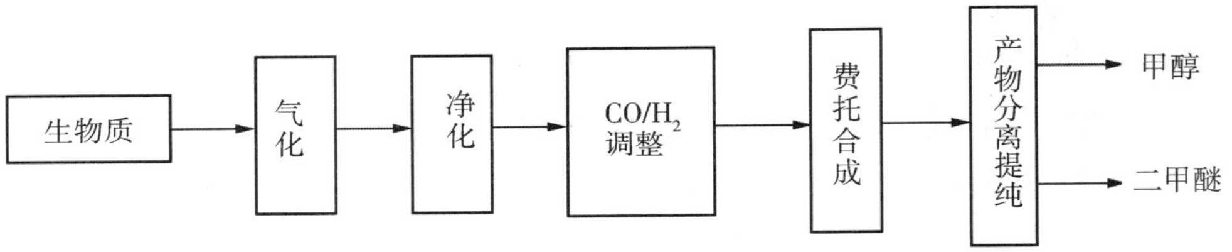


**图 5.16 生物质气化与费托合成的工艺**

**表 5.15 费托合成气的杂质水平要求（体积分数）**

| 杂质 | 净化去除水平 |
| --- | --- |
| $H_2S+COS+CS_2$ | $< 1\times10^{-6}$ |
| $NH_3+HCN$ | $< 1\times10^{-6}$ |
| HCl+HBr+HF | $< 10\times10^{-9}$ |
| 碱金属 | $< 10\times10^{-9}$ |
| 固体（烟气、灰尘、灰分） | 基本完全脱除 |
| 有机物（焦油） | 低于露点 |
| 第二类焦油（杂环化合物） | $< 10\times10^{-9}$ |

### 5.6.6.1　生物质合成气制备甲醇

生物质气化制备合成气,合成气经费托合成制备甲醇。中国科学院广州能源研究所、华中科技大学、浙江大学等单位也先后开展了生物质气化技术的研发工作。浙江大学在致力于生物质气化技术研究基础上，提出稻秆、麦秆热值气化技术，将燃料燃烧和气化相结合,可产生供民用的中热值煤气,以及可应用于还田或制炭的副产品干馏半焦。

以氧气或水蒸气为气化剂在气化炉中产生的中热值可燃气，除去其中的木焦油等有机物，再压缩除去二氧化碳、氮气、甲烷及其他烃类化合物。在一定压力下，使一氧化碳和水反应产生氢气，将氢和一氧化碳的比例调变为 2 ： 1 混合气，导入合成反应器，经特定催化剂合成甲醇。制备的合成气经过净化调变调整达到费托合成所需洁净合成气原料（CO 和 $H_2$），即可通过费托反应合成甲醇。

甲醇具有与乙醇相似的燃料特点，发动机燃用甲醇，结构无需做大的改造，供料输出等性能基本达到使用汽油水平。目前，德国已广泛使用含有 1%~3% 甲醇的混合汽油。

生物质气化合成甲醇技术已经达到可投产的能力，但是，其产品的经济性尚不能与石油化工和煤化工相竞争。近几年来，欧盟开展了木材气化制甲醇项目，已经建成四个示范工厂，可处理干木规模为 4.8~12 t/d。

### 5.6.6.2　生物质气化合成二甲醚

生物质气化产生合成气经催化直接合成洁净燃料二甲醚，是一种绿色的利用生物质新工艺。二甲醚是一种新型化工原料和清洁能源，是替代水煤气、液化石油气的理想燃料。在相同温度下，二甲醚的饱和蒸气压低于液化石油气，储存和运输安全性优于液化石油气。二甲醚可以一定比例掺混到城市煤气或者天然气中为调峰时用，并可提升煤气质量和提高热值。从表 5.16 可以看出二甲醚作为燃料,有望作为柴油替代燃料,其燃烧性能相当于液化石油气与柴油,具有优良的压缩性,更适合压燃式内燃机。此外,二甲醚还可以作为联合循环发电装置的燃料。

表 5.16　二甲醚与液化石油气及柴油物理性能比较

| 物理性能 | 二甲醚 | 液化石油气 | 柴油 |
|---|---|---|---|
| 分子式 | $C_2H_6O$ | $C_3$~$C_4$ 碳氢化合物 | $C_xH_y$ 碳氢化合物 |
| 20℃液化压力 /MPa | 0.5 | 0.8 | — |
| 液相低温热值 /（kJ/g） | 28.6 | 45.9 | 41.7 |
| 液相密度 /（g/mL） | 0.668 | 0.520 | 0.856 |
| 十六烷值 /（g/mL） | 55~60 | ＜ 10 | 40~55 |

续表

| 物理性能 | 二甲醚 | 液化石油气 | 柴油 |
|---|---|---|---|
| 爆炸极限 /% | 3.5~17 | 1.7~1.8 | — |
| 沸点 /℃ | –25 | – 42 | 125~400 |
| 硫含量 / $\times 10^{-6}$ | 0 | 0 | –250 |

目前，我国生产二甲醚液体燃料的主要原料是煤和天然气，但是煤和天然气是不可再生的化石能源，而且生产过程中会释放大量温室气体，污染环境。因此，通过生物质能源催化合成甲醇、二甲醚或其他烃类等清洁燃料，是一种重要的绿色合成工艺。

由合成气直接催化转化为二甲醚的反应过程称为“一步法”，一步法合成二甲醚即是将甲醇和甲醇脱水两个反应在同一个反应器内完成，同时伴有水汽变换反应。

图 5.17 为生物质气化合成二甲醚及尾气发电流程。美国国家实验室首先设计了 Hynol Process 生物质催化合成醇醚燃料的工艺。该工艺首先将木材碎屑等生物质原料制备合成气，然后添加氢气转化成合成气后再制备醇醚液体燃料。实验室碳转化率达到 87%。中国科学院广州能源研究所在 2012 年 9 月顺利完成了千吨级生物质气化合成

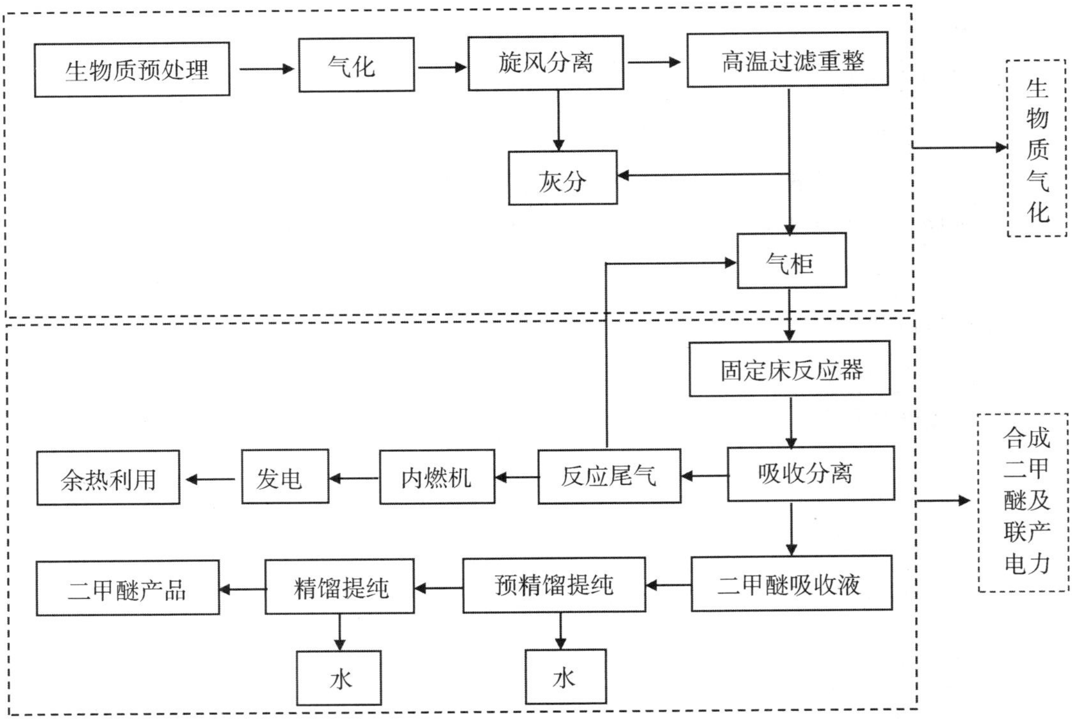


图 5.17　生物质气化合成二甲醚流程

二甲醚技术的合作研究与应用示范。该应用示范采用低焦油流化床富氧－水蒸气复合气化、粗合成气一步临氧重整调变和一步法合成二甲醚技术，由木粉等生物质原料生产二甲醚产品。

总体来看，欧美国家的生物质气化技术比较先进，其气化装置一般规模较大，自动化程度高，工艺比较复杂，以发电和供热为主，其气化效率可达 60%~80%，燃气热值（标准状态）达 17~24 MJ/$m^3$。在发展中国家，生物质气化技术应用的规模较小。在世界范围内，发达国家生物质气化发电投入商业运行的典型功率为 80~300 kW，而发展中国家为 40~200 kW。

### 5.6.7　应用实例

编者所在科研团队分别在河南省汝南县和方城县建设完成了 5 万 t 级和 5 000 t 级的生物质炭气联产产业化示范项目。该产业化项目采用下吸式移动床热解气化和炭化技术得到热解气和生物炭。如图 5.18 和图 5.19 所示。

该示范项目采用的原料主要为花生壳、烟秆等原料，炭气化反应操作温度为 700~750 ℃，所产燃气为低热值燃气，燃气热值为 6 270 ~8 360 kJ/$m^3$，所产炭固定碳含量大于 70%，炭热值大于 6 300 kal/kg。炭成型后主要用作燃料，销往全国各地。燃气方面，汝南项目主要供给产业集聚区部分企业锅炉用气，方城项目主要供给居民用气和用于原料及炭产品的烘干使用。

图 5.18　汝南县年产 5 万 t 生物质炭气联产产业化示范项目

图 5.19　方城县年产 5 000 t 生物质炭气联产产业化示范项目

## 参考文献


[ 1 ] 丁亮 . 生物质气化反应特性研究［M］. 北京：中国石化出版社，2020.

[ 2 ] 肖进彬，高正龙 . 秸秆综合利用产业化应用技术［M］. 郑州：河南科学技术出版社，2017.

[ 3 ] 孙立，张晓东 . 生物质热解气化原理与技术［M］. 北京：化学工业出版社，2012.

[ 4 ] 马隆龙，吴创之，孙立 . 生物质气化技术及其应用［M］. 北京：化学工业出版社，2003.

[ 5 ] 易维明，等 . 生物质热解及合成燃料技术［M］. 北京：化学工业出版社，2020.

[ 6 ] 朱锡峰 . 生物质热解原料与技术［M］. 合肥：中国科学技术大学出版社，2006.

[ 7 ] 朱锡峰，陆强 . 生物质热解原理与技术［M］. 北京：科学出版社，2014.

[ 8 ] 张建安，刘德华 . 生物质能源利用技术［M］. 北京：化学工业出版社，2009.

[ 9 ] 陈汉平，杨世观 . 生物质能转化原理与技术［M］. 北京：中国水利水电出版社，2018.

[ 10 ] 袁振宏，吴创之，马隆龙 . 生物质能利用原理与技术［M］. 北京：化学工业出版社，2005.

[ 11 ] 宋景慧，湛志刚，马晓茜，等 . 生物质燃烧发电技术［M］. 北京：中国电力出版社，2013.

［12］TURN S，KINOSHITA C，ZHANG Z，et al. An experimental investigation of hydrogen production from biomass gasification［J］. Int J Hydrogen Energy，1998，23（8）：641–648.
［13］RAPAGNA S，JAND N，FOSCOLO P U. Catalytic gasification of biomass of production hydrogen rich gas［J］. Hydrogen Energy，1998，23（7）：551–557.
［14］严潇宇 . 基于双金属载氧体的玉米秸秆化学链气化实验研究［D］. 郑州：河南农业大学，2020.
［15］杨一超 . 超临界水生物质气化制氢的研究进展［J］. 天然气化工，2010，35：65–70.
［16］郝小红，郭烈锦 . 超临界水中湿生物质催化气化制氢研究评述［J］. 化工学报，2002，53：221–228.
［17］寇公 . 煤炭气化工程［M］. 北京：机械工业出版社，1992.
［18］赵志铎 . 生物质气化过程中焦油催化裂解脱除方法研究［D］. 北京：华北水利水电大学，2010.
［19］马隆龙，肖艳京，任志永，等 . 生物质气化发电［J］. 能源工程，2000，2：4–6.
［20］袁振宏 . 生物质气化及相关技术的技术经济评价［R］. 中国生物质能技术开发中心，1999.
［21］《化学工业手册》编辑委员会 . 化学工业手册［M］. 北京：化学工业出版社，1989.
［22］尹秀丽，吴创之，郑舜鹏，等 . 中型生物质发电系统设计及运行分析［J］. 太阳能学报，2000，21（3）：307–312.
［23］展庭军，别如山 . 典型生物质及木质素水蒸气气化制富氢合成气的试验研究［J］. 节能技术，2023，237（41）：24–30.
［24］HU J J，LI C，GUO Q H，et al. Syngas production by chemical–looping gasification of wheat straw with Fe–based oxygen carrier［J］. Bioresource Technology，2018，263：273–279.
［25］YAN X Y，HU J J，ZHANG Q G，et al. Chemical–looping gasification of corn straw with Fe-based oxygen cartier：Thermogravimetric analysis［J］. Bioresource Technology，2020，303：122904.
［26］刘涛，余钟亮，李光，等 . 化学链制氢技术的研究进展与展望［J］. 应用化工，2017，46（11）：2215–2222.
［27］HANAOKA T，YOSHIDA T，FUJIMOTO S，et al. Hydrogen production from woody biomass by steam gasification using a $CO_2$ sorbent［J］. Biomass & Bioenergy，2005，28

（4）：63–68.
[28] WANG T，CHANG J，LV P. Synthesis gas production via biomass catalytic gasification with addition of biogas [J]. Energy & Fuels，2005，19（2）：637–644.
[29] BEHNIA I，YUAN Z S，CHARPENTIER P，et al. Production of methane and hydrogen via supercritical water gasification of renewable glucose at a relatively low temperature：Effects of metal catalysts and supports [J]. Fuel Processing Technology，2016，143：27–34.
[30] ZHANG L H，CHAMPAGNE P，XU C C. Screening of supported transition metal catalysts for hydrogen production from glucose via catalytic supercritical water gasification [J]. International Journal of Hydrogen Energy，2022，36：9591–9601.
[31] 高明，张辉，宋峰，等. 生物质气化 – 化学链制氢技术在电厂的设计和应用 [J]. 能源研究与利用，2023，2：34–37.
[32] 吴宏香，赵增立，王小波，等. 生物质气化制备合成天然气技术的研究进展 [J]. 化工进展，2013，32：83–90，113.
[33] 吕永兴. 生物质气化合成二甲醚实验及放大研究 [D]. 广州：中国科学院广州能源研究所，2014.

# 第 6 章　生物质快速热解液化技术

热解是指生物质在无氧或者缺氧条件下，利用热能破坏生物质大分子化学键，裂解成为低分子物质的过程，产物为气体、液体和焦炭。根据生物质的停留时间和反应温度的不同，生物质热解可分为慢速热解、快速热解和热解气化三种类型，如表 6.1 所示。慢速热解需要较低的温度（450 ℃）和较长的停留时间，主要产生气体和焦炭。提高反应温度（500 ℃）和减少停留时间，热解产物中气体、液体和固体的比例接近；在此温度下进一步缩短停留时间到秒级，称为快速热解，此时液体产量明显提高；继续将温度提升至 800 ℃以上，反应物在高温下裂解为小分子气体，此过程为生物质热解气化。在生物质热解过程中，裂解产物可冷凝部分经快速冷凝，可形成一种褐色或深棕色黏性液体，通常称为热解油或简称生物油。

表 6.1　生物质热解类型

| 工艺类型 | 温度 /℃ | 停留时间 /s | 产物产率（质量分数）/% | | |
|---|---|---|---|---|---|
| | | | 液体 | 气体 | 焦炭 |
| 慢速热解 | 450 | ＞ 30 | 30 | 35 | 35 |
| 常规热解 | 500 | 10~30 | 50 | 25 | 25 |
| 快速热解 | 500 | ＜ 2 | 70 | 12 | 13 |
| 闪速热解 | 500 | ＜ 0.5 | 75 | ＜ 12 | ＜ 13 |
| 热解气化 | ＞ 800 | 5~10 | 5 | 85 | 10 |

快速热解是从生物质中生产可再生燃料和化学品的一种具有发展潜力且相对简单的热化学方法，但由于原料成分的复杂性，其产物中组分也较为复杂，通常需要采用原料预处理、反应条件设定、反应器设计和催化剂以及产品升级来优化快速热解过程，以提高大规模应用热解过程生产可再生燃料和化学品的技术经济可行性。

生物油与化石燃料相比，其化学成分不同，是酸、醇、醛、酯、酮、酚和木质素衍生物的低聚物，含氧化合物的高含量导致其热值较低（16~19 MJ/kg），而化石燃料的热值能达到 40~45 MJ/kg。因此，尽管生物油是一种很有前途的替代能源，但由于高酸度（pH 值 2~3）、高黏度、高水分、低热值、腐蚀性和化学性质的不满足性等特性，生物油在商业化应用方面仍面临着一些技术困难。

## 6.1 快速热解液化技术

### 6.1.1 快速热解液化技术原理

#### 6.1.1.1 能量传导分析

在反应器中，热量由生物质颗粒表面传到颗粒内部。随着热量的聚集，生物质颗粒内部的水分首先蒸发出来，随着温度进一步升高，热解反应生成焦炭并释放出挥发分，挥发分由可冷凝气体和不可冷凝气体组成，可冷凝气体经过低温区迅速冷凝成生物油。在反应过程中，热量是由生物质颗粒表面向内部传递，颗粒外层首先完成反应，颗粒中间正在发生裂解反应，颗粒内部热量不足而未发生热解反应，因此，反应温度和停留时间是影响生物质热解效率和裂解产物分布的重要因素。当挥发分离开颗粒时会穿过周围气氛，此时还会发生二次裂解，反应生成不可冷凝气体和二次生物油。所以，要想得到更多的生物油，必须让传热过程尽快完成，在极短的时间内使生物质颗粒发生热解，并使产物迅速冷凝下而得到生物油。

#### 6.1.1.2 反应进程分析

根据生物质热解时间进程，可分为以下几个阶段：

（1）热量从外部环境传递到颗粒内部开始热解反应。

（2）颗粒内的水分受热首先蒸发出来。

（3）生物质各组分在高温下裂解产生挥发物和焦炭。

（4）裂解产生的蒸汽由颗粒内部向外部移动，热量在挥发物与未裂解的颗粒之间传递。

（5）挥发性物质的冷凝和发生二次裂解反应，生成更为复杂的产物，可冷凝的液体产物包含大量含氧化合物，不可冷凝气体包括 $CO_2$、CO、$CH_4$、$H_2$ 等。

（6）根据反应停留时间、压力和温度的不同，过程中还包括分解、水气转移、自由基重组、重整和脱水等化学反应。

#### 6.1.1.3 生物质组分反应分析

在木质纤维素类生物质中，主要组分是纤维素、半纤维素和木质素。这些组分共同在细胞壁内相互交联并形成骨架，其中纤维素排列规则且集约形成强韧的纤维束，非结晶状的半纤维素和木质素填充在间隙里，共同构成细胞壁的骨架。纤维素和半纤维素或木质素分子间的结合主要依靠氢键，而半纤维素和木质素之间还存在着共价键。除这三大组分之外，生物质中还含有少量的游离状可提取物，包括脂肪、树脂、单宁酸、淀粉和色素等。因此，为了深入了解生物质热解的机理问题，很多研究者从生物质中纤维素、半纤维素和木质素这三大组分入手，逐一探索分析。

因纤维素含量在生物质中占比较高，研究人员广泛探究了纤维素模型热解的反应途径。通过热重分析发现，纤维素的分解发生在 280~375 ℃，随着热量的持续输入，纤维素发生一系列复杂的反应，包括自由水脱除、缩合、解聚等，在反应过程中纤维素的聚合度下降，其化学键断裂后形成的活性物质相对简单，易于发生化学反应。随后活性物质进一步发生脱水、重组、缩合等反应，生成以左旋葡萄糖为主的中间产物，最终在一定条件下反应生成气体、焦油和焦炭。Chen 等研究了不同温度下纤维素的热解反应进程，在较低温度下（< 250 ℃），糖苷键和吡喃环 C—O—C 键断裂，吡喃环上部分 C—C 键断裂并发生转羟基化，释放出 $CO_2$、CO 和一些脂肪族化合物。随着温度的升高（250~350 ℃），吡喃环和糖苷键的 C—O—C 键继续断裂，并发生醇的转羟基化反应，生成酚类或者酸类物质，同时甲基化反应生成短链化合物，去羟基化和环化生成环戊酮。当热解温度进一步升高（350~600 ℃），芳烃环发生解聚和脱氢，释放出 $H_2$。

由于半纤维素在不同种类生物质中差异较大，且在不改变半纤维素的物理和化学特性下很难从生物质中提取出来。因此，对半纤维素热解的研究较少。Chen 等给出了半纤维素（木聚糖）的热解机理模型。在低温（< 250 ℃）时，半纤维素的分解主要包括去羟基化、脱羧化以及去除不稳定的碳水化合物支链，从而产生 $CO_2$。随着温度的升高，主链上的糖苷键被切断，释放出木糖，然后木糖分解成小分子化合物（如羟丙酮、乙酸和丙酸）。在 400 ℃以上，木糖和糖基的分解加强了脂肪烃支链的芳香环化反应，导致生物炭中形成芳香环结构。在高热解温度（> 600 ℃）下，单核芳香环之间的缩合反应增强，逐渐形成融合环结构，同时，脱氢和去甲基化反应促进了气产物中 $H_2$ 和 $CH_4$ 的生成。

由于木质素的结构更稳定，通常认为其热解的机理最为复杂。一般认为，木质素的热解主要通过自由基反应进行。Zakzeski 等发现在木质素的分子结构中，连接苯基丙烷单元和侧链的氧桥键在加热时容易断裂，形成含有苯环的活性自由基，这些自由基很容易与其他分子或自由基反应生成结构更稳定的大分子，最终形成生物炭。一般木质素热解开始温度较低，即在 200 ℃左右开始分解。在 200~300 ℃时，木质素发生侧链键裂解反应，生成 CO、$CO_2$ 等小分子气体和少量芳环化合物，如愈创木酚。随着温度的升高，官能团与苯丙烷的酚羟基、羧基、苄基等单元发生反应，形成酚类化合物和芳香烃。由于木质素结构中甲氧基的解离能较低，愈创木酚的去甲氧基化反应生成

苯酚和 $CH_4$。当温度升到 500 ℃以上，苯环发生开环和缩聚反应，由联苯基团和苯化合物之间的缩合反应形成多环芳烃，以挥发分中的酚类为主的芳香族环之间的脱氧和脱氢反应释放出 $H_2$、CO 和 $CO_2$。

### 6.1.2 快速热解液化工艺过程

生物质快速热解液化制取生物油的工艺流程如图 6.1 所示，包括物料预处理、物料输送、热解、产物分离、产物收集这五大部分。

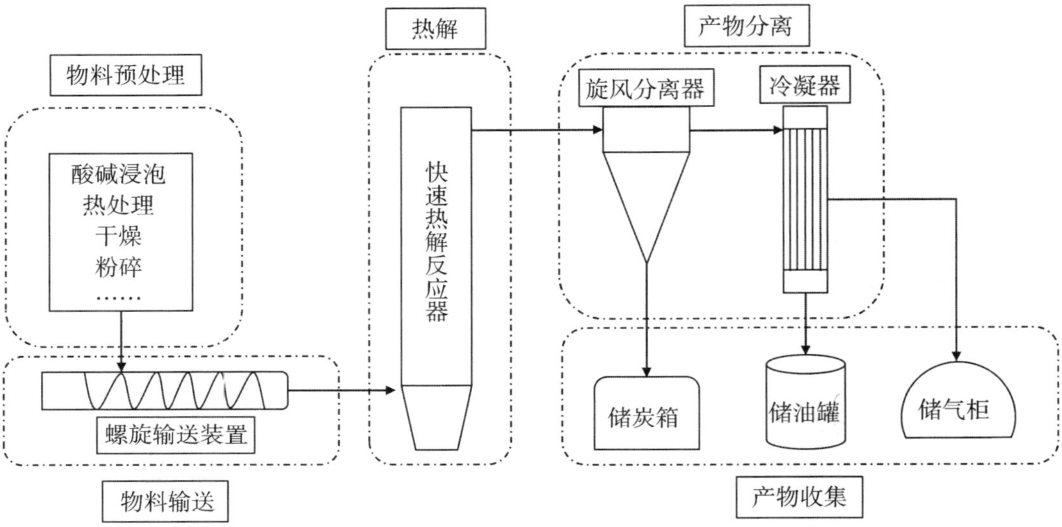


图 6.1 生物质快速热解液化制取生物油的工艺流程

（1）物料预处理。为了得到理想的热解产物，对物料的预处理是必要的。预处理的方法包括干燥、粉碎、酸碱浸泡、低温热处理等，根据热解反应器的特性需要选择不同的处理方法或者组合。

（2）物料输送。可靠的物料输送装置能够保证反应器的稳定运行。常用螺旋绞龙输送装置，能适应不同状态的物料，可根据反应需求控制进料速度和时间。

（3）热解。快速热解液化的关键在于较高的加热速率和热传导速率，同时要求产物能快速析出，避免二次反应发生。

（4）产物分离。热解产物包括气体、液体和焦炭。由于反应器出气口温度较高，通常首先将焦炭和灰分分离出来，随后采用冷凝技术得到生物油和水溶物液体，最后得到不可冷凝气体。

（5）产物收集。固态的焦炭较容易收集，冷凝后的生物油容易导致管路堵塞，在设计储油系统时应注意。

### 6.1.3　快速热解液化工艺系统的组成

（1）原料准备。生物燃料水分和颗粒度是影响快速热解工艺的重要指标。原料中的水分在热解过程中蒸发，然后凝结在生物油中，导致生物油质量下降。即使使用绝对干燥的原料，碳水化合物在 500 ℃热解环境下，也会发生脱水反应，生物油中仍然会含有 12%~15% 的水。实验表明，原料中的原始水分会全部进入产品之中。水的气化潜热为 2.3 MJ/kg，原料中水分为反应中的热阱，与热解反应争夺热量，使加热速率下降。理想的快速热解原料应该没有水分，但考虑到干燥费用和在干燥器内有着火的危险，应该寻求一个平衡点，一般认为 5%~10% 的水分含量是可以接受的。

为了提高生物油产率，必须有很高的加热速率，因此要求原料有足够小的颗粒度。粉碎成粉状的原料颗粒具有很高的比表面积，提高了对流和辐射传热强度，而且粒径越小，热量从颗粒表面传导至中心的距离就越短。理论上颗粒度越小越有利于快速热解的进行，但原料粉碎需要耗费能量和费用，应该在满足反应器要求的同时考虑加工成本。各种反应器的传热机制有所不同，对生物燃料颗粒度的要求也不相同。例如旋转锥反应器需要使用粒径小于 200 μm 的粉状物料，鼓泡流化床反应器要求颗粒度小于 2 mm，传输床或循环流化床反应器要求小于 6 mm，有些烧蚀床可以使用木片。

（2）热解反应器。热解反应器是快速热解系统的核心装置，要求有很高的加热速率和热传递速率，并且严格控制反应温度和气相滞留时间。近年研究开发的各种类型的反应器，将在下节详细介绍。

（3）固体颗粒分离。快速热解产生的固体颗粒主要由未反应碳和灰分组成。由于相对低的反应温度，原料中几乎所有灰分都会留在固体颗粒里。这些现象有一些益处，即能够有效地控制灰分中的矿物质，避免热解反应中因它们的催化作用而影响生物油稳定。但热解后从气体和生物油中完全除去固体颗粒是相当困难的。固体颗粒在冷凝后的生物油老化过程中起到催化作用，使其性质发生变化而不能稳定。

从液体生物油中彻底清除悬浊粉尘是十分困难的，因此理想情况下，应该在气体产物冷凝前除去固体颗粒。美国国家可再生能源实验室（NREL）进行了这样的尝试，在旋风分离器后加装了高温过滤器。这种方法可以除去几乎所有的颗粒杂质，得到较高质量的生物油，但在过滤时，气体温度降到了 390 ℃，少数化合物凝结在滤芯上，形成难以清除的炭饼。通常的做法还是用旋风分离器捕集气体中的固体颗粒，通过改进旋风分离器入口速率和长度、直径、锥角等方法，来获得最佳的分离效率。

（4）生物油冷却收集。热解挥发分的气相滞留时间和温度影响生物油的质量及成分，气相滞留时间越长，二次裂解生成不可凝气体的可能性越大。保护生物油的方法是快速冷却挥发物，称为淬冷。许多技术研究应用于热解产物的淬冷，其中最有效的是液体喷雾洗涤。通常使用冷却后低温生物油来洗涤离开反应器气体，简单的列管洗涤器和文丘里洗涤器都有成功应用案例。热解蒸汽冷却后，会形成亚微米的气溶胶液滴，因此喷雾洗涤设备的设计关键是非常小的雾滴，使它们能够充分地与气溶胶液体碰撞。静电捕集器也成功地用于捕获热解气溶胶，但是比洗涤器的操作要复杂，也比较昂贵。如果系统中使用大量载气，淬冷时会形成飞沫，使用除雾器和过滤器等设备从气流中去除雾状液体和气溶胶是非常有效的，但微小固体颗粒会随着飞沫堵塞在设备上。带有多个管壳式换热器的分步冷凝方法也被使用，虽然捕获气溶胶的效率只有 90%，但具有热分馏的优势，可以从生物油中提取某些化合物。

## 6.2 快速热解液化反应器

热解反应器的设计和运行对总体收率、工艺配置和能量要求有着深远的影响。不同反应器在传热方法、固体去除、液体收集和放大能力方面存在显著差异。国外从 20 世纪 70 年代末就开始了对热解反应器的研究，经过多年的研究已经出现多种生物质快速热解反应器，为制取生物油提供了行之有效的方法。

### 6.2.1 鼓泡流化床反应器

鼓泡流化床反应器结构简单，反应过程易于控制，得到了广泛的应用，其结构如图 6.2 所示。生物质颗粒经干燥、粉碎后由螺旋进料器输送到反应器内部，通过气流控制物料停留时间在 0.5~2.0 s 之间，和热石英砂充分接触并快速受热升温发生裂解反应，

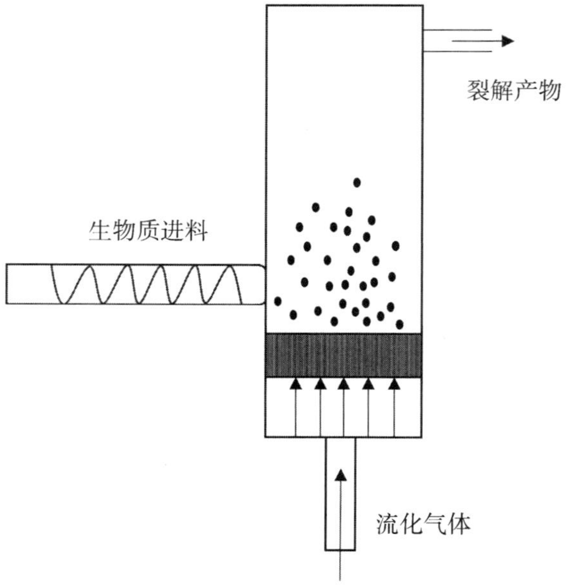


图 6.2 鼓泡流化床反应器

裂解产物随气流进入旋风分离器，固体焦炭和灰分被分离收集，剩下的气流进入多级冷凝系统，可冷凝组分成为生物油，不可冷凝组分继续进入净化系统得到可燃气。

鼓泡流化床反应器对原料颗粒度分布有较严格的要求。如果颗粒太大，残炭颗粒不能被流化气体和热解气携带，因其密度较小会漂浮在流化床的上部，不再与床料强烈摩擦而变小，当热解气通过累积在床上部的炭层时，受到催化剂裂解作用，生物油产率降低，影响其化学性质。如果颗粒太小，将在完成热解前被迅速携带出床层。

Tran 等人以松木为原料，在鼓泡流化床反应器中进行了快速热解实验，系统考察了生物质热解温度、流化速度和粒度对产物收率的影响，在 500 ℃时生物油产率最高达到 65.5%。该生物油含有较高含量的有用化学物质，如左旋葡聚糖、糠醛和愈创木酚。生物油的热值在 22~24 MJ/kg 范围内，含有大量的 $C_5$~$C_{11}$（汽油馏分）组分，使其成为一种有前景的燃料替代品。

### 6.2.2　循环流化床反应器

循环流化床反应器（图 6.3）在原理上同鼓泡流化床反应器相似，不同的是热解产物焦炭燃烧提供反应所需热量。利用热解分离获得的焦炭燃烧加热石英砂，加热后的

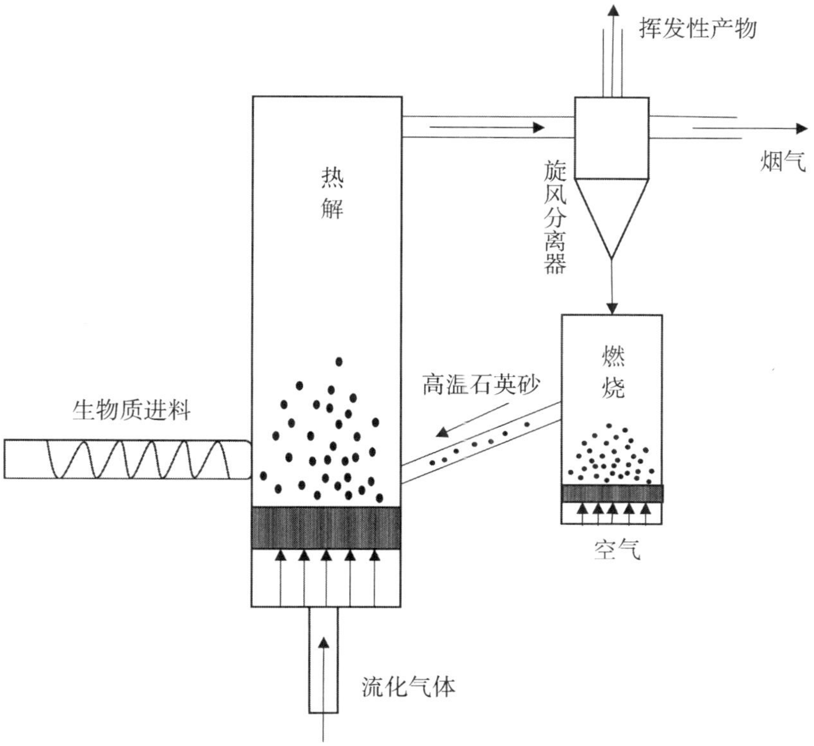


图 6.3　循环流化床反应器

石英砂进入反应器内部与生物质颗粒混合并为裂解反应提供能量。循环流化床最大的特点是将提供反应热量的燃烧室和发生热解反应的流化床反应器合为一体，理论和实践证明，只要系统设计合理，副产物焦炭和可燃气体的燃烧热量完全可以为生物质热解提供足够的热量。循环流化床降低了反应器的制造成本和热量损失，进而有效降低了生物油的成本，有利于该技术的扩大化和商业化，提高了其市场竞争力。

Park 等人研究了三种生物质原料（木屑、空棕榈果核粟和芒草）的热解，采用中试规模的循环流化床反应器（运行参数如表 6.2 所示）进行热解工作。因 500 ℃下生物原油的产率最高（60%），对 500 ℃下快速热解过程中的生物油进行表征，生物油的理化性质根据国际标准 / 协议（ASTM D7544 和 EN 16900）测定。热解油的性能在很大程度上取决于所使用的原材料，特别是热值、水分含量和灰分含量受生物质种类的影响较大，表 6.3 列出了三种生物油的性质。

**表 6.2　循环流化床运行参数**

| 运行参数 | 平均值 |
|---|---|
| 反应温度 /℃ | 500 |
| 循环效率 /% | 80 |
| 气体流速 /（m/s） | 3 |
| 风机频率 / Hz | 19 |
| 风机压力 / mmAq | 2 100 |
| 反应器顶部压力 /mmAq | 50 |
| 进料速度 /（kg/h） | 42 |
| 一级旋风分离器温度 /℃ | 450 |
| 二级旋风分离器温度 /℃ | 350 |
| 冷凝器温度 /℃ | 33 |
| 电捕焦温度 /℃ | 23 |

**表 6.3　三种生物油的性质**

| 生物质原料 | 空棕榈果核粟 | 木屑 | 芒草 |
|---|---|---|---|
| 生物油组分（质量分数）/% | | | |
| C | 49.1 | 43.2 | 51.3 |
| H | 5.8 | 7.9 | 6.2 |

续表

| 生物质原料 | 空棕榈果核粟 | 木屑 | 芒草 |
|---|---|---|---|
| O | 41.4 | 45.1 | 42.2 |
| N | 0.5 | 1.0 | 0.4 |
| S | — | 0.6 | — |
| 挥发分 | 65.0 | 70.0 | 67.5 |
| 灰分 | 1.5 | 5.9 | 1.5 |
| 含水量 | 15.2 | 9.6 | 11.2 |
| 固定碳 | 18.3 | 14.5 | 19.8 |
| 热值 / ( MJ/kg ) | 16.4 | 17.6 | 19.2 |

### 6.2.3　喷动流化床反应器

喷动流化床反应器（图 6.4）也是在流化床热解反应器的基础上改造而来的，利用喷动床快速喷动的特性，加速石英砂和生物质颗粒的混合，实现充分快速热解。20 世纪 50 年代以来，喷动床技术有了长足的进步，喷动流化床是通过平板或倒锥分布器向喷动床环隙区通入气体，经喷管喷入床中的喷动气和由分布板进入床中的流化气两股

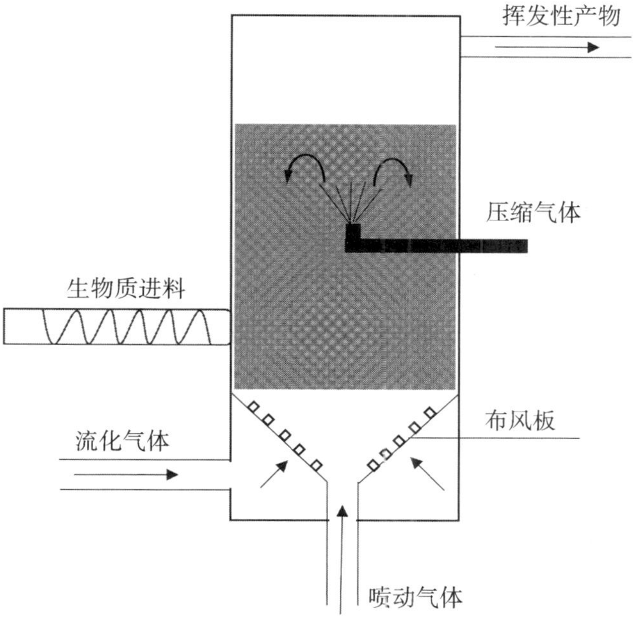


图 6.4　喷动流化床反应器

气体共同作用，使环隙区颗粒流态化，形成喷动流化床。因此，喷动流化床既克服了流化床分层或节涌的缺点，又能避免在喷动床的环隙区内气、固两相接触差和高床层下喷动不稳定的缺点，基本消除了环隙区底部“死区”的出现及易黏结颗粒的团聚。

华东理工大学的陈明强等建立了一套生物质处理量为 5 kg/h 的喷动流化床生物质热解反应器，以木屑为原料进行快速热解试验，热解油产率可达 73.2%。张立塔研发了一套 30 kg/h 喷动流化床中试设备，以落叶松、杨木、玉米秸秆等为原料进行了工艺优化研究，确定了快速热解最佳工艺条件，采用优化工艺进行快速热解试验，热解油产率为 72.05%。

喷动流化床技术作为流态化技术具有如下特征：①有 1 个明显的临界（最小）喷动速度 $U_{ms}$，当流速达到 $U_{ms}$ 时，颗粒床层开始喷动。②形成了稳定的流化状态，压降将不再随气速变化而变化，保持不变。③喷动流化床具有稀相喷射区、密相环隙区、喷泉区三个区的流动结构，颗粒大部分存在于环隙区。④如果物料直径分布过广或床层高度过高（如大于最大喷动流化床高），将产生环隙区的流化和喷射区的窒息，致使喷动流化变得不稳定，喷射速度足够高时甚至出现喷动流化床变聚式流化床或腾涌现象。⑤作为化学反应器，具有物料可流动、相对均匀的温度分布及较好的传热等特性。⑥喷动流化床能够处理大颗粒物料，克服了流化床只能处理小颗粒物料的局限，同时具有比传统喷动床更有效的气、固接触和混合，并且不会出现平底喷动床底部存在的局部“死区”现象。

### 6.2.4 烧蚀热解反应器

烧蚀热解反应器最早由 NREL 实验室（美国国家可再生能源实验室）和 Nancy CNRS 公司研发完成。在烧蚀反应器中，高速上升的气体加速了生物质的运动速率，离心力使生物质靠近反应器壁边缘，同时使生物质颗粒沿着反应器壁移动，在高温下生物质在反应器的壁上发生融化和汽化反应，因此该反应器非常有利于快速热解。不同单位研发的烧蚀热解反应器结构差异较大，其中的一种如图 6.5 所示。其共同点是具有相对运动速度的生物质颗粒和高温壁面接触发生热解，热解产生的焦炭因为摩擦而从生物质颗粒表面脱离，从而使内部的生物质继续反应，因此烧蚀热解反应器对生物质颗粒的粒径要求不高。

英国的 Aston 大学和德国的 Pytec 公司在烧蚀涡旋热解反应器的基础上进一步改进，利用刮板所产生的机械力代替气体旋流产生的离心力，简化了操作流程，降低了生产成本。该装置在生产过程中，特殊的螺旋状刮板一方面迫使物料与高温壁面紧密接触，同时保证了生物炭的快速排出，减少了热解过程中气体产物的二次反应，大幅度提高了生物质焦油的产率，液体产物产率可达 81%。

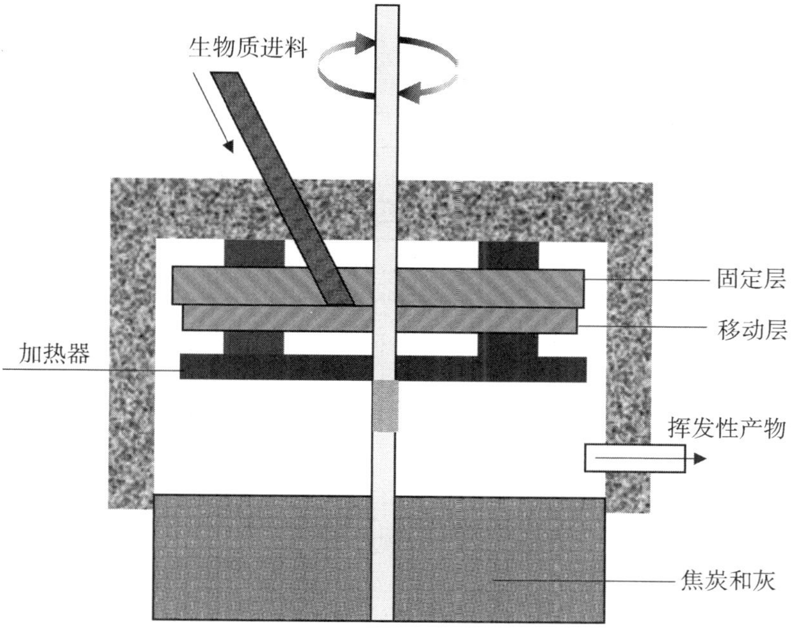


图 6.5　烧蚀热解反应器

烧蚀热解反应器的优缺点与流化床相反，其优点是由于很少或不需使用流化载气，系统的运行能耗较低；缺点是反应器含有运动构件，在高温和高粉尘环境下悬臂旋转，对材料和轴承的耐热性、耐磨性、密封性等要求较高，故障率较高，其所要求的高速度也给热解带来了一些不确定性。所以，人们逐渐不再关注烧蚀裂解反应器的研究。

## 6.2.5　真空快速裂解反应器

加拿大 Laval 大学设计了一种真空热解反应器，其工艺流程如图 6.6 所示。生物质原料经干燥和粉碎后在真空下引入反应器，通过两个水平的金属板输送，在此过程中颗粒受热解。金属板被熔融盐加热并恒温至 530 ℃左右，而熔融盐则通过在燃烧器中燃烧热解过程产生的不可凝气体来提供热源，另外搭配使用电感应加热器以保持反应器内的温度恒定。反应器内的低压由真空泵配合缓冲罐抽吸实现。当加热时，原料中的有机物质分解成蒸汽，裂解气通过真空泵被快速移出反应器，随后输入到两组冷凝单元，最后重油及轻油和水相一起回收。

通过这套工艺对杉木进行裂解得到的产物是 47% 的生物油、17% 的热解水、24% 的木炭及 12% 的不可凝气。该反应器的优点是裂解气能够快速移出反应器，从而降低了气相停留时间，减少了二次裂解现象。但由于其真空条件需要大功率的真空泵，投资成本和运行难度较大，工艺放大较为困难。

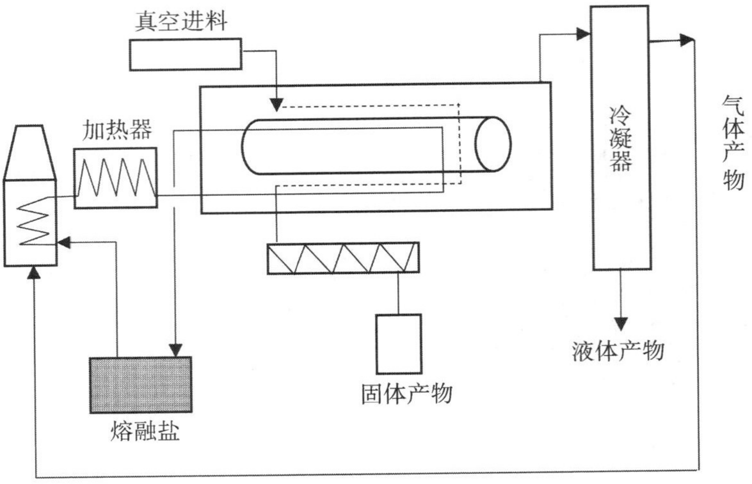


图 6.6　真空快速裂解反应器

### 6.2.6　涡流反应器

涡流反应器是美国国家可再生能源实验室 20 世纪 90 年代发展的一种烧蚀型快速热解系统，其原理与烧蚀热解反应器相似，这种反应器可以使用颗粒度大一些的生物燃料。图 6.7 所示是涡流反应器快速热解系统的工艺流程。

颗粒度为 5 mm 的生物质颗粒被惰性载气（蒸汽或氮气）加速到 400 m/s 的速率，然后切向进入旋涡分离器。离心力迫使颗粒紧贴着反应器内表面高速滑动，一个筒形加热器保持反应器壁面温度在 625 ℃，使颗粒快速热解。在壁面产生的蒸汽，使被旋

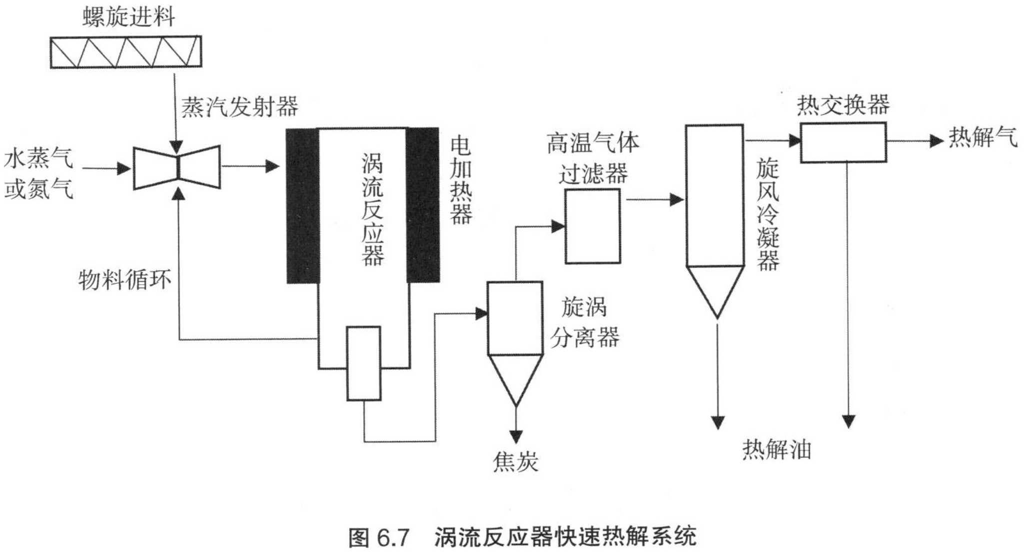


图 6.7　涡流反应器快速热解系统

风分离器分离的未完全热解颗粒返回反应器。旋风分离器后是一个高温气体过滤器，使热解气中的细颗粒被清除掉，然后进入冷却系统，回收液体产物。

在实验装置上，含水的液体产物得率为原料质量的 67%，无水生物油的产率为 55%，残炭得率为 13%，系统中设置的高温过滤器几乎完全清除了固体颗粒，这是 NREL 涡流反应器系统的主要特色，因此可获得品质较高的生物油样品，在室温下可以长期存放而不变性。

### 6.2.7　旋转锥反应器

旋转锥反应器原理及结构如图 6.8 所示，反应器主要由 2 个同心圆锥体构成，内锥固定，外锥在驱动电机的带动下沿旋转轴旋转。热解过程中，生物质原料颗粒和高温载热体（如石英砂）一同进入反应器的外锥底部，此时，生物质颗粒与载热体受离心力的作用在锥体表面做螺旋上升运动，生物质颗粒与载热体混合碰撞，进行传热传质。生物质颗粒迅速升温并发生裂解，生成热解气和固体产物（生物焦炭），热解气经导气管进入旋风分离器后冷凝得到生物质燃气和生物质焦油产物，生物炭和载热体进入燃烧室燃烧，加热后的载热体重新进入反应器形成一个生产循环。通过锥形反应器旋转产生的离心力，原料与热载体充分混合，而无须施加载气。该反应器的主要特点是结构相对简单、传热效率高、停留时间短，由于旋转锥反应器停留时间短，其液体燃料的产率可能高于其他类型反应器。

第一台旋转锥反应器由荷兰 Twente 大学和 BTG（Biomass Technology Group）集

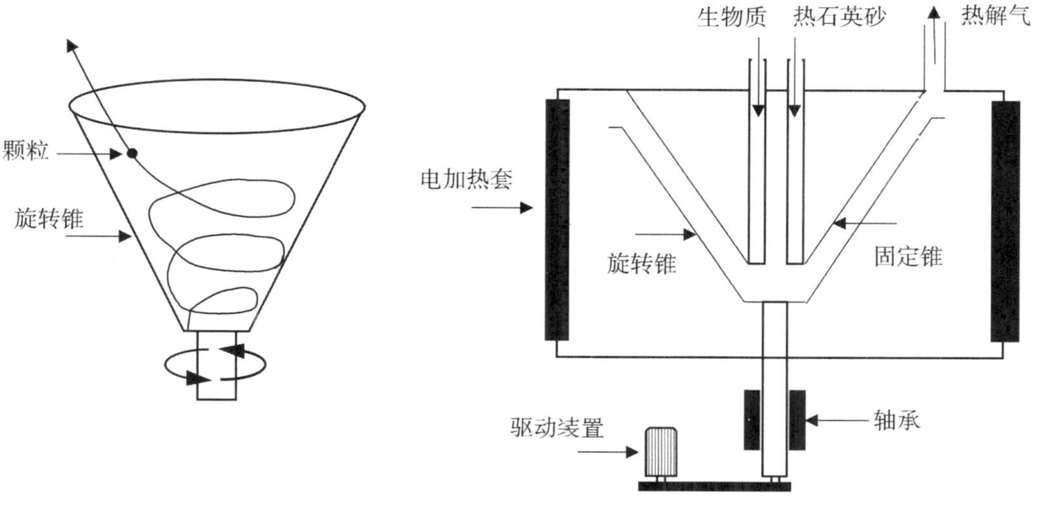


a. 工作原理　　　　b. 反应器结构

图 6.8　旋转锥反应器原理及结构

团共同研发，该装置的生产处理能力约为 10 kg/h，生物质焦油产率最大可达 70%。2000 年，BTG 集团研制了 200 kg/h 的旋转锥快速热解液化设备，2005 年在马来西亚建立了处理量为 50 t/d 的设备。1997 年，沈阳农业大学从 Twente 大学引进处理量为 50 kg/h 的旋转锥快速热解设备并且以木屑为原料开展试验研究，在温度 600 ℃、喂料速率 26.4 kg/h 时，热解油产率最高为 53.4%。东北林业大学的乔国朝设计了一套处理量为 200 kg/h 的旋转锥反应器，以玉米秸、大豆秸、白桦和柞木等为试验原料，在温度 556 ℃时热解油产率最高为 83.8%。

### 6.2.8 下降管反应器

下降管反应器主体由加热器和反应器组成，物料经反应器上方加入，在反应器内部由于重力作用做自由落体运动，在降落过程中，物料迅速受热并发生裂解。通常，在反应器顶部有预热装置，原料预热后可提高传热效率。由于下降管反应器结构相对简单，易于放大，研究人员较多。

大连理工大学 Zhang 等人利用新型下降管热解反应器进行生物质和煤的快速热解和共热解，其装置结构如图 6.9 所示。装置主要由给料单元、自由落体反应管、气固分离器和产品收集单元组成，试验过程中物料经进料螺旋进入反应管，反应管由不锈钢制成，采用电加热方式，生物质在下落过程中经过反应区完成热解。反应产生的气、

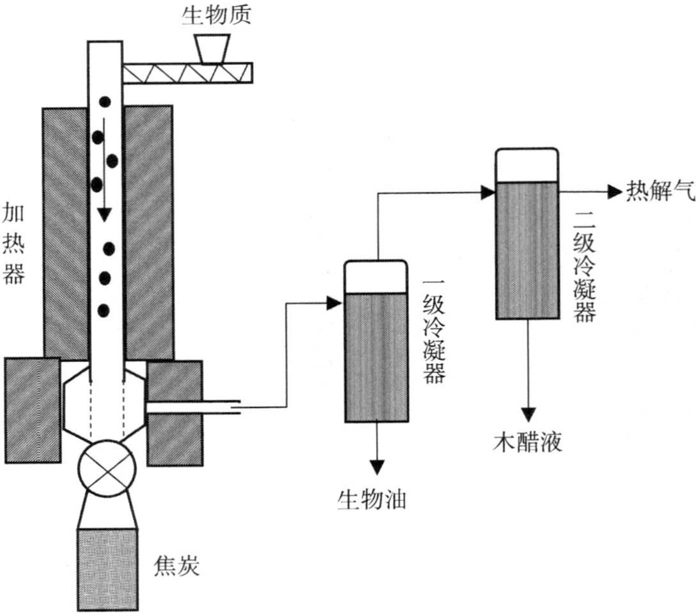


图 6.9　下降管热解反应器

固混合物经反应管底部的气固分离器分离，生物炭经星型阀排出，挥发分经真空泵抽出反应器，通过一级、二级冷凝分别得到生物油、水、木醋液和不可冷凝气。该装置可用于研究炭及二次反应对热解产物的影响，但挥发分在物料层中的停留时间过长，二次反应明显，不利于提高生物油的产率，同时气固分离器在热解过程中容易发生生物炭或焦油冷凝堵塞现象，不利于热解的持续进行。

### 6.2.9　其他热解反应器

除上述几种生物质热解反应器之外，国内外研发的反应器还有携带流化式热解反应器、斜板槽式裂解反应器、等离子体加热流化床、微波辅助裂解反应器等，以及多种类型反应器的组合形式反应器。尽管目前研发设计的反应器有很多结构形式，但至今流化床因其具有良好的传热传质性能、结构简单、易于操作和放大等优势，仍是生物质快速热解技术中最受欢迎的反应器结构。通过生物质快速热解制取液态生物油已取得巨大进步，但离真正实现节能高效的工业化大规模生产还有一定差距。故仍需要继续研究设计性能更加优异的热解反应器，进一步促进生物质能源的有效利用，扩大生物油的生产规模。

## 6.3　快速热解液化影响因素

影响生物质热解液化制油技术产油率的因素很多，如与反应流程操作控制有关的温度、压力、加热速率、气相停留时间等工艺条件因素，以及与原料种类、成分和颗粒粒径等与原料特性有关的因素。但生物油的产率不是由某一影响因素单独决定，实现生物油的最大产率是各种影响因素的最优化组合。在研究某一影响因素的改变对生物油产率的影响时，应限定是在其他关键影响因素取值一定的情况下。

### 6.3.1　反应温度

由于反应器内温度可以影响原料的一次热解和热解蒸汽的二次热解，所以温度对生物质热解产物的产率和分布有着显著影响。生物油的产率随温度的变化存在一个极值点。通常，热解温度在 500 ℃以下时，生物油的产率随温度的升高而增加；在 500~600 ℃之间生物油的产率达到最大值；反应温度超过 600 ℃之后，生物油的产率随温度的升高而减少，气体产率逐渐增加，固体产物产率下降。

### 6.3.2 气相停留时间

在以流化床为主反应器的热解系统中，生物质原料被载气以一定速度输送进入热解反应器后，与流化介质高速碰撞迅速换热引起自身化学键断裂而分解产生热解蒸汽，从这些热解蒸汽形成到它们被排出反应器的时间即为气相停留时间。在一次裂解阶段主要产物是生物质本身的挥发分形成的，当挥发物离开原料颗粒后如不能迅速排出反应器，其会继续受热解，即二次裂解现象，最终形成不可冷凝的气体。在一定温度下，随着热解蒸汽在反应器内停留时间的增加，二次裂解现象加重，热解蒸汽中不可冷凝的气体含量增加，生物油最终的产率将会降低。所以，为了获得最高的生物油产率，需要尽量减少挥发分的停留时间，使热解蒸汽能迅速离开反应器，从而抑制二次热解反应的发生。但是，也并不需要追求气相停留时间的极短值，荷兰 BTG 集团的研究表明，虽然气相滞留时间的长短对生物质快速热解制油率有很大影响，但只要气相滞留时间能够控制在 2 s 以内，其影响程度不足以作为热解液化装置设计的首要评价指标，即不应过分追求短的气相停留时间而不考虑热解反应器的设计难度，中国科学技术大学在 2004 年的研究结果也表明，只要将气相停留时间控制在 2 s 以内，其对生物油产率的影响与温度相比可以忽略不计。

### 6.3.3 反应压力

反应压力的大小影响热解蒸汽在反应器内的停留时间，影响二次裂解现象的轻重，从而影响生物油的产率。在较高压力下，热解蒸汽的停留时间增加，二次裂解现象容易发生；而在低压力下，挥发物可以迅速地从颗粒表面离开，从而抑制二次裂解现象，有利于最终生物油的高产率。随着压力的提高，生物质活化能减小，且减小的趋势减缓。加压和常压的反应体系相比，加压状态下生物质的热解反应速率有明显提高，反应更激烈。有研究结论证实，热解反应压力可使挥发分释放强度减弱，释放高峰延后，在相同的温度下，压力越低挥发组分析出越多，失重越小，可见压力的增加抑制了热解蒸汽的产量。

### 6.3.4 加热速率

生物质快速热解制油技术的“快速”，是指原料在进入热解反应器后需要迅速被加热到很高温度而发生热解反应，快速析出挥发分，为达到这样的高反应速率的热化学现象，必须要保证原料能获得很高的加热速率。加热速率直接影响热解性能并导致气相、液相、固相产物分布都有很大改变。提高加热速率，物料颗粒能更快达到热解温度析出挥发分，有利于迅速产生热解蒸汽并最终影响生物油的产率。

### 6.3.5　催化热解

在热解过程中选择使用合适的催化剂有利于提高产品的选择性和产品质量。催化剂的种类、加入量都会对产物的产率、分布和组分产生影响。应用到热解过程的催化剂主要有金属氧化物、金属盐和分子筛催化剂等。不同的催化剂效果不同。Torren 等选用了 ZSM-5、全硅沸石、β 型、Y 型分子筛等催化剂进行生物质热解制油实验，得出的结论是在 ZSM-5 催化剂存在的条件下，芳香族类有机化合物有最高的 30% 的产率，同时焦炭的产率最低。通常催化热解更多地应用于在热解过程中对热解蒸汽进行催化改质，以改善热解产物的品质。Iliopoulou 等的研究结果表明，通过在生物质原料热解过程中添加较大的比表面积、管状的微孔结构（2~3 nm 孔径）及较弱酸性的催化剂可以获得高品质生物油。较高硅铝比的催化剂能够提高生物油中的有机相含量，较低硅铝比的催化剂则有利于有机相中的碳氢化合物转化为目标产物。

### 6.3.6　颗粒粒径

生物质原料颗粒的大小会影响加热速率，随着颗粒粒径的增大，外界热量与原料颗粒本体之间的传热速率就会降低，从而导致固体产物产率的增加和液体产物产率的降低，但并不是原料颗粒越小越好，极小的颗粒不仅会增加原料预处理的能耗，也不一定会对生物油的高产率有很大贡献。有研究者利用粒径为 0.05~0.5 mm 的山毛榉木颗粒，研究了颗粒大小对热解性能的影响，在反应温度为 500 ℃的快速热解条件下，发现大颗粒原料的炭和气体产率多一些，而液体产率少一些，但产率差别仅约为 2%；以不同颗粒粒径的白杨木为原料进行快速热解，却发现随着颗粒粒径的减小，炭产率增加，气体产率减小。他们对实验结果做这样的解释，即小颗粒原料（0.004~0.105 mm）的炭产率增加是由于小颗粒被加热到过高的温度或在未发生热解的状态下迅速被吹出反应器而造成的，而大颗粒原料（0.25~0.50 mm）的气体产率增加主要是由于大颗粒在反应器中停留时间过长，使得木质素得到了充分热解，主要生成了气体产物，获得最高液体产率的应是中间粒径的颗粒（0.105~0.25 mm）。

因此，对于快速热解反应在设定的反应条件下，理论上存在最适合反应要求的原料颗粒粒径，从而可获得最高的液体产率。对于流化床反应器，过大粒径的原料颗粒会阻碍热传递、增加自身的升温时间，在较低的温度下发生热解反应及二次裂解进而造成液体产物产率的降低；而过小粒径的原料颗粒又会在未发生热解或热解不完全的情况下被吹出反应器。

### 6.3.7 原料种类

对于不同种类的生物质原料，如秸秆、稻壳、木屑等，因其本身碳、氢、氧等元素的组成比例不同及挥发分含量、水分含量等不同，会造成这些原料在相同快速热解工艺条件下最终得到的生物油的产率不同。

## 6.4 生物油的性质与应用

生物质热解得到的生物油成分极其复杂，至今仍没有确切地分析出生物油中的所有化合物种类。生物油是含氧量极高的复杂混合物，几乎包括所有的含氧有机物，如醚、酯、醛、酮、酚、酸、醇等。常温下生物油是有刺激性气味的棕黑色的黏稠液体，呈强酸性，含氧量及含水量均非常高，稳定性差，易挥发，导致其流动黏度随放置时间的增加而增大。表 6.4 列出了生物油与商用燃油的特性比较。

表 6.4 生物油与商用燃油的特性比较

| 性能 | 生物油 | 燃料油 | 汽油 | 柴油 |
|---|---|---|---|---|
| 热值 /（MJ/kg） | 18~20 | 45.5 | 44 | 42 |
| 密度（15℃）/（$kg/m^3$） | 1 200 | 865 | 737 | 820~950 |
| 闪点 /℃ | 48~55 | 38 | 40 | 42 |
| 倾点 /℃ | −15 | −6 | −60 | −29 |
| 黏度（40℃）/（mPa・s） | 40~100 | 1.8~3.4 | 0.37~0.44 | 2.4 |
| pH 值 | 2.0~3.0 | — | — | — |
| 固体颗粒含量 /% | 0.2~1.0 | — | — | — |
| 元素分析（质量分数）/% | | | | |
| C | 42~47 | 86.4 | 84.9 | 87.4 |
| H | 6~8 | 12.7 | 14.76 | 12.1 |
| O | 46~51 | 0.04 | — | — |
| N | < 0.1 | 0.006 | 0.08 | $3.92 \times 10^{-4}$ |
| S | < 0.02 | 0.2~0.7 | — | 1.39 |

## 6.4.1　生物油的性质

### 6.4.1.1　生物油的理化性质

（1）水分。生物油中的水分是最丰富的单一成分，是由原料中的原始水分和快速热解过程中的脱水反应共同作用的结果。生物油的含水量通常在 15%~30% 的范围内变化，这取决于原料中的初始水分和热解条件。生物油中的一些水以醛水合物的形式存在，而大部分可能是氢原子与极性有机化合物的结合，通常采用卡尔－费休滴定法测定。

生物油与水的溶解度有限，随着水含量的增加，微乳液结构被破坏，生物油倾向于分离成水相和较重的有机相。为了保持均匀性，水含量的上限由生物油的化学成分决定，通常在 30%~35% 的范围内。一旦发生这种相分离，将不利于生物油的利用，为了防止这种情况发生，通常要求原料中的原始水分低于 10%，以便将生物油的水分控制在有利的水平。水的存在对生物油的储存和利用既有消极的影响，也有积极的影响。一方面它降低了热值，并可能导致生物油的相分离。另一方面它有助于降低黏度，方便存储和运输。

（2）氧含量。生物油保留了原料中大部分的氧，导致其氧含量在 35%~60%（湿基）范围内变化，主要由含水量决定。同时氧几乎存在于生物油中的所有有机化合物中，这是造成生物油和石油燃料之间巨大差异的主要原因。这些含氧化合物使生物油具有极性，因此不能与非极性石油燃料混溶，这将是生物油利用的一个缺陷。此外，高氧含量是生物油的低热值、腐蚀性和不稳定性的原因。

（3）热值。由于氧含量较高，生物油的低热值（LHV）通常为 14~18 MJ/kg，远低于石油燃料的低热值（41~43 MJ/kg）。然而，生物油的密度约为 1.2 g/mL，而石油燃料的密度为 0.8~1.0 g/mL。因此，生物油的体积能量密度可达到石油燃料的 50%~60%。随着近些年的不断深入研究，一些油料作物的种子热解制备的生物油热值可与汽油、柴油相当。

（4）固体颗粒。生物油中的固体颗粒主要是炭粉和灰分，热解系统未能将这些杂质完全分离，导致其随传输管道沉积到冷凝后的生物油中，其含量约小于 1%。固体颗粒沉积在生物油的底部，并吸附一些木质素热解物形成沉淀，同时有加速老化的催化作用，使黏度增加。在锅炉燃烧时，固体颗粒会磨损喷嘴，同时增加了烟气中颗粒排放物，其中含有的碱金属和碱土金属可能引起高温腐蚀。

（5）黏度。生物油的黏度在 40~100 mPa·s（40 ℃）之间，随着温度的升高，生物油的黏度会有所下降，但是当温度超过 80 ℃时，会加速生物油的老化反应而导致其变质。尽管生物油黏度低于重质燃油，但远高于汽、柴油等车用燃油，会导致发动机管道堵塞等问题。水分、热解反应操作条件、物料情况和油品储存的环境及时间对其有着极大的影响。

（6）闪点、倾点和凝点。闪点是液体燃料加热后，燃料蒸汽与空气混合接触火源而闪光的最低温度，是燃油使用中防止火灾的安全指标。生物油闪点与其水分含量密切相关，在 50~100 ℃之间，能够满足燃料油的要求。

倾点是指液体能够流动的最低温度，凝点是指液体失去流动性的最高温度。在低温下液体不能流动的主要原因是黏度增大，倾点和凝点是燃料在低温下换装、运输的重要性能指标。生物油的倾点一般在 −12~ −30 ℃之间，受原料的影响，可能有些生物油的倾点不在这个范围内。由于生物油的颜色较深，采用标准方法很难直接测出生物油的凝点。

（7）pH 值。生物油的 pH 值较低，大约在 2.5，这主要是因为生物油中含有大量的有机酸，如甲酸、乙酸等。较低的 pH 值表明生物油具有一定的腐蚀性，这直接影响了生物油在车用燃料中的使用，同时意味着生物油只能储存在抗酸腐蚀的容器中。

（8）有机元素组成。生物油中氢元素的含量为 5.5%~7%，碳元素的含量 54%~58%。生物油中有效 H/C 值在 0.1~0.58 之间，远低于重质燃油的 1.5。生物油中的氧含量达到 35%~40%，分布于生物油中各种含氧有机物内。生物油中较高含氧量降低了生物油的热值，也造成了生物油和常规石油无法混溶。

（9）稳定性。将固体生物质转化为液体燃料的主要着眼点之一是生物油便于储存和运输，但长时间的储存要求生物油有较好的稳定性。生物油中的大量含氧化合物和残炭颗粒使其稳定性远低于石油制品，在一两个星期的短期储存后发生老化，黏度显著增加，同时分离出一些重质焦油、油泥、蜡质和水。

由于生物油中含氧基团较多，含氧化合物之间会发生多种化学反应，这是生物油暴露在空气中或者加热易老化的原因。固体颗粒特别是其中的碱土金属对生物油老化起到了明显的催化作用。Agblevor 等人在新鲜的生物油中掺入 5% 的炭颗粒，几天时间就观察到油样黏度急剧增加，并在一个月内凝固。而 NREL 采用高温过滤器，使每千克生物油中碱土金属含量降低到只有几个毫克，油样在环境温度的密闭容器储存了 7 年，仍能流动。

因此，一种是去除生物油中固体颗粒是提高生物油稳定性的有效方法。另一种是提高生物油稳定性的方法是加入溶剂。已经考察了甲醇、乙醇、乙酸乙酯、甲基异丁基酮、丙酮等溶剂在不同添加剂水平的影响，其中甲醇表现优异，经济性强，添加 10% 甲醇时，老化率为原来的 1/8。

#### 6.4.1.2　生物油的化学组分

生物油中的有机组分相当复杂，且随原料、热解条件和产物收集方法等因素而变化，其中有机物种类达到数百种之多，从属于多个化学类别，几乎包括所有种类含氧有机物，主要包括酸类、醛类、酮类、醇类、酯类、醚类、酚类、糖类及低聚物。目前而言，气相色谱质谱联用（GC–MS）仍然是分析生物油组分常规的方法。

华东理工大学李洪宇等采用气相色谱、气相色谱质谱、核磁共振等现代分析测试技术，对生物质快速热解得到的水相和油相部分分别进行了分析。研究发现，水相主要含有水（66.1%）、乙酸（17.9%）和羟基丙酮（11.4%），油相采用正庚烷萃取，其中可溶部分采用柱层析分离再用 GC–MS 分析，分析发现其中主要是酚类物质，不溶部分采用核磁共振（NMR）技术分析发现其中氧基碳的含量较高。将生物油简单地分为水相和油相，还是很难获取详细的成分。Perkins 等总结了生物油的化学组成，如表 6.5 所示。

表 6.5　典型生物油的化学组成

| 类型 | 化合物 | 含量 /% |
| --- | --- | --- |
| 木质素残片 | 不溶性热解木质素 | 15~30 |
| 醛类 | 甲醛，乙醛，羟基乙醛，乙二醛，甲基乙二醛等 | 10~20 |
| 羧酸 | 甲酸，乙酸，丙酸，丁酸等 | 10~15 |
| 糖类 | 聚纤维二糖等 | 5~10 |
| 酚类 | 苯酚，甲基酚，愈创木酚，丁香酚等 | 2~5 |
| 糠醛 | 糠醛 | 1~4 |
| 醇类 | 甲醇，乙醇等 | 2~5 |
| 酮类 | 羟基丙酮，环戊酮等 | 1~5 |

### 6.4.2　生物油的应用途径

最初，生物质热解的目的是生产可再生燃料来替代汽油和柴油等化石燃料，因为生物质是可再生的，分布广泛，也是碳中性的，而化石燃料不具备这些特性，并且消耗很快。但生物油的特性与商用燃油的差距较大，通常需要改性提质后才能达到发动机燃料或锅炉燃料的标准。随着人们对生物质裂解油的深入研究，发现生物油是有机化合物的混合物，其中含有一些具有附加值的化合物，因此，从生物油中生产芳烃、酸和酯类等精细化学品也引起了人们的关注。从生物油中提取一组同类化学物质而不是单一的有机化合物也是一些研究的重点，比如酚类物质可以作为交联反应生产黏合剂的原料。此外，由于生物油中的含氧有机物有聚合反应活性，因此可以将其用作制备炭材料。生物油的应用除了这些方面外，还有许多其他的利用途径。

6.4.2.1　液体燃料

在锅炉的炉膛中，燃料产物与工质不直接接触，因此对燃料的要求比较粗放。生物油诞生后不久，就开始了在锅炉中燃烧的应用试验。欧洲国家的案例研究表明，以产热为目的直接燃烧生物油在经济上可以与化石燃料资源供应相竞争。例如，在奥地利、比利时和芬兰，生物油锅炉产生同等热量的总成本分别是化石燃料锅炉产生热量成本的 76%、50% 和 65%，这种差异是由劳动力成本、生物质价格等因素造成的。美国的 Red Arrow Products 公司是第一家直接燃烧生物油产生热量的公司，该装置以生物油、生物炭和热解气体为燃料，产热能力为 5 MW，工厂的平均排放量为 17.0% CO，1.2% $NO_x$ 和 0.2% 甲醛。瑞典 Arsta 区域供热厂是欧洲第一家大规模使用生物油供热的公司。他们选择了一个使用化石燃料（9 MW 产热能力）的锅炉，并将其燃料换成了不同来源的生物油，结果表明，生物油可以在燃烧性能良好的大型锅炉中成功替代化石燃料。图 6.10 所示是编者团队制备的生物油燃烧的试验场景，该生物油经过脱水及重组分分离，可满足燃烧器电子打火要求，生物油热值达到了 $2.1 \times 10^4$ kJ/kg 以上。

为了延缓燃烧器喷嘴和喷雾器的堵塞，生物油与煤、柴油和天然气等化石燃料共同供油是更好的选择。此外，与生物油直接燃烧相比，生物油与化石燃料共烧可以提高发动机的效率，降低燃烧器系统和发动机机体改造的成本。Chiaramonti 等人将木材热解产生的生物油和柴油混合，并将其送入柴油发动机，发动机可以持续运行 400 小时，而不会对发动机的性能产生任何负面影响，但是在进料泵和喷油器内部形成了一些沉积物。来自意大利的研究人员研究了生物油与柴油共投喂的比例高达 50%，他们观察

生物油

图 6.10　生物油燃烧试验

到生物油与柴油的混相性较低，喷油器有一定程度的损坏，然而发动机的燃烧效率并没有改变。Ge 等人报告说,生物油与柴油混合的最佳范围可能是 5%~30%（体积分数）。他们的研究表明，20% 的生物油与柴油混用，发动机没有缺陷的记录。

综合以往的研究结果，可以得出结论，生物油可以作为锅炉和重型发动机的燃料。然而，由于生物油与化石燃料的特性不同，使用生物油作为燃料时，传统燃烧器系统的配置需要重新设计。例如，空气与燃料的比例应该重新计算。此外，与生物油接触的发动机、燃烧器等机体材料应选用抗生物油酸性成分腐蚀的材料。此外，应减少生物油中的固体颗粒物质（设计过滤系统），特别是在燃烧室收集灰分以防止堵塞。与生物油直接燃烧相比，生物油与传统化石燃料混用（< 5%）可能更实用。在这种情况下，包括喷雾器在内的燃烧器系统只需稍加修改。总之，在将生物油直接用作液体燃料这一领域需要进一步的研究。

因生物油含有大量的水和含氧化合物，这使得它不稳定且热值低，若将生物油用在汽车发动机中，则存在储存、运输和直接使用的问题。因此，生物油需要经过改性提质后才能用作发动机燃料，而加氢脱氧是提高生物油作为发动机燃料性能的有效方法。加氢脱氧是在高温高压条件下降低生物油中氧含量的催化反应过程，其关键在于反应器类型、催化剂类型和工艺条件，只有持续优化才能使其具有连续性和经济性。有关加氢脱氧的具体案例在本章节 6.4.3.1 讲到。

#### 6.4.2.2　提取化学品

工业或日常生活中使用的大部分化学品都是由化石燃料资源生产的。然而，利用化石燃料资源作为原料生产化学品存在不确定性、高价格和环境污染问题，这刺激了生物油生产和分离化学品的研究。

Hu 等人通过萃取法从生物油中的酚类化合物中提取糖 / 糖衍生物。他们分别以水和二氯甲烷 / 氯仿作为提取溶剂，水的使用主要是将糖和极性化合物如乙酰丙酸和糠醇从酚类化合物中分离出来，因为具有六元环结构的糖、乙酰丙酸和糠醇可以通过酸催化转化为乙酰丙酸，乙酰丙酸是制造其他增值化学品的平台化学品。另外，通过该工艺，糖和呋喃可以从酚类物质中分离出来，转化为增值化学品，酚类组分可以进一步利用，如加氢处理转化为生物燃料。

生物油中含有大量的羰基类、羧基类、苯酚类化合物，这些化合物与石灰发生反应形成的盐类化合物，可以作为脱硫剂和脱氮剂处理煤燃烧尾气。Dynamotive 公司利用生物油为原料，发明了产品 Biolime，用来吸收煤燃烧时释放的含硫气体和含氮气体；Biolime 含有 50% 的水和 7%~14% 的钙，在使用时直接喷雾到烟囱中，吸收硫化气体的能力比单纯用石灰提高了 4 倍，并且最佳条件下，可以有效吸收 90%~98% 的含硫气体和部分的氮氧化物气体。

生物油可以用于生产氮元素缓释肥料。生物油中含有大量的羰基化合物，可以与氨基酸、尿素和含有 $-NH_2$ 基团的化合物发生反应，形成含氮量约为 10% 的生物可降解的缓释肥料。这种肥料的优点是不易被雨水冲刷，因此不会污染地下水。由于生物油中含有从木质素降解而形成的腐殖质等物质，这种肥料可以提高土壤的品质，并且这种肥料还有部分的碳元素，可以用于生物固炭。

乙醇醛是生物油中含量比较高的化合物之一，它可以给肉类带来一种特殊的风味，是食品工业中广泛使用的液体熏制剂；原料中木质素的含量越低，乙醇醛的产率就越高，因此在试验中可以利用纯品纤维素或者预处理去除木质素的原料，作为生产乙醇醛的原料，来提高目标产物产量，减少分离纯化的成本。

作为化工原料提取高附加值的化工产品是提高生物油经济性的有效途径，但从生物油中分离某些化学物质的蒸馏和溶剂萃取等技术仍处于技术发展的早期阶段，需要持续研究，以攻克成本高，分离效率低等难题。

#### 6.4.2.3 生物沥青及黏结剂

生物沥青是一种由生物油、石油沥青和添加剂组成的混合物。天然沥青在实际使用中，很容易被氧气氧化，发生老化断裂，造成路面缺损和凹陷。当生物油和天然沥青混合时，生物油可以充当除氧化剂的角色，从而提高沥青的使用寿命。Tang 等利用玉米秸秆、橡木木屑和柳枝稷三种生物质生产生物油，然后与石油沥青混合，来评估混合沥青性能，研究发现生物油可以提高沥青路面的耐久性，是一种经济环保的除氧剂。Fini 等研究石油沥青中添加猪粪生物油对沥青品质的影响，发现生物油的比例越高，在高温下沥青黏度越低，低温下抗裂性越好。Seidel 等把大豆油脂肪酸加入石油沥青和再生料回收沥青中，发现高温下沥青黏度降低，生物油可以替代大豆油脂肪酸达到同样的效果。雷等研究生物质沥青与石油沥青的差异时发现，虽然两者在化学组成、温感性和剪切敏感型等方面均存在一定的差异，但是生物源沥青可以作为石油沥青的替代产品或改性剂。

生物油也被用作沥青的黏结剂。Gao 等人将不同比例（0、5%、10% 和 30%）的生物黏合剂与石油基黏结剂混合，并将其用于沥青生产。为了监测生物黏合剂的性能，测定了沥青短期老化后的软化点、延性和渗透性能。结果表明，生物黏结剂可以提高沥青的抗车辙性能。此外，较高的生物黏结剂含量可提高材料的渗透性、延展性和抗裂性能，但软化点和抗车辙性能下降。生物黏结剂的组成与石油生产的黏结剂不同，高酚类物质、高氧、低碳含量会增加生物黏结剂老化的可能性。因此，从长期来看，如果单纯使用生物黏结剂，沥青会更快开裂，混合使用可能是一种更可行的方法。为了获得最佳的混合比例，还需要进行技术研究。

#### 6.4.2.4　木焦油防腐涂料

以林木为原料通过热解制得的原油又称为木焦油，木焦油的成分以芳香族为主，其碳原子与氢原子比超过 1.4 ： 1，故耐水性较好，而芳香族的超稳性使之成膜后具有良好的抗化学及微生物渗透性。粗制木焦油可直接作为防腐涂料使用，固化成膜后漆膜耐水性优良，侵入水中长时间不脱落、不起泡，其吸水性不超过 0.3%，具有良好的耐化学品、电化学及微生物腐蚀，而且价格低廉，固体含量高，可获得厚膜及超厚膜。但木焦油直接作为防腐涂料使用存在一定的缺点：寒冬漆膜韧性不高，强震动会使漆膜脱落，而且不易施工，涂刷不均匀，影响底材美观；夏季又会发软流挂，长时间暴晒后一些成分挥发会导致漆膜发生龟裂；不耐高温，超过 220 ℃时，漆膜中一些成分燃烧炭化，失去防腐性能。

提高木焦油防腐性能的方法有多种，一种是先将木焦油蒸馏除去低沸点馏分及酸性物质，再加入少量 800~1 000 目的碳粉以增强木焦油的塑性。另一种是在木焦油防腐涂料中加入少量玻璃纤维，此法可大幅度提高漆膜的强度。在改性木焦油的防腐涂料的方法中，效果最好的是加入其他树脂，例如，加入氯丁橡胶可提高木焦油防腐涂料的干性，改善涂料冬脆夏软的缺点，提高涂料的耐电化学腐蚀，在阴极保护系统中可大幅度提高木焦油防腐涂料的超电位性能。在外加的树脂中，目前较为常用的三大树脂为环氧树脂、聚氨酯树脂及含氯的乙烯类树脂。聚氨酯树脂耐候性好，但少量残存的游离异氰酸酯基易与环境中的潮气和水分反应，对人体健康造成影响且生产价格较高。含氯的聚乙烯涂料厚膜化、耐候性和耐溶剂性较差。在常用的三大树脂中，以环氧树脂与木焦油的配合效果最为突出，配合使用具有优良的附着力和低收缩率；对水、中强酸、碱和其他溶剂有良好的耐腐蚀性和抗渗透性；具有较多的固化剂，使其在各种施工条件下均具有良好的成膜性；能同各种树脂、填料和助剂良好的混溶配制成一系列常用的重防腐涂料；易于配置成水性化和厚膜化等无公害防腐涂料。此系列防腐涂料在防腐技术领域应用效果最好。它兼具木焦油涂料和环氧涂料的优点，行业俗称环氧木焦油涂料或环氧木焦油防腐涂料。图 6.11 为编者团队制备的环氧木焦油重防腐涂料及其应用场景，该涂料的施工性能好，一次性施工 400 μm 不流挂，各项性能指标均达到 GB/T 27806—2011 的要求。

### 6.4.3　生物油的精制

热解工艺流程反应参数的优化和工艺设备组合的优化可以进一步提高生物油的产率，但无论热解工艺如何优化，并不能改变生物油固有的品质特性，如高含氧量和高含水量等，仍需要通过后续的油品升级改质工艺或加以提炼并分割不同馏程产物，最终目的是要获得可直接作为清洁燃料使用的生物油品和精细化学品。

图 6.11　环氧木焦油重防腐涂料及其应用场景

#### 6.4.3.1　加氢处理

生物油的加氢精制是指在一定温度和压力下，选用适当的催化剂，在有氢气或供氢溶剂存在的氛围下脱除氧而进行的工艺过程。因其是石油炼制轻质燃油的最有效方法之一，不少研究者将其应用于生物质油的炼制过程中。

在加氢过程中，一般可以观察到以下结果：pH 值、含水量和氢元素含量均有不同程度的增加，而动态黏度有所降低。生物油加氢脱氧的关键在于催化剂，关于生物油加氢脱氧的研究早期大多集中在 NiMo 或 CoMo 硫化物基负载催化剂上。Elliott 等在固定床上研究了硫化的 $NiMo/Al_2O_3$、$COMo/Al_2O_3$ 催化剂对生物油的加氢精制，发现在反应温度 350~380 ℃、质量空速 0.29~0.43 $h^{-1}$ 下，可以得到 38%~53% 的有机相，脱氧率达到 94.5%~98.6%。Centeno 等研究了不同催化剂载体对酯基转化的影响，$Al_2O_3$ 负载的催化剂其催化活性高于 $SiO_2$ 负载的催化剂，$Al_2O_3$ 负载催化剂、C 负载催化剂和硫化的催化剂具有大致相同的催化活性。$Al_2O_3$ 负载催化剂的脱羧基和脱酯的选择性较高，C 负载的催化剂具有适当的脱羧基选择性和较低的脱酯选择性。

OH 等采用 Ru/C、Pt/C 作为催化剂，对生物质热解油进行催化加氢精制研究。研究结果发现，随着反应温度的升高，生物油加氢脱氧率也随之变大。在 350 ℃、Pt/C 催化剂下，生物油的脱氧率高达 78.2%，且精制油的热值达到 27.8 MJ/kg。Wildschut 等人研究了贵金属催化剂和传统加氢催化剂下生物油的加氢反应，发现在精制油产率和脱氧率两个指标上，Ru/C 催化剂的加氢性能均优于其他贵金属催化剂（$Ru/TiO_2$、$Ru/Al_2O_3$、Pt/C 和 Pd/C）和传统加氢催化剂（硫化的 $NiMo/Al_2O_3$、$CoMo/Al_2O_3$）。在 350 ℃、20 MPa、4 h 反应时间及 Ru/C 催化剂下，生物油的 pH 值从 2.5 升至 5.8，且精制油的热值达到 43 MJ/kg。

生物油的加氢过程对于油品改质有明显的作用，对油品中非烃类分子进行加氢脱氧、加氢脱氮是加氢工艺的主要目的。然而，加氢过程所用的催化剂在加氢脱氧中存在一些固有的缺点，如产物污染和催化剂失活。贵金属催化剂在加氢反应中表现出较高的催化活性，但成本较高。因此，需要开发新型、经济的高效生物油加氢脱氧催化剂。

#### 6.4.3.2　催化裂解

催化裂解是指生物油通过催化裂解反应过程得到烃类产物和脱除生物油中的氧元素。与加氢裂化工艺相比，其催化工艺最明显的特点是压力要求较低，不需外加氢源，但液体产率稍低。由于生物油中化合物的多样性，生物油的催化裂解升级涉及多种反应，如裂解、脱羧、脱羰基、加氢脱氧、加氢裂解和聚合等。

华东理工大学研究人员在 HZSM-5 催化剂、质量空速 3.7 $h^{-1}$、380 ℃的反应条件下，在固定床反应器内对生物质裂解油进行了催化裂解实验。得出的结论是精制生物油产率较高，油品中含氧化合物的含量大大降低，且不含氧的芳香族碳氢化合物和多环芳香碳氢化合物含量有所增加。

虽然催化裂化不需要额外的氢气，设备和操作成本较低，但是同样面临着催化剂易结焦失活且精炼过程中的炭损失较高的问题，这也是制约催化裂化发展的重要因素。

#### 6.4.3.3　水蒸气重整

生物油的水蒸气重整是指生物油在蒸汽和催化剂的作用下，以 CO 和 $CO_2$ 的形式从有机物中除去碳和氧，同时生成 $H_2$，富氢的合成气进一步调变后可用于合成高品质液体燃料。

Kechagiopoulos 等研究了生物油水相和模型化合物（乙酸、丙酮和乙二醇）在商业化的镍基催化剂（C11-NK）上的蒸汽重整反应。当反应温度大于 600 ℃、水油比超过 3 时，模型化物展现出了较高的重整效率，氢气收率高于 90%。而真实的生物油水相进行蒸汽重整反应时，氢气的收率约为 60%。研究发现，催化剂结焦是造成上述现象的原因之一。Fang 等采用 Ni/Co 改性制备了碳基催化剂，研究了金属负载（4%、8%、12%）、温度和 S/C 对醋酸蒸汽重整的催化性能。结果表明，酸浸生物炭具有丰富的孔隙结构和含氧官能团，比表面积高达 344.00 $m^2/g$，介孔结构为金属颗粒加载提供了更多的活性位点。在 600 ℃、S/C=3、反应时间为 30 min 的条件下，Ni/HPC 的催化性能最佳，氢含量为 71.10%，乙酸转化率为 88.03%。随着温度的升高，乙酸的转化率明显提高，但氢的选择性降低。适当的 S/C 可以提高氢的选择性，过高的 S/C 会降低催化剂的活性。因此，低成本的碳负载 Ni/Co 对 $H_2$ 的生成具有较高的催化活性。

制约生物油蒸汽重整大规模应用的仍是催化剂。目前，镍、钴等过渡金属催化剂与少量贵金属催化剂已被证明是合适的蒸汽重整催化剂，虽然所提出的催化剂显示出较低的积炭，但仍需不断改进以进一步提高催化剂的性能。

#### 6.4.3.4 物理方法

（1）分级蒸馏。生物油组分非常复杂，最简单的办法就是采用蒸馏技术得到不同组分的馏分油。Bakhshi 等分别对生物油在常压和减压（172 Pa 条件下）下进行蒸馏实验，实验结果是在 200 ℃以下的低沸点组分含量为 58%，200~450 ℃的高沸点组分含量为 6%，超过 450 ℃的残余组分含量为 36%。Murwanashyaka 等将桦树颗粒经真空热解后得到的生物油在 130 ℃的恒温条件下进行水蒸气蒸馏分离，在水蒸气与生物油的质量比例为 27 时，馏分油的产率占整个生物油的 14.9%，经 GC–MS 分析得知在馏分油中酚类化合物含量为 21.3%；在温度 200 ℃，压力 10 kPa 时，生物油经减压蒸馏的馏分油占油样总量的 30.2%，其中酚类含量为 9.8%。Wang 等人利用 KDL5 分子蒸馏装置分离生物油，论证了利用分子蒸馏分离生物油的可行性。结果表明，轻馏分由二氧化碳、水和醇组成，其蒸发速度最快；而重馏分由于存在糖、酚类和热解产物（如二氧化碳、醇类和酚类），其残碳收率最高，分解速率最低；除了水和甲酸的存在外，中组分与重组分相似。

（2）添加溶剂。添加溶剂主要是为了改变生物油的物理性质。Diebold 等研究了添加不同溶剂（乙酸乙酯、甲醇、丙酮和乙醇）对生物油黏度和稳定性的影响，发现这些添加物不仅降低了生物油原本的黏度值，还降低了生物油黏度的增长速率。添加 10% 甲醇的生物油能够在 90 ℃下稳定储存 96 h。Oasmaa 等总结了溶剂添加对生物油黏度影响的 3 种模型：①物理稀释。②降低活性反应物浓度和改变生物油微观结构，从而减缓化学反应速率。③溶剂与生物油活性组分发生化学反应（如酯化反应），阻止生物油活性组分因聚合而造成碳链的增长。

（3）乳化。生物油的乳化处理是指借助表面活性剂的乳化作用使生物油和化石燃油（多为柴油）在一定加热温度下搅拌融合，得到的乳化油可以作为动力燃料直接使用，并且生物油的高含氧量可以促进化石燃油的充分燃烧。Jiang 等在研究不同操作条件下混合油的稳定性时，发现在室温条件下加入 60%（体积分数）的生物柴油后，生物油黏度显著降低，同时能量密度从 15.28 MJ/kg 提高到 34.57 MJ/kg。生物油体积分数较高的混合物具有更高的黏度值。Garcia–Perez 等在 60 ℃水浴条件下加热生物油和生物柴油的混合物，发现有机相中的化合物如呋喃、糖类和低聚物，相比于水相中的化合物更易溶于生物柴油。但受乳化剂性质和生物油种类影响，所得的乳化产品稳定性较差且酸性远高于柴油，对内燃机和锅炉腐蚀较为严重。

## 参考文献


[1] 骆仲泱 . 生物质液化原理及技术应用 [M] . 北京：化学工业出版社，2013.

[2] 王树荣，骆仲泱 . 生物质组分热解 [M] . 北京：科学出版社，2013.

[3] CHEN H，TANG Z，LIU B，et al. The new insight about mechanism of the influence of $K_2CO_3$ on cellulose pyrolysis [J] . Fuel，2021，295：120617.

[4] CHEN D，CEN K，ZHUANG X，et al. Insight into biomass pyrolysis mechanism based on cellulose，hemicellulose，and lignin： Evolution of volatiles and kinetics，elucidation of reaction pathways，and characterization of gas，biochar and bio-oil [J] . Combustion and Flame，2022，242：1-17.

[5] ZAKZESKI J，BRUIJNINCX P C A，JONGERIUS A L，et al. The catalytic valorization of lignin for the production of renewable chemicals[J]. Chemical Reviews，2013，110(6)：3552-3599.

[6] TRAN Q K，LE M L，LY H V，et al. Fast pyrolysis of pitch pine biomass in a bubbling fluidized-bed reactor for bio-oil production [J] . Journal of Industrial and Engineering Chemistry，2021，98：168-179.

[7] PARK J Y，KIM J K，OH C H，et al. Production of bio-oil from fast pyrolysis of biomass using a pilot-scale circulating fluidized bed reactor and its characterization [J] . Journal of environmental management，2019，234：138-144.

[8] 赵杏新，刘伟民，罗惕乾，等 . 喷动床技术研究进展 [J] . 农业机械学报，2006，37(7)：189-193.

[9] 陈明强，颜涌捷，任铮伟，等 . 导向喷动流化床生物质快速裂解制液体燃料 [J] . 华东理工大学学报，2004，2：143-147.

[10] 张立塔 . 喷动流化床快速热解关键技术及产物应用研究 [D]. 北京：北京林业大学，2010.

[11] 王鹏起，常建民，杜洪双，等 . 喷动流化床在生物质快速热解技术中的应用 [J] . 北华大学学报（自然科学版），2007，8(1)：92-96.

[12] BRIDGWATER A V. Review of fast pyrolysis of biomass and product upgrading [J] . Biomass and bioenergy，2012，38：68-94.

[13] 刘荣厚，张春梅 . 我国生物质热解液化技术的现状 [J] . 可再生能源，2004，3：11-14.

[14] 乔国朝 . ZKR-200 型转锥式生物质闪速热解反应器的设计及研究 [D] . 哈尔滨：东北林业大学，2006.

［15］ZHANG J，QUAN C，QIU Y，et al. Effect of char on Co–pyrolysis of biomass and Coal in a free fall reactor［J］. Fuel Processing Technology，2015（135）：73–79.
［16］TORREN R C，GEOFFREY A T，WILLIAM C C. Aromatic production from catalytic fast pyrolysis of biomass–derived feedstocks［J］. Top Catal，2009（52）：241–252.
［17］李洪宇，颜涌捷，任铮伟，等. 在线催化裂解精制生物质裂解油［J］. 太阳能学报，2008，5：515–519.
［18］HU X，MOURANT D，GUNAWAN R，et al. Production of value–added chemicals from bio–oil via acid catalysis Coupled with liquid – liquid extraction［J］. RSC advances，2012，2（25）：9366–9370.
［19］TANG S，WILLIAMS R C. Antioxidant effect of bio–oil additive esp on asphalt binder［C］. Proceedings of the 2009 Mid–Continent Transportation Research Symposium，2009.
［20］GOLALIPOUR A. Investigation of the effect of oil modification on critical characteristics of asphalt binders［D］. Madision：The University of Wisconsin–Madison，2013.
［21］雷茂锦，朱耀庭，彭明. 生物结合料的物理和化学特性研究［J］. 中外公路，2012，32（1）：222–225.
［22］GAO J，WANG H，YOU Z，et al. Rheological behavior and sensitivity of wood–derived bio–oil modified asphalt binders［J］. Applied sciences，2018，8（6）：919.
［23］CENTENO A，LAURENT E，DELMON B. Influence of the support of Co Mo sulfide catalysts and of the addition of potassium and platinum on the catalytic performances for the hydrodeoxygenation of carbonyl，carboxyl，and guaiacol–type molecules［J］. Journal of Catalysis，1995，154（2）：288–298.
［24］OH S，HWANG H，CHOI H S，et al. The effects of noble metal catalysts on the bio–oil quality during the hydrodeoxygenative upgrading process［J］. Fuel，2015，153：535–543.
［25］郭晓亚，颜涌捷，李庭琛，等. 生物质裂解油催化裂解精制［J］. 过程工程学报，2003，1：91–95.
［26］FANG S，WANG Y，LI P，et al. A theoretical and experimental study on steam reforming of bio–oil over Ni/Co modified carbon–based catalysts［J］. Fuel，2022，324：124512.
［27］WANG S，GU Y，LIU Q，et al. Separation of bio–oil by molecular distillation［J］. Fuel Processing Technology，2009，90（5）：738–745.
［28］OASMAA A，KUOPPALA E，SELIN J F，et al. Fast pyrolysis of forestry residue and pine. 4. Improvement of the product quality by solvent addition［J］. Energy & Fuels，2004，18（5）：1578–1583.
［29］JIANG X，ELLIS N. Upgrading bio–oil through emulsification with biodiesel：thermal stability［J］. Energy & Fuels，2010，24（4）：2699–2706.

# 第 7 章　生物质厌氧发酵技术

厌氧发酵技术是一种利用厌氧菌在缺氧条件下进行发酵的技术。传统的发酵技术一般是在有氧条件下进行，而厌氧发酵技术是在缺氧条件下，利用厌氧菌代谢产物产生能量进行的。厌氧发酵技术主要应用于废弃物的处理、生物质能源生产、有机废水处理等领域。常见的厌氧发酵技术包括沼气发酵、乙醇发酵、乳酸发酵等，本章主要介绍以生物质为主要原料的沼气发酵工艺技术及产业化应用。

沼气发酵又称为厌氧消化、厌氧发酵，是指有机物质（如人畜家禽粪便、秸秆、杂草等）在一定的水分、温度和厌氧条件下，通过各类微生物的分解代谢，最终形成甲烷和二氧化碳等可燃性混合气体的过程。沼气发酵技术主要包括原料的预处理，接种物的选取和富集，厌氧消化器的选型设计，工艺条件的控制，产品的净化储存与应用，工程启动和日常运行管理等一系列技术措施。

## 7.1　沼气技术发展现状

农作物秸秆作为生物质，理论上完全可以进行厌氧发酵处理。2007 年农业部沼气科学研究所（成都）对河北青县东姚庄秸秆沼气工程检测后，给出的结论是每投入 1 kg 秸秆干物质可产沼气 0.5 $m^3$ 左右。厌氧发酵产生的沼气是一种清洁的可再生资源，不但可提供能源，而且对保护森林资源、净化生态环境也有很大作用。厌氧发酵后的秸秆还可做鱼饵料和牲畜饲料添加剂，具有提高禽畜免疫力，增加体重的功能。产气后的沼渣、沼液腐殖酸含量高，氮、磷、钾和微量元素齐全，是有效的有机肥料。目前，利用农作物秸秆制取沼气的研究在许多国家取得了成果（表 7.1）。

欧洲沼气工程技术发展成熟，代表了世界的先进水平和模式，尤其是德国、瑞典、丹麦等，是当前世界上沼气工程技术最为成熟和政策配套比较完善的地区。欧洲的沼气工程技术主要以高浓度有机废弃物联合消化工艺为主，绝大多数配备热电联产系统。欧洲沼气工程具体的技术特点如下：重视原料复配，产气率高；工艺统一，热电联产，效益高；实现自动控制，运行管理便捷；沼渣沼液及时还田，杜绝二次污染。欧盟各国建有 600 多座大中型沼气工程，其中绝大多数用秸秆作为产沼气的主要原料。德国是欧洲最大的沼气生产国，据估计，德国有超过 9 500 家沼气厂；在德国可再生能源中，沼气和生物甲烷在可再生能源中的占比高达 16.84%。近 160 万公顷的土地种植着用于沼气发酵的能源作物，占总耕地面积不到 10%。此外，沼气在 2020 年至少满足德国 10% 的天然气需求量；目前德国的沼气厂为 950 万户家庭提供电力，沼气行业每年产生超过 90 亿欧元的收入；到 2050 年，农民收入的 1/4 将来自于沼气工程。瑞典是世界上率先开发车用生物燃气的国家，生物燃气广泛应用于交通行业燃气。根据国际能源署 2013 年 4 月的统计数据，瑞典有 195 个生物天然气加气站，车用燃料的使用占总生物燃气利用的 60%，沼气燃料的生产和使用在瑞典一直稳步增长。英国微生物厌氧发酵产生的沼气可以替代全国 25% 的煤气消耗量。美国沼气工程的主要原料是城市生活垃圾和废水，美国北卡罗来纳州建有一座处理固体废弃物的高温厌氧发酵工厂：生产装置容积为 40 $m^3$，中试 1 $m^3$，小试 10 L×5 个。进料 TS（总固体浓度）30%，出料 TS 20%，HRT（水力滞留期）10 d，发酵温度 55 ℃。发酵后的物料经固液分离，干泥做有机肥料，清液循环回入发酵池。另外美国研制的秸秆两步发酵工艺，先对秸秆进行酸化处理，然后再厌氧发酵制取沼气，不仅大大提高了沼气发酵装置的产气率，而且减少了秸秆在装置中的停留时间。

**表 7.1　2020~2028 年全球沼气历史产量及预测**

| 年份 / 年 | 2020 | 2021 | 2022 | 2023 | 2024 | 2025 | 2026 | 2027 | 2028 |
|---|---|---|---|---|---|---|---|---|---|
| 国家 | 热量（PJ） | | | | | | | | |
| 欧盟和英国 | 710 | 722 | 737 | 765 | 799 | 842 | 880 | 904 | 927 |
| 美国 | 197 | 193 | 195 | 219 | 255 | 296 | 333 | 370 | 407 |
| 中国 | 331 | 339 | 349 | 361 | 374 | 388 | 402 | 418 | 434 |
| 印度 | 138 | 137 | 137 | 141 | 158 | 165 | 172 | 179 | 186 |
| 世界其他地区 | 182 | 196 | 203 | 203 | 203 | 203 | 203 | 203 | 203 |

沼气的应用在我国有近百年的历史，20 世纪 70 年代，国家为解决农村能源问题，下达了关于沼气扶持的文件，农村沼气开始发展；80 年代，沼气建设被列入国家发展计划中；2003 年，农村沼气建设被列入国家国债资金支持的范围，中央对农村沼气的资金投入逐年增加，截至 2013 年，国家投入资金累计达到 370 余亿元。随着技术进步、应用模式增多，沼气已与经济发展和环境保护紧密结合，“十二五”时期（2011~2015 年），在转变能源发展方式、加快能源结构调整、促进节能减排的关键时期，沼气迎来了重要的发展机遇。2016 年 11 月，《国务院“十三五”控制温室气体排放工作方案》

中提出因地制宜建设畜禽养殖场大中型沼气工程；2017 年，国家发展改革委员会和农业部联合印发了《全国农村沼气发展“十三五”规划》，做好农村沼气转型升级工作。2017 年 6 月，《国务院办公厅关于加快推进畜禽养殖废弃物资源化利用的意见》指出，开展规模化生物天然气工程和大中型沼气工程建设。2018 年，国家能源局首次将生物天然气纳入能源发展战略及天然气产供储销体系，并提出将建立优先利用生物天然气的发展机制。2019 年底，《关于促进生物天然气产业化发展的指导意见》出台，提出到 2025 年生物天然气年产量超过 100 亿 $m^3$，到 2030 年超过 200 亿 $m^3$ 的发展目标，这是我国首个促进生物天然气产业发展的指导文件，生物天然气进入快速发展时期。2022 年 2 月，《国家发展改革委 国家能源局关于完善能源绿色低碳转型体制机制和政策措施的意见》指出，完善规模化沼气、生物天然气、成型燃料等生物质能和地热能开发利用扶持政策和保障机制。《“十四五”可再生能源发展规划》指出，在河北、山东、河南、安徽、内蒙古、吉林、新疆等有机废弃物丰富，禽畜粪污处理紧迫、用气需求量大的区域，开展生物天然气示范县建设，每县推进 1~3 个年产千万立方米级的生物天然气工程，带动农村有机废弃物处理、有机肥生产和消费、清洁燃气利用的循环产业体系建立。

截至 2016 年底，全国沼气用户已达到 4 380 万户，全国规模化沼气工程已发展到 11.34 万个。一批由社会资本建设的规模超过 1 万 $m^3$ 的特大型沼气工程，开展集中供气、发电并网及制取生物天然气，使沼气利用从低值化向高值化、从公益供给向有偿使用转变。我国沼气由以户用沼气为主，逐步转变为户用沼气、联户集中供气、规模化沼气共同发展的格局。伴随着农村用户沼气的发展，规模化、集约化、产业化沼气工程也得到了迅猛的发展，不仅应用于畜禽养殖粪便处理，也应用于农业废弃物、工业有机废水和城市生活污水污泥的处理，沼气工程的技术水平、工程和设备质量及运行管理水平都得到迅速提高。我国基本形成了“上游原料收集—中游沼气生产—终端产品应用”的沼气产业链，在产业链上存在诸多效益点，沼气产业的发展将带动其他行业的发展，并创造更大的效益。

随着技术的进步和政府的扶持力度加大，国内涌现了一批大型沼气工程项目，原料主要为畜禽粪污、农作物秸秆及生活有机垃圾等，多采用高浓度中温发酵技术燃气主要用于发电、提纯车用或输入天然气管网。

山东民和牧业大型沼气发电工程是目前国内畜禽养殖行业规模最大的沼气发电工程，也是首家获得批准温室气体减排碳交易项目；广西武鸣安宁淀粉公司车用沼气示范工程是国内首个日产上万立方米的沼气纯化车用燃气工程，南宁市已有近 100 辆出租车改装使用生物燃气，其费用与汽油相比，平均每辆车每千米可节约 0.20 元，每天可节省 80 余元，每年可增加 2 万元收入；北京德清源沼气工程是国内第一个利用沼气发电并批准并网的工程，每年向华北电网提供 1 400 万 kW・h 的绿色电力和 16 万 t 的优质有机肥料。临泉国能天然气有限公司总投资 1.74 亿元，所承担项目是国家 2016 年规模化大型沼气工程转型升级项目，于 2017 年 4 月在安徽省临泉县临庐现代产业园开工建设，2019 年 12 月建设完成。该项目占地面积 41 184.5 $m^2$（约 61.83 亩），年产生物天然气 720 万 $m^3$（经技术提升后年产生物天然气 1 440 万 $m^3$）。2019 年安徽省首个秸秆粪污资源化混合综合利用工程——歙县昌农秸秆粪污混合大中型沼气发电（供气）工程正式并网发电，该项目处理秸秆 3 000 t/a、处置牛粪粪污 3 200 t/a，为蔬菜基地提供 3 600 t/a 的沼渣沼液有机肥，产生沼气 28 万 $m^3$/a，发电 40 万 kW・h/a，年增效约 20 万元，项目经济、社会和生态效益显著。这些特大型沼气工程的建设及运营的成功案例为沼气产业化发展提供了参考模式，并提振了国家及企业对沼气产业蓬勃发展的信心。我国近年典型的大型沼气示范工程见表 7.2。

**表 7.2 我国近年典型的大型沼气示范工程**

| 工程名称 | 建成时间 | 原料处理量 | 规模 | 沼气用途及产量 |
|---|---|---|---|---|
| 山东民和牧业大型沼气发电工程 | 2008 年 | 养鸡场粪污：800 t/d | 3 200 $m^3$ × 8 座 | 发电：6 万（kW・h）/d |
| 广西武鸣安宁淀粉公司车用沼气示范工程 | 2011 年 | 木薯渣、木薯淀粉、酒精废水：6 000 $m^3$/d | 34 000 $m^3$ | 车用压缩天然气（CNG）：6 万 $m^3$/d |
| 北京德清源沼气工程 | 2007 年 | 养鸡场粪污：800 t/d | 3 000 $m^3$ × 4 座 | 发电：4 万（kW・h）/d |
| 赤峰市阿旗天山镇大型生物燃气工程 | 2013 年 | 秸秆、畜禽粪便和生活垃圾等多元混合物料：120 tTS/d | 5 000$m^3$ × 12 座 | 注入天然气管网和车用 CNG：6 万 $m^3$/d |
| 河南贞元集团大型车用沼气工程 | 2009 年 | 牛粪、猪粪、城市粪污等：500 t/d | 2 700 $m^3$ × 3 座 | 车用 CNG：9 000 $m^3$/d |
| 河南双汇集团叶县沼气工程 | 2009 年 | 20 万头猪场粪污：300 t/d | 13 000 $m^3$ | 发电 |
| 汶上蒙牛现代牧场万头奶牛养殖工程 | — | 1 万头奶牛粪污：800 t/d | 10 000 $m^3$ | 发电：（0.9~1.2）万（kW・h）/d |
| 内蒙古蒙牛澳亚牧场沼气工程 | 2007 年 | 1 万头奶牛粪污：280 t/d，牛尿：54 t/d，冲洗水：360 t/d | 2 500 $m^3$ × 4 座 | 发电：2万（kW・h）/d |
| 现代牧业塞北牧场万头奶牛场沼气工程 | 2011 年 | 1.5 万头奶牛粪污 | 9 500 $m^3$ | 发电 |

续表

| 工程名称 | 建成时间 | 原料处理量 | 规模 | 沼气用途及产量 |
|---|---|---|---|---|
| 安徽省临泉县临庐现代产业园生物天然气工程 | 2019 年 | 农村有机废弃物及城镇厨余垃圾 | | 生物天然气并网：1 440 万 $m^3/a$ |

目前我国以厌氧发酵为主体技术的沼气工程依然处于较低的层次，主要原料是畜禽粪污和农作物秸秆，发酵工序“三沼”利用率低，运行困难，资源化利用需要进一步提升，其中沼气产生工艺及装置设施需提升专业化、工程化应用层次，沼渣沼液需要全过程持续安全低风险消纳和深度资源化利用。同时，现有单一发酵的技术稳定性差、产气量受限制、沼液沼渣未形成安全有效的处置出路等问题，客观上要求以混合厌氧发酵为代表的高效高值、绿色安全、低能耗的技术工艺得到研发和推广应用，进而实现技术、经济和环境效益的统一。

我国沼气工程技术具有如下特点：

（1）工艺类型多，效率普遍不高。我国在发展沼气工程的过程中，在户用沼气方面取得了较大成就，而大中型沼气工程由于缺乏行业权威组织统一的技术指导，南北方地区差异较大，各地分别用土法建沼气工程，发酵温度低，无搅拌，沼气产气率低。

（2）产品利用率低，经济效益差。我国建设大中型沼气工程开始以处理废弃物和生产能源为出发点，而不是以充分利用资源为出发点，在工艺设计中对产品的应用重视不够，包括有机肥的生产、沼气发电余热的利用等。在产品产量低、使用率低的情况下，工程的经济效益自然就差，这也是我国沼气工程发展缓慢、运行困难的根本原因。

（3）工程设备化低，生产方式落后。受限于技术水平和成本控制，普遍采用传统的现场加工安装的方式，没有实现工程的设备化和标准化，传统安装方式工期长，难维护，不便于检修，质量难保障。同时，进出料方式落后，手动操作管理，不但需要人工较多，而且外观不佳，影响厂区整体环境。

为了使我国能尽快达到欧洲沼气发展水平，我们可以在以下两个方面进行尝试：

一是走原料集约化道路，目前我国的沼气工程原料比较分散，多数以自己供给为主，原料比较单一，且不能维持大型沼气工程的产气需要，重复建设，浪费严重。所以我们在设计沼气工程时，应充分考虑当地的原料资源，如工业废水、生活垃圾、生活污水、工厂废料、农畜粪便等，将这些有用的资源全部利用，在当地单独建立一个大型的沼气工厂。

二是走自动化道路，我国目前的沼气生产基本靠人力装料，人员监控，没有使用自动化设备来进行生产，效率较低，且生产维护成本较高，难以推广。因此，我国的沼气生产应该走自动化道路，实现自动装料出料，自动监控发酵、存储及输送，这样沼气生产才能提高效率，且有利于推广。

此外，沼气工程本身有公益的性质，可以走“企业自筹资金，申请国家资助，引进投资运营”的模式，提高项目建设水平，确保项目的收益。

## 7.2　沼气发酵的基本原理

沼气属生物能源，是多种有机质在一定温度、湿度、酸碱度及厌氧条件下经微生物分解所产生的一种可燃性气体，它的主要成分是甲烷（$CH_4$）和二氧化碳（$CO_2$），约占总体积的 30%~50%，此外还有少量的水蒸气、硫化氢（$H_2S$）、氮气（$N_2$）及其他成分。甲烷是无色、无臭的气体，分子式 $CH_4$，分子量为 16.04，在 0 ℃、101 325 Pa 标准状态下，甲烷对空气的相对密度为 0.554 8，沼气约为 0.94；甲烷的热值为 35.9 MJ/m$^3$，沼气的热值为 20~25 MJ/m$^3$（4 784~5 980 kcal）。甲烷与沼气的主要理化性质对比如表 7.3 所示。

表 7.3　甲烷与沼气的主要理化性质对比

| 理化特性 | $CH_4$ | 标准沼气（$CH_4$ 含量 60%，$CO_2$ < 40%） |
|---|---|---|
| 体积百分比 /% | 54~80 | 100 |
| 热值 /（kJ/L） | 35.82 | 21.52 |
| 爆炸范围（与空气混合的体积百分比）% | 5~15 | 8.33~25 |
| 密度（标准状态）/（g/L） | 0.72 | 1.22 |
| 相对密度（与空气相比） | 0.55 | 0.94 |
| 临界温度 /℃ | −82.5 | −25.7~−48.42 |
| 临界压力 /×10$^5$ Pa | 46.4 | 59.35~53.93 |
| 气味 | 无 | 微臭 |

### 7.2.1　甲烷的性质

甲烷为无色、无味、无臭，比空气轻的可燃性气体。对空气的相对密度是 0.55，扩散速度较空气快 3 倍，临界温度为 −82.5 ℃，因此液化比较困难，需在 −82.5 ℃、46.4×10$^5$ Pa（45.8 atm）下才能液化。着火点是 537.2 ℃。甲烷对水的溶解度极小，在 20 ℃、1.01×10$^5$ Pa（1 atm）时，100 体积的水只能溶解 3 体积的甲烷，也就是说它的溶解度是 3%。由于甲烷对水的溶解度较小，故在应用中可以用水封的办法来储存沼气。

甲烷的化学性质比较稳定。一般条件下，不易与其他物质反应，但当外界条件适合时也能发生反应。甲烷在空气中燃烧时，生成二氧化碳和水，并释放出大量的热量，火焰呈浅蓝色，化学反应式为：

$$CH_4+2O_2 \rightarrow CO_2+2H_2O+35.91MJ \quad (7-1)$$

甲烷燃烧时，火焰的最高温度约 2 000 ℃，而纯甲烷的热值为 39 580 kJ/m$^3$，接近 1 kg 石油的热值。而一般沼气中甲烷含量为 50%~70%，所以沼气的热值为 17 928~25 100 kJ/m$^3$。甲烷的爆炸下限是 5.4%，上限是 13.9%。含 60% 甲烷的沼气爆炸下限是 9%，上限是 23%。了解甲烷和沼气的爆炸极限，对安全使用沼气极为重要。

### 7.2.2　沼气发酵原理

沼气发酵又称为厌氧消化、厌氧发酵和甲烷发酵，是指有机物质（如人畜家禽粪便、秸秆、城市污泥污水等）在一定的水分、温度和厌氧条件下，通过种类繁多、数量巨大且功能不同的各类微生物的分解代谢，最终形成甲烷和二氧化碳等混合性气体（沼气）的复杂的生物化学过程。其生物化学过程主要包括分解、水解、酸化、乙酸化和甲烷化 5 个步骤，共三个阶段，如图 7.1 所示。

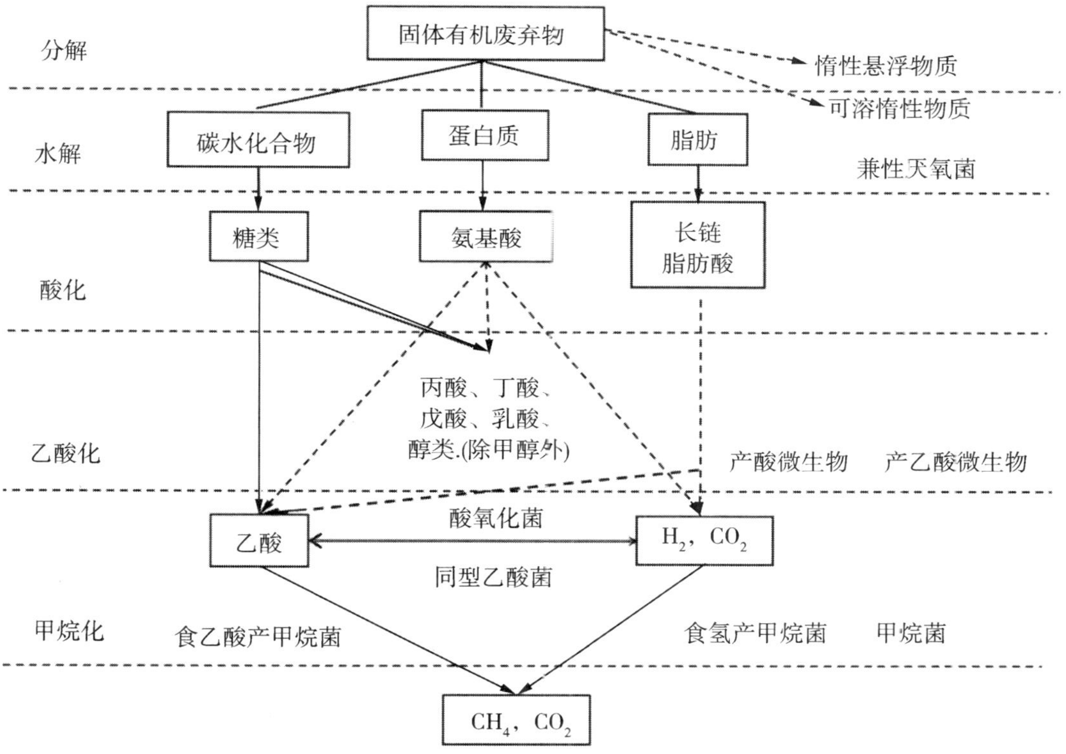


图 7.1　沼气发酵的生物化学过程

具体描述如下：

第一阶段为水解、酸化阶段。发酵原料基本上都是大分子有机物，如纤维素、脂肪及蛋白质等，它们不能被微生物直接吸收利用，在发酵开始阶段，由好氧厌氧微生物分泌的各种酶如纤维素酶、肽酶和脂肪酶等作用，进行酶解，将其分解成可溶性糖类、氨基酸和脂肪酸。发酵性细菌将可溶性糖、氨基酸和脂肪酸吸收后产生乙酸、丙酸、丁酸脂肪酸醇类，以及部分 $H_2$ 和 $CO_2$，同时还会产生少量的氨和二氧化硫，具体情况视有机物中的蛋白质含量而定。此时由于大量小分子酸的生成，造成系统中 pH 值的降低，系统中 pH 值的降低又加快了酸水解的速度，加快了水解酸化阶段的反应速度。

第二阶段为产氢产乙酸阶段。在这个阶段起主导作用的菌有两种，一种是专性产氢产乙酸菌，另一种是同型产乙酸细菌。前者将第一阶段的产物进行氧化分解作用，生成 $H_2$、$HCO_3^-$、$CH_3COOH$ 等物质。后者直接将 $H_2$、$HCO_3^-$ 转化为 $CH_3COOH$，然后在厌氧发酵第二阶段，随着大量有机酸的分解，系统中 pH 值的回升，为甲烷菌的生理活动提供良好的环境基础，同时兼有乙酸（合成甲烷的关键物质）的生成，使得下步反应正常进行。其主要反应过程如下：

$$\begin{aligned}&CH_3CH_2CH_2COOH+2H_2O \rightarrow CH_3CH_2COOH+CH_3COOH+2H_2\\&CH_3CH_2COOH+2H_2O \rightarrow CH_3COOH+2H_2\\&CH_3CH_2COOH+2H_2O \rightarrow CH_3COOH+CO_2+3H_2\\&CH_3OH+2CO_2 \rightarrow 3CH_3COOH+2H_2O\end{aligned} \tag{7-2}$$

第三阶段为产甲烷阶段。在这个阶段，甲烷菌起主导作用，由于厌氧系统中的甲烷菌种类繁多，甲烷的生成也分成两种形式，一种是甲烷菌利用乙酸，直接将乙酸分解成 $CH_4$ 和 $CO_2$，另一种是利用乙酸和 $CO_2$ 生成 $CH_4$。在甲烷的形成过程中，约 30% 来自氢还原 $CO_2$，约 70% 来自乙酸分解。因此，乙酸的降解在甲烷的形成过程中具有重要作用，是主要的代谢途径。甲烷的形成过程主要有以下反应：

$$\begin{aligned}&2C_3H_7COOH+2H_2O+CO_2 \rightarrow 4CH_3COOH+CH_4\\&CH_3COOH \rightarrow CH_4+CO_2\\&2C_2H_5OH+CO_2 \rightarrow 2CH_3COOH+CH_4\\&4CH_3OH \rightarrow 3CH_4+CO_2+2H_2O\\&CO_2+4H_2 \rightarrow CH_4+2H_2O\end{aligned} \tag{7-3}$$

在沼气发酵过程中，乙酸是产甲烷最主要的前提物质，通过这三种类型的菌紧密合作，最终使得有机物可以被分解产生沼气。上述三个阶段是相互衔接和相互制约的，它们之间保持着动态平衡，从而使基质不断分解，沼气不断形成。

### 7.2.3　沼气发酵中的微生物

沼气发酵过程实质上是微生物的物质代谢和能量转化的过程，在分解代谢过程中沼气微生物获得能量和物质，以满足自身的生长和繁殖，同时大部分物质转化为 $CH_4$ 和 $CO_2$。沼气发酵是在多种微生物的共同作用下完成的，可以分为不产甲烷菌和产甲烷菌两大类。

产甲烷菌都是专性严格厌氧菌，对氧非常敏感，遇氧后会立即受到抑制，不能生长繁殖，有的还会死亡。产甲烷菌生长缓慢，在人工培养条件下，要经过十几天甚至几十天才能长出菌落。自然界的沼气发酵产甲烷菌都大多能利用 $H_2$ 和 $CO_2$，代谢生成 $CH_4$。有的产甲烷菌既能利用 $H_2$ 和 $CO_2$，代谢生成 $CH_4$，也能利用简单的甲醇、甲酸、乙酸等，从中获取能量形成 $CH_4$。总的来说，产甲烷菌有四大特点，一是需要严格的厌氧环境，对氧气和氧化剂非常敏感；二是要有适宜的酸碱环境，一般要求中性偏碱的酸碱条件；三是只能利用比较简单的有机化合物为基质；四是菌体倍增的时间长。根据产甲烷菌的形态可以将它们分为杆状菌、球状菌、螺旋状菌、八叠球菌等。

不产甲烷菌主要包括细菌、真菌、原生动物，其中细菌的种类较多，如一些好氧菌、兼性好氧菌和厌氧菌，即发酵细菌、产氢菌和产乙酸菌等。它们的主要作用是将复杂的有机物降解为简单的小分子有机物，不产甲烷菌能为甲烷菌提供营养，原料中的碳水化合物、脂肪和蛋白质等有机物不能被产甲烷菌直接利用，要先通过不产甲烷的液化作用，形成可溶性的简单化合物，作为产甲烷菌的发酵基质，同时也为产甲烷菌创造适宜的氧化条件，和甲烷菌一起共同维持发酵液的酸碱环境。不产甲烷菌可以分为纤维素分解菌、半纤维素分解菌、淀粉分解菌、脂肪分解菌和蛋白分解菌等。

沼气发酵中主要参与发酵的菌种有发酵性细菌、产氢产乙酸菌和产甲烷菌，这些菌种的特性和作用如表 7.4 所示。

**表 7.4　厌氧活性污泥中微生物菌群及作用**

| | 菌群 | 菌型 | 作用 |
|---|---|---|---|
| 发酵性细菌 | 蛋白质分解菌 | 双球形居多 | 使蛋白质水解，生成氨基酸 |
| | 纤维素分解菌 | 弧形居多 | 使纤维素被水解，生成二糖 |
| | 厌氧淀粉分解菌 | 杆形居多 | 使淀粉被水解，生成葡萄糖 |
| | 脂肪分解菌 | 杆菌、假单胞菌等 | 使脂肪被水解，生成脂肪酸 |
| | 硝酸盐还原菌 | 杆菌 | $NO_3^-$ 被还原成 $N_2$、$NO_2^-$ |
| | 硫酸盐还原菌 | 芽孢杆菌或梭菌 | 将丁酸转化为乙酸 |

续表

| | 菌群 | 菌型 | 作用 |
|---|---|---|---|
| 产氢产乙酸菌 | 丁酸盐分解菌 | 杆菌和弧菌 | 将 $SO_4^{2-}$ 还原为 $H_2S$ |
| | 丙酸分解菌 | （链）球形居多 | 将丙酸转化成乙酸 |
| 产甲烷菌 | 产甲烷菌 | 微球状、球状、杆状等 | 利用甲酸、乙酸、$CO_2$ 等生成 $CH_4$ |

## 7.3 沼气发酵原料及产气能力评估

### 7.3.1 沼气发酵原料

适宜沼气发酵的原料种类较多，沼气发酵是适用对象最广的有机废弃物处理方式。根据原料来源主要分为工业废弃物（废水和废渣）、农林业废弃物（作物秸秆、杂草、树叶等）、生活废弃物（城市生活有机垃圾、生活污水、污泥）、畜禽养殖业废弃物（猪粪、牛粪、鸡粪等），其中工业废弃物包括轻工业废水废渣（如酒精废水和淀粉废水等）和非轻工业废水废渣（如屠宰废水和制药废水等）。

（1）富碳原料。这类原料主要是各种农作物秸秆（稻草、麦草、玉米秸等）和杂草，它们含碳量高，主要成分为木质素、纤维素、半纤维素和蜡，代谢利用和产气速率较慢。以这类物质为原料时，需要进行预处理，以提高原料的利用率和产气速率。它们往往不能作为单独的发酵原料，而是将其与一些富氮原料一起作为沼气的发酵原料。

（2）富氮原料。主要是畜禽养殖业废弃物（猪粪、牛粪、鸡粪等）、生活废弃物（城市生活有机垃圾、生活污水、污泥），它们的氮元素含量较高。粪便的颗粒较细，作为正常沼气池的原料，不必进行预处理，代谢分解和产气速率较快。在沼气池启动时，可以直接使用羊粪、马粪或牛粪等原料；根据接种物来源、质量和接种量等实际情况，可使用单一的猪粪，最好添加牛粪、马粪或羊粪；不建议大量使用人粪，除非沼气池的主要发酵原料为人粪便，此时一定要提早用人粪便培养好接种物；使用鸡粪，极易造成沼气发酵体系酸化，并且常常不能自动恢复，也很难进行调整。

（3）其他原料。除了粪便、秸秆等原料外，水生植物中的水葫芦、水草和藻类等，繁殖速度快、产量高、碳氮比合适，加之组织鲜嫩，容易被沼气发酵细菌利用，也是比较理想的原料。

（4）忌入池杂料。①严禁将含磷有机原料入池，如菜籽饼、棉籽饼、磷酸钙、磷矿粉、钙镁磷肥等，因为这些物质在绝对厌氧的条件下，会产生磷化氢等剧毒气体，使人中毒甚至死亡。②并不是所有的植物都可作为沼气发酵的原料，如桃叶、马钱子、大蒜等，对沼气发酵有较强的抑制作用，不宜作为发酵原料进入沼气池。③喷洒了农药的作物茎叶，刚消过毒的禽畜粪便，各种剧毒农药（特别是有机杀菌剂、抗生素、驱虫剂等）及各类消毒制剂、电石、洗衣粉、洗衣服水等均不宜入池。

秸秆类原料进行预先堆沤后用于沼气发酵，有很多优点：在堆沤过程中，原料中带进去的发酵细菌大量生长繁殖，起到富集菌种的作用；堆沤腐熟的物料进入沼气池后可减缓酸化作用，有利于酸化和甲烷化的平衡；秸秆原料经堆沤后，纤维素变松散，扩大了纤维素分解菌与纤维素的接触面，大大加速纤维素的分解速度，加速沼气发酵的过程；堆沤腐烂的纤维素原料含水量较大，入池后很快沉底、不易浮面结壳；原料堆沤后体积缩小，便于装料。

中国农村沼气发酵的原料相当充足，养殖业污水、村镇生物质废弃物、城市垃圾等发酵沼气池的建立也大大拓宽了沼气的生产和使用范围，有力地促进了农村循环经济的进一步发展。但是针对目前众多沼气项目来说也存在一些原料上的问题，譬如用人畜家禽粪便等富氮原料存在成本昂贵和运输成本过高的问题，而富含大量难降解的纤维素、木质素类秸秆等作为发酵原料，则会导致沼气发酵启动慢、产气率低等问题，这些将长期制约沼气池发酵原料的发展。因此，沼气工程选址应考虑到主要发酵原料的产地、运输成本及沼液沼渣的消纳。

### 7.3.2　产气能力评估

（1）Buswell 方程理论计算。Buswell 方程理论计算，也可以理解为按挥发性固体进行理论计算。该方法主要针对固体原料，通过原料的挥发性固体含量测定和元素含量（C、H、O 和 N）分析，利用 Buswell 提出的有机物 $C_nH_aO_bN_c$ 厌氧发酵产甲烷、二氧化碳、氨的反应式进行理论计算：

$$C_nH_aO_bN_c+\left(n-\frac{a}{4}-\frac{b}{2}+\frac{3c}{4}\right)H_2O\rightarrow\left(\frac{n}{2}+\frac{a}{8}-\frac{b}{4}-\frac{3c}{8}\right)CH_4+\left(\frac{n}{2}-\frac{a}{8}+\frac{b}{4}+\frac{3c}{8}\right)CO_2+c\cdot NH_3 \tag{7-4}$$

通过式（7–4）可计算出每千克原料（以挥发性固体计算）在标准条件下的理论产 $CH_4$ 量和产 $CO_2$ 量，其（C+H）/O 的比值越大，理论产甲烷能力越大。

$$Y_{CH_4}\left(\frac{L}{kg}VS\right)=\frac{1\,000\times22.4\times\left(\frac{n}{2}+\frac{a}{8}-\frac{b}{4}-\frac{3c}{8}\right)}{12n+a+16b+14c} \tag{7-5}$$

（2）沼气产量实验测定。实验测定的沼气产量也叫生化产气能力。生化产气能力是指在无抑制存在的情况下保证足够长的厌氧发酵时间，使得原料中可生物降解部分全部被降解并转化为沼气的量。通常，高温（55 ℃）条件下的发酵时间为 45 d，中温（35 ℃）条件下的发酵时间为 70 d，当然，无论高温还是中温其实验结束依据就是产气停止。设置一组不加发酵原料的空白对照来测定接种物本身的产气量，通过扣除接种物本身的产气量即得到原料的实际产气量。表 7.5 所示为部分常见固体原料特性和实验测定的产气量。

**表 7.5　几种常见农业废弃物和污泥在 55 ℃发酵条件下的产气量**

| 原料 | TS/% | 产气量 /（L/kg TS） | 甲烷含量 /% |
|---|---|---|---|
| 麦秸 | 10 | 350 | 63 |
| 玉米秸 | 10 | 360 | 62 |
| 稻草 | 10 | 380 | 62 |
| 污泥 | 10 | 50 | 78 |

注：TS 指总固体，产气量以发酵时长 45 天计。

## 7.3.3　原料预处理

对秸秆进行预处理是提高秸秆利用率和产气率的一种有效手段，成为目前秸秆沼气利用研究的重要内容。秸秆预处理的目的是提高秸秆的消化率，使其在水解过程中能够释放出较多的低分子糖类物质。在实际生产中针对不同的影响因素，通常采用不同的预处理方法达到提高秸秆水解效率和发酵效率的目的。目前主要有物理处理、化学处理、生物处理及联合预处理方法，它们都是通过一定措施改善秸秆的质地和结构。

### 7.3.3.1　物理处理

物理处理主要利用机械破碎、蒸汽爆破等方法来改变秸秆的外部形态或内部组织结构。其主要原理是通过这些方法降低纤维素结晶度，目的是增加厌氧微生物与基质的接触面积或是通过破坏细胞壁结构使之易于消化。

（1）机械破碎。此方法对秸秆的沼气发酵效率提高有限，且过细的破碎耗能较大，因而该方法一般与其他处理方式结合使用。在用稻草发酵产沼气中，采用研磨和切碎两种物理预处理方法处理稻草时发现，切碎和研磨都能够促进秸秆的产气速率和产气潜能的发挥。但是，切碎与未切碎相比，稻草产气速率和产气潜能的变化不明显，而研磨比切碎的预处理方法更有效，在相同的颗粒大小下（25 mm），研磨比切碎的预处理方法可提高产气量 12.2%。Gallegos 等研究中发现，秸秆粒径从 2.0 cm 减小到 0.2 cm，甲烷产量提高 26%。Ferreira 等（2014）对不同粒径的秸秆进行发酵实验，结果表明，并非粒径越小的秸秆，越有利于厌氧发酵，粒径 30~50 mm 的秸秆，厌氧发酵效果最佳。

（2）蒸汽爆破。以高温高压的水蒸气为介质，让高压气体充满原料细胞孔隙，当气压突然降低，孔隙中气体急剧膨胀，将原料撕裂成细小的纤维束，类似于爆炸的效果。宋永民等（2008）比较了蒸汽爆破处理后与未处理的秸秆厌氧发酵的甲烷产量，结果表明，经过蒸汽爆破处理的秸秆比未处理的秸秆甲烷产量高出 2.5 倍，同时，蒸汽爆破处理对纤维素和半纤维素降解率的提高有明显的促进作用。河南农业大学的秸秆能源工程化项目预处理工艺采用此方法，纤维素和半纤维素的降解率也有了显著的提高，秸秆沼气产气率提高 30%，甲烷产气率提高 12%~18%。但是，该方法的处理成本较高，需要专用的设备，因而该方法的推广应用受到了限制。

#### 7.3.3.2　化学处理

化学处理就是利用化学制剂作用于作物秸秆，破坏细胞壁中半纤维素与木质素形成的共价键从而达到提高秸秆消化率的目的。化学处理方法包括酸化、碱化、氨化、氧化等方法。

（1）酸化。浓酸和稀酸酸化处理农作物秸秆等木质纤维素原料，可以有效破坏纤维素的晶体结构，使原料变得疏松；并且其可以有效水解半纤维素，使生物质原料得到充分利用。覃国栋等用不同浓度的酸（2%、4%、6%、8%、10%）对水稻秸秆进行处理，并对处理后的水稻秸秆进行厌氧沼气发酵，酸处理浓度为 6% 的效果最好，其甲烷含量最高可达 44.3%，单位总固体产气率为 150 mL/g，比对照组高出 99.8%。

（2）碱化。用 NaOH、$Ca(OH)_2$、KOH、$NaHCO_3$ 等溶液浸泡秸秆或喷洒于秸秆表面，以破坏纤维素、半纤维素和木质素之间的酯键，溶解纤维素、半纤维素和一部分木质素及硅酸盐，使纤维素膨胀，从而提高消化率。用 NaOH 化学处理玉米秸秆，厌氧发酵可提高产气量，分别有 53.2%、46.9% 和 66.6% 的木质素、纤维素和半纤维素被分解，其中 1/2~2/3 被转化成了易被厌氧菌利用的可溶物质。Li（2015）用不同浓度梯度的 KOH 溶液（0.5%~2.0%）处理秸秆，结果表明，用 1.5% 的 KOH 浸泡秸秆 12 h 后，进行厌氧发酵效果最好。

（3）氨化。用液氨、氨水、尿素和碳酸氢铵等，与秸秆中有机物发生反应，生成铵盐，成为厌氧微生物的氮素来源，被微生物利用，并同碳、氧、硫等元素一起合成氨基酸，进一步合成菌体蛋白。氨呈碱性，可与秸秆中的有机酸结合，消除秸秆中潜在的酸性，提高微生物的活性，从而提高秸秆的消化率。

（4）氧化。用于氧化还原类的有氯气、各种次氯酸盐、$H_2O_2$ 和 $SO_2$ 等。

#### 7.3.3.3　生物处理

生物处理是通过微生物产生的“三素”（木质素、纤维素、半纤维素）分解酶，破坏纤维素－半纤维素－木质素之间的连接，把一部分纤维素降解成比较容易消化的成分。就是在人工控制下，利用具有强木质纤维素降解能力的微生物对秸秆先进行固态发酵，把作物秸秆中的木质纤维素预先降解成易于厌氧菌消化的简单物质，以缩短随后的厌氧发酵时间、提高干物质消化率和产气率。白腐菌、担子菌、枯草芽孢杆菌能够分解秸秆中的木质素，绿氏木霉、里氏木霉、黑曲霉等能够分解秸秆中的纤维素。利用白腐菌预处理秸秆发酵产甲烷的研究中发现，稻草秸秆的结构受到破坏，木质素含量降低，大大缩短了厌氧发酵周期，提高了甲烷转化效率。如经白腐真菌预处理稻草的产甲烷性能，发现处理稻草的总产气量和甲烷产量比对照分别提高了 34.73% 和 46.19%。秸秆降解是在微生物代谢过程中产生的一系列酶作用下完成的，而且需要多种酶协同作用。在实际处理中，采用混合菌降解秸秆效果更好。

根据以往的研究表明，用物理处理法预处理秸秆成本较高并耗能；化学处理法预处理存在二次污染；生物处理法预处理成本较低，农家院、沼气池旁或池内都可以处理，但耗时长，如果在储藏期间，生物处理是一个不错的选择。总的来说，秸秆厌氧发酵还存在厌氧消化速率慢，消化率低、产气率低等问题，作为主要的发酵原料在实际中还没有得到推广。秸秆发酵的预处理建议以物理处理和生物处理方法为主。

### 7.3.4 接种物

接种物是一些含有能产甲烷微生物的活性淤泥，一般选择老沼气池底的沼渣及沼液、冒泡的黑色阴沟污泥、粪坑沉渣，且 pH 值在 6.8~7.5 之间，浓度在 3% 以上。接种物是影响发酵的重要因素，包括接种物的驯化、接种物的浓度和接种量。其中，接种量的大小直接影响发酵启动的快慢。菌种的选用在秸秆厌氧发酵中起着重要的作用，不同接种物因含有不同的菌群，直接影响厌氧发酵产沼气的效果，因此不同接种物及其组合对厌氧发酵产沼气效果的影响一直是人们关注的内容。

有机物厌氧分解产生甲烷的过程，是由多种沼气微生物来完成的。农作物秸秆自身微生物菌群附着数量少，很难通过自身驯化富集完成发酵过程的启动，如果接种量少，则会延长发酵时间，产甲烷速度变慢，甚至有可能造成酸的积累从而使沼气发酵失败。因此，使用秸秆作为原料发酵沼气，加大接种量是防止酸积累、保证发酵正常进行的关键措施。产甲烷菌群在大自然中广泛分布，有许多接种物都可以满足农作物秸秆产沼气的要求。一般情况下，加入菌种比例为原料重量的 20% 左右，能达到 30% 以上更好，这样可以提高产气速率和早期沼气中的甲烷含量。

接种物中的有效成分是活的沼气微生物群体，不同来源的接种物其活性是不同的。条件具备时，采用生态环境一致的厌氧污泥或沼渣作为接种物；不具备这样的条件时，需要进行菌种富集和培养。因此，在选择接种物时，不但要有占投料量 20%~50% 的接种物，而且更应该选择活性强的接种物。工业废水中，沼气微生物没有或很少，使用这类原料的沼气池启动缓慢，需人工加入沼气微生物。针对这一情况，目前已有专供大中型沼气工程启动的高质量接种物出售。一般粪便中含有一定量的沼气微生物，启动时如果不另添加接种物，若温度较高（料温大于 20 ℃），经过一段时间可以正常发酵。农村沼气池启动时，若接种物足够多，投料后第 2 天就可正常用气。沼气池彻底换料时，应保留少部分底脚沉渣作为接种物，可使停滞期大大缩短，很快开始正常发酵产气。

## 7.4　沼气发酵的工艺条件

为了达到较高的沼气生产率或废弃物处理率，沼气发酵过程就要最大限度地培养和积累沼气发酵微生物，而沼气发酵微生物都要求适宜的生活条件，它们对温度、酸碱度、氧化还原电势及其他各种环境因素都有一定的要求。沼气发酵工艺就是在工艺上满足微生物的这些生活条件，使它们在合适的环境中生活，以达到发酵旺盛、产气量高的目的。沼气池发酵产气的好坏与发酵条件的控制密切相关。在发酵条件比较稳定的情况下，产气旺盛，否则产气不好。实践证明，往往由于某一条件没有控制好而引起整个运转失败。比如原料干物质浓度过高时，产酸量加大，酸大量积累而抑制产气。因此，控制好沼气发酵的工艺条件是维持正常发酵产气的关键。

### 7.4.1　投料浓度

原料投加浓度是影响生物质产沼气的重要因素。在沼气发酵中保持适宜的发酵料液浓度，对于提高产气量，维持产气高峰是十分重要的。发酵料液浓度是指原料的总固体（或干物质）重量占发酵料液重量的百分比。

国内外研究资料表明，能够进行沼气发酵的发酵料液浓度范围是很宽的，为 1%~30%，甚至更高的浓度都可以生产沼气。而且总固体（TS）浓度在 8%~30% 范围内，沼气产量随着 TS 浓度增加而增加，但甲烷含量有所下降，TS 浓度为 35% 时，发酵液出现酸化现象，造成原料的浪费。应从沼气发酵设备和工艺设计的实际情况出发，选取适宜的发酵料液浓度。从经济的观点分析，适宜的发酵料液浓度不但能获得较高的产气量，而且原料利用率也较高。

配制发酵料液的浓度，要根据发酵原料的含水量和所要求的浓度确定。当沼气罐容积一定时，如果发酵原料加水量过多，发酵料液过稀，滞留期短，原料未经充分发酵就被排出，这不但影响产气，还浪费了发酵原料；如果加水量太少，发酵料液过浓，使有机酸聚积过多，发酵受阻，产气率会降低。常用发酵原料的含水量如表 7.5 所示。

表 7.6　常用发酵原料的含水量

| 发酵原料 | 含水量 /% | 发酵原料 | 含水量 /% |
| --- | --- | --- | --- |
| 干麦秸 | 13 | 鲜马粪 | 78 |
| 干稻草 | 15 | 鲜猪粪 | 82 |
| 玉米秸 | 16 | 鲜人粪 | 80 |
| 野（杂）草 | 76 | 鲜鸡粪 | 70 |
| 鲜牛粪 | 83 | 污泥 | 80 |

### 7.4.2　厌氧环境

在沼气发酵的过程中，不仅需要充足的产甲烷菌，而且还需要大量的不产甲烷菌。不产甲烷菌中有好氧菌、厌氧菌和兼性厌氧菌，这些菌落构成了一个复杂的生态系统。因此，游离态氧对产甲烷菌的影响就不像纯培养产甲烷菌时那样严重。沼气池中原来存在的空气，以及装料时带入的一些空气对沼气发酵的危害并不大，虽然产甲烷菌的生长和繁殖需要严格的厌氧环境，若在有氧的环境中，产甲烷菌不会增长，反而受到抑制，但它们并不会死亡，所以，只要沼气池不漏气，换料时带入的氧气就会很快被一些好氧菌和兼性菌消耗掉，并为产甲烷菌创造了一个良好的厌氧环境。

仅从没有空气或有没有氧来说明好氧和厌氧是不够确切的，比较合适的是从氧化还原电势来理解厌氧程度。氧化还原电势（oxidation reduction potential，ORP）是电子从一化合物向另一化合物转移造成反应物之间的电势差；单位是 mV，它可用带专门电极的氧化还原电位测定仪测定（图 7.2）。一种物质的氧化程度愈高则电势趋于负，厌氧条件下氧化还原电位是负值，在高温沼气发酵条件下，适宜的氧化还原电势范围平均为 –600~–560 mV。常温和中温发酵条件下适宜的氧化还原电势为 –350~–300 mV。沼气微生物通常能自动调节到这一范围。

图 7.2　便携式氧化还原电位测定仪（便携式 pH/ORP 计）

### 7.4.3　碳氮比

沼气发酵原料的碳氮比是根据沼气微生物所需的营养物质而定的，碳氮比用符号 C/N 表示，是指原料中碳元素含量和氮元素含量之比。碳元素为沼气微生物的新陈代谢提供能源，而且原料碳元素又是形成甲烷的主要物质，氮元素是构成沼气微生物细胞的主要物质。关于沼气发酵中碳氮比例的影响问题很多学者都颇有争议，最初研究者引用土壤微生物学概念，过分强调 25：1，通过进一步研究发现，用常规的化学分析法来分析原料中的碳、氮含量，并不能正确反映发酵原料中的碳氮比例的关系。例如，木质素虽含碳量很高，但多数微生物不能利用。同一种发酵原料不同碳氮比例产气量也不一定相同。

各种有机物所含碳素和氮素的量有很大差异。有的含碳多，含氮少，碳氮比值大，称贫氮有机物，如农作物秸秆。相反，有的原料含氮多，含碳少，碳氮比值小，称富氮有机物，如人畜粪便、生活污泥等。为了满足厌氧发酵微生物对碳素营养和氮素营养的要求，需要进行碳氮合理搭配，保证碳氮比值的适宜。如果 C/N 太高，细胞的氮量不足，消化液缓冲能力低，pH 值容易降低；C/N 太低，铵盐容易积累，pH 值上升，也会抑制消化过程。大量的报道和试验表明，沼气发酵的 C/N 以（20~30）：1 为宜，C/N 为 35 ：1 时产气量明显下降。在使用作物秸秆为主要发酵原料时，如果碳氮比较高，可添加适量的碳酸氢铵等氮肥，以补充氮素。

作物秸秆含纤维素多，消化速度慢，产气速度慢，但持续产气时间长（如玉米秸秆产气持续时间可达 90 d 以上）；人的粪便、生活污泥等原料，消化速度快，产气速度快，但持续时间短（只有 30 d）。我国沼气发酵的一个明显特点就是采用混合原料发酵。碳氮比较高的发酵原料如农作物秸秆，需要同含氮量较高的原料如生活污泥、人畜粪便配合以降低原料的碳氮比，取得较佳的产气效果，特别是在第一次投料时可以加快启动速度。因此，根据沼气原料的来源、数量和种类，采用科学、适用的配料方法是很重要的。表 7.7 是常用沼气发酵原料的 C/N。

表 7.7　常用沼气发酵原料的 C/N

| 原料种类 | 碳素 /% | 氮素 /% | C/N | 原料种类 | 碳素 /% | 氮素 /% | C/N |
|---|---|---|---|---|---|---|---|
| 干麦秸 | 46 | 0.53 | 87：1 | 野草 | 11 | 0.54 | 26：1 |
| 干稻草 | 42 | 0.63 | 67：1 | 鲜羊粪 | 16 | 0.55 | 29：1 |
| 玉米秸 | 40 | 0.75 | 53：1 | 鲜牛粪 | 7.3 | 0.29 | 25：1 |
| 树叶 | 41 | 1.00 | 41：1 | 鲜猪粪 | 7.8 | 0.60 | 13：1 |
| 大豆秧 | 41 | 1.30 | 32：1 | 鲜人粪 | 2.5 | 0.65 | 3.8：1 |
| 花生秧 | 11 | 0.59 | 19：1 | 鲜马粪 | 10 | 0.24 | 42：1 |

### 7.4.4 温度

沼气厌氧发酵与温度有密切关系。沼气发酵微生物只有在一定的温度条件下才能生长繁殖，进行正常的代谢活动，因此发酵温度是影响沼气发酵的重要因素。根据产甲烷菌在不同温度下将厌氧发酵分为四类：其中低温发酵温度范围为 10~30 ℃，最适宜温度为 10~20 ℃；中温发酵温度范围为 30~40 ℃，最适宜温度为 35~38 ℃；高温温度范围为 50~60 ℃，最适宜温度为 51~53 ℃；此外，随自然温度变化的发酵方式称常温发酵。

通过温度对微生物活性的影响，能有效提高秸秆的降解速度和微生物呼吸强度，产生甲烷生产的底物 $CO_2$。在发酵过程中微生物对温度有一定的要求，需将发酵料液维持在适宜的温度范围内，以保证产气率。很多研究者对此进行了大量的研究和实验分析得出以下结论：只有发酵温度在 15 ℃以上时，厌氧发酵才能顺利进行。因为温度在 15 ℃以上时，产甲烷菌的代谢活动才能活跃起来，产气率明显增高，挥发酸的含量也迅速下降。而温度在 10 ℃以下时，产酸菌和产甲烷菌的活性都将受到严重的抑制，因此，在气温下降时必须考虑保温。例如，10 ℃下发酵 90 d，但其产气率只有 30 ℃下发酵 27 d 的 59%。而在 30~60 ℃范围内出现两个产气高峰。一个高峰在 35 ℃左右，另一个高峰在 54 ℃左右。出现这两个高峰，是在这两个高峰温度下有两种不同的微生物菌群参与作用的结果。表 7.8 是温度对秸秆产气情况的影响。

**表 7.8 温度对秸秆产气情况的影响**

| 沼气发酵温度 /℃ | 30 | 37 | 55 |
| --- | --- | --- | --- |
| 沼气发酵时间 /d | 80 | 60 | 50 |
| 有机物产气率 /（mL/g） | 280 | 300 | 350 |
| 甲烷含量 /% | 68 | 66 | 62 |

厌氧发酵温度的突然上升或下降，对产气量都有明显的影响。大中型沼气发酵工程，尤其是恒温工程，温度是必须的监控指标。温度变化超过 3 ℃，产气就会发生明显的变化。一般认为，温度突然上升或下降 5 ℃，产气量显著降低，若变化过大则产气停止，使有机酸大量积累而破坏厌氧消化。例如，一个 35 ℃下正常产气的沼气池，温度突然下降到 20 ℃，则产气几乎完全停止。但温度恢复后，基本不因前期温度下降而阻碍气体的产生，且能迅速恢复原状。

### 7.4.5 pH 值

pH 值是厌氧消化体系的一个重要控制指标，消化体系中的产甲烷菌对 pH 值的变化非常敏感。pH 值在 6.8~7.2 时产甲烷菌的活性最高，超出此范围活性随之下降。当 pH 值低于 6.2 时，产甲烷菌的生长则明显被抑制，而产酸菌的活性仍很旺盛，常导致 pH 值降至 4.5~5.0，这种酸性状态对甲烷菌是有毒害作用的；较高的 pH 值对甲烷菌的生长、代谢也有抑制作用，但毒性不如 pH 值低时大。发酵料液的 pH 值取决于挥发酸浓度、碱度和 $CO_2$ 的含量，与温度等各种因素有关，其中影响最大的是挥发酸浓度。试验证明，正常的挥发酸浓度以乙酸计应在 2 000 mg/kg 以下。

在发酵过程中 pH 值也有其规律性的变化。在发酵初期大量产酸，pH 值下降。以后由于氨化作用产生的氨可以中和一部分有机酸，同时，随着产甲烷菌的活动，大量的挥发酸随即被利用，这样就可以使 pH 值回升到正常值。其化学变化过程如下：

发酵初期：$C_aO_bH_mS_n$（有机物）$\rightarrow CO_2+H_2O+NH_3+CH_4+\cdots$ （7–6）

氨化作用期：$CO_2+H_2O+NH_3 \rightarrow NH_4HCO_3$ （7–7）

在沼气工程启动和运行过程中，影响 pH 值变化的因素主要有 3 点：①发酵原料中含有大量有机酸，如果在短时间内大量向发酵装置内投入这类原料，就会引起发酵装置内 pH 值的下降，但如果向正常运行的发酵装置内按发酵装置可承受的负荷投入原料，有机酸会很快被分解掉，因而不会引起发酵装置的酸化，所以不必对进料的 pH 值进行调整。②发酵装置启动时投料浓度过高，接种物中的产甲烷菌数量又不足，或在发酵装置运行阶段突然升高负荷，使产酸与产甲烷的速度失调而引起挥发酸的积累，导致 pH 值下降。③进料中混入大量的强酸强碱，会直接影响发酵液的 pH 值。

在正常情况下沼气发酵的 pH 值有一个自然平衡过程，一般不需要进行调节。只有在配料管理不当的情况下才会出现挥发酸大量积累，pH 值下降。调节提高 pH 值的办法有几种：经常少量出料并投入同量的新料，以稀释发酵液中的挥发酸，提高 pH 值；农村中采用加草木灰和适量氨水的方法调节 pH 量；用石灰水、$Na_2CO_3$ 溶液或 $NH_4HCO_3$ 溶液调节 pH 值。中国科学院成都生物研究所采用加石灰水的办法将 pH 值调到 7~8，使一个发酵液 pH 值 = 5.0 的 300 $m^3$ 沼气池得到启动，并维持正常产气。

### 7.4.6 搅拌

搅拌是通过加强水动力循环来促进微生物和发酵原料的良好接触，通常是提高沼气发酵效率的有效手段，但是对于秸秆发酵，反应器原料浓度大，通过搅拌促进动力的阻力高，能耗大，一般很难采用。从实验室的模型沼气池可以看出，在不搅拌的情况下沼气池明显地分为 4 层：发酵原料的最底层为污泥层；上表层为一层很厚的浮壳，称为浮渣层；中间为清液层；清液层下部为原料沉积层，中间的清液层和表面浮渣层产气很少。有效的产气部位为原料沉积层，随时可以看到气泡从这个部位冒出。从沼气池内原料的实际分层情况来看也是如此。

目前普遍认为，搅拌器在沼气厌氧发酵过程中能起到以下作用：①达到均质效果，使新旧物料混合均匀，微生物与原料充分接触，促进反应进行。②使固体物质在料液中分散、悬浮，增加与微生物的接触面，促进这些物质的消化，同时还避免这些物质的沉积与结壳。③使气体在液相中很好地分离。④传递发酵罐内温度，消除温度不均匀现象，使生化反应正常进行。⑤改变料液中物相的关系。

在规模化沼气工程中，混合搅拌是最有效、最可行的手段。常用的搅拌方式与优缺点如下。

（1）机械搅拌。在沼气池内安装机械搅拌装置，每 1~2 d 搅拌 1 次，每次 5~10 min，搅拌有利于沼气的释放。原料对于搅拌器的阻力大，需要输入较大的功率。

（2）气体搅拌。将沼气池内的沼气抽出来，通过输送管道（中心管）从沼气池底部送进去，使池内产生较强的气体回流，以达到搅拌的目的。

（3）液体搅拌。用抽渣器从沼气池的出料间将发酵液抽出，再通过进料管注入沼气池内，产生较强的料液回流，以达到搅拌和菌种回流的目的。

沼气工程常采用发酵液回流搅拌方式，其搅拌方法有两种：一是通过在出料池设置污泥泵（多采用螺杆泵），依靠电力将发酵料液回流进发酵间，进行强制搅拌；二是采用生物能气动搅拌和旋动搅拌装置，利用产气和用气的动力，自动搅拌池内发酵原料。

### 7.4.7　添加剂和抑制剂

能促进有机物分解并提高产气量的各种物质统称为添加剂。添加剂的种类很多，包括一些酶类、无机盐类、有机物和其他无机物等。例如，分别在发酵液中添加少量的硫酸锌、磷矿粉、炼钢渣、碳酸钙、炉灰等，均可不同程度地提高产气量和甲烷含量及有机物的分解率，其中以添加磷矿粉的效果最佳。添加过磷酸钙，能促进纤维素的分解。添加少量钾、钠、钙、镁、锌、磷等元素能促进产气，提高产气率。在发酵液中添加纤维素酶，能促进纤维素分解，提高产气量。添加少量活性炭粉产气量可提高 10%~25%。以牛粪为原料的沼气发酵中添加尿素，能得到较快的产气速度、较大产气量和分解率；添加碳酸钙可促进沼气的产生，提高沼气中的甲烷含量等。

与上述情况相反，有许多化学物质能抑制发酵微生物的生命活动，这些物质就称为抑制剂。抑制剂的种类也很多。很多物质都可以抑制厌氧沼气发酵微生物的生命活动。挥发酸浓度过高（中温发酵 2 000 mg/kg 以上；高温发酵 3 600 mg/kg 以上）时，对发酵有抑制作用；氨态氮浓度过高时，对沼气发酵菌有抑制和杀伤作用；各种农药，特别是剧毒农药，都有极强的杀菌作用，即使微量也可使正常的发酵完全破坏。其他很多盐类，特别是很多金属离子，如钠、钾、钙、镁离子等，在低浓度时有刺激作用，而在高浓度时产生抑制作用。当钠＞ 8 000 mg/L、钾＞ 12 000 mg/L、钙＞ 8 000 mg/L 和镁＞ 3 000 mg/L 时，对发酵过程将产生强烈的抑制作用。一些含有特殊基团或者活性键的化合物对某些未经驯化的微生物常常是有毒的，但这些有机化合物本身也是可由厌氧生物降解的，如三氯甲烷、三氯乙烯等。微生物对各种基质的适应能力有一定的耐受范围。

## 7.5　沼气发酵的工艺类型

沼气发酵工艺是指从发酵原料到生产沼气的整个过程所采用的技术和方法，包括原料的收集和预处理，接种物的选择和富集，沼气发酵装置的发酵启动和日常操作管理，以及其他相应的技术措施。由于沼气发酵是由多种微生物共同完成的，各种有机物质的降解及发酵过程的生物化学反应极为复杂，因而沼气发酵工艺也比其他发酵工艺复杂，发酵工艺类型较多。

对沼气发酵工艺，从不同角度有不同的分类方法。一般从发酵浓度、发酵温度、发酵阶段等角度进行分类。

### 7.5.1　按发酵浓度划分

根据有机固体废弃物的总固体（TS）含量高低，可将厌氧发酵分为湿发酵和干发酵。

#### 7.5.1.1　湿发酵

湿发酵就是发酵料液的干物质含量控制在 10% 以下的发酵方式，在发酵启动时，加入大量的水或新鲜粪肥调节料液浓度。由于发酵料液浓度较低，出料时大量残留的沼渣、沼液若用作肥料，运输、储存或施用都不方便，若经处理后实现达标排放，水处理运行所需的高昂费用是难以承受的。目前湿发酵所面临的问题是发酵后大量沼渣和沼液的利用和消纳问题，如果不解决好发酵料液的浓度，减少粪污水的排放量已成为发酵工艺中亟待解决的问题。厌氧湿发酵反应体系中的 TS 含量一般在 10% 以内。厌氧湿发酵具有启动快、建造管理技术成熟、进出料方便等优点，是当前处理有机污染物生产沼气的主流技术，但是该技术也有明显的缺点，如处理单位质量的有机物所需的反应容积大，沼液和沼渣分离困难等。

#### 7.5.1.2　干发酵

干发酵又称固体发酵，其原料的干物质含量在 20% 左右，水分含量占 80%。生产中如果干物质含量超过 30%，则产气量会明显下降。干发酵用水量少，其方法与我国农村沤制堆肥基本相同。此方法可一举两得，既沤了肥，又生产了沼气。

由于干发酵时水分太少，同时底物浓度又很高，在发酵开始阶段有机酸大量积累，又得不到稀释，因而常导致 pH 值严重下降，使发酵原料酸化，导致沼气发酵失败。为了防止酸化现象的产生，常用的方法有：加大接种物用量，使酸化与甲烷化速度能尽快达到平衡，一般接种物用量为原料量的 1/3~1/2；将原料进行堆沤，使易于分解产酸的有机物在好氧条件下分解掉一大部分，同时降低了 C/N 值；原料中加入 1%~2% 的石灰水，以中和所产生的有机酸，堆沤会造成原料的浪费，所以在生产上应首先采用加大接种量的办法。

山东省科学院能源研究所的研究表明：采用成批投料干发酵进行 120 d 后，纤维素可分解 53.5%，平均每千克干物质产气量为 0.22 $m^3/(m^3 \cdot d)$；进出固体原料比较方便的消化器，具有红泥塑料膜顶盖的半塑式沼气池，以及上下大开口的铁制发酵桶都比较适用于干发酵工艺。

农业农村部规划设计研究院韩捷等于 2007 年完成了以牛粪及玉米秸秆为发酵原料的干发酵系统的中试研究，他们采用了“覆膜开敞槽生物反应器”进行沼气发酵，该反应器包括一个簸箕状刚性槽体和一张用于覆盖槽体敞开部分的柔性密封膜，沿槽体边沿有一条闭合的沟槽，密封膜边沿被嵌在沟槽中的软胶管压在槽体的沟槽内。通过向软胶管内充气，可实现盖膜和槽体的快速密封连接，这在工程上较好地解决了干发酵要求固体原料进出料方便与沼气发酵密封要求严格的矛盾，并且投资成本较低，运行方便。

对农作物秸秆的干发酵，多个研究单位都完成了富有成果的研究工作。根据他们的研究报告，干发酵的单位容积产气率高，一般达到 0.25~0.5 $m^3/(m^3 \cdot d)$；原料产气率也高，达到 0.495 $m^3/kg$（VS）、0.56 $m^3/kg$（VS）；在 24~48 h 内即产生可燃气体，提供沼气使用期可长达 3~5 个月，中途无须频繁地进料管理，残渣易于清除、运输和施肥，建池材料广泛，易于取得。这种工艺已与处理粪便的湿发酵稳压工艺相结合，在四川成都、河南封丘的一些村庄推广，受到群众的欢迎。

干法工艺反应体系中的 TS 含量达到 20%~30%，与湿法工艺相比，具有明显的优势：①可以适应多种来源的固体有机废弃物，如可应用于处理城市生活垃圾、农作物秸秆、畜禽粪便等。②运行费用低，并提高了容积产能能力。③需水量低或不需水，节约了水资源。④产生沼液少，废渣含水量低，后续处理费用低。⑤运行过程稳定，无湿法工艺中的浮渣、沉淀等问题。⑥减少了臭气排放等。

与湿法厌氧消化相比，有机废弃物干法厌氧消化虽具有众多优势，但推广应用仍存在众多困难。一是反应基质浓度高，搅拌阻力大，往往造成反应中间产物与能量在介质中传递、扩散困难，易使部分区域中间代谢产物过度积累，从而形成反馈抑制；

而且，水分含量低影响细胞移动或酶扩散，从而影响细胞或酶与底物的接触，降低底物转化率和产气率。为了克服上述困难，需要加大接种量和加强传质，来实现快速启动和系统稳定，这样就增加了运行成本。二是反应基质的结构、组成及颗粒大小等呈不均匀性，使得系统运行难以控制，连续运行不稳定。因此，基于上述技术难点，国内外开展了广泛的研究工作。

我国从 20 世纪 80 年代起开始了户用沼气干发酵研究，虽然取得了一定的成果，但至今多为小试研究。自动排料沼气干发酵装置和相应的半连续干发酵工艺 1988 年通过了由农业部能源环保局主持的技术鉴定。有研究者研制了分离储气恒压干发酵池，其产气量基本能够满足四口之家一日两餐（6~10 月）炊事用能及照明用能（5~11 月）。另有研究者对禽畜粪便厌氧干发酵处理搅拌反应器进行了研究，设计研制出卧式螺带搅拌发酵罐，通过试验得出了操作参数对发酵产气过程的影响情况，确定了最优操作参数。

国外对沼气干发酵的研究比我国早，整体技术水平较我国领先。目前，国外的沼气干发酵技术业已成熟，如车库型干发酵系统、气袋型干发酵系统、干湿联合型发酵系统、渗滤液储存桶形干发酵系统等大型沼气干发酵系统，已经投入生产性应用，可进行规模化的沼气生产。

### 7.5.2　按发酵温度划分

沼气发酵的温度范围一般在 10~60 ℃，温度对沼气发酵的影响很大，温度升高沼气发酵的产气率也随之提高。沼气发酵通常以发酵温度划分为高温发酵、中温发酵和常温发酵 3 种。

#### 7.5.2.1　高温发酵

高温发酵工艺指发酵料液温度维持在 50~60 ℃范围内，实际控制温度多在（53 ± 2）℃。该工艺的特点是微生物生长活跃，有机物分解速度快，产气率高，滞留期短。采用高温发酵可以有效地杀灭粪便中各种致病菌和寄生虫卵，具有较好的卫生效果，从除害灭病和发酵剩余物肥料利用的角度来看，选用高温发酵是较为实用的。

维持发酵温度的办法有很多种，最常见的是烧锅炉加温。锅炉加温沼气池有两种方法：一种是蒸汽加温，将蒸汽通入安装于池内的盘旋管中加温发酵料液，由于管内温度高，管外很容易结壳，影响热的扩散，也可以将蒸汽直接通入沼气池中，但会对局部微生物菌群造成伤害；另一种是 70 ℃的热水在盘管内循环，效果比较好。但是不论采用哪种加温方式，都应该注意尽量减少运行中的热量散失，特别是在冬季要提高新鲜原料进料的温度，因此原料的预热和沼气池的保温都是非常重要的。

沼气发酵的产气量随温度的升高而升高，但要维持消化器的高温运行，能量消耗较大。在我国绝大部分地区，要保持沼气发酵工艺常年稳定运行，必须采用加热和保温措施，这些必要的措施会影响到工程投资和运行的能耗增加。用粪便发酵产生的沼气烧锅炉来加温沼气发酵料液，维持高温发酵，也能取得较好的效果。如欲将水温提高 10 ℃，则每升水要消耗 6 000~8 000 mg COD 所产的沼气，即每吨水升高 10 ℃需消耗掉 3~4 $m^3$ 的沼气。利用各种余热和废热进行加温是一种变废为宝的好办法，例如，利用工厂里的余热加温及利用发酵原料本身所带的热量来维持发酵温度。这种方法经济方便，不需要加温装置，不消耗其他能源。

高温发酵对原料的消化速度很快，一般都是连续进料和连续出料。高温沼气发酵必须进行搅拌，对于蒸汽管道加温的沼气池，搅拌可使管道附近的高温区迅速消失，使池内发酵温度均匀一致。

#### 7.5.2.2 中温发酵

高温发酵消耗的热能太多，发酵残余物的肥效降低，氨态氮损失较大，这使中温发酵工艺得到了比较普遍的应用。中温发酵工艺指发酵料液温度维持在 30~40 ℃范围内，实际控制温度多在（35 ± 2）℃。与高温发酵相比，这种工艺消化速度稍慢一些，产气率要低一些，但维持中温发酵的能耗较少，沼气发酵能总体维持在一个较高的水平，产气速度比较快，料液基本不结壳，可保证常年稳定运行。这种工艺因料液温度稳定，产气量也比较均衡。

#### 7.5.2.3 常温发酵

常温发酵也称为自然发酵，是指在自然温度下进行的沼气发酵，发酵温度受气温影响而变化。我国农村户用沼气池基本采用这种工艺。这种埋地的常温发酵的沼气池结构简单、成本低廉、施工容易，便于推广。其特点是发酵料液的温度随气温、地温的变化而变化，其优点是不需要对发酵料液温度进行控制，节省保温和加热投资，沼气池本身不消耗热量；缺点是在同样投料条件下，一年四季产气率相差较大。南方农村沼气池建在地下，一般料液温度最高时为 25 ℃，最低温度仅为 10 ℃，冬季产气效率虽然较低，但在原料足的情况下还可以维持用气量。但北方地区建的地下沼气池冬季料液温度仅达到 5 ℃，无论是产酸菌和产甲烷菌都受到了严重抑制，产气率不足 0.01 $m^3$/（$m^3$ · d），当发酵温度在 15 ℃以上时，产甲烷菌的代谢活动才活跃起来，产气量明显升高，产气率可达 0.1~0.2 $m^3$/（$m^3$ · d）。因此北方的沼气池为了确保安全越冬维持正常产气，一般需建在太阳能暖圈或日光温室下，这样可确保沼气池安全越冬；低于 10 ℃，产气效果很差。

### 7.5.3 按发酵阶段划分

以沼气发酵的不同阶段，可将发酵工艺划分为单相发酵工艺和两相（步）发酵工艺。

#### 7.5.3.1　单相发酵

单相发酵就是酸发酵和甲烷发酵在同一个相内进行，此工艺条件下固体浓度维持在 15% 以下，其液化、酸化和产气 3 个阶段在同一个反应器中进行，具有工艺简单、投资小、运行和管理方便的特点。这种工艺条件下发酵液处于完全混合的状态，容易受到氨氮、盐分等物质的抑制，因此产气率低。现在已经有多种有效的能大规模应用的工艺，如 Dranco 工艺、Kompogas 工艺、Valorga 工艺等，是专门处理农作物秸秆、禽畜粪便（干粪）等含水率较低的有机废物的厌氧消化工艺系统，年处理生活垃圾能力达 1 万 ~20 万 t 不等，该系统已经在德国、匈牙利等国得到广泛应用。但针对农作物秸秆的消化工艺研究较少，且都属于小试和中试阶段。单相发酵工艺的缺点是水解酸化和产气两阶段菌群所需最适条件存在差别，从而导致整个过程效率的降低，同时产酸菌群相对产气菌群代谢较快，易引起系统的酸化，最终导致整个厌氧消化系统的崩溃。

#### 7.5.3.2　两相发酵

两相发酵也称两步发酵，是 1971 年才开始研究的沼气发酵新工艺。该工艺是根据沼气发酵的三阶段理论，把原料的水解和产酸阶段同产甲烷阶段分别安排在两个不同的消化器中进行，水解酸化罐和产气罐的容积主要根据它们各自的水力停留时间来确定和匹配，水解、产酸池通常采用不密封的全混合式或塞流式发酵装置，产甲烷池则采用高效厌氧消化装置，如污泥床、厌氧滤器等。

由于水解酸化细菌繁殖较快，所以酸化发酵器体积较小，通常靠强烈的产酸作用将发酵液的 pH 值降低到 5.5 以下，这样在该发酵器内就足以抑制产甲烷菌的活动。产甲烷菌繁殖速度慢，常成为厌氧消化器的限速因素，因而产甲烷消化器体积较大，其进料是经酸化和分离后的有机酸溶液，悬浮固体含量很低。两阶段厌氧消化适用于处理固体物含量高并且产酸较多的废物。

从沼气微生物的生长和代谢规律，以及对环境条件的要求等方面看，产酸细菌和产甲烷菌有着很大差别。为给它们创造各自需要的最佳繁殖条件和生活环境，促使其优势生长、迅速繁殖，将消化器分开是非常适宜的。这既有利于环境条件的控制和调整，也有利于人工驯化、培养优异的菌种，总体上便于进行优化设计。也就是说，两相发酵较单相发酵工艺过程的产气量、效率、反应速度、稳定性和可控性等都要优越，而且生成沼气中的甲烷含量也比较高。从经济效益看，这种工艺流程加快了挥发性固体的分解速度，缩短了发酵周期，从而也就降低了生成甲烷的成本和运转费用。

由于操作过程复杂，工程运行、维护的难度较大，实际应用中选择两相发酵工艺的并不多。目前，工业上的应用仍以单相发酵为主。但两相发酵工艺在效率和稳定性上具有优势，前景广阔。

### 7.5.4 根据厌氧消化器中秸秆形态划分

我国秸秆沼气工艺根据厌氧消化器中秸秆形态，大致可分为液态消化、固态消化和固液两相消化工艺。

#### 7.5.4.1 液态消化

液态消化工艺较为成熟，发酵原料固体的含量在8%左右。在厌氧消化器中设有搅拌装置，通过适当搅拌来改善厌氧菌群与传质传热和物料接触的效果。由于采用了搅拌装置，消化装置内物料处于基本均匀或完全均匀的状态，因此微生物能和原料充分地接触。

液态消化反应器有立式和卧式，通常采用连续式或序批式进出料方式，沼液回流可循环使用，从而减少了沼液外排。液态消化技术已被大量应用于混合原料沼气工程建设中，目前我国已建设的秸秆沼气工程也多是采用液体消化工艺。主要问题是消化器体积较大，物料TS较低，搅拌和加热能耗高，且微生物容易随出料流失。

液态消化在秸秆沼气工程以自载体生物膜厌氧消化式和完全混合工艺为主，这两种工艺都比较完善，能有效提高沼气生产效率，效率的提高主要是由于厌氧消化器内装有搅拌器。国外混合原料的发酵大多数都采用液态消化，目前，在国内也有许多秸秆沼气工程采用此工艺。其中山东省德州市秸秆沼气工程已运行3年以上。

#### 7.5.4.2 固态消化

固态消化按投料方式也可分为分批式和连续式。秸秆固体由于浓度高，进出料困难，我国秸秆沼气工程大多数为分批式投料，应用多个消化器分别进行不同阶段的发酵，然后将不同的消化器并联，使不同消化阶段的高峰协同发酵，使得整个系统稳定产气。分批式主要有覆膜槽干式、箱式和红泥塑料厌氧消化工艺。覆膜槽干式消化工艺是以秸秆、粪便等为原料，通过有氧前发酵—厌氧发酵产甲烷—发酵后处理3个阶段进行沼气生产的厌氧消化技术。以该技术工艺为基础的北京大兴秸秆沼气供气工程已运行5年以上。箱式发酵工艺是指混合固体秸秆原料在几个相互并联的厌氧池中分批厌氧发酵的技术工艺。该技术工艺的优点是需要的动力设备少，能耗低，操作简便。江苏省金坛的集中供气秸秆沼气工程以此技术为基础，已成功运行3年以上。

#### 7.5.4.3 固液两相消化

固液两相消化工艺是利用发酵液回流循环接种，使得不产气阶段和产气阶段分别在2个区域进行厌氧发酵的工艺。根据反应器个数的不同，可分为分离式两相厌氧发酵和固液两相一体化厌氧消化。

分离式两相厌氧发酵工艺是指固相和液相分别在不同消化器中进行的厌氧消化工艺。此工艺需要几个不同的反应池，增加了生产投入，使得工程成本较高。目前，秸秆沼气工程中固液两相的工艺主要还是采用固体连续投料工艺，正常运行 3 年以上的浙江开化秸秆沼气试点工程即为此工艺类型。

固液两相一体化厌氧消化是将液态酸化和固态消化集中在同一个发酵池中进行处理。这种工艺一方面通过沼液回流的循环方式对物料进行接种，解决了厌氧消化过程中的易酸化问题，另一方面可以提高微生物的活力。该技术进料、出料的过程不间断，产气速率更加平稳，非常适用于秸秆的沼气发酵。该技术在河北、天津等地得到广泛应用。

## 7.6 沼气发酵过程中的常用参数

### 7.6.1 投配率

投配率指的是最大限度投入的料液所占发酵间容积的百分率。根据不同的储气方式，确定不同的料液投配量。对于大中型沼气池，无论采用何种储气方式，因厌氧消化间和储气间各自分别有独立的空间，只需在发酵间内留适当的空隙，以便收集沼气，经导气管通过输气管送入气袋或浮罩内即可，因此，设计最大料液投料量可按发酵间净容积的 80%~90% 考虑。

### 7.6.2 沼气池容积

沼气池容积的确定是沼气池设计中的一个重要问题。沼气池设计过小，不能充分利用原料和满足用户的要求；设计过大，若没有足够的发酵原料，势必浓度降低，导致产气率降低，造成人力物力的浪费。因此，沼气池的容积应根据发酵原料（数量和种类）、滞留时间、用户用气要求等因素合理确定。

关于沼气池容积有三种提法：第一种是指发酵时间内可装发酵料液的容积（不包括储气部分），称为沼气池的有效容积；第二种是指发酵间净容积（包括储气部分），也称主池容积；第三种是指整个沼气池的容积，包括发酵间净容积和储气装置容积，也称沼气池的总容积。一般所指沼气池容积，除计算产气量采用有效容积外均指发酵间净容积。

大中型沼气池容积一般指单体超过 300 $m^3$，并可采用成组并联建池。

### 7.6.3 原料产气率

原料产气率指单位质量发酵原料的产气量，此指标用每天沼气产量除以进料量得到，例如某消化器每天产气 3 $m^3$，每天进料为 10 kg 总固体，TS 原料产气率为 3/10=

0.3 $m^3$/（kg · d）。根据不同的情况可分为理论产气率和生产产气率。

### 7.6.4 池容产气率

池容产气率是指每立方米发酵料液 24 h 的产气量，以 $m^3$/（$m^3$ · d）表示。影响沼气池池容产气率的因素很多，如温度、发酵原料的浓度、接种物、搅拌、池型、发酵技术、技术管理水平等。由于条件不同，产气率也不同。

大中型中温发酵工艺的沼气池，在每天进出料为 6%~8% 的情况下，其设计产气率为 1.0 $m^3$/（$m^3$ · d）；高温发酵工艺的沼气池，其设计产气率为 2.5 $m^3$/（$m^3$ · d）。

### 7.6.5 储气量

大中型沼气工程采用分离储气和发酵储气一体化，各类储气装置的储气容积大小与用气情况有关。目前农用沼气池设计储气量大多考虑能储存 12 h 所产的气，即昼夜产气量的 50%。大中型沼气工程产气可根据实际产量、用量适当配置沼气储存柜。

## 7.7 沼气的净化和储存

沼气作为一种能源在使用前必须经过净化，使沼气的质量达到标准要求。沼气的净化主要是对沼气中 $H_2S$、$H_2O$ 和 $CO_2$ 的去除。

沼气从厌氧发酵装置产出时，携带大量的水分，特别是在中温或高温发酵时，沼气具有较高的湿度。一般来说 1 $m^3$ 干沼气中的饱和含湿量，在 30 ℃时为 35 g，而到 50 ℃时则为 111 g。当沼气在管路中流动时，由于温度、压力的变化露点降低，水蒸气冷凝增加了沼气在管路中流动的阻力，而且由于水蒸气的存在，还降低了沼气的热值。而水与沼气中的 $H_2S$ 共同作用，更加速了金属管道、阀门和流量计的腐蚀或堵塞。另外，沼气中 $H_2S$ 燃烧后生成 $SO_2$，它与燃烧产物中的水蒸气结合成亚硫酸，使燃烧设备的低温部位金属表面产生腐蚀，还会造成对大气环境的污染，影响人体健康。

### 7.7.1 沼气中 $CO_2$ 的去除

去除沼气中的 $CO_2$，可以提高单位体积气体的能量值。此外，去除 $CO_2$ 也可以提高沼气品质。当前，从沼气中去除 $CO_2$ 以使沼气达到汽车燃料的标准或者达到输入天然气网的质量标准，共有 4 种不同的工艺在工业中常用。

#### 7.7.1.1 水洗工艺

因为 $CO_2$ 和 $H_2S$ 在水中的溶解度比甲烷大，所以水洗不但可以去除 $CO_2$，还可以去除 $H_2S$，此吸收过程是纯粹的物理反应。通常沼气通过压缩后从吸收柱底部进入，水从顶部进入进行反相流动吸收。

因为 $H_2S$ 在水中的溶解度比 $CO_2$ 大，所以水洗也可以去除 $H_2S$。吸收了 $CO_2$ 和 $H_2S$ 的水可以再生循环使用，可以在吸收柱中通过减压或者用空气吹脱再生，当水中的 $H_2S$ 浓度比较高的时候，一般不推荐使用空气吹脱，因为水很快又会被硫污染。如果有废水可以利用，不推荐对水进行再生。

加压水洗是沼气提纯中应用最多的物理吸收法，采用 1~2 MPa 水洗压力，脱除沼气中的 $CO_2$。水的来源丰富，无毒，工艺简单，且由于 $CO_2$ 在水中的溶解度远大于甲烷的溶解度，甲烷损失较少。在沼气产业发达的欧洲，加压水洗法脱碳得到广泛应用。水溶剂可选用再生循环方式或非循环方式，一般以工业废水作为吸收液的常采用非循环方式。加压水洗法在长期使用中存在微生物堵塔的问题，进而影响脱碳效率，可采用紫外线照射，高温热水、过氧乙酸、柠檬酸或清洁剂洗塔。

图 7.3 为加压水洗法脱碳的工艺流程和加压水洗装置实物图，生产的沼气经压缩，

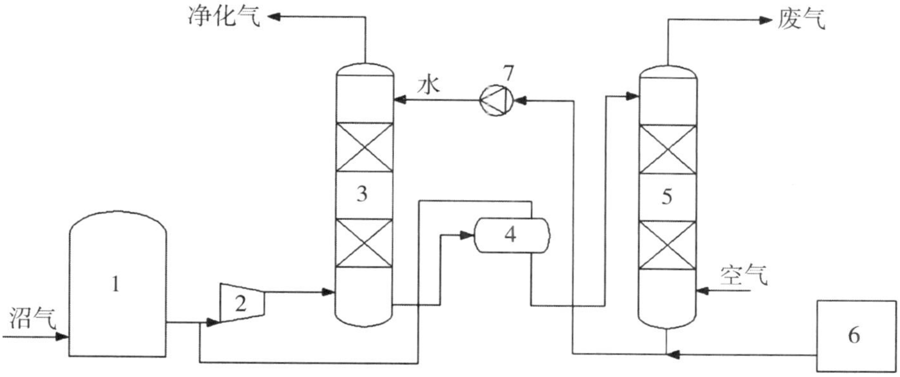


1. 储气罐　2. 压缩机　3. 吸收塔　4. 闪蒸罐　5. 解析塔　6. 注水罐　7. 水泵

图 7.3　加压水洗法脱碳的工艺流程图（上）和加压水洗装置实物图（下）

由吸收塔塔底进入，与从塔顶喷淋的水吸收液逆向接触，富液由塔底减压后流向闪蒸罐（0.2~0.4 MPa），闪蒸出其中所溶解的部分二氧化碳、甲烷等气体，闪蒸气回收，闪蒸液流入解析塔，再经常压气提，气提气放空，水得以再生，再生后的水循环使用。

#### 7.7.1.2 化学吸收法

化学吸收法是指沼气中的 $CO_2$ 与溶剂在吸收塔内发生化学反应，$CO_2$ 进入溶剂形成富液，然后富液进入脱吸塔加热分解 $CO_2$，吸收与脱吸交替进行，从而实现 $CO_2$ 的分离回收。化学吸收法的优点是气体净化度高，处理气量大，缺点是对原料气适应性不强，需要复杂的预处理系统，吸收剂的再生循环操作较为繁琐。目前工业中广泛采用的是聚乙二醇脱碳。

聚乙二醇洗涤和水洗一样，也是一个物理吸收过程。Selexol 是一种溶剂的商品名，主要成分为二甲基聚乙烯乙二醇。和在水中一样，$CO_2$ 和 $H_2S$ 在 Selexol 中的溶解度比甲烷大，不同之处是 $CO_2$ 和 $H_2S$ 在 Selexol 中溶解度比水中大，这样所需 Selexol 的量也会减少，更加经济和节能。另外，水和卤化烃（填埋场沼气中的成分）也可以用 Selexol 洗涤去除。Selexol 可以再生重复使用，可以使用水蒸气或者惰性气体（净化后的沼气和天然气）吹脱 Selexol 中的元素硫，但是不推荐使用空气。

#### 7.7.1.3 碳分子筛工艺

分子筛在用于分离沼气中特定的气体组分时是一种非常好的产品。通常，分子被松散地吸附在碳孔隙中，并且可以析出。通过不同的网孔大小或者压力可进行选择性的吸收。当压力减小时，分子筛中吸收的化合物组分会释放出来，所以这个过程常常被称作变压吸附（PSA）。可以用焦炭制作富有微米级孔隙结构的分子筛净化沼气。

为了节省压缩气体所需的能量，需要把一系列分子筛串联在一起，气体压力从一组分子筛中释放后加入接下来的一组。通常是将四组排为一列（图 7.4），可以同时用来去除 $CO_2$ 和水蒸气。利用活性炭去除 $H_2S$ 后，冷凝器在 4 ℃下冷凝去除水后，沼气在 $6\times10^5$ Pa 的压力下通入吸收单元，通过第一个吸收柱后可以使沼气中的水蒸气分压小于 $10\times10^{-6}$，甲烷含量超过 96%。

因为第二个柱子和第四个柱子压力相通，而第四个柱子是先被用来抽真空脱附的，所以第二个柱子压力从 $6\times10^5$ Pa 释放到接近 $3\times10^5$ Pa。再接着减至常压，释放出的气体再返回消化罐中以回收甲烷。第三个柱子压力从 $1\times10^5$ Pa 减少到 $0.1\times10^5$ Pa。放出的气体主要含有 $CO_2$，并有少量 $CH_4$，通常都直接排放，也可以设置一个回收装置来回收 $CH_4$。

可以用红外检测仪对第一个柱子分离的甲烷进行在线连续监测，如果不能满足所需的沃泊指数（指在同一基准条件下，单位容积燃气的高位发热量与其相对密度的平方根的乘积，是表征各种燃气混合气燃气特性的重要参数），气体需要再进行变压吸附。

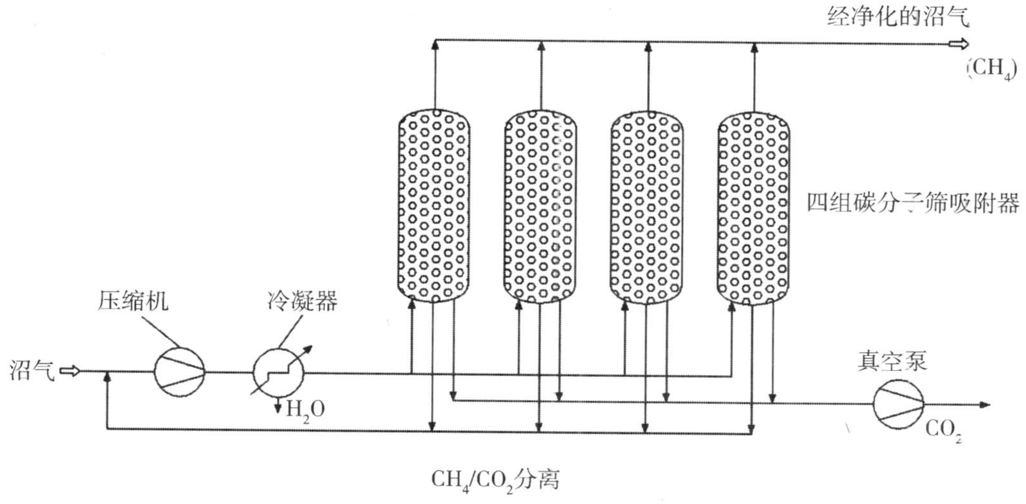


图 7.4　碳分子筛沼气净化工艺

如果 $CH_4$ 含量足够高的话，可以输送进天然气网或者通过压缩机压缩至 $250 \times 10^5$ Pa 进行储存。

#### 7.7.1.4　膜分离工艺

膜分离工艺是近期国内外的研究热点，其基本原理是利用各气体组分在高分子聚合物中的溶解扩散速率不同，因而在膜两侧分压差的作用下导致其渗透通过纤维膜壁的速率不同而分离，其结构和实物如图 7.5 所示。对于醋酸纤维膜、二氧化碳和硫化氢

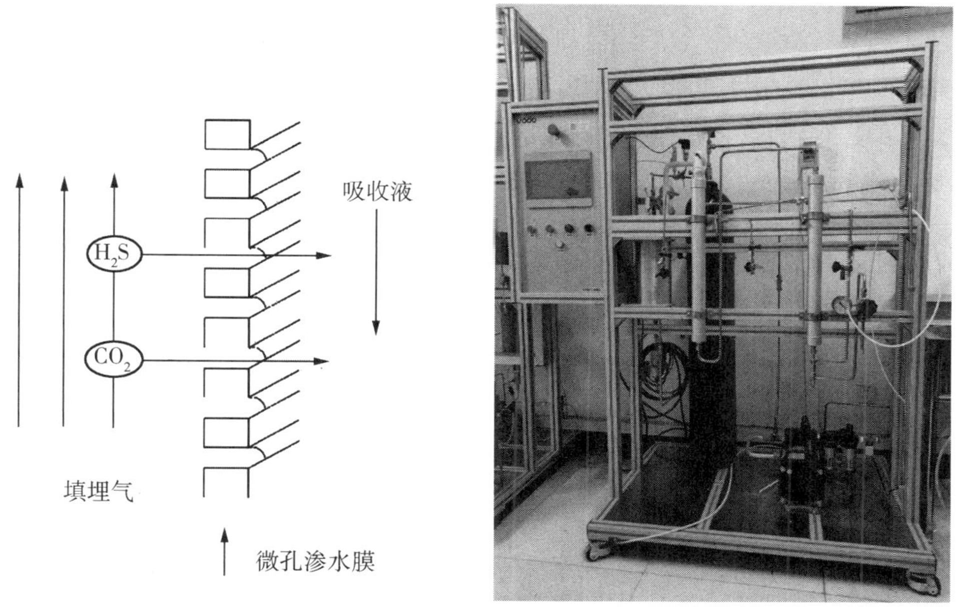


图 7.5　膜分离沼气净化工艺（左）和膜分离装置实物图（右）

的渗透速率分别是甲烷的20倍和60倍。膜法分离主要有两种方法，一种是膜的两边都是气相的高压气相分离，另一种是通过液体吸收扩散穿过膜的低压气相－液相吸收分离。

（1）高压气相分离。压缩到3.6 MPa的沼气首先通过活性炭床以去除卤化烃和$H_2S$，接着通入滤床和加热器。膜是由醋酸纤维素制成，可以用来分离像$CO_2$、水蒸气和残留的$H_2S$等极性分子，它有一定的选择性，即在不同的区域吸收$H_2S$和$CO_2$，但不能分离甲烷中的$N_2$。

实践表明，膜可以持续使用3年，在使用一年半后，由于萎缩，膜的渗透性会减少30%。

（2）气相－液相吸收膜分离。气相－液相吸收膜工艺最近才被用在沼气净化上，其实质是沼气中的$H_2S$和$CO_2$分子穿过一个多孔的疏水膜在液相中被吸收去除，从下方进入的气体，其中的$CO_2$和$H_2S$分子能够扩散穿过膜，然后被相反方向流过的液体吸收，吸收膜在一个标准大气压下工作。在25~35 ℃，可以非常有效地把沼气中的$H_2S$浓度从2%减少到小于$250\times10^{-6}$，液相的吸收剂可以用NaOH溶液。吸收了$H_2S$的NaOH溶液可以应用于水处理中，以去除重金属。

$CO_2$可以通过胺液作液相去除，胺液可以通过加热再生，释放出纯净的$CO_2$可作工业应用。

#### 7.7.1.5 低温分离法

低温分离法是利用制冷系统将混合气降温，由于二氧化碳的凝固点比甲烷要高，先被冷凝下来，从而得以分离。使用该法进行脱碳时，首先要将原料气压缩到8 MPa，压缩前需脱水以防结冰，然后经冷却和换热装置使之降到–45 ℃，冷凝的二氧化碳得以分离，并经进一步处理回收其中所溶解的甲烷。沼气再进一步冷却至–55 ℃，然后在蒸发器中膨胀到0.8~1 MPa，此时温度降至–110 ℃，在此平衡条件下，可得到含甲烷97%以上的净化气。低温分离法工艺用到的设备较多，操作条件苛刻，投资和能耗较高，但进一步冷却即可得到液化生物甲烷。

### 7.7.2 沼气中$H_2O$的去除

不同的温度下沼气中饱和水蒸气的含量不同，在35 ℃时水的含量接近5%，在输入天然气网前沼气中的水必须去除。针对不同的净化工艺，在各个阶段有不同的方法。在压缩之前需除去冷凝水，这样，在洗涤去除$CO_2$和$H_2O$工艺中就不需要再对气体进行干燥，在吸收净化工艺之前也常常需要对气体进行干燥。

（1）冷凝法。最常用的为冷凝法，即在热交换系统中通过冷却器冷却气体而除去冷凝水。这种方法由于是在热交换器的表层冷却，通常比露点低0.5~1 ℃，为了取得更低的露点，必须在冷凝之前先压缩气体，然后再释放到需要的压力。

干燥塔的设计：设计原理是冷凝法去除水蒸气，采用斜塔板冷凝器技术。将净化后的高纯沼气从干燥塔底部通入塔内，高纯沼气与塔内的斜塔板接触，随着气体的不断上升，气体的温度逐渐降低，以致最后水蒸气经过凝结成为液体而与气体分离，从而达到干燥的目的。为提高干燥效率和效果，设计塔直径为 0.5 m，塔高为 8~10 m。

（2）吸附干燥。吸附干燥是指通过硅胶、氧化铝或氧化镁等干燥剂来吸收气体中的水分，待干燥的气体通过吸附床中的干燥剂被干燥。通常使用两套装置，当一个工作的时候，另外一个可以再生。干燥剂的再生可以通过两种途径：一种是用一部分的高压干燥气体（3%~8%）再生干燥剂，这部分气体可以重新回流至压缩机入口；另一种是在常压下，用空气和真空泵来再生干燥剂，此法会把空气混入沼气中，一般不用。

（3）吸收法。水可以被乙二醇、三乙二醇和吸水性的盐吸收，通常在干燥吸附塔中填充小颗粒盐，待干燥气体从底部通入，被水溶解了的饱和盐溶液积累在吸收塔的底部，通过阀门排出。之后换上新盐颗粒，盐一般不用再生。在一般工业应用干燥器中，不同的盐露点通常在 10~15 ℃之间。

## 7.7.3　沼气脱硫

沼气的净化程度对集中供气和发电而言要求不同，但此两种利用方式都需要脱 $H_2O$ 和 $H_2S$。小型沼气工程采用化学脱硫法比较实用，大中型沼气工程则应采用生物脱硫法。工程上采用生物 – 化学联合工艺处理高 $H_2S$ 浓度的沼气是一种行之有效的方案。

沼气脱硫有化学法和生物法，其中化学法又分干法和湿法两类脱硫方法。

### 7.7.3.1　化学法脱硫

（1）干法脱硫。在脱硫塔内装填多层吸收材料，将 $H_2S$ 吸收并脱去。有多种吸收材料，如氧化铁、活性炭等。目前较适合沼气脱硫的方法是干式法中的常温氧化铁法。它是将氧化铁屑（或粉）和木屑混合制成脱硫剂，以湿态（含水 40% 左右）填充于脱硫装置内。沼气流过脱硫剂的速度宜控制在 0.6 $m^3$/min 以下，接触时间大于 2 min，达到脱硫目的。

干法脱硫原理：干法脱硫即氧化铁脱硫，在常温下沼气通过脱硫剂床层，沼气中的 $H_2S$ 与活性氧化铁接触，生成三硫化二铁，然后含有硫化物的脱硫剂与空气中的氧接触，当有水存在时，铁的硫化物又转化为氧化铁和单体硫。这种脱硫再生过程可循环进行多次，直至氧化铁脱硫剂表面的大部分孔隙被硫或其他杂质覆盖而失去活性为止。脱硫反应式如下：

$$Fe_2O_3 \cdot H_2O+3H_2S \rightarrow Fe_2S_3 \cdot H_2O+3H_2O+63kJ \quad (7-8)$$

工作一定时间后，脱硫剂的活性会逐渐下降，脱硫效果逐渐变差。一般用常规氧化铁脱硫剂时，当脱硫装置出口沼气中硫化氢含量超过 20 mg/$m^3$，脱硫剂硫容未达到

30% 时，脱硫剂可进行再生；当脱硫剂硫容超过 30% 时，就要更新脱硫剂。

脱硫剂再生原理是使硫化铁与氧气接触（向脱硫装置内通氧气或把需再生的脱硫剂放在大气中），经反应生成单体硫和氧化铁。再生的氧化铁可继续使用。脱硫剂再生反应式如下：

$$Fe_2S_3 \cdot H_2O+1.5O_2 \rightarrow Fe_2O_3 \cdot H_2O+3S+609kJ \tag{7-9}$$

再生后的氧化铁可继续脱除沼气中的 $H_2S$。上述两式均为放热反应，但是，再生反应比脱硫反应要缓慢。为了使硫化铁充分再生为氧化铁，工程上往往将上述两个过程分开进行。

由反应式可知，1 $m^3$ 的 $H_2S$ 完全反应需要消耗 0.5 $m^3$ 的 $O_2$，根据试验，脱硫剂吸收 $O_2$ 的效率为 50%~70%，若按 60% 的吸收率计算，脱除 1 $m^3$ 的 $H_2S$ 需要 0.83 $m^3$ 的 $O_2$（约 4 $m^3$ 的空气）。再生反应可进行多次，直到脱硫微孔大部分为硫所堵塞而失活为止。

干法脱硫的优点是占地面积小，维护管理简单，但脱硫效率一般较低。目前国内已引进德国干法脱硫整套装置，其空气用于脱硫再生的投加量，可由自动控制系统自动定量投入。

（2）湿法脱硫。一般用液体吸收剂在脱硫塔内吸收沼气中的 $H_2S$。吸收液一般从塔顶向下喷淋，沼气自塔底上升，其中 $H_2S$ 进入吸收液内。常用的吸收液有 2%~3% 的碳酸钠溶液，有的沼气工程也采用稀氢氧化钠溶液，用过的废液一般应考虑再生或回用。湿法脱硫的优点是脱硫效率较高，一般在 90% 以上，若适当延长接触时间，还可实现接近完全脱硫；缺点是运行管理较复杂，占地面积较干法大。

#### 7.7.3.2 生物脱硫

利用无色硫细菌，如氧化硫硫杆菌、氧化亚铁硫杆菌等，在微氧条件下将 $H_2S$ 氧化成单质硫。这种脱硫方法在德国沼气脱硫中广泛使用，在国内某些工程中也有采用，与物化法相比，生物脱硫具有许多优点：不需要催化剂，不需要处理化学污泥，产生很少生物污泥，耗能低，可回收单质硫，去除效率高，无臭味。这种脱硫的技术关键是如何根据 $H_2S$ 的浓度来控制反应中供给的溶解氧浓度。

### 7.7.4 沼气储存

大中型沼气工程一般采用低压湿式储气柜，少数用干式储气柜或橡胶储气袋来储存沼气。大中型沼气工程，由于厌氧消化装置工作状态的波动及进料量和浓度的变化，单位时间沼气的产量也有所变化。当沼气作为生活用能进行集中供气时，由于沼气的生产是连续的，而沼气的使用是间歇的，为了合理、有效地平衡产气与用气，通常采用储气的办法来解决。

用于发电项目的储气柜容积按日产气量的 10% 计算，用于民用储气柜的容积按日产气量的 50% 计算。常见的储气柜形式有低压湿式储气柜、低压干式储气柜、双膜干式储气柜等，其中两种储气柜如图 7.6 所示。

图 7.6　低压湿式储气柜（左）和低压干式储气柜（右）

（1）低压湿式储气柜。低压湿式储气柜是可变容积的金属柜，它主要由水槽、钟罩、塔节及升降导向装置组成。当沼气输入气柜内储存时，放在水槽内的钟罩和塔节依次（按直径由小到大）升高；当沼气从气柜内导出时，塔节和钟罩又依次（按直径由大到小）降落到水槽中。钟罩和塔节、内侧塔节与外侧塔节之间，利用水封将柜内沼气与大气隔绝。因此，随塔节升降，沼气的储存容积和压力发生变化。当沼气压力大于气罩重量时，气罩便沿水池内壁的导向轨道上升，直至平衡为止；当用气时，罩内气压下降，气罩随之下沉。浮罩材料多由钢材制成，性能要求较高，浮罩储气量大，气压稳定，能满足电子打火沼气灶、沼气热水器等用气的压力要求。

（2）干式储气柜。干式储气又分为高压干式储气和低压干式储气。高压干式储气可以减少储气柜的体积，储气压力可根据工程需要选定。低压干式储气多采用柔性材料，配以稳压输送装置，保证用气压力稳定。

（3）双膜干式储气柜通常由外膜、内膜、底膜和混凝土基础组成，内膜与底膜围成的内腔之间气密。外膜充气为球体形状。储气柜设防爆鼓风机，风机可自动调节气体的进、出量，以保持气柜气压稳定。内外膜和底膜均由高周波熔接工序熔接而成，材料经表面特殊处理加高强度聚酯纤维和丙烯酸酯清漆。储气柜可抗紫外线、防泄漏，膜不与沼气发生反应或受影响，抗拉伸强度使用温度为 –30~60 ℃，克服传统柔性干式储气柜的缺点。

储气柜属于易燃易爆容器，所以储气柜与周围建筑物之间有一定的安全防火距离，具体规定如下：湿气储气柜之间防火间距，应等于或大于相邻较大柜的半径；干式储气柜的防火距离，应大于相邻较大柜直径的 2/3；储气柜与其他建筑、构筑物的防火间距应不小于相关规定中的防火距离；对容积小于 20 $m^3$ 储气柜与站内厂房的防火间距不限；罐区周围应有消防通道，罐区应留有扩建的面积。

北方地区的沼气工程不宜用低压湿式的方式储气，适宜采用干式储气，远距离输送沼气要采用高压干式储气系统，沼气发电的工程则采用干式双膜储气方式更适宜。干式储气系统对于北方地区的沼气工程虽然好，但此法在管理中的安全问题非常重要，需要按时检查储气柜的进、出沼气量和沼气压力，冬季更要防止输气管路结冰。两种低压储气方式的比较见表 7.9。

**表 7.9　两种低压储气方式的比较**

| 项目 | 湿式 | 干式双膜 |
|---|---|---|
| 投资 | 较大 | 较小 |
| 建设周期 | 长 | 短 |
| 材料 | 钢筋混凝土 | 聚酯膜 |
| 动力 | 无 | 需要 |
| 运行管理 | 夏季适时为水封池补水，北方冬季需要防冻，定期检测水封池内水的 pH 值 | 沼气利用时需要加压 |
| 缺点 | 需防腐且运行管理繁杂 | 需要安检，工作压力高 |

沼气民用时，储气柜容积按产气量的 50%~60% 计算；民用、发电或烧锅炉各一半时，按产气量的 40% 计算；工业用时根据用气曲线确定。

### 7.7.5　沼气成分监测仪

沼气成分监测仪被安装在沼气管路上，用来间歇或连续监测沼气成分的变化，可以监测的成分有 $CH_4$、$CO_2$、$H_2S$、$O_2$。进行沼气监测的主要目的如下：监测沼气中主要可燃组分 $CH_4$ 的变化，以便进行调整沼气发电机组空燃比；监测沼气中 $H_2S$ 和 $O_2$ 的量，以便调整生物脱硫塔或化学脱硫塔的相关工艺参数；对沼气中易燃、易爆气体进行监测报警，保证生产安全。

图 7.7 是一种常见的在线式沼气成分监测仪 Biogas，可连续或间歇地监测沼气里面的气体成分如 $CH_4$、$O_2$、$H_2S$、$CO_2$、$H_2$ 等，连续地监测周围环境的空气，并且在早期对爆炸危险及气体泄漏或气体浓度超标或过低进行报警。它的检测范围为：$CH_4$ 0~100%；$CO_2$ 0~50%；$O_2$ 0~21%；$H_2S$ 0~2 000 mg/m$^3$。

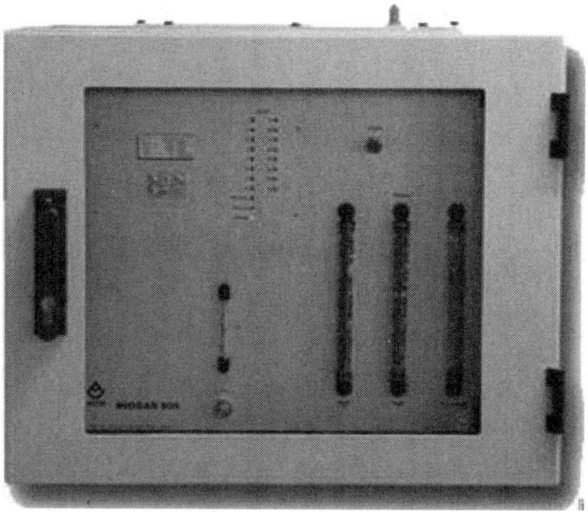
a. 在线式沼气监测仪

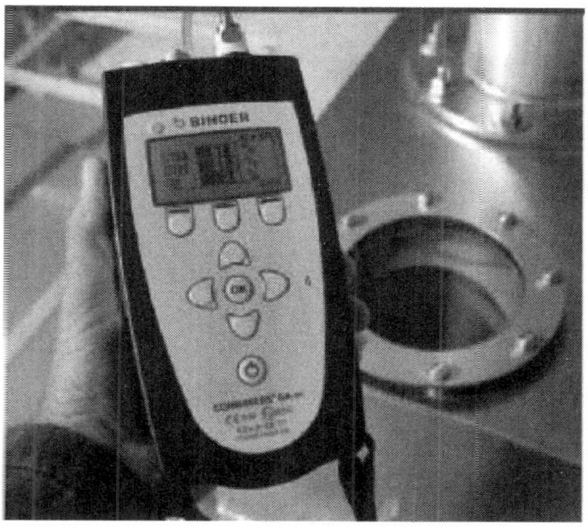
b. 便携式沼气分析仪

图 7.7　沼气分析仪

另外，还有便携式沼气分析仪，是一款配有防风雨外壳的专用于检测垃圾填埋气和生物中的 $O_2$、$CH_4$ 和 $CO_2$ 的仪表。沼气分析仪装有一个疏水性过滤器，可以防止样气中的冷凝水进入分析仪；仪表箱内部被加热到高于环境温度 5 ℃，以防止水分冷凝。基本的样气预处理由一个外置聚集过滤器和一个集水器组成，具有以下特点：每种检测气都有两路断电转换浓度报警；易于校验，无须专门培训；可代为设计样气预处理系统，节省工作量；耐用双门外壳设计，适合户外安装；专为垃圾填埋气及生物气应用而设计的完整系统；只需用户连接样气管线就可使用。

## 7.8　沼气的用途

在我国农村，大量的小型沼气池所产的沼气主要是用于做饭和照明，没有发挥出更大的经济效益。而在欧洲和北美，生产的沼气通过净化并入天然气网，用于沼气燃料电池发电、热电联产或用作汽车燃料，能产生更大的经济效益。国外很多农场甚至将玉米、大麦、黑麦和草用来发酵产沼气，因为沼气发电的利润比养殖牲畜的利润更大。由于国情原因，我国厌氧产沼技术和后续的应用工程工艺技术都比较落后，导致我国在沼气利用上停留在一个低效率生产、低经济价值利用的阶段。

### 7.8.1　民用燃气及车用燃气

沼气作为民用燃料是最常见的沼气利用方式。沼气的热值常在（2.1~2.5）× $10^4$ kJ/$m^3$，高于城市煤气而低于天然气，是一种优良的民用燃料。沼气在经过净化、脱水和过滤后通过沼气输送管道进入用户，整个输配气系统类似于城市煤气。

但由于沼气的燃烧速度较低，其燃烧器需要专门设计或到专用设备厂商处购买，一般采用大气式燃烧器，燃烧器的头部均为圆形火盖式，火孔形式有圆形、方形、梯形、缝隙形。

将沼气进行脱水、脱硫、脱 $CO_2$，达到车用压缩天然气标准（GB 18047），用以缓解我国能源危机。将低品质的沼气净化提纯得到生物甲烷，然后生产高品质罐装燃料，灵活性强，可以替代罐装液化石油气，是未来重要的发展方向。

### 7.8.2　沼气发电

生物甲烷用于热电联供，可以避免单独发电或单独供热系统运行不灵活、能源效率低的缺点。在工程装备技术逐步升级的推动下，生物甲烷热电效率能得到大幅度的提升。尤其在我国长江以北的寒温带和温带地区，对热电的双重需求能促进生物甲烷在热电联供方向上的大发展。

从发酵罐中出来的沼气通常含有 $H_2S$、$H_2O$ 等杂质，且流量不太稳定，不能直接用于发电机组。因此，要经过脱硫、脱水等净化处理，为调节峰值，需设储气柜。沼气的热值在 20~23 kJ/$m^3$。根据经验，国产机组 1 $m^3$ 沼气（$CH_4$ 含量为 55%~65%）可发电 1.7 kW · h 左右，电效率 30%~35%，性能参数见表 7.10；国外机组可以达到 2.0 ~ 2.2 kW · h，电效率 35%~42%，总效率在 85% 以上，性能参数见表 7.11。

**表 7.10　国内某品牌沼气发电机性能参数**

| 型号 | 额定功率 / kW | 额定转速 / （r/min） | 燃气量 / [ $m^3$/（kW · h）] | 缸数 | 重量 /kg |
|---|---|---|---|---|---|
| 40GF-NK | 40 | 1 500 | 0.66 | 8 | 2 020 |
| 60GF-NK | 60 | 1 500 | 0.66 | 12 | 2 410 |
| 80GF-NK | 80 | 1 500 | 0.66 | 12 | 2 530 |
| 140GF-NK | 140 | 1 500 | 0.66 | 12 | 3 100 |
| 12V190M2 | 450 | 1 000 | 0.66 | 10 | 5 300 |

**表 7.11　国外某品牌沼气发电机性能参数**

| 型号 | 额定功率 /kW | 额定转速 / （r/min） | 电效率 /% | 热效率 /% | 缸数 | 总效率 /% |
|---|---|---|---|---|---|---|
| TCG 2016 V8 K | 350 | 1 500 | 36.9 | 48.5 | 8 | 85.3 |
| TCG 2016 V12 K | 525 | 1 500 | 37.7 | 47.7 | 12 | 85.4 |

续表

| 型号 | 额定功率 /kW | 额定转速 /（r/min） | 电效率 /% | 热效率 /% | 缸数 | 总效率 /% |
|---|---|---|---|---|---|---|
| TCG 2016 V16 K | 700 | 1 500 | 37.8 | 47.8 | 16 | 85.6 |
| TCG 2016 V12 | 1 200 | 1 500 | 43.0 | 42.7 | 12 | 85.6 |
| TCG 2016 V16 | 1 600 | 1 500 | 42.5 | 43.2 | 16 | 85.7 |
| TCG 2016 V20 | 2 070 | 1 500 | 42.8 | 43.0 | 20 | 85.8 |

沼气发电有以下特点：

（1）可实现热电联产，发电机可回收利用缸套水冷却系统和烟气回收系统的余热。另外，有些机组的润滑油冷却系统和中冷器也可实现余热回收。发电机组热效率可达 40% 以上。发电机组回收的热量冬季可用于发酵罐的增温保温，以保证罐内发酵温度。另外，多余热量可用于居民采暖或蔬菜大棚等的供暖，节省燃煤。在夏季，发电机组余热可用于固态有机肥的干化处理，也可以与溴化锂吸收式制冷机连接，用于空调制冷。

（2）由于沼气中 $CO_2$ 的存在，它既能减缓火焰传播速度，又能在发动机高温高压下工作时，起到抑制“爆燃”倾向的作用。这是沼气较甲烷具有更好抗爆性的原因。因此，沼气发电机组可在高压缩比下平稳工作，同时使发动机获得较大效率。

（3）沼气发电机组对沼气品质有一定的要求，具体见表 7.12。

**表 7.12　沼气发电机组对沼气品质的要求**

| 沼气品质 | 数值 | 沼气品质 | 数值 |
|---|---|---|---|
| 甲烷含量 /% | ＞ 50 | 杂质颗粒大小 /μm | ＜ 0.15 |
| 最大甲烷含量变化速度 /（%/min） | 0.2 | 沼气温度 /℃ | 10~40 |
| $H_2S$/［mg/MJ（mg/$Nm^3$）］ | ＜ 20（300） | 允许最大温度变化梯度 /（%/min） | 1 |
| Cl/（mg/MJ） | ＜ 1.9 | 相对湿度 /% | 10~50 |
| $NH_3$/（mg/MJ） | ＜ 2.8 | 沼气的压力范围 /kPa | 1.5~10 |
| 油分 /（mg/MJ） | ＜ 1.2 | 压力波动 /kPa | ± 0.1 |
| 杂质 /（mg/MJ） | ＜ 1.0 | 沼气热值（标态）/（$MJ/m^3$） | ＞ 16 |

### 7.8.3　沼气锅炉

沼气锅炉主要用于厌氧罐冬季增温和为场内生产与生活供热或蒸汽，可采用热水锅炉，也可采用蒸汽锅炉，主要取决于对热能需要的形式。沼气锅炉的热效率较高，一般在 90% 以上，即沼气锅炉能把沼气中能量的 90% 以上转化为热水或蒸汽加以利用，高于其他沼气应用方式的转换效率。

在使用沼气作为锅炉燃料时有两种情况：第一种是在沼气产量不很充足时，将沼气作为辅助燃料，与煤进行混燃。通常在普通煤锅炉（一般 6 t/h 以下）上改装，选择或制造适合该锅炉的沼气燃烧器，其优点是安全性较好，并能提高燃煤的效率。缺点是如果脱硫不干净，有可能损伤锅炉。第二种是采用专门设计的燃气锅炉，由于采取了全自动的安全检查、吹风、点火等措施，使用方便，热效率较高，安全性也较好。

### 7.8.4 生物甲烷制氢

甲烷是天然气的主要成分，含量超过 90%，作为燃料直接使用时热值最高可达 35 700 kJ/m$^3$，燃烧产物主要是 $H_2O$ 和 $CO_2$。此外，还可以通过甲烷重整反应利用天然气制氢，也可以与固体氧化物燃料电池结合实现天然气的更高效、更清洁利用。

以天然气（甲烷）为固体氧化物燃料电池燃料，通过设置专用重整器，可以持续稳定地进行天然气重整，而得到的 CO 和 $H_2$ 可以直接被固体氧化物燃料电池使用，大规模应用时减碳降排效果显著，是我国“双碳目标”实现的重要技术手段。

常用的甲烷重整制氢工艺主要包括甲烷水蒸气重整（steam methane reforming，SMR）、甲烷干重整制氢（dry reforming of methane，DRM）、甲烷自热重整（auto-thermal reforming of methane，ATR）和甲烷部分氧化重整制氢（partial oxidation of methane，POM），其中 SMR（图 7.8）是重要的制氢手段，是一种简单、经济、清洁的制氢方法，已被广泛应用到工业中进行大规模制氢。甲烷蒸汽重整的主、副反应如表 7.13 和表 7.14 所示。

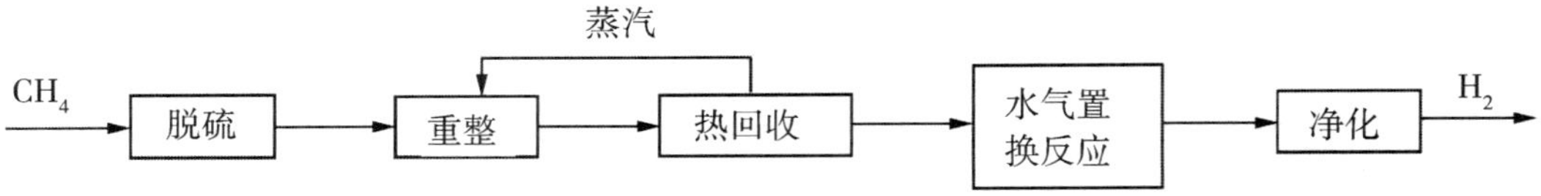


图 7.8　SMR 工艺流程

表 7.13　甲烷蒸汽重整主要反应

| 主要反应 | $\Delta H_{298K}$/（kJ/mol） |
|---|---|
| $CH_4+H_2O = 3H_2+CO$ | 206.29 |
| $CH_4+2H_2O = 4H_2+CO_2$ | 164.9 |
| $CO+H_2O = H_2+CO_2$ | −41.19 |

表 7.14　甲烷蒸汽重整副反应

| 主要反应 | $\Delta H_{298K}$/（kJ/mol） |
|---|---|
| $CH_4 = C+H_2$ | 74.9 |
| $2CO = C+CO_2$ | −172.4 |
| $CO+H_2 = C+H_2O$ | −175.3 |

甲烷蒸汽重整反应需要在低压、高温和高水碳比条件下进行，速率较慢。甲烷制氢的关键是选用合适的催化剂，可以加速甲烷蒸汽重整反应，提高氢气产量。在与催化剂接触时间为 0.25 s 时，甲烷的转化率即可达 85% 以上，$H_2$ 和 CO 的选择性分别是 75%~85% 和 75%~95%。

然后采用变压吸附分离提纯 $H_2$。变压吸附（PSA）是一种应用广泛的低成本氢气提纯工艺，利用不同气体分子在一些高比表面积吸附材料表面的吸附能力差异，通过多次反复吸附—脱附，最终将不同吸附能力的组分分离出来。变压吸附包含吸附、降压 / 均压、顺放、逆放、冲洗、升压 / 均压等 6 个步骤。采用变压吸附后，$H_2$ 回收率提高到 75%~95%，$H_2$ 纯度提高到 99.9% 以上。若氢气价值高，还可以采用真空变压吸附（VPSA），提高氢气回收率至 95% 以上。

作为一种储量丰富、发热量高、清洁高效的可再生能源，氢气有望解决未来的能源安全问题和环境污染问题，对我国实现“双碳目标”有着重要意义。纵观现有的工业制氢方法，甲烷蒸汽重整以其高效性、经济性和环保性，仍然是在未来很长一个时期最主要的制氢工艺。

## 7.8.5　沼液沼渣的利用

据专家测算，沼渣中有机质含量 36%~49.9%，腐殖酸含量 10.1%~24.6%，全氮含量 0.78%~1.61%，全磷含量 0.39%~0.71%，全钾含量 0.61%~1.3%。沼液中总氮含量 0.03%~0.08%，总磷含量 0.02%~0.07%，总钾含量 0.05%~1.4%，全部是速效的。

沼液沼渣综合利用应注意的问题：一忌出池后立即使用，沼肥出池后应堆沤 5~7 d 再施用。二忌不兑水直接施用，要先兑水稀释，一般按 1∶1 兑水稀释。三忌施于土表，沼肥施于旱地作物宜采用穴施、沟施，然后盖土；施于水田应在耕整前均匀施于田面，然后用犁翻入底层。四忌过量施用，施用沼肥的量不能太大。五忌与草木灰、石灰等碱性肥料混施，混合施用会造成氮素损失从而降低肥效。六忌用酸化池、不产气池的沼液施肥浸种。七忌沼液浸种后不用清水洗净种子就播种。八忌在炎热中午或下雨前进行沼液叶面喷施。

### 7.8.5.1　沼液综合利用

沼液作为一般农家有机肥使用已经普及。实践证明，长期施用沼液可促进土壤团粒结构的形成，使土壤疏松，增强土壤保水、保肥能力，改善土壤理化性质，使土壤有机质、总氮、总磷及有效磷等养分均不同程度地提高。施用消化液对农作物、果树病虫害不仅有防止和抑制作用，而且减少了污染，降低了用肥成本。沼液作为蔬菜生产肥料能起重大的作用，如可提高蔬菜产量和品质，提高作物的抗病能力、种子发芽率和抗冻性等。沼液成分相当复杂，在沼液中不仅有沼气微生物未利用的原料即“残留物”，还有微生物的各种代谢产物。这些产物可分为三大类：第一类是作物的营养物；第二类是一些金属或微量元素的离子；第三类是对生物生长有调控作用、对某些病害有杀灭作用的物质。这些代谢产物的农业利用开拓了沼气综合利用的新领域，例如沼液浸种、沼液液面喷施、沼液水培、沼液养鱼等。

沼液可防治病虫害。沼液中含有多种生物活性物质，其中有机酸中的丁酸和植物激素中的赤霉素、吲哚乙酸及维生素 $B_{12}$ 对病菌有明显的抑制作用。沼液中的氨和铵盐，以及某些抗生素对作物的病虫害有着直接作用。实践证明，沼液防治病虫害，由于其无污染、无残留、无抗药性而被称为“生物农药”。在抑制病原菌方面，厌氧发酵残留物对大肠杆菌、副伤寒杆菌和猪丹毒杆菌等致病菌有显著抑制作用，对 10 种青霉和曲霉有不同的抑制效果，对 17 种农作物病原菌有不同程度的抑制作用。长期使用厌氧发酵残留物这种“农药”，不会对环境带来污染，也不会产生病虫害的抗性等问题。

腐熟的沼液含有的营养物质和微量元素可促进植物根系发育，也有助于植物体内氨肥代谢，同时可杀灭病原菌，用于小麦、棉花、水稻浸种，与清水浸种相比有催芽、杀菌和刺激生长的作用。如用腐熟较好的发酵时间长的沼气 100% 原液浸种处理小麦种子，与清水浸种对照，发芽率提高 13%，种子出苗提前 3 d，叶色深绿，叶长增加 1.70 cm，叶宽增加 0.09 cm，幼苗干重增加 0.71 g，成熟期缩短 2 d，小麦亩产增加 25.3 kg，增产率为 9.2%。

沼液中的氨基酸有赖氨酸、色氨酸、蛋氨酸、组氨酸、亮氨酸、异亮氨酸、苯丙氨酸、苏氨酸、缬氨酸和精氨酸等，其中大部分都是动物生长所必需的氨基酸。沼液还含有动物生长所需要的微生物和激素，因此，可作为饲料的添加剂。沼液还可作为肥料，对果蔬进行根部施肥、叶面施肥等，且沼液中含有的脯氨酸、亚麻酸、黄腐酸等物质，能极大提高果树的抗冻性。

在沼液利用方面，目前主要采用直接施用模式。由于沼液的水分含量高，不便于储藏和运输，很难实现液体沼肥的产业化，这成为其资源化利用的技术瓶颈。

#### 7.8.5.2 沼渣利用

沼渣含有较全面的养分和丰富的有机物，除了含有丰富的 N、P、K 等元素外，还含有对作物生长起重要作用的 B、Cu、Fe、Mn、Zn 等微量元素，是一种有改良土壤功效的优质肥料，可以做基肥，也可以做追肥。连年施用沼气渣肥的实验表明，使用沼渣的土壤中，有机质与氮磷含量都比未施沼渣肥的土壤有所增加，而土壤容重下降，孔隙率增加，土壤的理化性状得到改善，保水保肥能力增强。施用沼渣肥后土壤理化性质的变化见表 7.15。

表 7.15　施用沼渣肥后土壤理化性质的变化

| 项目 | pH 值 | 有机质 /% | 含量 /% | | | 有效量 / (mg/L) | | | 容重 / ($g/cm^3$) | 孔隙率 /% |
|---|---|---|---|---|---|---|---|---|---|---|
| | | | 氮 | 磷 | 钾 | 氮 | 磷 | 钾 | | |
| 对照 | 7.62 | 1.37 | 0.062 | 0.154 | 1.58 | 73.5 | 32.9 | 79.4 | 1.37 | 48.7 |
| 施沼肥 | 7.62 | 2.17 | 0.080 | 0.156 | 1.64 | 96.2 | 36.3 | 112.8 | 1.18 | 55.0 |

由于沼渣中养分含量高，含丰富的有机质和腐殖酸，适宜做底肥。营养土和营养钵主要用于蔬菜、花卉和特种作物的育苗，因此对营养条件要求高，自然土壤往往难以满足，而沼渣营养全面，可以完全满足营养条件要求。同时沼渣还可以与其他肥料配合施用，如沼渣和磷矿粉的混合物可制作成沼腐磷肥，这种肥料对缺磷土壤有显著增产作用。沼渣和氨肥混合使用可减少氮素的损失。沼渣还可用于栽培蘑菇等，研究表明，用稻草秸秆和沼渣以 1 ∶ 1 的比例混合，作为培养蘑菇的基质，可显著提高蘑菇子实体的蛋白质和 Na、K、Ca、Fe、Mn、Cu、Zn、P 等矿物元素的含量，减少碳水化合物的含量，使蘑菇种植更为经济有效。

沼气发酵后，不溶解或难分解的有机的和无机的固形物残留在沼渣中，而且沼渣表面又吸附了大量的可溶性有效养分，因此沼渣含有全面的养分和丰富的有机物质，具有速缓兼备的肥效特点。沼渣中富含有机质和腐殖酸，有利于土壤微生物的活动和土壤团粒结构的形成，提高土壤供肥的潜在能力及稳定性。开展以沼渣为主要原料的有机栽培基质研究，是实现沼气发酵残余物高值利用的有效途径。沼渣含有丰富的养分和生物活性物质，经过处理使之作为无土栽培基质，可以解决有机基质价格贵和草炭替代的问题，这一领域的研究和应用有着非常广阔的前景。

利用沼渣沼液生产高效有机无机复合肥料、基质、浓缩液肥等，完善沼渣沼液规模化处理的成套技术体系，不仅可以有效解决沼气发酵残留物二次污染问题，实现沼渣沼液的资源化利用，而且可以推动传统农业生产实现工业化、商品化和现代化，保护生态环境，推动农产品安全生产发展，提高农产品的国际竞争力。

## 7.9　沼气工程的设计

### 7.9.1　大中型沼气工程设计内容与要求

（1）工程设计依据：工程建设的批复文件，国家对资源综合利用方面的优惠政策，国家对工程建设项目的相关规定，场地和原料来源等具体情况。

（2）共性的设计内容：工程选址和总体布置设计、工艺流程设计、前处理工艺段设备选型与构筑物设计、厌氧消化器结构形式的设计、后处理工艺段设备选型与构筑物设计、储气柜（罐）的设计、沼气输气管网设计及安全防火等。

（3）总体布局设计：总体布局需要在满足工艺设计要求的同时，与周围的环境相协调，选用设备装置及构筑物平面布局与管路走向合理，并要符合防火、防雷电等相关条款规定。

（4）工艺流程设计：设计工艺流程是工程项目设计的核心，要结合建设单位的资金投入情况、管理人员的技术水平、所处理物料的水质水量情况，还要采用切实可行的先进技术，最终实现工程的处理目标。

大中型沼气工程工艺流程分为三个阶段，即预处理阶段、中间阶段和后处理阶段。料液进入消化器之前为原料的预处理阶段，主要是除去原料中的杂物和沙粒，并调节料液的浓度。如果采用中温或高温发酵，还需要对料液进行升温处理。原料经过预处理使之满足发酵条件的要求，料液进入消化器进行厌氧发酵，消化掉有机物生产沼气为中间阶段。从消化器排出的消化液根据工程最终实现的目标，或经过沉淀、分离和相关的水处理工艺实现达标排放，或沼渣沼液进行综合利用和灌溉施肥，此为后处理阶段。由于原料不同，工程最终目标不同，所选择的消化器类型也不相同，每个阶段所需要的构筑物和选用的通用设备也各有不同。

大中型沼气工程所设计的相关构筑物必须满足发酵工艺要求，才能最终达到总体设计目标。根据发酵原液水质水量和有机负荷浓度，结合工程最终目标，参照厌氧消化器的适应类型和相关的设计规范，确定构筑物和相关设备。

### 7.9.2　沼气消化器的设计要求

消化器是大中型沼气工程的核心装置，由于沼气发酵的原料不同，发酵处理的最终目标不同，工程设计采用的发酵工艺也有所不同。因此进行沼气工程设计时，必须根据所处理原料的特性，按照沼气发酵工艺参数要求，选定工艺类型和运行温度（常温、中温或高温），最后确定消化器的总体容积和结构形式。消化器的设计应该注意以下几点：

（1）应最大限度地满足沼气微生物的生活条件，要求消化器内能够保留大量的微生物。

（2）应具有最小面积，有利于保温，使其散热损失量最少。

（3）使用很少的搅拌动力，让新进的料液与消化器内的污泥混合均匀。

（4）易于破除浮渣，方便去除消化器底沉积污泥。

（5）要实现标准化、系列化生产。

（6）能适应多种发酵原料发酵，且滞留期短。

（7）设有超正压和超负压的安全措施。

消化器容积大小与沼气发酵原料的物料特性、消化液浓度和水力滞留期有关。

消化器容积 $V_1$ 与每日处理原料量、消化液含量、消化密度和水力滞留期有关，公式如下：

$$V_1 = \frac{Gft}{qy} \tag{7-10}$$

式中，$V_1$——消化器中消化液容积，$m^3$；

$G$——消化器每日进原料量，kg/d；

$f$——原料干物质含量，%；

$t$——消化器水力滞留期（HRT），d;

$q$——消化液含量，TS%；

$y$——消化料液密度，$kg/m^3$。

消化器总容积 = 消化器中消化液容积（$V_1$）+ 消化器的储气容积（$V_2$）

一般取

$$V_2 = (8\%\text{~}12\%)V_1 \tag{7-11}$$

消化器总容积经计算确定后，按所选用的消化器类型相应地确定消化器的内径和高度。要充分考虑如何提高消化器的容积利用率和协调各参数间的关系。

消化器的保温设计：大中型沼气工程多采用中、高温消化运行，消化器内料液的温度为 35 ℃或 54 ℃。而消化器周围环境温度是随着四季更替或昼夜温度变化而变化，为确保消化器能在恒温条件下运行，必须以当地最寒冷时刻的气温条件确定保温层的厚度，对消化器进行保温设计。

按传热学原理确定消化器保温层厚度也是个较为复杂的计算问题。如果忽略次要因素，只考虑消化器热传导一个因素即可把复杂的计算简化，建立热量平衡式。在一个昼夜里由于进料供给消化器的热量（不考虑排料带走的热量时）等于这一天消化器通过外表面散失给周围环境的热量，即

$$Q = 24\lambda 4\frac{T_2-T_1}{\delta} \tag{7-12}$$

$$Q = CG(T_2-T_3) \tag{7-13}$$

式中，$Q$——每天进料热量或消化器散失的热量，kJ；

$C$——料液比热容，kJ/（kg·℃）;

$G$——日进料液量，kg；

$T_3$——进料料液温度，℃；

$T_2$——消化液温度，℃；

$T_1$——最低环境温度，℃；

$\lambda$——保温材料的热导率，kJ/（m·h·℃）；

$\delta$——保温层厚度，m。

把已知参数代入式（7–12）、式（7–13）中，就可以求出 $\delta$ 值。保温层外表还要安装保护层，以防自然风化破损和防水。

在消化器外围护结构保温的同时，还应考虑消化器进料时的温度预热和控制。

厌氧消化器设计的注意事项：

（1）厌氧消化器的工艺应根据原料数量、性质、温度条件、污染控制、能源回收、原料预处理及沼液利用等因素进行技术经济比较后确定。

（2）厌氧消化器的设计流量应按原料平均日流量最大来计算。厌氧消化器的个数以不低于 2 为宜，这样有利于检修维护，并根据不同工艺按串联、并联或者按既可串联又可并联设计，以保证沼气工程的运行更加可靠、灵活和合理。对于容积小的消化器，考虑到造价的关系，也可只设计 1 个。

（3）除升流式厌氧污泥床（UASB）外，厌氧装置均应密封，并能承受沼气的工作压力，还应有防止池内产生负压的措施。对易受液体、气体腐蚀的部分采取有效的防腐措施。

（4）为了保持厌氧消化器内的厌氧环境，保证产甲烷细菌的正常生长繁殖，并维持一定的工作压力，厌氧消化器应采用不透水、不透气的材料来密封。厌氧消化装置在大量排泥或排气量大于产气量的情况下，装置内可能造成负压，致使消化器内厌氧环境破坏或空气渗入，影响正常运行甚至形成爆炸的潜在危险。故应有防止产生负压的措施，可采取在装置顶部设置安全水封、进出料同时进行、缓慢排泥，以及排泥时与储气柜连通等措施。

（5）升流式厌氧污泥床（UASB）装置采用三相分离器密封，所以，装置顶部不必密封。

（6）厌氧消化器最严重的腐蚀出现在反应器上部，此处沼气中的硫化氢被氧化成硫或硫酸盐，使局部 pH 值下降，无论水泥或钢材在此都易受腐蚀。因此，厌氧消化装置应采取有效的防腐措施，使用腐蚀材料，例如不锈钢、塑料或采用防腐涂层等。

（7）厌氧消化装置溢流出口必须水封，不得放在室内。因为厌氧消化出水中还溶有部分沼气及污泥上附着的沼气，流溢管的管径不应小于 100 mm，料液流速不小于 0.6 m/s。水封高度不应大于消化池，设计压力不小于沼气罐内压力。水封的作用在于防止沼气随出水逸出，同时也防止空气进入厌氧消化装置。

（8）应在消化池的上、中、下三个部位各设一个取样孔，每个取样孔设置一个阀门，沼气的取样可在输气管路的任何部位。

（9）应在消化池液面设排渣管，底部设排泥管的管径不应小于 150 mm。排渣管和排泥管进口应设计成喇叭口。

### 7.9.3　厌氧反应器的种类

常用的厌氧发酵反应器类型主要有完全混合式反应器（continuous stirred tank reactor，CSTR）、塞流式反应器（plug flow reactor，PFR）、升流式厌氧污泥床反应器（upflow anaerobic sludge bed，UASB）、升流式固体反应器（upflow solid reactor，USR）、竖向推流式反应器（vertical plug flow，VPF）、横推流式连续干发酵等多种类型。中国秸秆沼气工程普遍采用 CSTR 与 VPF，在高浓度有机废水的发酵中采用黑膜沼气池和厌氧膨胀颗粒污泥床（expanded granular sludge bed，EGSB）反应器的较多。

#### 7.9.3.1　完全混合式反应器

完全混合式反应器（CSTR）是指在常规反应器内安装了搅拌装置，使发酵原料和微生物处于完全混合状态，活性区遍布整个反应器，其结构如图 7.9 所示。该反应器采用恒温连续投料或半连续投料运行，适用于高浓度及含有大量悬浮固体原料的厌氧发酵处理，例如污水处理厂好氧活性污泥的厌氧消化过去多采用该反应器。在该反应器内，新进入的原料由于搅拌作用很快与反应器内的全部发酵液混合，使发酵底物浓度始终保持相对较低状态，而排出的料液又与发酵液的底物浓度相等，因此出料浓度一般较高，并且在出料时微生物也一起被排出。为了使生长缓慢的产甲烷菌的增值和冲出速度保持平衡，要求 HRT 较长，一般要 10~20 d 或更长时间。中温发酵时负荷为 3~4 kg COD/（$m^3$·d），高温发酵为 5~6 kg COD/（$m^3$·d），容积产气率一般可达 1.0 $m^3$/（$m^3$·d）左右。

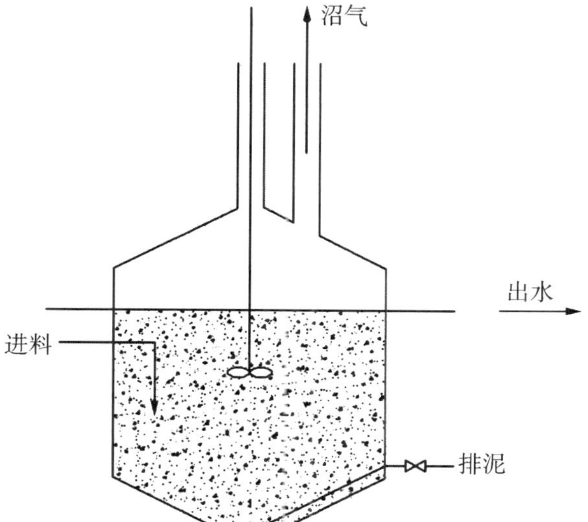


图 7.9　完全混合式反应器

（1）完全混合式反应器的优点：可以使用高悬浮固体含量的原料，进料总固体浓度最高可达 15%，通常为 8%~12%；反应器内物料均匀分布，避免了分层，增加底物和微生物接触的机会；反应器内温度分布均匀；进入反应器的抑制物能够迅速分散保持在最低浓度水平；避免了浮渣、结壳、堵塞、气体逸出不畅和短流现象；易于建立数学模型。

（2）完全混合式反应器的缺点：由于该消化器无法做到使 SRT（固体滞留期）和 MRT（微生物滞留期）在大于 HRT（水力滞留期）的情况下运行，所以需要消化器体积较大；要有足够的搅拌，因此能量消耗较高；生产用大型消化器难以做到完全混合；底物流出该系统时未完全消化，微生物随出料而流失。

#### 7.9.3.2 竖向推流式反应器

竖向推流式反应器（VPF）工艺采用上进料下出料方式，秸秆等原料经机械粉碎后投入搅拌池配料，从上部进料，罐内原料通过重力作用层层堆积，新进入发酵罐的原料推动早先进入的原料在竖直方向向下流动，促进原料与液体的混合，增加发酵菌群与原料的接触机会。当发酵完全的原料到达下部出料口位置时便进行出料，出料过程可以自然出料，原料利用很高，并不受季节影响。VPF 工艺一般单体发酵容积小于 2 500 $m^3$，进料总固体质量分数为 6%~8%，容积产气率最高可达 1.3 $m^3$/（$m^3$ · d）。

通过对全国大量秸秆沼气工程进行调研，对两种沼气工艺的基本参数进行了梳理和总结，如表 7.16 所示。两种发酵工艺中，CSTR 发酵工艺应用普遍，工艺技术更为成熟，已经成为中国秸秆沼气工程建设的主流。

**表 7.16 完全混合式与竖向推流式厌氧发酵工艺参数**

| 发酵池类型 | 干物质量 /% | 水力停留时间 /h | 容积产气率 /% | 单池池容 /$m^3$ | 典型案例 |
| --- | --- | --- | --- | --- | --- |
| CSTR | 5~12 | 20~40 | 0.6~1.0 | 300~5 000 | 河北三河市天龙建材沼气工程、河北临漳县润泽沼气工程 |
| VPF | 6~8 | 50~90 | 1.0~2.0 | 300~1 500 | 河北青县耿官屯大型秸秆沼气工程、河北黄骅市常郭镇西排村秸秆沼气工程 |

#### 7.9.3.3 塞流式反应器

塞流式反应器（PFR）亦称推流式反应器（图 7.10），高浓度悬浮固体原料从一端进入，另一端流出。由于反应器内沼气的产生，产生垂直的搅拌作用，原料在反应器的流动呈活塞式推移状态。在进料端呈现较强的水解酸化作用，甲烷的产生随着向出料方向的流动而增强。由于进料缺乏接种物，常需要进行固体回流。也可在反应器

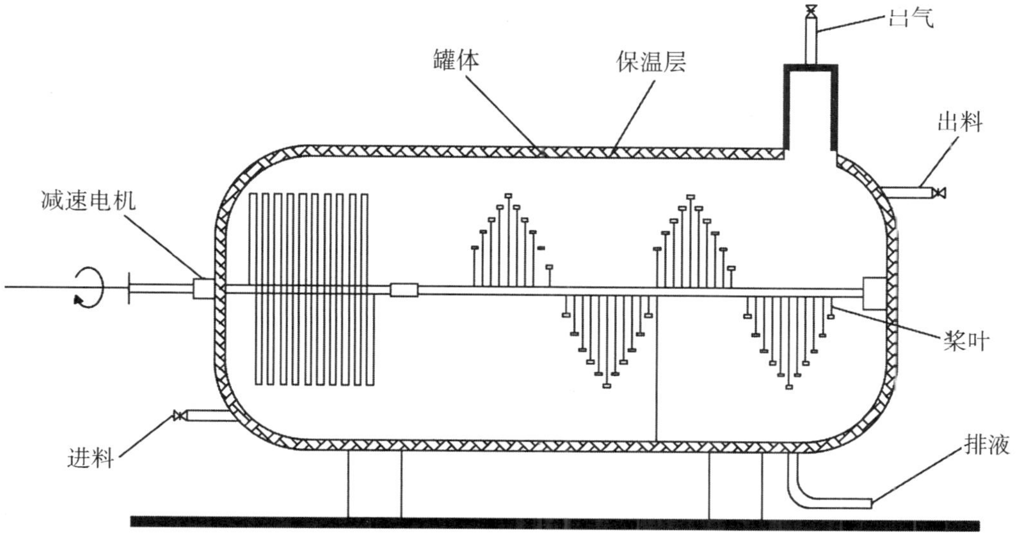


图 7.10　塞流式反应器

内设置挡板或搅拌装置加强搅拌，有利于运行稳定。

（1）塞流式反应器的优点：不需要搅拌装置，结构简单，能耗低；适用于高浓度悬浮固体废弃物处理，尤其适用于牛粪的消化；运转方便，故障少，稳定性高。

（2）塞流式反应器的缺点：固体物可能沉淀于底部，影响反应器的有效体积，使 HRT 和 SRT 降低；需要固体和微生物的回流作为接种物；因该反应器面积与体积比值比较大，难以保持一致的温度，效率较低；易产生结壳。

#### 7.9.3.4　黑膜沼气池

黑膜沼气池利用的黑膜是 HDPE 膜材（由高密度乙烯等材料制作而成的一种塑料卷材），具有防渗、防漏的特点。在挖好的土坑里面铺设一层 HDPE 防渗膜，根据厌氧发酵工艺要求在池内安装进出水口、排渣管和沼气收集管，土坑池子上口再加盖 HDPE 防渗膜焊接密封，四周锚固沟固定，形成一个密闭的空间，养殖污水经厌氧发酵，实现污水处理和生产沼气的双重效果。同时，利用黑膜吸收太阳能，提高沼气生产效率。

#### 7.9.3.5　EGSB 反应器

EGSB 反应器是继 UASB 之后的一种新型的厌氧反应器。它由布水器、三相分离器、集气室及外部进水系统组成一个完整系统。废水经过污水泵进入 EGSB 反应器的有机物充分与厌氧罐底部的污泥接触，大部分被处理吸收。高水力负荷和高产气负荷使污泥与有机物充分混合，污泥处于充分的膨胀状态，传质速率高，大大提高了厌氧反应速率和有机负荷。所产生的沼气上升到顶部经过三相分离器把污泥、污水、沼气分离开来。 从实际运行情况看，EGSB 厌氧反应器对有机物的去除率高达 85% 以上，运行稳定，出水稳定，已经广泛运用到国内大中型企业。

# 7.10　大中型沼气工程工艺和项目分析

## 7.10.1　大中型沼气工程工艺

大中型沼气工程是以农作物秸秆、人畜粪便和有机污水、污泥资源化，并进行综合利用为内容，实行无固液分离，以厌氧发酵为主要环节，并与好氧菌处理相结合，是将能源（沼气）生产、高效有机肥料生产和种植业有机结合在一起的一种工程模式。

（1）工艺流程。以沼气为纽带的物质资源多级利用的工艺流程如图 7.11 所示。多数沼气工程已从单纯追求能源效益转向资源的综合利用，把沼气工程的综合利用与环境保护、生态农业生产多业结合，形成了农业循环经济发展模式。

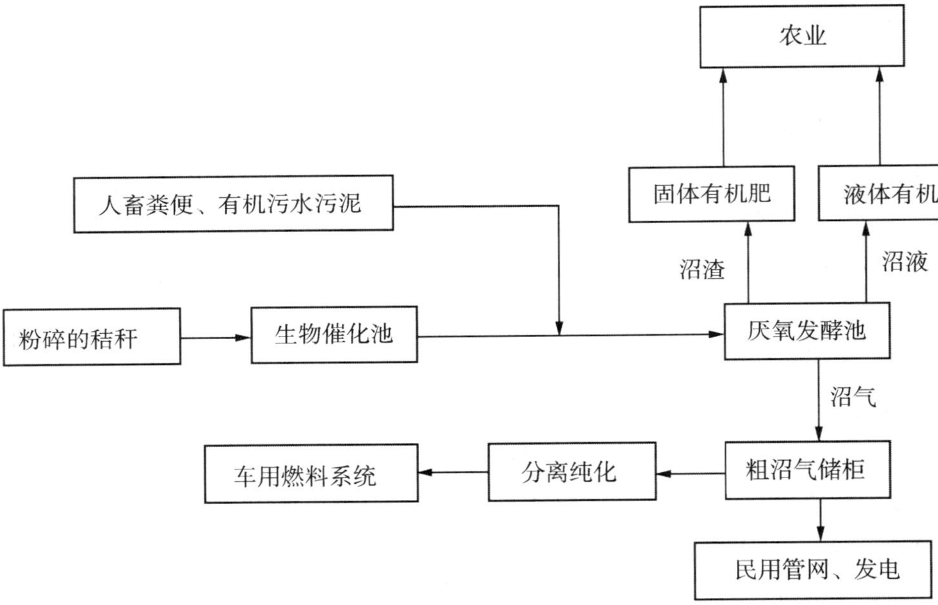


图 7.11　以沼气为纽带的物质资源多级利用的工艺流程

（2）工艺流程说明。

1）原料收集与处理。秸秆的收集主要以向农户收购为主，同时鼓励农户以秸秆换气。沼气工程发酵原料秸秆所占体积过大，预处理的一个重要环节就是将秸秆粉碎至粒径 2 cm 以下，减小其占据体积，使其与接种物混合均匀，也避免了进料、出料困难。

本工程预处理采用生物催化技术，将粗纤维降解菌接种到粉碎后的秸秆中，调节反应体系 pH 值及 C/N 值后，进行生物催化水解 4~6 d，待秸秆中纤维素大部分水解后，反应物料进入全混流厌氧发酵反应罐。经过上述过程，秸秆发酵难度降低。

2）厌氧消化。本工程采用完全混合式厌氧反应器（CSTR）工艺，对农作物秸秆和生活污泥进行高温厌氧消化处理。完全混合式厌氧反应器适用于秸秆粪污发酵工艺，它在沼气发酵罐内采用搅拌和加温技术，这是沼气发酵工艺中的一项重要技术突破。搅拌和加热，使沼气发酵速率大大提高，完全混合式厌氧反应器也被称为高速沼气发酵罐。其特点是：固体浓度高，达到 8%~12%，可使秸秆粪污全部进行沼气发酵处理。优点是处理量大，产沼气量多，便于管理，易启动，运行费用低。

3）工程运行和管理。正常产气的工程请专人管理，对日常的投料、出料、供气、增温保温等进行管理和监督。

4）沼气、沼液、沼渣利用。沼气以向农户供气为主。大型沼气工程在向农户供气的基础上，可以发展沼气多元化利用，扩宽用气渠道，如并网发电，或经过净化后作为车用燃料。沼液可以进行回用，还田、还塘，也可以进行沼液肥深加工，沼液经沉淀、过滤等处理后，可以成为很好的作物叶面肥。沼渣一部分经秸秆循环污泥预发酵技术返回厌氧发酵罐中，剩余的作为有机肥料，用于周边的农业种植；也可以进一步加工成粒，方便运输。

5）沼气净化与利用。本工程采用生物脱硫工艺对产生的沼气进行脱硫处理，处理效率可达 95% 以上。成本较传统化学脱硫降低 70% 以上。净化后的沼气在双膜干式储气柜或湿式储气柜中储存，可用于发电、民用等。

（3）产气特性分析。采用干发酵、高温发酵工艺，发酵料含水率 80%，55 ℃恒温发酵。产气量达 350 L/kg（秸秆干基），甲烷平均含量为 55%~65%，容积产率为 0.55~0.65 $m^3/(m^3 \cdot d)$。图 7.12 为三种秸秆的产气特性分析结果。

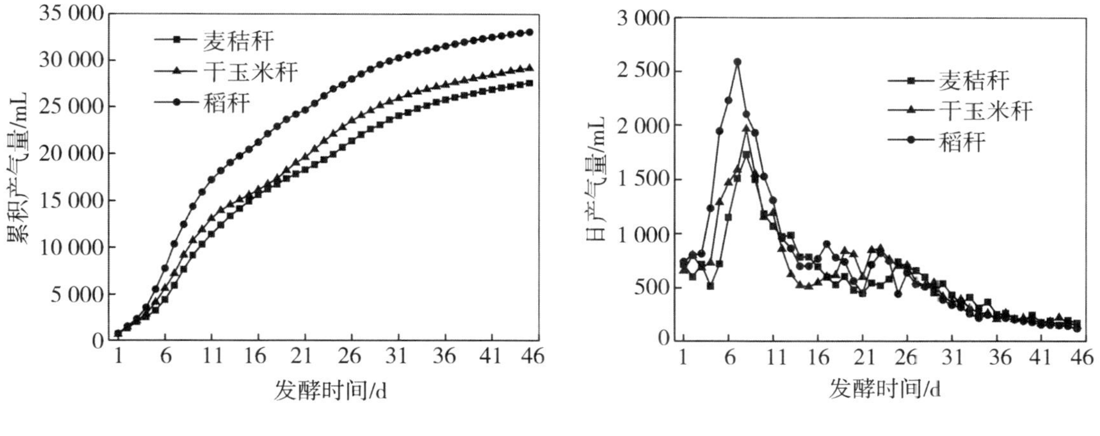


图 7.12　三种秸秆在同一条件下的累积产气量和日产气量曲线

1）耗氧预处理阶段（第 1~5 d）。发酵开始阶段，由好氧厌氧微生物分泌的各种酶，如纤维素酶、肽酶和脂肪酶等作用，进行酶解，将其分解成单糖、氨基酸、脂肪酸，这些可溶物质就可以被微生物利用。此时由于大量小分子酸的生成，造成系统中 pH 值降低，系统中 pH 值的降低又加快了酸水解的速度，加快了水解酸化阶段的反应速度。该阶段主要特征是 pH 值下降，产气主要是 $CO_2$，有极少量 $CH_4$，为甲烷总产量的 8% 左右。

2）产气阶段（第 5~25 d）。氧气基本耗尽，厌氧微生物发挥作用，甲烷菌利用乙酸，直接将乙酸分解成 $CH_4$ 和 $CO_2$，另一种是利用乙酸和 $CO_2$ 生成 $CH_4$。甲烷含量达 58%~65%，甲烷产量占整个发酵过程中甲烷总产量的 68%~75%。

3）后产气阶段（第 25~45 d）。该阶段为发酵产气后期，有机物消耗殆尽，产气逐渐减少，甲烷产量占整个发酵过程中甲烷总产量的 20%~25%。

### 7.10.2 项目分析

以 1 000 户、每户沼气日用量 1 $m^3$ 计，需要建设沼气产量为 1 000 $m^3$/d 沼气工程，容积产气率为 0.6 $m^3$/（$m^3$·d）算，需要 1 700 $m^3$ 厌氧池，秸秆产气率按 0.35 $m^3$/kg 算，每日可消化 2 800 kg 干秸秆，年消化 2 800 kg × 365 = 1 022 t。

（1）工程建设。工程占地面积 20 亩（13 340 $m^2$）。预处理系统包括秸秆收藏仓库、秸秆粉碎机和预发酵池。发酵产气系统包括厌氧发酵罐、保温增温设备及相关锅炉和管道，检测和数据采集设备。沼气、沼液、沼渣的处理系统包括沼气的净化增压储气输气系统，沼渣沼液的制肥系统和排放系统。

（2）经济效益分析。项目总投资估算 140 万元，厌氧发酵罐、储气罐、除水脱硫、脱 $CO_2$ 系统、保温增温系统、控制系统等 100 万元；沼气灶、流量计等 20 万元；其他技术管理等相关预算 20 万元；土建工程和输送管路按照市场价另计。其他运行费用见表 7.17。

千吨级的秸秆沼气项目，年产 60% 的生物沼气 35 万 $m^3$，供当地居民使用，天然气民用价格为 2.25 元 /$m^3$，沼气按 1.6 元 /$m^3$ 计算，共 56 万元；可提纯 95% 以上生物燃气 20 万 $m^3$，车用燃气价格 3.6 元 /$m^3$ 计算，年收入 72 万元；同时生产有机肥 600 t，每吨按 800 元计算，肥料收入 48 万元，1 000 多吨沼液供周边农田使用。按居民用气计算项目总收入 104 万元 /a。

项目利润为：104 万元 /a−86 万元 /a=18 万元 /a

每处理 1 t 秸秆可实现产值 1 040 元，可获利润 180 元左右。

表 7.17　沼气生产运行费用一览表

| 类别 | 数量 | 单价 /（元 /t） | 金额 / 万元 | 备注 |
| --- | --- | --- | --- | --- |
| 秸秆 | 1 000t/a | 300 | 30 | |
| 各种添加剂 | 10t/a | 2 200 | 2.2 | |
| 包装材料 | | | 3 | |
| 水、电 | | | 4 | |
| 工资福利 | | | 28.8 | |
| 折旧费 | | | 12 | 以 10 年计 |
| 维护费 | | | 3 | |
| 不可预见支出 | | | 3 | |
| 总成本支出 | | | 86 | |

（3）社会效益分析。大型农业秸秆处理工程的建设可以提供大量的就业机会，而且每吨秸秆可以直接增加农民收入 200 元以上，并获得使用有机肥料提高农产品品质带来的综合效益。

沼渣沼液均可得到有效的利用，尤其是沼液的处理，在农业生产淡季，利用工程内部沼液消化，回收利用大量的沼液，节约了工程用水。产生的沼渣沼液一方面直接为农业生产提供有机复合肥，另一方面可以进一步加工，为城市绿化等提供肥料。随着对沼肥利用的不断研究开发和推广，沼气工程有机肥对农业生产的作用越来越被农民接受和重视，据研究，经过使用沼渣和沼液有机肥处理的土地，土壤结构可以得到明显改善，土壤肥力和保持水土的能力也会有很大提高，可以进一步提升农产品的产量和品质，对加强农作物抗病能力有重要帮助，这从另一方面提高了农民的生产收入。

（4）生态效益分析。沼气工程实施后，可以显著提高我国秸秆能源化利用技术水平，为秸秆能源化利用开辟一条经济高效的途径。通过大规模的秸秆沼气工程的推广，结合农业生产，可以在我国形成秸秆沼气、有机肥料、农业生产相结合的农业资源循环利用产业化模式。

由于沼气的使用代替了部分原始能源的使用，每万吨农业生物质的综合利用生产的能源产品，相当于节约标准煤 0.5 万 t，相当于每年少向大气中排放二氧化碳约 0.5 万 t，减排二氧化硫 40 t，节能减排效益显著。秸秆沼气工程为我国经济和社会特别是农业生产可持续发展提供了强劲的动力。发展以沼气工程为纽带生态农业工程模式，特别是大型的生态农业工程，必须因地制宜，选择适度规模开发应用。

## 7.11 沼气工程应用实例

### 7.11.1 沼气工程应用实例 1

以江西省新余市渝水区南英沼气站 CSTR 工艺的运行情况为例，介绍工程运行期间存在的问题及相应的解决方法，为大中型沼气工程的正常运行提供参考。

（1）沼气站概况。该沼气站位于江西省新余市南英垦殖场，于 2016 年开始实施建设。建设内容分为以下单元：预处理单元包括 4 座 301 $m^3$ 的水解池、1 座 251 $m^3$ 的粪污匀浆池、7 000 $m^2$ 的秸秆堆场；厌氧单元包括 6 座 3 335 $m^3$ 的 CSTR 独立厌氧反应器；沼气存贮单元包括 1 座 5 000 $m^3$ 的独立柔性干式落地气膜；沼渣沼液处理储存单元包括 1 座 535.6 $m^3$ 的出料池、1 座 535.6 $m^3$ 的沼液暂存池、1 座 5 900 $m^3$ 的沼液储存塘、2 座 5 000 $m^3$ 的沼液生化塘；沼气净化利用单元包括沼气脱硫系统 1 套、沼气压缩系统 1 套、并网发电系统 1 套；配套及附属单元包括场区道路、办公生活楼、食堂及餐厅、道路、围墙和绿化等。

（2）沼气站运行及调控情况。粪污来源于新余市渝水区南英沼气站 30 km 范围内的多家养殖场，这些粪污用专门的运输车辆进行运输，并做好相应的消毒措施。由于粪污来源于多家养殖场，其理化特性并不均一，粪污量存在波动变化的情况。为了降低这些因素带来的不利影响，当养殖场的粪污达到一定量后，沼气站才对养殖场的粪污进行收集，并测定每车粪污的总固体浓度（TS）及 pH 值等相关参数。因此，粪污的量和浓度是动态且趋于稳定的。

产能降低成因分析：2018 年度南英沼气站的总进料为 132 721 $m^3$，发电上网总量达到 5 116 920 kW・h。1~6 月产甲烷菌活性有所下降，导致上半年发酵罐体未能正常运行，对原料利用率未达到 50%，产能低。查找相关资料分析其原因，但该问题一直未得到有效解决。6 月下旬对发酵系统进行全面分析，发现可能是由于原料的无机碱度较高导致了系统中氨氮浓度升高，从而形成了氨抑制现象。

调控措施：6 月底开始对原料 pH 值进行调控，7 月系统出现好转并且运行状态趋于稳定，单位原料的发电量由 6 月的 29.89（kW・h）/$m^3$ 提升至 35.52（kW・h）/$m^3$。为了进一步提高原料利用率和避免氨抑制，8 月对发酵罐系统进行降温处理。8 月下旬开始执行，将温度由原来的 35 ℃降低至 31~32 ℃。经过 7~8 月的调整后，9 月原料利用率出现了大幅度提升，单位原料的发电量提升至 45.24（kW・h）/$m^3$，并仍有上升趋势。11 月对系统温度进一步优化，将发酵温度控制在 33 ℃，单位原料的发电量再次出现明显上升。11~12 月产能基本达到满产状态。

（3）沼气站运行参数分析。2018 年运行参数如表 7.18 所示。1~3 月罐体温度（< 30 ℃）未能达到设计温度 35 ℃，这可能是由于 1~3 月天气寒冷，并且 CSTR 罐体刚开始运行时进料量相对较少。此时罐体内氨氮含量较高，1~3 月分别为 5 450 mg/L、5 600 mg/L、4 600 mg/L。4 月后罐体温度逐渐达到设计温度，并且 5~8 月温度均高于设计温度，分别为 36.01 ℃、35.57 ℃、36.93 ℃、35.96 ℃。同时，氨氮浓度仍然较高，为了降低罐体氨氮含量，对罐体 pH 值进行调节。

表 7.18　沼气站 2018 年运行参数

| 月份 | 罐体温度 /℃ | 日进料量 /（$m^3 \cdot d^{-1}$） | 总固体浓度 /% | 氨氮 /（$mg \cdot L^{-1}$） | 产气量 /（$m^3 \cdot d^{-1}$） | 发电量 /（$kW \cdot h \cdot d^{-1}$） |
|---|---|---|---|---|---|---|
| 1 | 24.19 ± 0.6 | 197.42 ± 84.54 | 7.01 ± 0.92 | 5 450 ± 133 | 1 695.81 ± 877.05 | 3 162.73 ± 1 177.76 |
| 2 | 22.69 ± 0.8 | 197.86 ± 48.56 | 8.93 ± 0.79 | 5 600 ± 148 | 1 719.73 ± 685.35 | 2 961.41 ± 1 659.45 |
| 3 | 27.29 ± 1.63 | 222.90 ± 173.04 | 6.14 ± 0.68 | 4 600 ± 138 | 3 074.42 ± 561.23 | 5 589.26 ± 1 475.92 |
| 4 | 31.11 ± 3.74 | 292.77 ± 126.93 | 9.68 ± 1.02 | 3 990 ± 132 | 4 503.13 ± 653.46 | 6 762.83 ± 1 564.04 |
| 5 | 36.01 ± 1.64 | 328.03 ± 101.67 | 9.9 ± 0.75 | 4 180 ± 125 | 7 108.16 ± 563.02 | 9 645.74 ± 2 662.64 |
| 6 | 35.57 ± 0.26 | 379.83 ± 54.69 | 10.91 ± 1.23 | 3 670 ± 98 | 6 459.27 ± 359.78 | 10 655.67 ± 2 936.49 |
| 7 | 36.93 ± 0.03 | 447.74 ± 62.27 | 8.9 ± 0.53 | 3 130 ± 102 | 9 231.13 ± 1 292.58 | 15 502.77 ± 3 368.60 |
| 8 | 35.96 ± 0.2 | 414.77 ± 85.03 | 8.78 ± 0.66 | 2 530 ± 78 | 8 512.90 ± 806.11 | 13 965 ± 2 592.01 |
| 9 | 32.79 ± 0.21 | 413.50 ± 38.17 | 8.19 ± 0.74 | 2 810 ± 86 | 10 947.40 ± 837.49 | 18 006.47 ± 4 061.27 |
| 10 | 31.76 ± 0.17 | 520.33 ± 100.02 | 8.20 ± 0.93 | 3 000 ± 69 | 18 110.13 ± 5 670.95 | 25 461.23 ± 3 973.14 |
| 11 | 32.64 ± 0.06 | 549.83 ± 106.29 | 7.76 ± 0.57 | 3 590 ± 75 | 28 882 ± 8 562.82 | 30 808.6 ± 7 123.48 |
| 12 | 33.83 ± 0.87 | 360 ± 0.0 | 8.70 ± 0.87 | 2 610 ± 68 | 16 484.35 ± 3 163.00 | 19 505.71 ± 2 338.57 |

8 月采取降温措施，进一步降低罐体氨氮含量。9~12 月罐体温度为 32.79~33.83 ℃，此时氨氮含量较低。随着 CSTR 系统持续运行，进料量逐步增加，相应的产气量和发电量也有所提高。

（4）建议。CSTR 系统的正常运行需要一定的适应期。根据现有的资料，本 CSTR 系统在运行中存在较多的问题。

前期需每日监测 CSTR 系统的 pH 值、温度和氨氮等指标，也需监测原料的 pH 值和总固体浓度等指标。pH 值和温度对 CSTR 系统中氨氮含量存在影响，氨氮含量过高会影响 CSTR 系统的产气量。CSTR 系统的最适温度为 33 ℃，超过此温度会降低产能。CSTR 系统后期虽运行正常，但仍需加强设备维护及失稳预警工作，以提高原料的利用率和保障各系统正常稳定运行。同时，应提高原料的质量，从而减少运输费用和沼液消纳产生的费用。

### 7.11.2　沼气工程应用实例 2

日产 15 000 $m^3$ 规模化天然气工程试点建设项目是由河南省谷庄生态节能循环农业有限公司投资、建设、运营的生物质天然气研发项目。建设地点位于河南省新蔡县余店镇东王庄村委，总投资 10 000 万元，占地 40 亩。设计建设规模为 15 000 $m^3$ 的 CSTR 生物天然气工程一处，采用以 CSTR 反应器为核心的能源生态型厌氧发酵工艺，主要建设单体积为 3 000 $m^3$ 厌氧反应器 8 座，5 000 $m^3$ 的双膜储气柜 2 座，4 000 kW 沼气发电机组 1 套，年产 1.7 万 t 有机肥生产线 1 条，配套发电机组、双膜气柜、脱硫塔等；绿化、地面硬化及配套设施用房。

该工程农村废弃物处理工艺流程如图 7.13 所示。

产品：年产沼气 $825 \times 10^4$ $Nm^3$，其中 $54.75 \times 10^4$ $Nm^3$ 用于 1 000 户居民生活用气；$82.5 \times 10^4$ $Nm^3$ 用于锅炉燃烧，为反应器增温；$357.75 \times 10^4$ $Nm^3$ 用于发电并网；$330 \times 10^4$ $Nm^3$ 用于提纯生物天然气（BNG），获得 $198 \times 10^4$ $Nm^3$BNG。

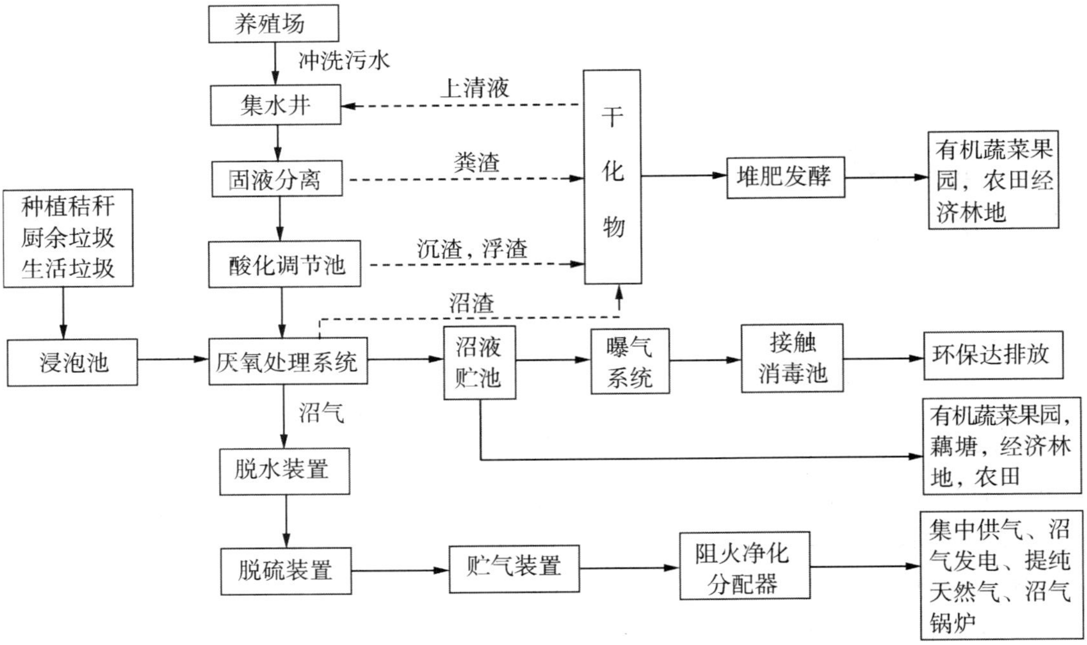


图 7.13　农村废弃物处理工艺流程

副产品：年产有机肥 1.7 万 t，全部用于出售。

该项目建设规模为沼气 25 000 $m^3$/d，其中 1 500 $m^3$/d 用于 1 000 户居民用气，2 500 $m^3$/d 用于锅炉燃烧为反应器增温，10 840 $m^3$/d 用于发电，其余提纯制取 BNG，年产 $198 \times 10^4$ $Nm^3$ BNG，年处理秸秆 28 280 t，年处理粪便 5 840 t。

经济效益：正常运营期间，在 BNG 出厂价 3.5 元 /$m^3$（含税）的条件下，可实现年均利润总额 621.53 万元，净利润 466.15 万元，总投资收益率为 6.54%，资本金净利润率为 4.91%，该项目具有较高的资金保障程度和良好的资金偿还能力，项目呈现较好效益。

社会效益：为解决农村普遍存在的秸秆资源浪费问题找到了一条科学的出路，将原来的污染物变成了能源、资源；由于使用沼渣、沼液，可大大改善土壤的颗粒结构，从而增加土壤的肥力，增加农作物的产量；项目实施后，秸秆、粪污经厌氧发酵后产生沼气供场区生产、生活用能，减少了用能费用；沼肥用于农田，有利于提高产品的品质产量，形成一个良好的生态循环系统，是一种可持续发展的良好模式。

环境效益：通过此项目的实施，可使养殖场的粪便污染物得到有效治理，秸秆得到资源化利用，项目区的环境得到明显改善，对当地水源保护，改善农业生产环境和居民生活环境具有显著作用。

## 参考文献

[1] 田晓东，强健，陆军．大中型沼气工程技术讲座（一）——厌氧发酵及工艺条件［J］．可再生能源，2002，5：35-39.

[2] 袁艳文，刘昭，赵立欣，等．生物质沼气工程发展现状分析［J］．江苏农业科学，2021，49（6）：28-33.

[3] 李颖，孙永明，李东，等．中外沼气产业政策浅析［J］．新能源进展，2012，2（6）：413-422.

[4] International Energy Agency. IEA Bioenergy Task 37，Biogas Country overview［R］．2014.

[5] 刘晓风，李东，孙永明．我国生物燃气高效制备技术进展［J］．新能源进展，2013，1（1）：38-44.

[6] 贾敬敦，马龙隆，蒋丹平，等．生物质能源产业科技创新发展战略［M］．北京：化学工业出版社，2014.

[7] 中国沼气学会．2010 年中国沼气工程行业发展现状和趋势报告［R］．2010.

[8] 刘荣厚．生物质能工程［M］．北京：化学工业出版社，2009.

[ 9 ] 李海滨，袁振宏，马晓茜，等 . 现代生物质能利用技术 [ M ] . 北京：化学工业出版社，2011.

[ 10 ] 吴占松，马润田，赵满成 . 生物质能利用技术 [ M ] . 北京：化学工业出版社，2009.

[ 11 ] 陈恒杰 . 稻草秸秆干发酵产沼气的生命周期评价 [ D ] . 昆明：昆明理工大学，2013.

[ 12 ] 方玉美，任秋鹤，聂宁，等 . 秸秆高温干式厌氧发酵的产气特性研究 [ J ] . 河南科学，2017，35（6）：891–896.

[ 13 ] ZHANG R H，ZHANG Z Q. Biogasification of rice straw with an anaerobic-phased solids digester system [ J ] . Bioresource Technology：Biomass，Bioenergy，Biowastes，Conversion Technologies，Biotransformations，Bioresource Technology，1999，68（3）：235–245.

[ 14 ] GALLEGOS D，WEDWITSCHKA H，MOELLER L，et al. Effect of particle size reduction and ensiling fermentation on biogas formation and silage quality of wheat straw. Bioresour Technol，2017，245：216–224.

[ 15 ] FERREIRA L C，NILSEN P J，FDZ-POLANCO F. Biomethane potential of wheat straw：Influence of particle size，water impregnation and thermal hydrolysis [ J ] . Chemical Engineering Journal，2014，242：254–259.

[ 16 ] 宋永民，陈洪章 . 汽爆秸秆高温固态发酵沼气的研究 [ J ] . 环境工程学报，2008，2，11：1564–1570.

[ 17 ] 覃国栋，刘荣厚，孙辰 . 酸预处理对水稻秸秆沼气发酵的影响 [ J ] . 上海交通大学学报（农业科学版），2011，29（1）：58–61.

[ 18 ] LI J H，ZHANG R H，SIDDHU，et al. Enhancing methane production of Corn stover through a novel way：Sequent pretreatment of potassium hydroxide and steam explosion [ J ] . Bioresource Technology：Biomass，Bioenergy，Biowastes，Conversion Technologies，Biotransformations，Production Technologies，2015，181：345–350.

[ 19 ] 董丽丽 . 白腐真菌、漆酶预处理水稻秸秆及产沼气研究 [ D ] . 哈尔滨：东北林业大学，2014.

[ 20 ] 张婷，杨立，王永泽，等 . 不同接种物厌氧发酵产沼气效果的比较 [ J ] . 能源工程，2008，4：30–33.

[ 21 ] 穆震宇 . 规模化沼气工程湿式发酵工艺发酵罐搅拌器选择 [ J ] . 设备管理与维修，2022，2：83–84.

[ 22 ] RYCKEBOSCH E，DROUILLON M，VERVAEREN H. Techniques for transformation of

biogas to biomethane [ J ] . Biomass and Bioenergy, 2011, 35: 1633–1645.

[ 23 ] 郑戈，张全国 . 沼气提纯生物天然气技术研究进展 [ J ] . 农业工程学报，2013（17）：1–8.

[ 24 ] 薄翠梅，郭伟，李俊，等 . 生物沼气加压水洗过程厂级动态控制设计与模拟 [ J ] . 高校化学工程学报，2018，32（5）：1178–1185.

[ 25 ] 牛超 . 沼气加压水洗提纯过程控制系统的研究与应用 [ D ] . 南京：南京工业大学，2017.

[ 26 ] HORIKAWA M S, ROSSI F, GIMENES M L, et al. Chemical absorption of $H_2S$ for biogas purification [ J ] . Brazilian Journal of Chemical Engineering, 2004, 21: 415–422.

[ 27 ] 史惠杰，徐泓，浦鹏，等 . 膜分离提纯沼气中试试验 [ J ] . 中国沼气，2015，33（1）：36–40.

[ 28 ] 童攀 . 沼气灌装工艺分析及设备研究 [ D ] . 南宁：广西大学，2011.

[ 29 ] 李金洋，敖永华，刘庆玉 . 沼气脱硫方法的研究 [ J ] . 农机化研究，2008（8）：228–230.

[ 30 ] 朱勇，刘保成，杨炳武 . 沼气脱硫试验研究 [ J ] . 中国给水排水，2010，26（17）：101–102，105.

[ 31 ] 陆聪 . 沼气脱氧催化剂及工艺研究 [ D ] . 北京：中国石油大学，2011.

[ 32 ] 李聪，余冉，刘太楷，等 . 甲烷重整催化剂研究与进展 [ J ] . 材料研究与应用，2023，17（2）：179–188.

[ 33 ] 许威 . 甲烷蒸汽重整制氢技术及进展浅析 [ J ] . 中国设备工程，2023，7：197–198.

[ 34 ] 李文兵，齐智平 . 甲烷制氢技术研究进展 [ J ] . 天然气工业，2005，25（2）：165–168.

[ 35 ] 侯扬阳 . 沼渣沼液在农业生产中的综合利用 [ J ] . 时代农机，2018，1：165.

[ 36 ] 崔平，王江，姜娜，等 . 沼液沼渣综合利用的现代生态农业发展成效分析 [ J ] . 绿色科技，2017，13：143–144.

[ 37 ] 徐怀志，万里平，龚贵金，等 . 大中型沼气工程运行及参数分析——以新余市南英沼气站 CSRT 工艺为例 [ J ] . 现代农业科技，2021，11：176–178.

# 第 8 章　生物有机肥生产技术

## 8.1　生物有机肥概述

### 8.1.1　有机肥的概念

有机肥是指含有有机物质，既能提供农作物多种无机养分和有机养分，又能培肥改良土壤的一类肥料。它包括普通有机肥和生物有机肥。

普通有机肥是以动植物残体、畜禽粪便等富含有机质的资源为主要原料，经过发酵腐熟后而制成的肥料，生物有机肥颜色为褐色或灰褐色，状态为粒状或粉状，没有机械杂质，并且无恶臭。生物有机肥是富含有机物质，能够提供农作物生长所必需的养分，又能改良土壤培肥地力的一类肥料。

过去，由于有机肥主要是农民就地取材、就地积存的自然肥料，所以也叫农家肥。但随着商品经济的发展，工厂化加工的有机肥大量涌现，有机肥已超出了农家肥的局限，向商品化方向发展。进入市场销售的有机肥必须符合国家行业标准的要求，有机肥中重金属、蛔虫卵、大肠杆菌等有害物质指标也应满足国家标准要求。

生物有机肥是指特定功能微生物与主要以动植物残体（如畜禽粪便、农作物秸秆等）为来源，并经无害化处理、腐熟的有机物料复合而成的一类兼具微生物肥料和生物有机肥效应的肥料。通过高温烘干的有机肥不属于有机肥，因为它没有大量的有益微生物。不同厂家生产的生物有机肥差异很大，有的采用自然微生物进行发酵；有的在堆置发酵时采用了特殊的发酵设备和通风设备；有的通过加入发酵菌剂、微生物除臭剂来达到加快发酵的目的；有的则加入一定量的功能菌来提高生物有机肥的肥效。

不同生物有机肥组成不同，其养分含量和有效性亦不同，含动物性废渣、禽粪、饼粕多的生物有机肥肥效高于含畜粪、秸秆多的生物有机肥。而含 Ca 高的生物有机肥较含 Ca 低的生物有机肥抗病作用明显、肥效较高。生物有机肥并不是腐熟度越高越好。未完全腐熟的生物有机肥对土壤微生物的影响，尤其对微生物量、区系和拮抗菌等的影响较大且肥效明显，而完全腐熟的生物有机肥对土壤微生物的影响较小且肥效较差。

总的来说，生物有机肥是有益微生物与有机肥结合而成的一种新型、高效、安全的有机肥。

## 8.1.2　生物有机肥与有机肥、无机肥料（化肥）三者关系

我国仅以世界耕地面积的 7% 养活了世界 1/5 的人口，提高单位面积粮食产量以满足不断增长的人口对粮食的需求，是农业持续发展的需要。肥料是农作物的“粮食”，生物有机肥与有机肥、无机肥料三者构成了肥料的主体，对作物生长起不同的作用。

无机肥料（化肥）是指通过化学方法或工业生产的一类人工合成的无机物质，主要提供作物所需的 N、P、K 等主要元素或微量元素。化学肥料含有丰富的速效养分和能量，合理施用化肥，能使作物产量大幅度提高，但过量施用化肥会对耕地性状、产品品质及生态环境造成很多危害。在农田大量施用单元素化肥，其养分不容易被农作物有效吸收利用，氮、磷、钾等一些化学物质易被土壤固结，形成各种化学盐分，在土壤中积累，造成土壤养分结构失调，物理性状变差，部分地块有害金属和有害病菌超标，导致土壤性状恶化。另外，偏施某种化肥，导致作物营养失调，体内部分物质转化合成受阻，造成产品品质降低。如现在的瓜果吃起来不甜，蔬菜吃起来不香，并且容易腐烂，不耐存放，其原因都是超标施用化肥。同时，由于施入过多的化肥，土壤水溶性养分等物质被雨水和农田灌水淋溶到地下水及河流中，造成部分地区的地下水及河流污染，使地下水、河流、湖泊呈富营养化，导致地下水不好喝，部分河流、湖泊内的鱼虾常发生死亡的现象。

有机肥含有丰富的有机质和多种养分，能够培肥地力，改善土壤理化性质和生物性质。施用有机肥是农业生产的基本组成部分，是我国几千年的传统施肥方式。它不仅可以为农作物提供全面的营养，促进作物生长，而且还可以改良土壤物理、化学和生物性状，熟化土壤，培肥地力。只施用有机肥，可以维持土壤肥力和一定的生产能力，但难以提高单位面积产量和满足不断增长的人口需求。

生物有机肥是一种利用特定的微生物菌种或酶制剂，对有机物料进行发酵、分解、转化，提高其养分含量和有效性的肥料。生物有机肥不仅能为作物提供多种营养元素，还能改善土壤结构和生物活性，增强作物的抗逆性和品质。生物有机肥不仅具备化学肥料的速效特性、有机肥的长效特性和微生物肥料的稳效特性，还在土壤重金属修复方面发挥着关键作用。它是支持农业可持续发展和减轻农业污染的重要途径之一。

生物有机肥与有机肥、无机肥料三者之间的关系可以从以下几个方面进行论述：

（1）从来源和成分上看，生物有机肥是在有机肥的基础上经过微生物或酶的作用而产生的，因此它既含有有机质，又含有无机元素。它是一种介于有机肥和无机肥料

之间的复合型肥料。

（2）从施用效果上看，生物有机肥既具有有机肥的改土培肥作用，又具有无机肥料的速效增产作用。它能够提高土壤中有效养分的含量和利用率，降低养分的固定和流失，减少对环境的污染。它还能够促进土壤中有益微生物的繁殖，抑制病原菌和害虫的发生，增强作物的抗病抗虫能力。

（3）从施用方式上看，生物有机肥可以单独施用，也可以与其他类型的肥料配合施用。单独施用时，可以根据作物和土壤的需要选择适当的品种和用量。配合施用时，可以根据测土配方施肥的原则，调整氮、磷、钾等主要元素的比例，达到平衡施肥的目的。同时，还可以与其他类型的微生物肥料或生长调节剂等一起施用，发挥协同效应。

（4）生物有机肥又担负着土壤有机质向腐殖质转化的重任，增加土壤团粒结构，提高保水保肥能力，活化被土壤固化了的养分，提高化肥利用率。同时生物有机肥中有益微生物向土壤分泌各种有益物质，生长激素、吲哚乙酸、赤霉素和各种酶，从而有效地促进养分的转化，减轻了土传病的发生，修复了污染的土壤。

总的来说，生物有机肥是一种集有机肥和无机肥料优点于一身的新型复合型肥料。它能够满足作物多方面的营养需求，同时又能保护和改善土壤环境。它是一种符合绿色农业和可持续发展理念的优良农业投入品。因此，生物有机肥可以说是绿色农业和有机农业的理想肥料，在农业可持续发展中有着广阔前景。

### 8.1.3 生物有机肥的基本作用

生物有机肥种类繁多，其加工原料十分广泛，肥料性质也千差万别。但从肥料角度考虑，它在农业生产中主要起到以下几个方面的作用。

#### 8.1.3.1 提供作物生长所需的养分

有机肥富含作物生长所需的养分，能源源不断地提供给作物生长。除矿质养分以外，有机质在土壤中分解产生 $CO_2$，可作为作物光合作用的原料，有利于作物产量提高。提供养分是生物有机肥作为肥料的最基本的特性，也是生物有机肥最主要的作用。同化肥相比，生物有机肥在养分供应方面有以下显著特点：

（1）养分全面。不仅含有作物生长必需的16种营养元素，还含有其他有益于作物生长的元素，可全面促进作物生长。

（2）养分释放均匀长久。生物有机肥所含的养分多以有机态形式存在，通过微生物分解转变成为植物可利用的形态，可缓慢释放，长久供应作物养分。比较而言化肥所含养分均为速效态，施入土壤后，肥效快，但有效供应时间短。

（3）养分含量低。纯生物有机肥所含的养分比较低，应在加工生产过程中加入少量化肥，或在使用时配合化肥，以满足作物旺盛生长期对养分的大量需求。

#### 8.1.3.2 改良土壤结构，增强土壤肥力

（1）提高土壤有机质含量，更新土壤腐殖质组成，增肥土壤。土壤有机质是土壤肥力的重要指标，是形成良好土壤环境的物质基础。土壤有机质由土壤中未分解的、半分解的有机物质残体和腐殖质组成。施入土壤中的新鲜生物有机肥，在微生物的作用下，分解转化成简单的化合物，同时经过生物化学的作用，又重新组合成新的，更为复杂的、比较稳定的土壤特有的大分子高聚有机物，为黑色或棕色的有机胶体，即腐殖质。腐殖质是土壤中稳定的有机质，对土壤肥力有重要影响。

（2）改善土壤物理性状。生物有机肥在腐解过程中产生羟基一类的配位体。与土壤黏粒表面或氢氧聚合物表面的多价金属离子相结合，形成团聚体，加上生物有机肥的密度一般比土壤小，施入土壤的生物有机肥能降低土壤的容重，改善土壤通气状况，减少土壤栽插阻力，使耕性变好。有机质保水能力强，比热容较大，导热性小，颜色又深，较易吸热，调温性好。

（3）增加土壤保肥、保水能力。生物有机肥在土壤溶液中离解出氢离子，具有很强的阳离子交换能力，施用生物有机肥可增强土壤的保肥性能。土壤矿物颗粒的吸水量最高为 50%~60%，腐殖质的吸水量为 400%~600%，施用生物有机肥，可增加土壤持水量，一般可提高 10 倍左右。生物有机肥既具有良好的保水性能，又有不错的排水性。因此，能缓和土壤干湿之差，使作物根部土壤环境不至于水分过多或过少。

#### 8.1.3.3 提高土壤的生物活性，刺激作物生长

生物有机肥是微生物取得能量和养分的主要来源，施用生物有机肥，有利于土壤微生物活动，促进作物生长发育。微生物在活动中或死亡后所排出的东西，不只是 N、P、K 等无机养分，还能产生谷酰氨酸、脯氨酸等多种氨基酸和多种维生素，还有细胞分裂素、植物生长素、赤霉素等植物激素。少量的维生素与植物激素，就可给作物的生长发育带来巨大影响。

#### 8.1.3.4 提高解毒效果，净化土壤环境

生物有机肥有解毒作用。例如，增施鸡粪或羊粪等生物有机肥后，土壤中有毒物质对作物的毒害可大大减轻或消失。生物有机肥的解毒原因在于生物有机肥能提高土壤阳离子代换量，增加对镉的吸附。同时，有机质分解的中间产物与镉发生螯合作用形成稳定性络合物而解毒，有毒的可溶性络合物可随水下渗或排出农田，提高了土壤的自净能力。生物有机肥一般还能减少铅的供应，增加砷的固定。

## 8.1.4 生物有机肥的作用原理

### 8.1.4.1 发酵菌和功能菌的作用

作物施用生物有机肥后，有机肥中的发酵菌和功能菌的大量繁殖，改变了土壤的微生物区系，在植物根系生态系统中形成优势菌群，可抑制其他有害微生物的大量繁殖，减少了病原微生物侵染作物根际的机会。另外，有益微生物可与作物根际形成一种互惠互利的共生关系，使作物根际发达，生长健壮，增强拮抗性，减少病害发生。

微生物的活动可以改善土壤营养条件，提高供肥、保肥能力，加快土壤有机质的降解，有助于形成良好的团粒结构。微生物数量的明显增加，也使那些以微生物为食的土壤微型动物数量增加，降低土壤容量，增加通气性。

### 8.1.4.2 生理活性物质的作用

生物有机肥富含各种生物活性物质。微生物的代谢过程中会产生吲哚乙酸、赤霉素、多种维生素及氨基酸、核酸、生长素、尿囊素等生理活性物质，能够直接给作物提供某些营养元素。另外，生物有机肥产生多种酸和酶类，可以分解转化各种复杂的有机物和快速活化土壤养分，使有效养分增加。

### 8.1.4.3 有机无机养分的作用

生物有机肥中富含有机、无机养分，如 N、P、K 养分、各种中量元素（Ca、Mg、S）和微量元素（Fe、Mn、Zn、Cu、B、Mo）及其他对作物生长有益的元素（Co、Se、Na 等）。直接供给植物养分，影响土壤的保肥性、保水性、缓冲性和通气状况等。

## 8.1.5 发展生物有机肥的重要意义

近年来，随着人们对食品安全和健康的关注，有机农业在全球范围内得到了快速发展，各国都相继制定了有机农业的相关法律法规，多数国家规定只有通过有机认证的农产品才允许进口。我国也高度重视有机农业的发展，先后出台了《有机产品认证管理办法》《食品安全法》《有机产品认证实施规则》等法律法规和标准，对有机农产品的生产、加工、认证、监管等方面作了明确规定。同时，国家也加大了对农业的支持保护力度，出台了《“十四五”推进农业农村现代化规划》等政策文件，提出要支持发展种养有机结合的绿色循环农业，持续开展畜禽粪污资源化利用，加强规模养殖场粪污治理设施建设，推进粪肥还田利用。这些政策措施为有机农业的发展提供了良好的宏观环境和市场需求。生物有机肥具有提高土壤肥力、增加作物产量、改善作物品质、促进作物抗病抗旱、保护环境等多重功能。随着无公害农产品、绿色食品、有机食品的发展，社会对“绿色农业”“绿色农产品”的需求越来越高，生物有机肥已经成为推动我国农业绿色发展、实现小农户和现代农业有机衔接的重要手段。

### 8.1.6　生物有机肥的发展趋势

我国施用有机肥历史悠久，但是直到 20 世纪 70 年代，随着农业、畜牧业和食品工业等发展，出现了大量有机固体废弃物需要异地消纳与处理，商品化生物有机肥的生产才开始兴起。20 世纪 80、90 年代，为了消除传统有机肥养分含量低、堆置难、产品费时费工、劳动强度大等诸多缺陷，国内开展了大量的攻关研究，从而促进了商品有机肥工业化生产的发展。20 世纪 90 年代中后期，随着有机肥工业化生产技术的开发和推广应用，商品生物有机肥的生产与利用得到了快速的发展。同时，农业部实施的“沃土工程”及发展“绿色食品”和推行“无公害农产品”行动计划，也促进了生物有机肥产业的进程。

我国生物有机肥资料调查结果显示：目前，我国生物有机肥生产企业有 2 283 家，实际生产能力 3 483 万 t。我国的商品有机肥使用量 947 万 t，其中精制生物有机肥使用量 3 148 万 t，有机、无机复混肥料 422 万 t，生物有机肥用量 151 万 t，其他生物有机肥 66 万 t。蔬菜、果树等经济价值较高的作物以精制生物有机肥和生物有机肥为主。水稻、小麦、棉花等作物以有机、无机复混肥料为主。

当前，全球各国都在高度关注农业的可持续发展问题，并持续加大对生物有机肥的研究、生产和应用投入。虽然中国的生物有机肥产业已经取得了一定的进展，但仍然面临多重挑战，需要不断改进和完善。为了促进生物有机肥产业的健康发展，需要加强以下几个方面的工作。

#### 8.1.6.1　提高产品质量

产品质量是生物有机肥产业可持续发展的基础。为了提高产品质量，我们可以采取以下措施：①加强科学研究：加大对生物有机肥的原理、技术、产品、应用等方面的基础研究和应用研究的投入，提高生物有机把的科技含量和创新能力。②菌种选育：应加大对具有特定功能的农业微生物菌种资源的挖掘和应用力度。这些菌种可以促进根系生长、改良土壤养分、防控土传病害、减少有毒有害物质。此外，抗逆性强的芽孢杆菌属菌种的应用可以确保产品在加工、运输和储存过程中仍然保持高生物活性。③工艺优化：我们需要研发和建立不同固体有机废弃物堆肥的资源化利用技术和工艺。这些技术和工艺应该根据不同来源的废弃物进行定制，以满足有机废弃物资源化利用产业的不断变化需求。通过优化工艺参数，我们可以提高产品质量、缩短生产周期并降低生产成本。④开发新产品：创新是生物有机肥产业可持续发展的关键。我们应该致力于研发新型肥料产品，如生物有机肥。这种肥料产品不仅包含有机质，还含有无机养分和有益菌，能够为当季作物提供足够的养分，同时改善土壤的微生物区系，有助于将原本有问题的土壤变成健康的土壤。未来，我们需要加强新型生物有机肥的复配技术与工艺的研发，以生产适合不同土壤、不同作物和不同气候条件的新型产品。

#### 8.1.6.2 规范产品管理

（1）完善质量标准：目前，市场上的生物有机肥产品种类繁多，包装各异，质量良莠不齐。为了解决这些问题，相关行业管理部门应加强对产品的检测和监管。对于市场上的假冒伪劣行为，必须采取严厉打击和惩罚措施，以确保产品质量和合规性。制定或修订生物有机肥的质量标准和检测方法，规范生物有机肥的原材料、成分、功能、安全等方面的要求，保证生物有机肥的质量水平。

（2）加强风险监管：建立或完善生物有机肥的风险评估和监测体系，加强对生物有机肥中重金属、抗生素残留、致病菌等有害物质的检测和控制，防止其对土壤和作物造成污染或危害。

#### 8.1.6.3 加大推广力度

政府、企业及农业技术部门应合力加强对生物有机肥的宣传和推广工作。加强对农民和农业技术人员的培训和指导，提高他们对生物有机肥的认识和使用技能，推广普及生物有机肥在农业上的合理应用。这可以通过示范、讲解、现场指导等方式，向农民展示生物有机肥的应用效果，让他们深入了解生物有机肥的经济效益和生态效益，从而提高农民使用生物有机肥的积极性。

通过这些努力，我们可以为中国的生物有机肥产业的可持续发展做出更大的贡献，提高农业的生产效率和环境可持续性，从而为农村地区的可持续发展创造更多机会。

## 8.2 秸秆制生物有机肥

### 8.2.1 秸秆资源概述

秸秆是作物收获后的副产品，秸秆的种类和数量丰富，是宝贵的有机肥资源之一。农作物秸秆是籽实收获后剩下的作物残留物，包括小麦、玉米、水稻及棉花等农作物秸秆。目前，全世界农作物秸秆每年年产量超过 20 亿 t，是仅次于煤炭、石油和天然气的世界第四大能源。我国是农业大国，农作物秸秆产量大、分布广、种类多，长期以来一直是农民生活和农业发展的宝贵资源。改革开放以来，在党中央、国务院强农惠农政策的支持下，农业连年丰收，农作物秸秆产生量逐年增多。据调查统计，2010 年我国秸秆理论资源量为 8.4 亿 t，可收集资源量约为 7 亿 t，秸秆品种以水稻、小麦、玉米等为主。但这些秸秆资源并没有得到有效的利用，秸秆随意抛弃、焚烧的现象非常严重，带来了一系列的环境及社会问题。以秸秆作为原料生产生物有机肥，加快推进秸秆的综合利用，对于稳定农业生态平衡、缓解资源约束、减轻环境压力具有重要的意义。

秸秆中的有机成分主要是纤维素、半纤维素、木质素、蛋白质、灰粉等（表8.1），还含有一定数量的氨基酸，其中以纤维素和半纤维素为主，木质素和蛋白质等次之。

**表8.1　几种作物秸秆的有机成分（%）**

| 种类 | 灰分 | 纤维素 | 脂肪 | 蛋白质 | 木质素 |
|---|---|---|---|---|---|
| 水稻 | 17.8 | 35.0 | 3.82 | 3.28 | 7.95 |
| 冬小麦 | 4.3 | 34.3 | 0.67 | 3.00 | 21.2 |
| 燕麦 | 4.8 | 35.4 | 2.02 | 4.70 | 20.4 |
| 玉米 | 6.2 | 30.6 | 0.77 | 3.50 | 14.8 |
| 玉米芯 | 1.8 | 37.7 | 1.37 | 2.11 | 14.7 |
| 豆科干草 | 6.1 | 28.5 | 2.00 | 9.31 | 28.3 |

农作物秸秆中含有作物生长所必需的无机营养元素，属于完全肥料。利用能够分解秸秆中纤维素、半纤维素、木质素的微生物，如类芽孢杆菌、弧菌属、真菌木酶属、青霉、放线菌等，在适宜的条件下，能够将秸秆堆料中的碳、氮、磷、钾、硫等营养物质分解矿化，形成简单的有机物，从而进一步分解为作物可吸收利用的营养成分。同时，这些微生物还可以消除秸秆堆料中的病虫害、杂草种子等有害物质。另外，所含的一些功能性微生物兼具有生物菌肥的作用，对农作物生长非常有利。

表8.2和表8.3分别给出了几种作物秸秆中所含的几种营养元素含量及微量元素含量。不同种类的作物秸秆含有的养分量有一些差异，通常豆科作物和油料作物的秸秆含氮较多；旱生禾谷类作物的秸秆钾含量比较多；水稻茎叶中含硅较为丰富；油菜秸秆中含硫较多。当以秸秆作为原料生产生物有机肥时，应注意这些特点。秸秆中的养分绝大部分为有机态，经矿化后方能被作物吸收利用，因此肥效稳长。

**表8.2　主要作物秸秆中几种营养元素的含量**

| 秸秆种类 | 几种营养元素的含量（占干物重的%） | | | | |
|---|---|---|---|---|---|
| | N | $P_2O_5$ | $K_2O$ | Ca | S |
| 麦秆 | 0.50~0.67 | 0.2~0.34 | 0.53~0.60 | 0.16~0.33 | 0.123 |
| 稻草 | 0.63 | 0.11 | 0.85 | 0.16~0.44 | 0.112~0.189 |
| 玉米秸 | 0.43~0.50 | 0.38~0.40 | 1.67 | 0.39~0.80 | 0.203 |
| 豆秸 | 1.3 | 0.3 | 0.5 | 0.79~1.50 | 0.227 |
| 油菜秸 | 0.56 | 0.25 | 1.13 | — | 0.348 |

表 8.3　一些作物秸秆的微量元素含量 mg/kg（60℃或 80℃烘干做基础）

| 类别 | 作物 | 铁（Fe） | 锰（Mn） | 铜（Cu） | 锌（Zn） | 硼（B） |
|---|---|---|---|---|---|---|
| 豆类 | 紫苜蓿 | 130~1 000 | 10~120 | 4~5 | 14~110 | 4~30 |
| | 红苜蓿 | 100~1 300 | 25~540 | 6~20 | 24~70 | 36 |
| | 胡枝子 | 100~1 000 | 50~420 | / | / | / |
| 谷类 | 大麦秆 | / | 7 | / | / | / |
| | 玉米穗轴 | 160~190 | 50~270 | 2~9 | 5~80 | / |
| | 玉米叶 | / | / | 8~17 | / | / |
| | 燕麦秆 | 60~370 | 4~1 660 | 3~54 | 4~200 | / |
| 蔬菜 | 甜菜（根） | 70~280 | 20~100 | 6~27 | 25~69 | / |
| | 卷心菜 | 11~300 | 5~440 | 3~28 | / | 37 |
| 水果 | 梨（叶） | 40~350 | 20~170 | / | 14~55 | / |
| | 苹果（叶） | 40~540 | 17~220 | 4~30 | 6~40 | 12~110 |

## 8.2.2　微生物菌剂

功能性微生物的种类大致可以分为以下几类产品：有机物料发酵菌剂、功能性菌肥菌剂（固氮菌剂、解磷菌剂、解钾菌剂）、药肥两用型菌剂、复合微生物肥料菌剂。有机物料腐熟发酵菌剂一般由丝状真菌、芽孢杆菌、无芽孢杆菌、放线菌、酵母菌、乳酸菌等组成，它们能在不同温区生长繁殖，加快堆温上升，缩短发酵周期，减少发酵过程中臭气的产生，增加各种生理活性物质的含量，提高生物有机肥的肥效。功能菌一般由钾细菌、磷细菌、固氮菌、根瘤菌、光合细菌、假单胞杆菌及链霉菌等组成，它们除了具有解钾、解磷、固氮等作用外，还具有提高植物抗病、抗旱等能力。不同厂家采用的发酵菌剂、功能菌剂不同，因此生产出的生物有机肥的肥效也不同。即使是同种微生物，不同的菌株之间差异也非常大。因此，高效微生物资源的选育、微生物的规模培养技术及各类微生物的最佳组合是今后的研究重点。

### 8.2.2.1　有机物料腐熟剂

有机物料腐熟剂是一种利用微生物将农业固体有机废弃物（如畜禽粪便、秸秆、厨余垃圾等）进行发酵转化后制成的肥料添加剂。它可以提高有机废弃物的降解速度和效率，缩短堆肥周期，提高堆肥质量和肥效。它的主要功能是：①降解有机物料；

它可以分解有机废弃物中的纤维素、木质素、蛋白质、淀粉等难降解或不易利用的成分，释放出氮、磷、钾等植物所需的无机元素，增加堆肥中的有效养分含量。②改善发酵条件：它可以促进堆体温度的升高和保持，达到杀灭病原菌和杂菌的目的，同时也可以调节堆体水分和 pH 值，维持堆体透气性和通气性，创造适宜微生物生长和活动的环境。③增加功能性微生物：它可以在发酵过程中增殖或添加一些具有特殊功能的微生物，如固氮菌、溶磷菌、产酸菌、抗病菌等，这些微生物可以在施用于农田后，改善土壤结构和肥力，促进作物生长和抗逆能力，提高作物品质和产量。

为了开发出高效、安全、稳定的有机物料腐熟剂，需要从以下几个方面进行研究：

（1）单株功能菌的选育：单株功能菌是指具有特定功能或特殊优势的单一微生物菌种，如能够高效降解某一种或几种有机成分的菌种，或者能够在特定条件下表现出较强活性和稳定性的菌种。单株功能菌是构成复合菌剂的基础，也是提高菌剂功能性和差异化的关键。单株功能菌的选育方法主要有两种：一种是从自然界或富含该菌种的环境中筛选，这种方法是通过对不同来源、不同类型、不同条件下的土壤、堆肥、植物根际等样品进行分离培养，然后对所得到的菌株进行鉴定、分类、功能测定等，从中筛选出具有所需功能或特性的菌株。这种方法的优点是可以获得适应性强、多样性丰富的菌株，缺点是工作量大、周期长、效率低。另一种是从高校或科研院所购买已知功能的菌株，这种方法是通过向一些专业的微生物菌种保藏中心或研究机构购买已经鉴定和功能测定过的菌株，然后对其进行筛选、优化、改良等。这种方法的优点是可以获得功能明确、质量可靠的菌株，缺点是成本较高、选择范围较小。

（2）几种功能菌的复配：几种功能菌的复配是指将不同的单株功能菌按一定的比例和顺序混合在一起，形成具有多种功能或协同效应的复合菌剂。复合菌剂的优势是可以充分发挥各个菌株的特点和作用，实现对有机物料的全面降解和转化，提高发酵效果和肥效。复合菌剂的复配方法主要有以下几点：

选择互补或协同的菌株：复合菌剂中的各个菌株应该具有互补或协同的功能或特性，即能够降解不同类型或不同部位的有机成分，或者能够在不同阶段或不同条件下发挥作用，或者能够相互促进或增强彼此的活性和稳定性。例如，可以将能够降解纤维素、木质素、蛋白质、淀粉等不同成分的细菌、放线菌、真菌等复配在一起，形成能够全面降解有机物料的复合菌剂；也可以将能够在不同温度下活跃的嗜热菌、中温菌、低温菌等复配在一起，形成能够适应不同发酵阶段的复合菌剂；还可以将能够相互促进生长或抑制拮抗物质产生的共生菌、共代谢菌等复配在一起，形成能够增强微生态平衡和稳定性的复合菌剂。

控制合理的比例和顺序：复合菌剂中各个菌株的比例和顺序应该根据其功能和特性进行合理的调整和安排，以实现最佳的发酵效果和肥效。一般来说，应该考虑以下几个因素：①降解能力。降解能力强的菌株应该占据较大的比例，以提高有机物料的降解速度和效率。②温度适应性。温度适应性不同的菌株应该按照发酵温度变化的顺序进行排列，以保证各个阶段都有活跃的微生物参与发酵。③相互关系。相互关系良好的菌株应该放在一起，以实现协同效应或互补效果；相互关系不好的菌株应该分开，以避免拮抗作用或抑制作用。例如，可以将能够共生或共代谢的菌株复配在一起，以增强彼此的生长和活性；也可以将能够产生抗生素或杀菌素的菌株与易受其影响的菌株分开，以减少其对后者的伤害。④功能性。功能性强的菌株应该占据较大的比例，以提高复合菌剂的功能性和差异化。例如，可以将能够固氮、溶磷、产酸、抗病等具有特殊功能的菌株复配在一起，以提高堆肥中的功能性微生物含量和作用。

（3）有效活菌数含量：有效活菌数是指在一定条件下能够存活并发挥功能的微生物数量，它是衡量微生物菌剂质量和效果的重要指标。有效活菌数越高，说明菌剂中的微生物越活跃和稳定，能够更好地参与有机物料的发酵转化，提高堆肥质量和肥效。要提高有效活菌数的方法主要有以下几点：

1）优化发酵条件：发酵条件是影响微生物生长和活性的重要因素，不同的微生物对温度、水分、pH 值、氧气等环境因素有不同的适应范围和最适值。要优化发酵条件，就要根据不同菌株的特性和需求，调节发酵罐或培养基中的各种参数，创造最适合微生物生长和活动的环境。例如，可以通过加热、通风、搅拌、加水、调节酸碱度等手段，来控制发酵罐或培养基中的温度、湿度、氧气、pH 值等。

2）采用高密度发酵方法：高密度发酵是指在一定体积内培养大量微生物的方法，它可以提高单位体积内的微生物数量和浓度，从而提高有效活菌数。高密度发酵通常采用液体发酵方法，即将微生物接种到含有丰富营养物质和适宜缓冲剂的液体培养基中，在恒温恒压恒速搅拌下进行培养。液体发酵方法相比固体发酵方法具有以下优点：①培养时间短。液体发酵方法可以在较短的时间内获得大量微生物，一般只需几十个小时或几天，而固体发酵方法则需要几周或几个月。②培养条件易控制。液体发酵方法可以通过自动化设备来精确控制温度、压力、pH 值、溶氧量等培养参数，保证微生物在最佳状态下进行生长和代谢，而固体发酵方法则受到原料成分、堆体结构、环境温湿度等因素的影响，难以实现均匀和稳定的培养条件。③培养效率高。液体发酵方法可以提高微生物的生长速度和代谢强度，从而提高单位体积内的微生物数量和活性，而固体发酵方法则受到原料成分、堆体结构、环境温湿度等因素的限制，难以达到高密度和高活性的微生物培养。

3）关于菌剂保存时间的问题：菌剂保存时间是指菌剂在一定条件下能够保持有效活菌数不明显下降的时间，它是衡量菌剂稳定性和使用寿命的重要指标。菌剂保存时间越长，说明菌剂中的微生物越耐久和适应，能够更好地抵抗不利环境的影响，保持其功能和效果。要提高菌剂保存时间的方法三要有以下几点：

选择合适的载体：载体是指用于固定或包裹微生物的物质，它可以保护微生物免受外界因素的损伤，提高其存活率和稳定性。载体的选择应该根据不同菌株的特性和需求，选择能够提供适宜的营养、水分、pH 值、氧气等条件，同时又能够防止杂菌污染、抑制拮抗物质产生、减少水分散失等的物质。常用的载体有以下几种：①有机载体。有机载体是指由有机物质组成的载体，如秸秆粉、麸皮粉、豆饼粉、玉米粉等。有机载体的优点是可以提供丰富的营养物质和水分，促进微生物的生长和活性，缺点是容易受到杂菌污染或拮抗物质影响，导致有效活菌数下降或失活。②无机载体。无机载体是指由无机物质组成的载体，如膨润土、硅藻土、沸石、珍珠岩等。无机载体的优点是可以提供良好的通气性和缓冲性，保持微生物的稳定性和适应性，缺点是不能提供足够的营养物质和水分，限制微生物的生长和活性。③复合载体。复合载体是指由有机载体和无机载体按一定比例混合而成的载体，如秸秆粉 + 膨润土、麸皮粉 + 硅藻土等。复合载体的优点是可以综合有机载体和无机载体的优势，既能够提供适宜的营养物质和水分，又能够提供良好的通气性和缓冲性，从而提高微生物的存活率和稳定性。

添加适当的保护剂：保护剂是指用于增强微生物对不利环境因素（如温度、湿度、光照、氧气等）耐受力或抵抗力的物质，它可以延长微生物在不活跃状态下（如休眠状态或芽孢状态）的存活时间，从而延长微生物的保存时间。常用的保护剂有以下几种：① 糖类。糖类是指能够提供微生物所需的碳源和能源的物质，如蔗糖、葡萄糖、果糖等。糖类的作用是可以增加微生物的渗透压，防止其因水分流失而死亡，同时也可以作为微生物的营养物质，促进其生长和活性。②氨基酸。氨基酸是指能够提供微生物所需的氮源和蛋白质合成的物质，如谷氨酸、甘氨酸、丙氨酸等。氨基酸的作用是可以增加微生物的抗逆能力，保护其免受高温、低温、干燥等不利因素的损伤，同时也可以作为微生物的营养物质，促进其生长和活性。③多元醇。多元醇是指含有多个羟基的有机化合物，如甘油、山梨醇、丙三醇等。多元醇的作用是可以形成保护膜，防止微生物受到外界因素的侵扰，同时也可以稳定微生物的细胞膜和细胞内结构，保持其功能和活性。其他：除了上述几种常用的保护剂外，还有一些其他的物质也可以起到保护微生物的作用，如维生素、乳酸、柠檬酸、抗生素等。这些物质可以提供微生物所需的一些辅助因子或抑制一些有害因素，从而增强微生物的存活能力和稳定性。

改变菌体本身的形态：菌体本身的形态是指微生物在不同状态下呈现出的不同外观和结构，如细胞、芽孢、菌丝等。菌体本身的形态会影响微生物对不利环境因素的敏感性和耐受性，一般来说，越复杂越活跃的菌体形态越容易受到损伤或失活，而越简单越休眠的菌体形态越能够抵抗不利环境因素。因此，要改变菌体本身的形态，就要利用一些诱导因子或工艺手段，使微生物在保存过程中转变为更适合保存的菌体形态。例如，可以通过降低温度、缺氧、缺水等方式，使细菌或真菌产生芽孢或分生孢子等休眠状态；也可以通过提高温度、加压、干燥等方式，使放线菌或真菌产生菌丝或分枝杆菌等耐久状态。

控制合理的工艺条件：工艺条件是指在制备和保存微生物菌剂过程中涉及的各种操作参数和环境条件，如温度、湿度、光照、压力等。工艺条件会影响微生物在不同阶段（如发酵、分离、干燥、包装等）中的存活率和稳定性，如果工艺条件过于苛刻或不适宜，就会造成微生物的死亡或失活，降低菌剂的质量和保存时间。因此，要控制合理的工艺条件，就要根据不同菌株的特性和需求，选择适宜的操作方法和设备，避免对微生物造成不必要的损伤或压力。例如，可以通过低温、真空、冷冻等方式，来干燥或保存微生物菌剂，减少其对水分、温度、氧气等因素的敏感性；也可以通过添加保护剂、改变包装材料、避免光照等方式，来保护或隔绝微生物菌剂，减少其对外界因素的侵扰。

#### 8.2.2.2 功能性微生物

功能性微生物是指能够在土壤中或作物根际中发挥特殊功能或作用的微生物，如能够固定空气中的氮素、溶解土壤中的磷钾素、促进作物光合作用等。功能性微生物可以提高土壤肥力和作物营养，增加作物产量和品质，减少化肥和农药的使用，保护环境和资源。几种常见的功能菌的显微结构如图 8.1 所示。功能性微生物的主要分类和功能如下：①固氮菌。固氮菌是指能够将空气中的氮气转化为植物可利用的氨或硝酸盐等形式的微生物，如根瘤菌、自由生活固氮菌等。固氮菌可以提供作物所需的氮素，增加土壤中的有效氮含量，促进作物的生长和发育。②解磷菌。解磷菌是指能够将土壤中的无机或有机磷转化为植物可利用的磷酸盐等形式的微生物，如巨大芽孢杆菌、假单胞菌、测状芽孢杆菌等。解磷菌可以提供作物所需的磷素，增加土壤中的有效磷含量，促进作物的开花和结果。③解钾菌。解钾菌是指能够将土壤中的硅酸盐或其他形式的钾转化为植物可利用的钾离子等形式的微生物，如胶质芽孢杆菌、胶冻样芽孢杆菌等。解钾菌可以提供作物所需的钾素，增加土壤中的有效钾含量，促进作物的光合作用和抗逆能力。

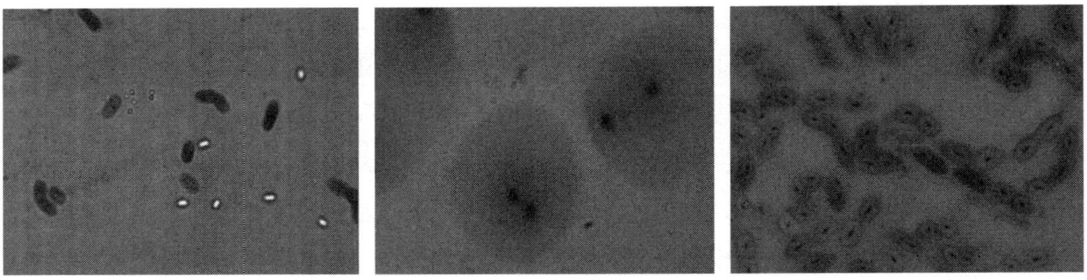

图 8.1　生产的解磷菌、解钾菌、固氮菌显微结构

为了开发出高效、安全、稳定的功能性微生物产品，需要从以下几个方面进行研究：

（1）固氮菌：可以从豆科植物的根系中筛选，现有的微生物学选育方法发展都很成熟，选育后的菌株还得与豆科植物进行结瘤试验，然后在种植上进行固氮肥效试验，以检验其固氮效果。具体步骤如下：①从豆科植物根系中分离固氮菌：从不同地区、不同品种、不同生长阶段的豆科植物根系中采集样品，将其在无机盐培养基上进行分离培养，观察细菌形态和结瘤情况，从中选取具有结瘤能力或非结瘤固氮能力的细菌。②对分离得到的固氮菌进行鉴定和功能测定：对分离得到的固氮菌进行形态学、生理生化、分子生物学等方法的鉴定，确定其种属和亲缘关系，同时进行固氮活性、固氮效率、抗逆性等功能测定，评价其固氮能力和特性。③对筛选出的固氮菌进行结瘤试验：将筛选出的固氮菌接种到豆科植物的种子或根系上，观察其在温室或田间条件下的结瘤情况，如结瘤数量、结瘤大小、结瘤形态、结瘤内细菌数量等，从中选择具有高效结瘤能力或协同结瘤能力的菌株。④对筛选出的固氮菌进行固氮肥效试验：将筛选出的固氮菌接种到豆科植物或非豆科植物上，观察其在温室或田间条件下的固氮肥效，如植株生长情况、植株含氮量、土壤含氮量、作物产量等，从中选择具有高效固氮肥效或广谱固氮肥效的菌株。

（2）解磷菌：土壤中存在大量的矿化稳定态的磷，这部分磷没有释放到土壤中不能够溶解，作物是不能够吸收的，加上现有磷肥的品质也不是太高，所以通过解磷菌的作用将土壤中被矿化的那部分磷元素释放出来，使其变为能够被作物吸收利用的有效磷素就显得很有必要。国内现有的选育解磷菌的方法也很成熟，通常是看解磷菌周围的溶磷圈的大小来选育，如果对某株菌种的解磷性能特别了解，也可以直接向科研机构购买相应的菌种。解磷的菌株有巨大芽孢杆菌、解磷假单胞菌、测状芽孢杆菌、胶状芽孢杆菌、黑曲霉、AM 菌根真菌，主要是一些芽孢杆菌和少量的真菌。具体步骤如下：①从土壤或植物根际中分离解磷菌：从不同地区、不同类型、不同肥力的土壤或植物根际中采集样品，将其在含有无机或有机磷的培养基上进行分离培养，观察细菌形态和溶磷菌情况，从中选取具有高效溶解无机或有机磷的细菌。②对分离得到的解磷菌进行鉴定和功能测定：对分离得到的解磷菌进行形态学、生理生化、分子生物学等方法的鉴定，确定其种属和亲缘关系，同时进行溶磷活性、溶磷效率、抗逆性等功能测定，评价其溶磷能力和特性。对筛选出的解磷菌进行溶磷肥效试验：将筛选出的解磷菌接种到不同类型和肥力的土壤中，观察其在温室或田间条件下的溶磷肥效，如土壤有效磷含量、植株含磷量、作物产量等，从中选择具有高效溶磷肥效或广谱溶磷肥效的菌株。

（3）解钾菌：土壤中存在大量的硅酸盐或其他形式的钾，这部分钾没有释放到土壤中不能够溶解，作物是不能够吸收的，加上现有钾肥的品质也不是太高，所以通过解钾菌的作用将土壤中被固定的那部分钾元素释放出来，使其变为能够被作物吸收利用的有效钾素就显得很有必要。国内现有的选育解钾菌的方法也很成熟，通常是看解钾菌周围的溶钾圈的大小来选育，如果对某株菌种的解钾性能特别了解，也可以直接向科研机构购买相应的菌种。解钾的菌株有胶质芽孢杆菌、胶冻样芽孢杆菌等。具体步骤如下：①从土壤或植物根际中分离解钾菌：从不同地区、不同类型、不同肥力的土壤或植物根际中采集样品，将其在含有硅酸盐或其他形式的钾的培养基上进行分离培养，观察细菌形态和溶钾圈情况，从中选取具有高效溶解硅酸盐或其他形式的钾的细菌。②对分离得到的解钾菌进行鉴定和功能测定：对分离得到的解钾菌进行形态学、生理生化、分子生物学等方法的鉴定，确定其种属和亲缘关系，同时进行溶钾活性、溶钾效率、抗逆性等功能测定，评价其溶钾能力和特性。③对筛选出的解钾菌进行溶钾肥效试验：将筛选出的解钾菌接种到不同类型和肥力的土壤中，观察其在温室或田间条件下的溶钾肥效，如土壤有效钾含量、植株含钾量、作物产量等，从中选择具有高效溶钾肥效或广谱溶钾肥效的菌株。

（4）关于几种功能产品开发：单独开发某一种功能的产品已经不能满足市场的需求，也没有多少的创新，现在研发的趋势是，将各种功能性的微生物复合起来使产品同时具有固氮、解磷、解钾、光合作用等功能，功能性微生物肥料除了上述的功能外同时还可以通过诱变、代谢调控、发酵工艺优化的方法来促使微生物在培养的过程中产生一些激素、有机酸等中间类物质如（吲哚乙酸、赤霉素、脱落酸、细胞分裂、琥珀酸、乳酸等），这些物质都是作物生长的调节物质，能够提高作物的抗逆性能，提高农作物的产量。具体方法如下：

1）对各种功能性微生物进行复合：根据不同作物和土壤的需求，选择具有固氮、解磷、解钾、光合作用等功能的微生物，按一定的比例和顺序进行复合，形成具有多种功能或协同效应的复合功能性微生物肥料。复合的原则是要考虑各种微生物的功能和特性，使其能够互补或协同，同时要避免拮抗或抑制，保证复合菌剂的稳定性和活性。

2）对复合功能性微生物进行诱变：为了提高复合功能性微生物的功能性和差异化，可以通过一些物理、化学或生物因子，对复合功能性微生物进行诱变，使其产生一些新的或改善的特性或功能。诱变的方法有以下几种：① 物理诱变。利用紫外线、X 射线、$\gamma$ 射线等电磁辐射或高温、高压等物理因子，对复合功能性微生物进行处理，使其发生基因突变或染色体畸变，从而产生一些新的或改善的特性或功能。例如，可以通过紫外线诱变，使复合功能性微生物产生更高的固氮活性或溶磷活性。②化学诱变。利用硫酸乙酯、亚硝酸盐、甲基磺酸盐等化学试剂或抗生素、重金属等化学因子，对复合功能性微生物进行处理，使其发生基因突变或染色体畸变，从而产生一些新的或改善的特性或功能。例如，可以通过硫酸乙酯诱变，使复合功能性微生物产生更强的抗逆能力或抗病能力。③生物诱变。利用噬菌体、质粒、转座子等遗传元件或其他微生物、植物等生物因子，对复合功能性微生物进行处理，使其发生基因重组或基因转移，从而产生一些新的或改善的特性或功能。例如，可以通过噬菌体介导的转座子插入，使复合功能性微生物获得更多的功能基因或表达更多的功能蛋白。

3）对复合功能性微生物进行代谢调控：为了提高复合功能性微生物在培养过程中产生一些激素、有机酸等中间类物质，可以通过一些方法对其代谢途径进行调控，使其增加或减少某些代谢产物的生成。代谢调控的方法有以下几种：①添加诱导剂或抑制剂。利用一些化学或生物因子，对复合功能性微生物进行刺激或抑制，使其增加或减少某些代谢途径的活性，从而增加或减少某些代谢产物的生成。例如，可以通过添加吲哚乙酸诱导剂，使复合功能性微生物增加吲哚乙酸的合成和分泌，从而提高其对作物的促生作用。②也可以通过添加脱落酸抑制剂，使复合功能性微生物减少脱落酸的合成和分泌，从而降低其对作物的抑制作用。③改变培养条件。利用一些物理或环境因子，对复合功能性微生物进行调节或控制，使其增加或减少某些代谢途径的活性，从而增加或减少某些代谢产物的生成。例如，可以通过改变培养温度、pH 值、氧气浓度等，使复合功能性微生物增加或减少某些酶的活性或表达量，从而影响其代谢产物的种类和数量。④利用代谢工程。利用一些基因工程或代谢工程的技术，对复合功能性微生物进行改造或优化，使其增加或减少某些代谢途径的活性，从而增加或减少某些代谢产物的生成。例如，可以通过转基因或基因敲除等方法，使复合功能性微生物增加或减少某些关键酶的编码基因，从而提高或降低其代谢产物的合成能力。

4）对复合功能性微生物进行发酵工艺优化：为了提高复合功能性微生物在培养过程中的生长和活性，以及在保存和施用过程中的稳定性和效果，可以通过一些方法对其发酵工艺进行优化，使其达到最佳的培养条件和产品质量。发酵工艺优化的方法有以下几种：

选择合适的发酵方式：发酵方式是指在培养复合功能性微生物时采用不同的培养模式和设备，如固态发酵、液态发酵、混合发酵等。发酵方式会影响复合功能性微生物在不同阶段（如接种、培养、收集、干燥等）中的存活率和稳定性，以及产品的形态和特性。选择合适的发酵方式应该根据不同菌株的特性和需求，选择能够提供适宜的营养、水分、氧气、温度等条件，同时又能够保证产品的质量和效果的方式。例如，可以根据菌株的降解能力、温度适应性、耐久性等选择固态发酵、液态发酵或混合发酵等方式。

控制合理的发酵参数：发酵参数是指在培养复合功能性微生物时涉及的各种操作参数和环境条件，如接种量、接种时间、培养时间、培养温度、培养 pH 值、培养氧气浓度等。发酵参数会影响复合功能性微生物在不同阶段（如接种、培养、收集、干燥等）

中的生长和活性，以及产品的形态和特性。控制合理的发酵参数应该根据不同菌株的特性和需求，选择能够促进其生长和活动，同时又能够保证产品的质量和效果的参数。例如，可以根据菌株的生长速度、代谢强度、抗逆能力等控制接种量、接种时间、培养时间、培养温度、培养 pH 值、培养氧气浓度等参数。

5）采用合适的收集和干燥方法：收集和干燥方法是指在培养复合功能性微生物后，将其从培养基或培养液中分离出来，并将其水分降低到一定程度的方法，如过滤、离心、喷雾干燥、冷冻干燥等。收集和干燥方法会影响复合功能性微生物在保存和施用过程中的存活率和稳定性，以及产品的形态和特性。采用合适的收集和干燥方法应该根据不同菌株的特性和需求，选择能够保护其免受损伤或失活，同时又能够保证产品的质量和效果的方法。例如，可以根据菌株的耐热性、耐压性、耐干性等选择过滤、离心、喷雾干燥、冷冻干燥等方法。

#### 8.2.2.3 药肥两用型菌剂的研发

药肥两用型菌剂是指能够同时提供作物所需的营养素和保护作物免受病虫害的微生物产品，如能够固氮、解磷、解钾、光合作用等功能，并且能够抑制或杀灭病原菌、害虫等有害生物的微生物产品。药肥两用型菌剂可以减少化肥和农药的使用，提高作物产量和品质，保护环境和资源。药肥两用型菌剂的主要分类和功能如下：

功能性菌，能够在土壤中或作物根际中发挥特殊功能或作用的微生物产品，如能够固定空气中的氮素、溶解土壤中的磷钾素、促进作物光合作用等。功能性菌可以提高土壤肥力和作物营养，增加作物产量和品质。生物防治，利用一些有益或无害的微生物来抑制或杀灭对作物有害的病原菌、害虫等生物，从而保护作物健康和安全。生物防治可以减少农药的使用，降低农业污染和食品残留。

为了开发出高效、安全、稳定的药肥两用型菌剂，需要从以下几个方面进行研究：

（1）对于功能性菌：开发功能性菌需要从土壤或植物根际中分离出具有特定功能或作用的微生物，然后进行鉴定和功能测定，筛选出具有高效功能性或广谱适应性的菌株，然后进行功能性肥效试验，以检验其对作物的促生效果。具体步骤如下：①从土壤或植物根际中分离功能性微生物：从不同地区、不同类型、不同肥力的土壤或植物根际中采集样品，将其在含有特定指示剂或选择剂的培养基上进行分离培养，观察细菌形态和功能性指标，从中选取具有固氮、解磷、解钾、光合作用等功能的微生物。②对分离得到的功能性微生物进行鉴定和功能测定：对分离得到的功能性微生物进行形态学、生理生化、分子生物学等方法的鉴定，确定其种属和亲缘关系，同时进行功能性活性、功能性效率、抗逆性等功能测定，评价其功能性能力和特性。③对筛选出的功能性微生物进行功能性肥效试验。将筛选出的功能性微生物接种到不同类型和肥力的土壤中，观察其在温室或田间条件下的功能性肥效，如土壤有效氮磷钾含量、植株含氮磷钾量、作物产量等，从中选择具有高效功能性肥效或广谱功能性肥效的菌株。

（2）对于生物防治：开发生物防治需要从病虫害的发生源或受害植物中分离出具有抑制或杀灭病原菌、害虫等有害生物的微生物，然后进行鉴定和功能测定，筛选出具有高效生物防治或广谱抗病虫的菌株，然后进行生物防治效果试验，以检验其对作物的保护效果。具体步骤如下：①从病虫害的发生源或受害植物中分离生物防治微生物：从不同地区、不同类型、不同程度的病虫害的发生源或受害植物中采集样品，将其在含有特定指示剂或选择剂的培养基上进行分离培养，观察细菌形态和生物防治指标，从中选取具有抑制或杀灭病原菌、害虫等有害生物的微生物。②对分离得到的生物防治微生物进行鉴定和功能测定。对分离得到的生物防治微生物进行形态学、生理生化、分子生物学等方法的鉴定，确定其种属和亲缘关系，同时进行抑菌活性、杀虫活性、抗逆性等功能测定，评价其生物防治能力和特性。③对筛选出的生物防治微生物进行生物防治效果试验。将筛选出的生物防治微生物接种到不同类型和程度的病虫害受害植物上，观察其在温室或田间条件下的生物防治效果，如病斑面积、病斑数量、病斑形态、虫口数量、虫口形态等，从中选择具有高效生物防治效果或广谱抗病虫效果的菌株。

（3）对于药肥两用型菌：开发药肥两用型菌需要将具有功能性肥效和生物防治效果的微生物复合在一起，形成一种同时具有肥效功能和生物防治功能的复合型微生物产品。复合型微生物产品需要考虑各种微生物之间的相互关系和协同作用，使其能够互补或增强彼此的功能和效果，同时要避免拮抗或抑制，保证复合菌剂的稳定性和活性。复合型微生物产品中的各种微生物之间可能存在一些不利的相互作用，如拮抗或抑制，导致复合菌剂的有效活菌数下降或失活，影响其质量和效果。为了避免这些不利的相互作用，需要在复合前对各种微生物进行相容性测试，筛选出能够和谐共存或相互促进的菌株，同时在复合过程中控制合理的比例和顺序，使各种微生物能够均匀分布或分层排列，减少其间的干扰或竞争。

（4）对复合型微生物进行发酵工艺优化：为了提高复合型微生物在培养过程中的生长和活性，以及在保存和施用过程中的稳定性和效果，可以通过一些方法对其发酵工艺进行优化，使其达到最佳的培养条件和产品质量。发酵工艺优化的方法与功能性菌肥和生物防治的方法类似，如选择合适的发酵方式、控制合理的发酵参数、采用合适的收集和干燥方法等。

#### 8.2.2.4　复合微生物肥料菌剂

复合微生物肥料是指在有机、无机复合肥料中添加一定比例和种类的功能性微生物制成的一种新型肥料，该肥料不仅能够提供作物所需的氮、磷、钾等主要养分，还能够提供一些促进作物生长和抗逆的微生物，如固氮菌、解磷菌、解钾菌、光合细菌等。

复合微生物肥料具有以下优点：①提高肥效：复合微生物肥料中的功能性微生物可以增加土壤中的有效氮磷钾含量，提高土壤肥力，同时也可以增加植株中的含氮磷钾量，提高植株营养，从而提高作物产量和品质。②降低成本：复合微生物肥料中的功能性微生物可以减少对化肥和农药的依赖，降低农业投入，同时也可以减少对环境和资源的污染和消耗，降低农业成本。③方便使用：复合微生物肥料可以采用与普通化肥相同或类似的施用方式和方法，如撒施、追施、浇施等，无需特殊设备或技术，方便农民使用。

为了开发出高效、安全、稳定的复合微生物肥料产品，需要从以下几个方面进行研究：

（1）对于现有的功能性微生物进行驯化：由于有机无机、复合肥料中含有较高的养分浓度和较高的温度，这些条件对于一些功能性微生物来说是不利或致死的，因此需要对现有的功能性微生物进行驯化，使其能够适应这些条件，保持其活性和稳定性。驯化的方法有以下几种：①逐步增加养分浓度：利用一些培养基或溶液，对功能性微生物进行逐步增加养分浓度的处理，使其逐渐适应较高的养分浓度，增强其耐盐或耐碱能力。例如，可以通过在培养基中逐步增加氮源、磷源或钾源等成分，使功能性微生物逐渐适应较高的 N、P、K 浓度。②逐步增加温度：利用一些培养箱或干燥箱，对功能性微生物进行逐步增加温度的处理，使其逐渐适应较高的温度，增强其耐热能力。例如，可以通过在培养箱中逐步提高培养温度，或在干燥箱中逐步提高干燥温度，使功能性微生物逐渐适应较高的温度。③利用诱变或基因工程：利用一些物理、化学或生物因子，对功能性微生物进行诱变或基因工程的处理，使其产生一些新的或改善的特性或功能，增强其适应性和稳定性。例如，可以通过紫外线、X 射线、$\gamma$ 射线等电磁辐射或硫酸乙酯、亚硝酸盐、甲基磺酸盐等化学试剂或噬菌体、质粒、转座子等遗传元件等方法，对功能性微生物进行诱变或基因工程的处理，使其获得更强的耐盐、耐碱、耐热等能力。

（2）对于添加的微生物进行选择：由于有机、无机复合肥料中含有较高的养分浓度和较高的温度，这些条件对于一些细菌或真菌来说是不利或致死的，因此需要选择一些能够忍受这些条件的微生物作为添加的对象，保证其活性和稳定性。①选择芽孢杆菌。芽孢杆菌是指能够在不利条件下形成芽孢的细菌，如苏云金芽孢杆菌、巨大芽孢杆菌等。芽孢具有极强抗逆能力的休眠状态，能够抵抗高温、高压、干燥、化学剂等多种不利因素，保持其活性和稳定性。因此，选择芽孢杆菌作为添加的微生物，可以保证其在有机、无机复合肥料中的存活率和效果。②选择其他耐久型微生物。除了芽孢杆菌外，还有一些其他类型的微生物也具有较强的耐久能力，如放线菌、木霉等。这些微生物能够在不利条件下形成菌丝或分枝杆菌等耐久状态，保持其活性和稳定性。

因此，选择这些耐久型微生物作为添加的微生物，也可以保证其在有机、无机复合肥料中的存活率和效果。

（3）对于复合微生物肥料进行发酵工艺优化：为了提高复合微生物肥料在培养过程中的生长和活性，以及在保存和施用过程中的稳定性和效果，可以通过一些方法对其发酵工艺进行优化，使其达到最佳的培养条件和产品质量。发酵工艺优化的方法与功能性菌肥和药肥两用型菌肥的方法类似，如选择合适的发酵方式、控制合理的发酵参数、采用合适的收集和干燥方法等。

### 8.2.3 生物有机肥的生产工艺

对于反应器系统的静态高温好氧发酵而言，发酵仓是静态高温发酵的核心设备。一般而言，发酵仓的设计，主要考虑有效容积和结构形式。试验用的发酵仓要求其容积尽可能小，在保证实验结果、取样的代表性和发酵温度的条件下，便于搬运、安装和减少每次试验的试样用量。对于实际工程而言，发酵仓的设计要求具有良好的密闭性、便于操作和管理。

生物有机肥产品质量的关键指标是产品的有效活菌数，而产品生产工艺的选择又是影响产品活菌数量的一个关键环节。选择合适的生产工艺，不仅可以缩短生产流程，降低生产成本，而且可以提高产品质量，增加产品存放时间，使产品可以较好地推向市场，从而提高企业的经济效益。

生物有机肥质量的优劣，主要取决于菌种本身和肥料中有益微生物的活菌数及其作用强度，所以选育优良、耐高温、耐干旱的菌种，保证肥料中应有的活菌数是生物有机肥生产企业必须要做的一项关键工作。

生物有机肥产品质量的好坏影响施用的效果，而产品质量的关键指标是产品的有效活菌数。生物有机肥的活菌数量决定于产品生产工艺的选择。

#### 8.2.3.1 发酵工艺

发酵一般采用好氧发酵技术，利用微生物的代谢活动来分解物料中的有机物质，使物料达到稳定和无害化。在发酵生产工艺上，多数企业采用槽式堆置发酵法，其他的发酵方法，如平地堆置发酵法、密封仓式发酵法、塔式发酵法等在生产中也得到了应用。

1. 生物有机肥发酵工艺发酵仓模式

（1）进料系统。首先农作物秸秆经粉碎处理后的原料与辅料、发酵菌剂混匀后送发酵车间内发酵。发酵车间为密闭厂房式构筑物，下设通风排水道。发酵车间由装载机进出料。在发酵过程产生部分刺激性气味的气体，经过设备引风系统进入气体净化装置中，通过吸附—催化分解技术工艺，把气体净化至达标后排放掉。发酵过程监测采用自控系统，控制鼓风量和监测料堆内温度。

（2）发酵仓模式生产工艺流程。如图 8.2 所示。

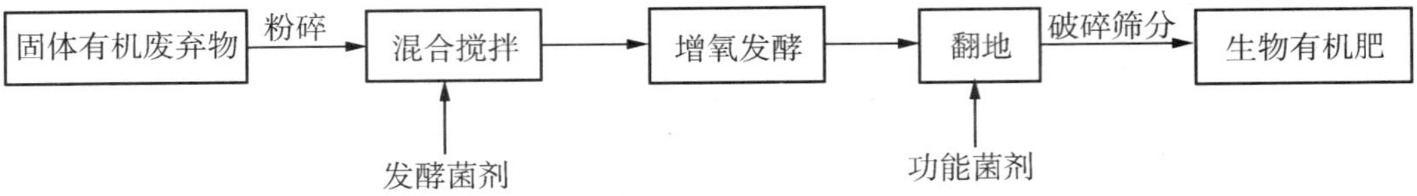


**图 8.2　发酵仓模式生产工艺流程**

（3）发酵系统：图 8.3 所示为发酵车间，卸入车间内的物料由装载机堆高，保持车间内物料平均高度达到一定高度，采用表面喷淋的方式，保证适宜的湿度。发酵采用鼓风机强制通风供氧，鼓风机采用变频调速，根据发酵仓内料堆的温度调节鼓风机的转速，以保证料堆内氧浓度不低于 10%。在发酵处理过程中，发酵约 72 h 时中心温度可达 70 ℃以上，5~7 d 即可达到无害化，并杀死蛔虫卵和病原菌；物料需在发酵仓停留时间为 15~20 d，完成腐熟发酵，然后用装载机将其送到后处理系统。

**图 8.3　发酵车间**

（4）后处理系统：粗堆肥料再被运往弹跳筛进行筛分处理，通过弹跳筛筛分后，粗堆肥物料可按粒径及相对密度的不同分为大于 12 mm 和小于 12 mm 两大类，筛下物直径 < 12 mm 的即为成品肥，暂时储存在精堆肥存放场中，可对外出售。粗堆肥料加入功能菌剂经后熟生成含活性物有机质，经检测达到生物有机肥标准 NY 884—2012 即可作为生物有机肥施用；也可经过肥料后续加工研制及成型工艺，把发酵后的物料加工成商品有机肥、精制有机肥、有机无机复混肥等一系列生态有机肥产品。

2. 采用快速发酵设备

图 8.4 所示为有机物料快速发酵设备。把农田秸秆粉碎与辅料经提升斗或输送带送入制肥设备中，根据进入秸秆粉的容积，添加对应比例发酵菌种，设备具有自动补足水分功能，使物料水分在 50%~60% 之间，设备自动加热、搅拌。秸秆专用微生物菌种

图 8.4　有机物料快速发酵设备（塔式、箱体式）

进行生物分解，物料经过搅拌混合、加热，微生物菌种在特定温度下释放出大量生物酶，将秸秆粉分解为糖、脂肪酸等有机小分子，24 h 可达无害化，5~8 d 发酵成熟制成有机肥产品，再经过有机肥配方调节处理生产出不同类型的有机肥。

（1）优点：可连续进出料，发酵时间短，自动化程度高。

（2）缺点：处理量小，一般单套设备处理量小于 3 000 t/a。

8.2.3.2　颗粒性的生产工艺

造粒方式的选择是生物有机肥生产工艺的关键环节。根据生产工艺的要求，目前生物有机肥常用的造粒方式主要有圆盘造粒和挤压造粒两种。①圆盘造粒：产品呈圆粒型，产品质量较好，产品可混性好，有利于产品投入市场。但一次性投资较高，对物料要求也高，颗粒质地较松，不利于长期储存和机械化施用。②挤压造粒：产品呈长柱状，生产工序较为简单，同时对物料要求也不是很高，颗粒硬度较大，适合储存和机械化作业，但产品颗粒规整性不好，带粉率高，产品质量难以保证，生产能力偏低，成本高。

为了降低功能性微生物的死亡率，烘干温度不宜过高，并且烘干时间也不能太长。生物有机肥生产工艺以圆盘造粒后低温烘干工艺为佳。一般选择烘干温度不能高于 85~90 ℃，烘干时间在 15~20 min 较为适宜。

颗粒型生物有机肥生产工艺流程如图 8.5 所示。

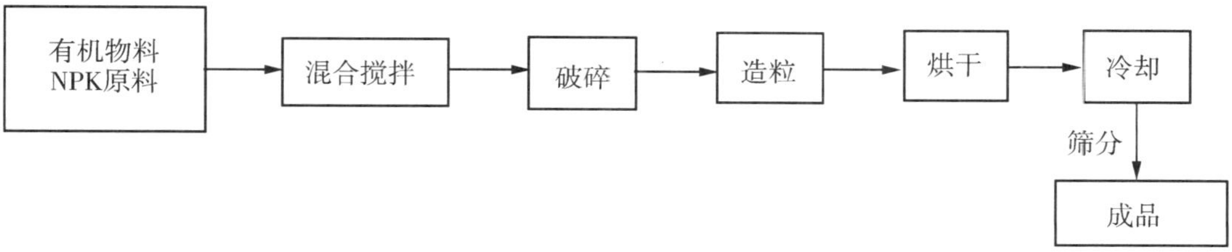


图 8.5　颗粒型生物有机肥生产工艺流程

#### 8.2.3.3 除臭工艺

传统的方法是利用一些物理和化学的方法加以防治，但成本高，效果不佳。研究者分离出一些放线菌接种于畜禽粪便中，起到了很好的除臭效果，之后又陆续开发出了硝化细菌和硫化细菌，使发酵过程中的氨气和二甲基硫化物等的排放得到了较好的控制。我国自行研制的微生物发酵剂和固体发酵设备的应用，将推动我国生物有机肥产业化的迅速发展。

### 8.2.4 几种秸秆制生物有机肥的生产方法

#### 8.2.4.1 秸秆生物有机肥的生产方法

以秸秆、污泥、禽畜粪便及生活垃圾为主要原料生产生物有机肥，目前多采用的是堆肥技术，特别是好氧堆肥，该技术具有分解氧化较为彻底，产生恶臭较少的特点。堆肥技术是利用微生物的作用先将生产原料中易于腐化的有机物质进行分解，转变为富含有机质和含有一定量氮、磷、钾等营养元素的熟料，然后根据土壤自然生态结构特点和农作物的生长所必需的营养元素、微量元素具有固氮、解钾、溶磷等活性作用的有益微生物，配制生产菌液产品。堆肥产生的固剂与培养微生物所制成的菌液相结合可生产出具有综合效应的有机肥料产品。

下面简单介绍一种我们研究开发的以农作物秸秆、污泥及腐熟秸秆菌种为主要原料生产有机肥料的方法，供参考。①原料的准备及预处理：利用秸秆粉碎机将农作物秸秆粉碎至 2 cm 左右的小段备用；秸秆腐熟菌种是活性物质，应在避光阴凉处储存，不要在阳光下暴晒，生产时，应提前半天或一天进行菌种活化。②物料的搅拌混合：将粉碎后的秸秆、污泥及活化的秸秆腐熟菌按照一定比例混合均匀，使混合物含水量达到 60%~65%，松散透气最佳。③物料的腐熟：将混合均匀的物料堆成条垛状，高度不小于 0.8 m，宽度不小于 2.5 m。堆置完成后进行腐熟，由于是好氧发酵，发酵过程中氧气越充足效果越好。因此堆积好的物料，第 2、3 天开始翻堆，每隔 2 天翻一次。翻堆的作用有两个：一是透气，向料堆内供氧，促进物料的发酵腐熟；二是搅拌均匀，使表层物料能够翻到内部，通过高温使表层的病害微生物、病虫卵等也被彻底杀死。一般在夏秋季节第 2 天即可升温（冬季气温低的情况下启动较慢），3 d 左右即可达到 50 ℃以上，5~7 d 能够升到 70 ℃，在此温度下维持 7~10 d，即可有效杀死各种病菌害虫，降解纤维，合成各种腐殖质，除臭效果明显。料堆温度超过 70 ℃时，应及时翻堆降温，促进物料中腐殖质的形成。

发酵周期一般为 15~30 d，中期（第 10~15 d）如发现料堆水分含量太低，需适当补水。如遇下雨天，需要遮盖，以防止雨水冲淋带走养分。

后期发酵温度下降至 50 ℃以下时，可以摊平料堆，停止发酵，促进水分蒸发，物料水分一般在 35% 以下，效果好的可以降低至 25%~35%。发酵完全的物料应成褐色，松散，无臭，有肥沃土壤的味道。将发酵完全的物料筛分、称重、包装，即可得到商品化的秸秆生物有机肥料。

秸秆生物有机肥料生产过程中的技术要点：①在秸秆有机肥料的生产过程中需有效地控制影响有机原料发酵、微生物繁殖的各个因素。主要的影响因素为有机质含量、含水率、碳氮比、堆肥过程中的氧浓度和温度及 pH 值等。一方面，通过对诸因素的控制满足各微生物菌种的生长繁殖所必需的碳氮比、温度、湿度、pH 值、氧量及其他的营养元素；另一方面，不同的营养物质含量可产生不同的肥效，比如含碳量高有助于土壤中真菌的繁殖增多，氮含量高的有机肥料有助于土壤中细菌的增多，而肥料中的钙元素则对于作物抗病性有明显的效用。②对堆肥所产生的恶臭需加以防治与控制，避免二次污染。在堆料中加入发酵剂或快速分解菌可在较短时间内消减臭气，且感官效果较好；或者对堆肥场地产生的恶臭气体以生物除臭技术等进行处理。③严格控制原料中的重金属含量，防止在后期的生产过程中微生物中毒，以及成品秸秆有机肥料中的重金属超标，污染土壤及农作物。④生产的秸秆有机肥料成品经过分析检测，其有机质、腐殖酸、氮、磷、钾及其他微量元素含量、活菌数等应达到或超过国家农业标准。

#### 8.2.4.2　秸秆有机复合肥料生产方法

秸秆有机复合肥料是以秸秆裂解所得的生物质炭、生物质提取液（主要成分为木质素）、氮磷钾等元素（纯氮、五氧化二磷、氯化钾、氯化铵等）、功能微生物，然后再根据土壤需要，添加一些微量元素生产的有机复合肥料。

生物质炭因其较高的空隙度和巨大的表面积，具有良好的吸附特性，可以用作土壤和水体中有机污染物的吸附剂；其含有作物所需的氮、磷、钾、钙、镁等营养元素，也可以用作土壤改良剂提高土壤肥力；而其一般呈碱性的特点，可以用来改良酸性土壤。生物质炭的添加对土壤中的养分具有较好的持留功能，添加生物质炭处理的土壤淋出液中氮和磷质量浓度显著降低，说明生物质炭能够有效减少水冲刷造成的氮磷流失，降低农业面源污染。研究表明，添加 1%~4% 生物质炭处理的土壤活性有机质质量分数均增加了 25% 以上，土壤呼吸强度降低了 23%~50%。同时，添加生物质炭对植物的生长也有促进作用，添加 4% 生物质炭处理的土壤，农作物的生物量增加 68%。

生物质提取液是秸秆等生物质在裂解过程中，经冷凝回收分离所获得的活性有机混合物。主要物质为木醋酸，并含有醇、酚、酯、羰基类及呋喃类等约 500 种有机成分，具有促进农作物生长、抑菌、除草、防腐等多种作用。试验证实（细胞毒性试验，遗传毒性试验，经口急慢毒性试验），生物质提取液在农业生产上使用安全。

具体的生产方法如下：

（1）秸秆生物质炭的制备。将农作物秸秆粉碎至 1~5 cm 后加入裂解装置中，在 300~1 100 ℃下进行裂解，得到生物质秸秆炭粉。

（2）配料的混合。将生物质秸秆炭粉与氮磷钾等元素（纯氮、五氧化二磷、氯化钾、氯化铵等）按照比例输送至混合搅拌机中。在搅拌条件下，向其中加入一定比例的生物质提取液。具体添加比例为生物质秸秆炭 70%~80%，氮磷钾等元素（纯氮、五氧化二磷、氯化钾、氯化铵等）20%~25%，生物质提取液 5%~10%。加入完成后继续搅拌 2 h，添加功能微生物菌剂，使其混合均匀。

（3）产品的造粒、称重和包装。将上述混合好的秸秆有机肥料输送至造粒机中造粒，造粒完成后，将产品输送至烘干设备中烘干，然后通过筛分机筛分，合格产品进行称重包装，不合格产品返回造粒机重新造粒；也可根据用户需求，制成粉状，称重包装。

#### 8.2.4.3 秸秆—沼渣生物有机肥料的生产方法

随着生态农业的持续性发展，人们发展沼气生态农业的热情越来越高，沼渣的用途也逐渐被开发利用。沼渣中富含有机质、腐殖质、微量营养元素、多种氨基酸、酶类和有益微生物。质地疏松、保墒性能好、酸碱度适中，经过腐熟生产成肥料后，能起到很好的改良土壤的作用。沼渣中由于富含有机质等，因此沼渣好氧堆肥生产生物肥料渐渐成为沼渣处理的一种主要趋势。

使用沼渣直接好氧堆肥，氨的挥发会造成氮的损失，不仅会降低农用价值，还会产生严重恶臭、酸雨等环境污染问题。生物质炭本身具有吸附性，将生物质炭粉与沼渣进行混合腐熟发酵，通过其吸附、缓释的特点，可以减少其营养物质的流失，提高肥料利用率，同时可以兼顾土壤改良功能与肥料增效的效果。

下面介绍一种以秸秆和沼渣为主要原料生产兼顾土壤改良与肥料增效功能的沼渣有机肥料的技术。工艺路线如图 8.6 所示。

（1）生物质炭粉的制备。生物质炭粉是以农作物秸秆（主要为玉米、小麦秸秆，也可用其他类型秸秆）为原料制得，将上述原料粉碎至 1~5 cm 后加入裂解装置中，在 300~1 100 ℃下进行裂解，得到生物质秸秆炭粉。

（2）生物质有机肥的制备。在日光温室内，将生物质炭粉与沼渣混合搅拌均匀，加入生物除臭剂，然后进行发酵，并保持发酵过程中通风良好。发酵 7~10 d 后进行翻堆，之后继续发酵 7~10 d。

（3）成型包装。出料为块状混合干沼渣。上述所得的腐熟发酵料为块状混合干沼渣，将混合干沼渣粉碎，然后加入成型助剂、氮肥、磷肥、钾肥，充分搅拌，搅拌过程中，加入雾化的木醋酸液。混合后的有机肥料进入造粒机造粒，称重包装。也可以根据用户需求，制成粉状，称重包装。

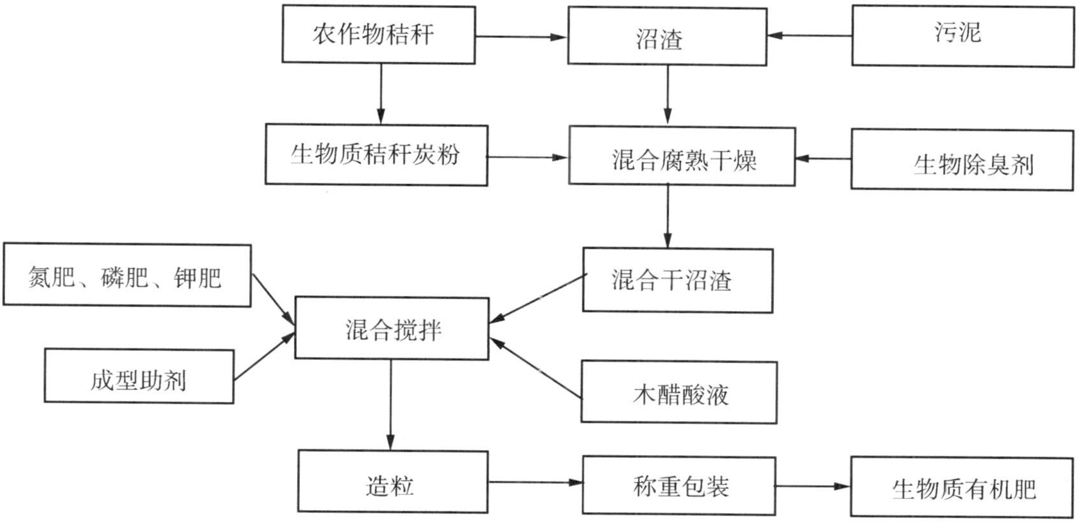


图 8.6 沼渣有机把料生产工艺路线

## 8.3 生物有机肥产品标准

### 8.3.1 生物有机肥产品的基本标准和要求

生物有机肥产品应符合以下基本标准和要求：

（1）产品应具有明确的名称、规格、成分、用途等信息，并附有产品质量证明书和使用说明书。产品名称应反映产品的特点和功能，如生物菌肥、生物有机复合肥、生物有机无机复合肥等。产品规格应按照国家或行业规定的单位和形式表示，如千克、吨，颗粒、粉末等。产品成分应按照国家或行业规定的项目和含量标注，如总养分、有效微生物、重金属等。产品用途应说明产品适用的作物种类和施用方法，如水稻、小麦、果树等，基肥、追肥、叶面喷施等。

（2）产品应具有良好的物理性状，如颗粒或粉末状，无异味，无杂质，无结块，易于施用。产品的颗粒或粉末状应均匀一致，不影响施用效果。产品无异味是指无刺激性或恶臭的气味，如氨气、硫化氢等。产品无杂质是指无石子、塑料、金属等不可降解或有害的物质。产品无结块是指不会因水分或其他原因导致的硬化或粘连的现象。

（3）产品应具有一定的养分含量和比例，如总养分不低于 5.0%，碳氮比（C/N）不高于 25：1，有效微生物数量不低于 107 cfu/g。总养分是指产品中含有的氮（N）、磷（以 $P_2O_5$ 计）、钾（以 $K_2O$ 计）三大元素的总量，它反映了产品的营养价值。碳氮比是指产品中含有的碳（C）和氮（N）两种元素含量的比值，它反映了产品的发酵程度和微生物活性。有效微生物是指产品中具有促进作物生长或抑制病害等功能的微生物，如固氮菌、溶磷菌、解钾菌等。

（4）产品应符合环境保护和食品安全的要求，如重金属含量、病原菌数量、抗生素残留等指标不超过国家规定的限值。重金属是指铅（Pb）、镉（Cd）、汞（Hg）、砷（As）等对人体和环境有害的金属元素，它们可能来源于原料或生产过程中的污染。病原菌是指大肠杆菌、沙门氏菌、志贺氏菌等对人体和动物有害的细菌，它们可能来源于原料或生产过程中不卫生操作。抗生素残留是指四环素、氯霉素、磺胺等对人体和动物有害的药物残留，它们可能来源于原料或生产过程中的滥用。

### 8.3.2 生物有机肥产品质量控制标准

目前，传统有机肥正朝着标准化、规模化方向发展。在现有的标准中，我国的有机肥质量标准主要由农业农村部发布，且仅停留在行业标准水平。2021 年农业农村部制定了行业标准《有机肥料》（NY /T 525—2021），与 NY/T 525—2012 相比增加了“腐熟度”“种子发芽指数”的术语与定义。2019 年，农业农村部制定《畜禽粪便堆肥技术规范》（NY/T 3442—2019），规定了有机肥料规模化生产的场地、堆肥工艺、设施设备、质量检测等方面的要求。

有机肥技术指标，重金属的限量指标，生物有机肥产品技术指标要求，如表 8.4~表 8.6 所示。

表 8.4 有机肥技术指标

| 序号 | 项目 | 指标 |
|---|---|---|
| 1 | 有机质的质量分数（以烘干基计），% | ≥ 30 |
| 2 | 总养分（氮 + 五氧化二磷 + 氧化钾）的质量分数（以烘干基计），% | ≥ 4.0 |
| 3 | 水分（鲜样）的质量分数，% | ≤ 30 |
| 4 | 酸碱度（pH 值） | 5.5~8.5 |
| 5 | 种子发芽指数（GI），% | ≥ 70 |
| 6 | 机械杂质的质量分数，% | ≤ 0.5 |

表 8.5　重金属的限量指标（单位：mg/kg）

| 序号 | 项目 | 指标 |
|---|---|---|
| 1 | 总砷（As）（以烘干基计） | ≤ 15 |
| 2 | 总汞（Hg）（以烘干基计） | ≤ 2 |
| 3 | 总铅（Pb）（以烘干基计） | ≤ 50 |
| 4 | 总镉（Cd）（以烘干基计） | ≤ 3 |
| 5 | 总铬（Cr）（以烘干基计） | ≤ 150 |

表 8.6　生物有机肥产品技术指标要求

| 序号 | 项目 | 指标 |
|---|---|---|
| 1 | 有效活菌数 /（亿 cfu/g） | ≥ 0.2 |
| 2 | 有机质（以干基计）/% | ≥ 40 |
| 3 | 水分 /% | ≤ 30 |
| 4 | pH 值 | 5.5~8.5 |
| 5 | 粪大肠菌群数 /（个 /g） | ≤ 100 |
| 6 | 蛔虫卵死亡率 /% | ≥ 95 |
| 7 | 有效期 / 月 | ≥ 6 |

### 8.3.3　生物有机肥产品的检测和评估方法

（1）有机质含量测定：通过干燥和称重的方法测定产品中的有机质含量，常用的方法有加热失重法和全氧化法。

（2）养分含量测定：使用化学分析方法，如显色滴定法、原子吸收光谱法等，测定产品中氮、磷、钾等养分的含量。

（3）微生物含量检测：通过培养基培养和计数法，测定产品中益生微生物的数量。

（4）pH 值测定：使用 pH 计测定产品的 pH 值。

（5）有害物质检测：使用化学分析方法，如光谱分析、原子吸收光谱法等，检测产品中的重金属和有机污染物含量。

# 8.4 生物有机肥在农业中的应用

## 8.4.1 生物有机肥的施肥方法

当制订生物有机肥的施用计划时，必须仔细考虑不同的施肥方法，因为每种方法都在不同的情况下具有独特的优势和适用性。

（1）种施法：这种方法适用于需要使用播种机或其他种植机械的农作物。首先，将颗粒状生物有机肥与适量的化肥混合均匀，确保养分均匀分布。然后，随着种子一起通过播种机施入土壤。这一过程在播种的同时为作物提供了必要的养分，有助于作物的早期生长和发育。这对于大面积的农田尤其有效，因为施肥可以高效且均匀地完成。

（2）撒施法：撒施法着重于土壤和生物有机肥之间的互动。它适用于那些根系分布广泛且需要保持湿润的土壤类型。在这个方法中，生物有机肥均匀地撒布在根系集中的区域，并需要定期灌溉以维持土壤湿润状态。这有助于促进生物有机肥的分解，使养分更容易被植物吸收。这种方法可以提高土壤的肥力，为作物提供持续的养分供应。

（3）条状沟施法：这个方法适用于那些需要深度施肥的农作物，如一些条播作物或果树。首先，在开沟后将生物有机肥均匀地施入沟中，然后进行播种或移植。通过将肥料直接放置在根系附近，可以确保作物的根部更容易获得所需的养分。这对于需要深度根系供应的植物来说尤为重要，因为它们可以更好地吸收养分。

（4）环状沟施法：通常用于年幼的果树，这个方法要求在距离树干 20~30 cm 的地方绕树干开一个环状沟，然后在沟中施肥并将土壤覆盖在肥料上。这种方式确保了年幼树木能够获得所需的养分，从而促进了它们的健康生长。此外，这种方法还有助于防止肥料直接接触到树干，以避免潜在的损害。

（5）放射状沟施法：这个方法适用于成年果树，要求在距离树干 30 cm 的地方向四周开几个 50 cm 长的沟，然后在沟中施肥并覆土。这种方式确保了果树根系周围的土壤充分获得养分供应，有助于支持成年果树的生长和产量。通过增加根部的养分供应，可以提高果树的抗逆性和产量。

（6）穴施法：穴施法适用于点播或移栽的农作物，例如玉米、棉花和番茄等。在种植穴内施加生物有机肥，然后进行播种或移植。这种方式确保了肥料直接接触作物的根部，为新苗提供了所需的养分。这对于确保新苗的健康生长非常重要，因为它们在生长初期对养分的需求较高。

（7）蘸根法：蘸根法适用于移栽的农作物，例如水稻和番茄。在这个方法中，生物有机肥通常与水混合，形成肥料悬浊液。苗根会浸泡在这个悬浊液中，然后再进行定植。这种方法能够迅速提供养分，有助于苗根的迅速发育。这是一种高效的施肥方式，特别适用于根系需要快速发展的作物。

（8）盖种肥法：在播种后，将生物有机肥均匀地覆盖在种子上。这种方法可以为种子提供一个富含养分的环境，有助于促进种子的迅速发芽和早期生长。通过覆盖种子，可以确保作物在生长初期获得足够的养分支持。

要选择正确的施肥方法，农民需要考虑作物类型、土壤类型、气候条件及农田管理实践。同时，需要密切关注土壤和作物的健康状况，以及施肥活动的效果。定期地监测和记录有助于调整施肥策略，以满足作物的特定需求，提高作物产量和品质。因此，制订合适的生物有机肥施用计划需要综合考虑多种因素，以确保最佳的农田管理实践和可持续的农业生产。

此外，还有一些其他因素需要考虑，以优化生物有机肥的施用：①施肥时间在农业生产中具有关键性的作用。它涉及作物的生长周期和养分需求，应选择最适合施肥的时间点。这个决策可以显著影响养分的利用效率，因此需要仔细考虑。②关键生长阶段的施肥，在作物的不同生长阶段，养分需求是不同的。因此，在关键的生长阶段施肥可以最大程度地满足作物的需求。举例来说，在作物的生长初期，如播种后的早期生长阶段，作物通常需要大量的氮养分来促进叶片的生长。而在果实发育期间，作物可能需要额外的磷和钾来支持果实的形成和发育。因此，根据不同的生长阶段，施肥计划可以调整养分的种类和数量，以满足作物的需要。③确保生物有机肥的养分含量和比例与作物的需求相匹配至关重要。不同类型的作物对氮、磷和钾等养分的需求可能有所不同。通过进行土壤测试和养分分析，农民可以更好地了解土壤的养分状况和作物的需求。这有助于确定应该施用哪种生物有机肥及施用比例。④施肥的频率也是一个重要的考虑因素。它取决于生物有机肥的类型和土壤条件。有些生物有机肥可以在一季内提供足够的养分，而其他可能需要分几次施用，以确保作物在整个生长季节都能获得所需的养分。定期监测土壤养分水平有助于确定施肥的频率。⑤施肥方法的适应性。选择合适的施肥方法需要考虑农田的具体情况，不同的土壤类型、坡度、降水和气温都可能影响施肥方法的选择。例如，在坡地上，需要采取措施来避免养分的流失。在干旱地区，可能需要考虑更有效的灌溉和养分管理方法。⑥肥料的质量至关重要。确保选用高质量的生物有机肥可以避免可能的杂质或有害物质对作物和土壤的不利影响。选择有机认证的肥料或从可靠的供应商购买是一个明智的选择，因为肥料是经过质量控制和检验的。⑦考虑环境因素，环境保护和可持续农业是当今农业生产的重要考虑因素之一。因此，施肥方法必须符合当地的法规和最佳农业实践，以减少对土壤和水资源的负面影响。合理的施肥计划可以降低养分流失和污染的风险，有助于维护生态平衡。⑧施肥计划应与其他农田管理实践相协调，包括灌溉、病虫害防治和除草。这种综合性的管理方法可以提高农田的整体效益，确保作物健康生长。

⑨为了确保施肥计划的成功，农民需要不断地监测和评估。这包括密切关注作物的生长状况，通过土壤测试来跟踪养分水平，并根据需要调整施肥策略。定期的评估有助于优化施肥方法，确保作物获得所需的养分，同时减少浪费和环境影响。总的来说，选择适当的生物有机肥施用方法是一项复杂的任务，需要根据具体情况进行综合考虑。通过细致的规划、定期的监测和灵活的调整，农民可以最大程度地提高农田的产量和质量，同时维护土壤的健康和可持续性。这些因素共同为农业生产的成功和可持续性做出了贡献。

### 8.4.2 生物有机肥在作物上的应用

我国有机肥生产企业的规模大致分为 4 个级别：普及型（小于 0.5 万 t）占 35.1%，小型（0.5 万 ~2 万 t）占 39.3%，中型（2 万 ~10 万 t）占 20.9%，大型（大于 10 万 t）占 2.6%。从全国范围来看，企业主要集中在两个大区域：一是经济发达地区，包括广东、浙江、江苏和福建等地。这些地区环保意识强，有优惠政策和相对成熟的技术作为支撑。二是有机肥原料资源丰富的地区，包括河南、河北、山东、广西等地区，企业主要分布在大中型畜禽养殖场附近和有机肥原料易得地区（食品加工、发酵等）。为适应机械化作业的需要，目前农业生产中应用的有机肥多为颗粒状，主要应用于粮食作物、饲料作物、经济作物和蔬菜上，并取得了较为明显的效果。

### 8.4.3 生物有机肥在土壤改良中的应用

生物有机肥中含有丰富的有机质和有益的微生物。微生物能够显著改变土壤中细菌、真菌、放线菌和木霉菌的数量。它们在植物根系周围形成有益的微生物种群，有助于抑制根际病原菌的繁殖，减少土壤根际病原菌的数量，改善土壤微生物群落结构。同时，生物有机肥还能够促进蛋白质、核酸和叶绿素的合成，增强作物的抗逆性，减少病虫害的发生。这些成分对于重金属离子有强烈的吸附和螯合作用，可以部分减轻土壤中重金属的有效性，减少植物对重金属的吸收量。此外，生物有机肥中的有机质官能团可以通过吸附、整合和络合等多种方式影响重金属在土壤中的运移和转化。即使在土壤 pH 值非常低的环境中，生物有机肥的使用仍然能够减小土壤中铜和铅的运移能力。特别值得注意的是，生物有机肥可以明显减少植物根系对重金属的吸收量，而且在土壤中重金属含量较高的情况下，其减少根系吸收重金属的效果尤为显著。

## 参考文献

[1] AMANDEEP K, PUJA R. Effect of organic manures and chemical fertilizers on the growth,

yield and quality traits of summer squash (Cucurbita pepo L.) cv. Punjab ChappanKaddu [J]. International Journal of Environment and Climate Change, 2021.

[2] GAUTAM A, GUZMAN J, KOVACS P, et al. Manure and inorganic fertilization impacts on soil nutrients, aggregate stability, and organic carbon and nitrogen in different aggregate fractions [J]. Archives of Agronomy and Soil Science, 2022, 68 (9).

[3] SONG W, SHU A, LIU J, et al. Effects of long-term fertilization with different substitution ratios of organic fertilizer on paddy soil [J]. Pedosphere, 2022, 32 (4).

[4] LI Y, ZHENG Q, YANG R, et al. Evaluating microbial role in reducing $N_2O$ emission by dual isotopocule mapping following substitution of inorganic fertilizer for organic fertilizer [J]. Journal of Cleaner Production, 2021, 326.

[5] SEMENOV M V, KRASNOV G S, SEMENOV V M, et al. Mineral and organic fertilizers distinctly affect fungal communities in the crop rhizosphere [J]. Journal of Fungi, 2022, 8 (3).

[6] HUANG B, CHEN Y, PEI Z, et al. Application of microbial organic fertilizers promotes the utilization of nutrients and restoration of microbial community structure and function in rhizosphere soils after dazomet fumigation [J]. Frontiers in Microbiology, 2023, 13.

[7] LI X, LU Q, LI D, et al. Effects of different microbial fertilizers on growth and rhizosphere soil properties of corn in newly reclaimed land [J]. Plants, 2022, 11 (15).

[8] SHETEIWY M S, EL-SAWAH A M, KOBAE Y, et al. The effects of microbial fertilizers application on growth, yield and some biochemical changes in the leaves and seeds of guar (Cyamopsis tetragonoloba L) [J]. Food Research International, 2023, 172.

[9] KAARI M, MANIKKAM R, ANNAMALAI K K, et al. Actinobacteria as a source of biofertilizer/biocontrol agents for bio-organic agriculture [J]. Journal of applied microbiology, 2022.

[10] WANG T, CHENG K, HUO X, et al. Bio-organic fertilizer promotes pakchoi growth and shapes the soil microbial structure [J]. Frontiers in Plant Science, 2022, 13.

[11] WANG Z, YANG T, MEI X, et al. Bio-organic fertilizer promotes pear yield by shaping the rhizosphere microbiome composition and functions [J]. Microbiology Spectrum, 2022, 10 (6).

[12] LIU L, LI X, LI T, et al. Bio-organic fertilizer with bacillus subtilis F2 promotes strawberry plant growth and changes rhizosphere microbial community [J]. Journal of Soil Science and Plant Nutrition, 2022, 22 (3).

[13] ŠARAUSKIS E, NAUJOKIENE V, LEKAVICIENE K, et al. Application of granular

and non-granular organic fertilizers in terms of energy, environmental and Economic Efficiency [ J ] . Sustainability, 2021, 13 ( 17 ) .

[ 14 ] GU Y Y, ZHANG H Y, LIANG X Y, et al. Effect of different biochar particle sizes together with bio-organic fertilizer on rhizosphere soil microecological environment on saline-alkali land [ J ] . Frontiers in Environmental Science, 2022, 10.

[ 15 ] GU Y, ZHANG H, LIANG X, et al. Impact of biochar and bio-organic fertilizer on rhizosphere bacteria in saline-alkali soil [ J ] . Microorganisms, 2022, 10 ( 12 ) .

[ 16 ] CHEN Y, FU X, LIU Y. Effect of farmland scale on farmers' application behavior with organic fertilizer [ J ] . International Journal of Environmental Research and Public Health, 2022, 19 ( 9 ) .

[ 17 ] MAYANK R, RAJESH S, THAKUR I. Response of biofertilizer and foliar spray of organic amendments on economics and yield attributes of cowpea ( Vigna unguiculata L. ) [ J ] . International Journal of Environment and Climate Change, 2022.

[ 18 ] 赵红叶 . 沼渣基生物有机肥配制及其对西瓜枯萎病防治效果 [ D ] . 太原：山西农业大学, 2022.